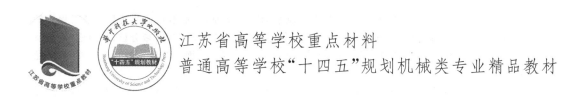

江苏省高等学校重点材料

普通高等学校"十四五"规划机械类专业精品教材

控制工程基础及其应用

主 编 张 屹 别锋锋

U0172460

华中科技大学出版社

中国·武汉

内 容 提 要

本书是江苏省高等学校重点教材,介绍了机电控制系统的基本原理、基本知识及其在机械工程中的应用,具体内容包括机电控制系统的基本概念、控制系统的数学模型、控制系统的时域分析、根轨迹法、控制系统的频域分析、控制系统的校正、机电控制系统的设计方法与实例等。前面六章每章备有知识要点、例题解析与习题。

本书力求理论联系实际,简明易懂,强调应用。本书可作为普通高等学校机械工程类专业,特别是过程装备与控制工程、机械设计制造及其自动化等专业的本科教材,也可供有关教师与工程技术人员参考。

图书在版编目(CIP)数据

控制工程基础及其应用/张屹,别锋锋主编.—武汉:华中科技大学出版社,2023.9
ISBN 978-7-5680-9256-2

Ⅰ.①控… Ⅱ.①张… ②别… Ⅲ.①自动控制理论 Ⅳ.①TP13

中国国家版本馆 CIP 数据核字(2023)第 171576 号

控制工程基础及其应用　　　　　　　　　　　　　　　　　　　　张　屹　别锋锋　主编
Kongzhi Gongcheng Jichu ji Qi Yingyong

策划编辑:余伯仲
责任编辑:吴　晗
封面设计:原色设计
责任监印:周治超
出版发行:华中科技大学出版社(中国·武汉)　　　电话:(027)81321913
　　　　　武汉市东湖新技术开发区华工科技园　　　邮编:430223
录　　排:武汉三月禾文化传播有限公司
印　　刷:武汉市洪林印务有限公司
开　　本:787mm×1092mm　1/16
印　　张:23.5
字　　数:600千字
版　　次:2023年9月第1版第1次印刷
定　　价:69.80元

前　言

随着社会的进步和科技的日新月异,控制工程学科交叉和边缘特性日益凸显。典型的机械系统不再单独使用,更多的是与电气、电子装置结合在一起,形成机电控制系统。机械控制系统的相关理论与应用研究已经成为机械工程领域必不可少的研究与实践方向。当前国内机械类专业的"自动控制原理"课程多是借用自动控制或电子专业教材,其中所研究的系统一般为电子系统,应用的数学知识也较深,理论介绍多、实际应用少。这样对机械类专业的学生而言,仅靠教材内容的学习,很难将控制理论用于解决具体问题。

针对上述问题,本书多以机械(机电)控制系统为对象,将控制理论与过程工业机械控制系统设计等结合起来讲解,以便学生学习如何分析解决机械工程领域的实际问题。本书在涵盖经典控制理论的基础上,坚持了以应用为重心、以基本概念、原理和方法为主线的原则。本书的特点是:在内容编排上力求精练、易于自学,从点开始、逐步展开,并把重点放在基本概念的建立及基础理论的阐述上。全书围绕工程设计的基本要求"快速性、稳定性、准确性"开展系统分析与校正讲解;坚持"系统"和"动态"两个观点,将分析研究的对象抽象为系统,运用控制理论的方法,解决机械工程中的稳态和动态实际问题。为适应工科专业的需要,在讲述基本理论的过程中,注重联系工程实际,注意培养学生运用理论解决实际工程问题的能力。

本书介绍了机械控制系统的基本理论、基本方法及其应用。全书共 7 章:第 1 章为绪论,介绍机电控制理论的基本概念和本书结构体系与学习方法,第 2 章介绍控制系统的数学模型,第 3 章介绍控制系统的时域分析,第 4 章介绍根轨迹法,第 5 章介绍控制系统的频域分析,第 6 章介绍控制系统的校正,第 7 章介绍机电控制系统的设计方法与实例。前面六章各章均备有知识要点、例题解析及习题,供读者参考练习。本书附录提供了 Laplace 变换的相关内容,供读者参考。

本书可作为普通高等学校机械工程类专业,特别是过程装备与控制工程、机械设计制造及其自动化等专业的本科教材,也可供相关教师与工程技术人员参考。

本书由常州大学张屹、别锋锋共同编写。感谢研究生吴溢凡、张莹在本书图表、文字编辑过程中给予的帮助;在本书的编写过程中,得到了常州大学国家级一流本科专业建设点、江苏高校品牌专业建设工程(二期项目)的支持,在此表示感谢。

本书为江苏省高等学校重点教材立项建设项目和常州大学重点教材资助项目(项目号:JJJ21020003),在此一并表示感谢。

由于编者水平有限,书中难免存在错误和疏漏之处,恳请广大读者和同行专家批评指正。

编　者

2023 年 7 月

目　　录

第1章 绪 论

在科学研究和工程应用中,自动控制技术起着极其重要的作用。除了在航天、军事系统和机器人领域中具有关键的作用外,自动控制已经进入现代机械制造业和相关工业生产中。比如在数控机床的控制、各类交通工具的自动驾驶、各类承压设备的设计与制造,自动控制都是至关重要的一环。特别需要指出的是,在过程装备与流程工业的制造和运行控制系统中,对于关键敏感参数如振动、应力、压力、流量、温度和黏度等进行工业操作时,自动控制显得尤为关键。

自动控制理论专门研究自动控制系统中的基础理论、基本原理和基本控制方法,主要由经典控制理论、现代控制理论和智能控制理论等组成。经典控制理论主要介绍和讨论单输入、单输出、线性定常系统的分析和设计;现代控制理论主要介绍和研究复杂系统中多输入多输出特性的优化控制问题;智能控制理论则是研究独立驱动智能机器实现其功能原理目标的自动控制体系,其环节强调没有人的干预,主要研究目标则是不确定性、高度非线性的系统。其中经典控制理论是所有控制学科的基础,在各类工业领域,如机械、化工、能源、交通、航天、国防等大多数实际工程中起着十分关键的作用,许多实际工程问题仍然需要通过经典控制理论来直接提供解决方案。本书主要介绍经典控制理论及其在相关领域的应用。

控制工程基础理论在机械系统以及过程工业生产中得到了广泛的应用,从而形成了"机械工程控制理论"这一新型学科,其目标是对机械系统和过程工业实现最佳控制,从而实现机械系统生产的技术指标、经济指标和环境指标。机械工程控制理论研究以机械工程技术为研究对象的控制理论问题,而这一领域中广义动力学问题,即系统的输入、系统本身和系统的输出三者之间的动态关系为其主要研究对象。

1.1 机械控制工程的概念

1.1.1 控制的基本概念

所谓控制,就是采用控制装置使被控对象的受控物理量能够在一定的精度范围内按照给定的规律变化。控制理论的发展与应用,不仅改善了劳动条件,把人类从繁重的劳动中解放出来,而且由于控制系统往往能以某种最佳方式运行,可以提高劳动生产率,提高产品质量,节约能源,降低成本。控制理论的应用是实现工业、农业、国防等方面科学技术现代化的有力工具。

从学科发展的角度来看,控制理论是自动控制、电子技术、计算机科学等多种学科相互渗透的产物,是关于控制系统建模、分析和综合的一般理论。其任务是分析控制系统中变量的运动规律和如何改变这种运动规律以满足控制需求,为设计高性能的控制系统提供必要的理论手段。

控制理论主要研究两方面问题,一是在系统的结构和参数已经确定的情况下,对系统的性能进行分析,并提出改善性能的途径;二是根据系统要实现的任务,给出稳态和动态性能指标,要求组成一个系统,并确定适当的参数,使系统满足给定的性能指标。

控制理论在日渐成熟的发展过程中推广到工程技术领域,体现为工程控制论,在同机械工业相应的机械工程领域中体现为机械控制系统理论。机械制造技术发展的一个重要方向是紧密同信息科学交融和深刻地引入控制理论,形成机械控制系统的学科分支。

1.1.2　机械控制系统的基本概念

机械可以代替人类从事各种有益的工作,弥补了人类体力和能力的不足,在各个方面都给我们的生活带来了极大的帮助。从机械的发展史可看到,机械的发展和进步与控制是密不可分的。一方面,机械运转本身,广义地讲也可称为控制,只有配备一定的控制装置才可以达到某种较复杂的工作目的(尽管这种控制装置最初是通过纯机构来实现的)。另一方面,机械的广泛深入的应用,也促进了控制科学的产生和发展。

生产工艺的发展对机械系统也提出了愈来愈高的要求,为达到工作目的,使得机械已不再是纯机械结构了,更多的是与电气、电子装置结合在一起,形成了机电控制系统。例如,一些精密机床要求加工精度达百分之几毫米,甚至几微米,重型镗床为保证加工精度和光洁度,要求在极慢的稳速下进给,即要求在很宽的范围内调速;为了提高效率,由数台或数十台设备组成的生产自动线,要求统一控制和管理等。这些要求都是靠驱动装置及其控制系统和机械传动装置的有机结合来实现的。

由此也可得出机电控制和自动控制的关系:自动控制是以一般系统为对象,广泛地使用控制方法进行控制系统的理论设计;而机电控制就是应用控制工程学的研究结果,把机械作为控制对象,研究怎样通过采用一定的控制方法来适应对象特性变化从而达到期望的性能指标。

1.1.3　控制理论的发展概况

控制理论根据其发展历史,大致可分为以下四个阶段。

1. 经典控制理论阶段

18 世纪,瓦特(J. Watt)为控制蒸汽机速度而设计的离心调节器,是自动控制领域的一项重大成果。1868 年,麦克斯威尔(J. C. Maxwell)从理论上分析飞球调节器的动态特性,发表了对离心调速器进行理论分析的论文。1922 年,米罗斯基(N. Minorsky)给出了位置控制系统的分析,并对 PID 三作用控制给出了控制规律公式。1932 年,奈奎斯特(Nyquist)提出了负反馈系统的频率域稳定性判据,这种方法只需利用频率响应的实验数据,不用导出和求解微分方程。1940 年,波德(H. Bode)进一步研究通信系统频域方法,提出了频域响应的对数坐标图描述方法,但它只适应单变量线性定常系统,对系统内部状态缺少了解,且复数域方法研究时域特性,得不到精确的结果。20 世纪 40 年代,发展和实践了数学分析方法,并确定控制工程为具有独立特色的一门工程科学。第二次世界大战期间,为了设计和建造自动的飞机驾驶仪、火炮定位系统、雷达跟踪系统和其他基于反馈控制原理的军用装备,给自动控制理论一个很大的促进,逐渐形成较为完整的自动控制理论体系,20 纪 40 年代末,自动控制理论在工程实践中得到了广泛的应用。

2. 现代控制理论阶段

由于航天事业和电子计算机的迅速发展,20 世纪 60 年代初,在原有"经典控制理论"的基础上,又形成了所谓的"现代控制理论",这是人类在自动控制技术认识上的一次飞跃。随着人造卫星的发展和太空时代的到来,为导弹和太空卫星设计高精度复杂的控制系统变得必要起来。因而,质量小、控制精度高的系统使最优控制变得重要起来。由于这些原因,时域分析方法也发展起来。现代控制理论是以状态空间分析法为基础,主要分析和研究多输入/多输出、时变、非线性、高精度、高效能等控制系统的设计和分析问题。状态空间分析法属于时域分析方法,其核心是最优化技术。它以状态空间描述(实质上是一阶微分或差分方程组)作为数学模型,利用计算机作为系统建模分析、设计乃至控制的手段。它不但在航空、航天、制导与军事武器控制中有成功的应用,在工业生产过程控制中也得到逐步应用。

3. 大系统控制理论阶段

20 世纪 70 年代开始,一方面现代控制理论继续向深度和广度发展,出现了一些新的控制方法和理论。如现代频域方法、自适应控制理论和方法、鲁棒控制方法和预测控制方法等。另一方面随着控制理论应用范围从个别小系统的控制,发展到若干个相互关联的子系统组成的大系统的整体控制,从传统的工程控制领域推广到包括经济管理、生物工程、能源、运输、环境等大型系统以及社会科学领域,人们开始了对大系统理论的研究。大系统理论是过程控制与信息处理相结合的综合自动化理论基础,是动态的系统工程理论,具有规模庞大、结构复杂、功能综合、目标多样、因素众多等特点。它是一个多输入、多输出、多干扰、多变量的系统。大系统理论目前仍处于发展阶段。

4. 智能控制阶段

这是近年来新发展起来的一种控制技术,是人工智能在控制上的应用。智能控制的概念和原理主要是针对被控对象、环境、控制目标或任务的复杂性提出来的,它的指导思想是依据人的思维方式和处理问题的技巧,解决那些目前需要人的智能才能解决的复杂的控制问题。被控对象的复杂性体现为:模型的不确定性,高度非线性,分布式的传感器和执行器,动态突变,多时间标度,复杂的信息模式,庞大的数据量,以及严格的特性指标等。而环境的复杂性则表现为变化的不确定性和难以辨识。智能控制是从"仿人"的概念出发的。一般认为,其方法包括模糊控制、神经元网络控制、专家控制等方法。

1.1.4　机械控制系统的发展概况

从技术角度来看,机电控制系统经历了机械控制、电子控制和计算机控制三个阶段:

(1) 机械控制　早期的控制系统几乎全是机械控制,它的指令通常是由离合器发出,只能给出希望点的值,而中间过渡点的信号则无法给出。一般用同步电机驱动,轨迹靠凸轮产生,不仅控制性能无法保证,要改变轨迹实现不同功能也很困难。但它由于系统简单、运行可靠、成本低廉而得到一定应用。常见的有离心调速系统、水箱液位控制系统等。

(2) 电子控制　与机械控制相比,电子控制的指令不仅能给出最终值,而且还能给出中间信号,这样保证了被控对象可以按期望的规律趋于目标。大多数离线控制系统属于电子控制。

(3) 计算机控制　与电子控制相比,计算机控制的指令及调节参数可以按需要改变,可以实现在线控制。

机械控制系统发展的三个阶段的主要特点如表 1-1-1 所示。

表 1-1-1　机械控制系统发展的三个阶段的主要特点

阶段	指令方式	轨迹产生	系统量形式	驱动形式
机械控制	点位信号	凸轮为主	机械量(位移、速度等)	同步电机等
电子控制	连续信号	函数发生器	模拟电量(电压、电流等)	步进电机等
计算机控制	可变信号	计算机软件	模拟量、数字量(连续或脉冲量)	机、电、液、气等

　　机电控制系统的发展按所用控制器件来划分,则主要经历了四个阶段:最早的机电控制系统出现在20世纪初,它仅借助于简单的接触器与继电器等控制电器,实现对被控对象的启、停以及有级调速等控制,它的控制速度慢,控制精度也较差;20世纪30年代控制系统从断续控制发展到连续控制,连续控制系统可随时检查控制对象的工作状态,并根据输出量与给定量的偏差对被控对象自动进行调整,它的快速性及控制精度都大大超过了最初的断续控制,并简化了控制系统,减少了电路中的触点,提高了可靠性,使生产效率大为提高;20世纪40~50年代出现了大功率可控水银整流器控制;时隔不久,50年代末期出现了大功率固体可控整流元件——晶闸管,很快晶闸管控制就取代了水银整流器控制,后又出现了功率晶体管控制,由于晶体管、晶闸管具有效率高、控制特性好、反应快、寿命长、可靠性高、维护容易、体积小、重量轻等优点,它的出现为机电控制系统开辟了新纪元。

　　随着数控技术的发展,计算机的应用特别是微型计算机的出现和应用,又使控制系统发展到一个新阶段——计算机数字控制,它也是一种断续控制,但是和最初的断续控制不同,它的控制间隔(采样周期)比控制对象的变化周期短得多,因此在客观上完全等效于连续控制,它把晶闸管技术与微电子技术、计算机技术紧密地结合在一起,使晶体管与晶闸管控制具有强大的生命力。20世纪70年代初,计算机数字控制系统应用于数控机床和加工中心,这不仅加强了自动化程度,而且提高了机床的通用性和加工效率,在生产上得到了广泛应用。工业机器人的诞生,为实现机械加工全面自动化创造了物质基础。20世纪80年代以来,出现了由数控机床、工业机器人、自动搬运车等组成的统一由中心计算机控制的机械加工自动线——柔性制造系统(FMS),它是实现自动化车间和自动化工厂的重要组成部分。机械制造自动化的高级阶段是走向设计和制造一体化,即利用计算机辅助设计(CAD)与计算机辅助制造(CAM)形成产品设计与制造过程的完整系统,对产品构思和设计直至装配、试验和质量管理这一全过程实现自动化,以实现制造过程的高效率、高柔性、高质量,实现计算机集成制造系统(CIMS)。

1.2　控制系统的分类

1.2.1　按输入量的变化规律分类

按输入量变化规律分,控制系统可分为恒值控制系统、程序控制系统和随动系统。

1. 恒值控制系统

该系统的输入信号是一个常量,故称恒值控制系统。系统的任务是使被控对象的被控量维持在期望值上。如果由于扰动的作用使被控量偏离了期望值而出现偏差,恒值控制系统会根据偏差产生控制作用,使被控量按一定精度恢复到期望值附近,所以该系统又称为自动调节系统。例如工业生产过程中广泛应用的温度、压力、流量、速度等参数控制系统。

2. 程序控制系统

该系统的输入信号是事先确定的按某种运动规律随时间变化的程序信号。系统的任务是使被控对象的被控量按照设定的程序变化,例如机械加工中的数控机床就属此类系统。

3. 随动控制系统

随动控制系统又称伺服系统。该系统的输入信号是预先不知道的随时间任意变化的量值。随动控制系统的任务是使被控量以尽可能高的精度跟随给定值变化。例如炮瞄雷达的自动瞄准系统、导弹制导、船舶自动驾驶仪、函数记录仪等均是典型的随动系统。

1.2.2 按有无反馈分类

按控制系统的结构中有无反馈控制作用分为开环控制系统、闭环控制系统和复合控制系统。

1. 开环控制系统

开环控制系统是指系统的输出量对控制作用没有影响的系统。开环控制系统用一定的输入量产生一定的输出量,既不需要对输出量进行测量,也不需要将输出量反馈到输入端进行比较,对于每一个参考输入量有一个固定的工作状态与之对应。如果由于某种扰动作用使系统的输出量偏离原始值,开环系统没有纠偏的能力。要进行补偿,只能再借助人工改变输入量,所以开环系统的控制精度较低。

2. 闭环控制系统

凡是系统输出量与输入端之间存在反馈回路的系统,称为闭环控制系统。若反馈信号是与输入信号相减而使偏差值越来越小,称为负反馈;反之,称为正反馈。负反馈控制是一个利用偏差进行控制并最后消除偏差的过程。闭环控制系统具有自动修正被控制量出现偏差的能力,可以修正元件参数变化及外界扰动引起的误差,所以其控制效果好,精度高。

3. 复合控制系统

将开环控制和闭环控制配合使用,可组成复合控制系统。如当前馈-反馈控制系统发生扰动,但被控量还没反应时,前馈控制器先按扰动量的大小和方向进行"粗略"调整,尽可能使控制作用在一开始就基本抵消扰动对被控量的影响,使被控量不致发生大的变化。被控量出现的"剩余"偏差则通过闭环回路的校正作用来进行微调。

1.2.3 按传递信号的性质分类

按系统中传递信号的性质,控制系统分为连续控制系统和离散控制系统。

1. 连续控制系统

系统中各部分传递的信号都是连续时间变量的系统称为连续控制系统,其控制规律多采用硬件组成的控制器实现,描述连续控制系统的数学工具是微分方程和拉氏变换,连续控制系统的特点是系统中所有环节之间的信号传递是不间断的,而且各个环节的输入量与输出量之间存在的都是连续的函数关系,因而控制作用也是连续的。例如直流电动机速度控制系统、火炮跟踪系统都属于连续系统。

2. 离散控制系统

系统中传递的信号有一处或数处是脉冲序列或数字编码时,称为离散系统。连续信号经过采样开关的采样得到以脉冲形式传送的离散信号,这样的离散系统称为采样控制系统;而引入计算机或数字控制器,使离散信号以数码的形式传递的离散系统称为数字控制系统。例如炉温控制系统就是典型的离散系统,由于温度调节是一个大惯性过程,若采用连续控制,则无法解决控制精度和动态性能之间的矛盾。

1.2.4 按系统的数学描述分类

按系统的数学描述,控制系统可分为线性控制系统和非线性控制系统。

1. 线性系统

当控制系统中存在非线性元件、部件时,该系统称为非线性系统,其输入输出关系需要用非线性微分方程来描述。组成该系统的全部元件都是线性元件,其输入/输出静态特性均为线性特性,可用一个或一组线性微分方程描述该系统的输入和输出关系。线性系统的主要特征是具有齐次性和叠加性。

2. 非线性系统

该系统中含有一个或多个非线性元件,其输入/输出关系不能用线性微分方程来描述。非线性系统还没有一种统一完整的分析方法,对非线性程度不严重的系统进行分析时,常采用线性系统的理论和方法进行近似处理。

1.2.5　按系统输入输出数量分类

按系统输入输出信号的数量,控制系统可分为单变量系统和多变量系统。

1. 单变量系统

单变量是从系统外部变量的描述来分类的,不考虑系统内部的通路与结构。单变量系统只有一个输入量和一个输出量,但系统内部的结构回路可以是多回路的,内部变量也可以是多种形式的。单变量系统是经典控制理论的主要研究对象。

2. 多变量系统

多变量系统有多个输入量和多个输出量,当系统输入与输出信号多于一个时就称为多变量系统。多变量系统的特点是变量多,回路也多,而且相互之间呈现多路耦合,研究起来比较复杂。多变量系统是现代控制理论研究的主要对象。

1.2.6　按闭环回路的数目分类

按系统闭环回路的数目,控制系统可分为单回路控制系统和多回路控制系统。

1. 单回路控制系统

单回路控制系统只有被控量的一个量反馈到控制器的输入端,形成一个闭合回路。如果除被控量反馈到控制器输入端之外,还有另外的辅助信号也作为反馈信号送入控制系统的某一个入口,形成一个以上的闭合回路,即形成多回路控制系统。

2. 多回路控制系统

多回路控制系统是指具有一个以上的闭合回路,控制器(调节器)除接收被控量反馈信号外,还有另外的输出信号直接或间接地反馈到控制器的输入端的控制系统。

1.3　机械控制系统的基本控制方式

1.3.1　开环控制方式

开环控制方式是指控制装置与被控对象之间只有顺向作用而没有反向联系的控制过程,按这种方式组成的系统称为开环控制系统,其特点是系统的输出量不会对系统的控制作用发生影响。开环控制系统可以按给定量控制方式组成,也可以按扰动控制方式组成。

按给定量控制的开环控制系统,其控制作用直接由系统的输入量产生,给定一个输入量,就有一个输出量与之相对应,控制精度完全取决于所用的元件及校准的精度。因此,这种开环控制方式没有自动修正偏差的能力,抗扰动性较差,但由于其结构简单、调整方便、成本低,在精度要求不高或扰动影响较小的情况下,这种控制方式还有一定的实用价值。目前,用于生产、生活中的一些自动化装置,如自动售货机、自动洗衣机、产品生产自动线、数控车床以及指挥交通的红绿灯的转换等,一般都是开环控制系统。图 1-3-1(a)是一个开环控制的电加热炉示例,给定电源电压使加热炉电阻丝获得相应的发热量。

按扰动控制的开环控制系统是利用可测量的扰动量,产生一种补偿作用,以减小或抵消扰动对输出量的影响,这种控制方式也称顺馈控制或前馈控制。例如,在一般的直流速度控制系统中,转速常常随负载的增加而下降,且其转速的下降与电枢电流的变化有一定的关系。如果我们设法将负载引起的电流变化测量出来,并按其大小产生一个附加的控制作用,用以补偿由它引起的转速下降,就可以构成按扰动控制的开环控制系统。这种按扰动控制的开环控制方式是直接从扰动取得信息,并以此来改变被控量,其抗扰动性好,控制精度也较高,但它只适用于扰动是可测量的场合。

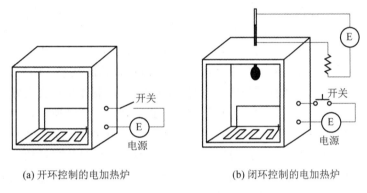

(a) 开环控制的电加热炉   (b) 闭环控制的电加热炉

图 1-3-1 开环控制与闭环控制的电加热炉

1.3.2 闭环(反馈)控制方式

闭环控制系统又称为反馈控制系统。反馈控制是机电控制系统最基本的控制方式,也是应用最广泛的一种控制系统。在反馈控制系统中,控制装置对被控对象施加的控制作用,是取自被控量的反馈信息,用来不断修正被控量的偏差,从而实现对被控对象进行控制的任务,这就是反馈控制的原理。图 1-3-1(b)是闭环控制的电加热炉示例,通过温度计检测炉内温度反馈回电源控制端,调节电源电压纠偏炉内温度。

其实,人的一切活动都体现出反馈控制的原理,人本身就是一个具有高度复杂控制能力的反馈控制系统。例如,人用手拿取桌上的书,汽车司机操纵方向盘驾驶汽车沿公路平稳行驶等,这些日常生活中习以为常的动作都与反馈控制的基本原理密不可分。这里,通过解剖手从桌上取书的动作过程,分析一下其中包含的反馈控制机理。书的位置是手运动的指令信息,一般称为输入信号(或参据量)。取书时,首先人要用眼睛连续目测手相对于书的位置,并将这个信息送入大脑(称为位置反馈信息),然后由大脑判断手与书之间的距离,产生偏差信号,并根据其大小发出控制手臂移动的命令(称控制作用或操纵量),逐渐使手与书之间的距离(即偏差)减小。只要这个偏差存在,上述过程就要反复进行,直到偏差减小为零,手便取到了书。可以看出,大脑控制手取书的过程,是一个利用偏差(手与书之间距离)产生控制作用,并不断使偏差减小直至消除的运动过程。显然,反馈控制实质上是一个按偏差进行控制的过程,因此,它也称为按偏差的控制,反馈控制原理就是按偏差控制的原理。

按控制和测量信号的不同,控制方式又可分为连续控制和离散控制。控制信号连续地作用于系统的,称为连续控制。控制信号断续地作用于系统的,称为离散控制或采样控制。此外,在工程问题中,控制也常按所控制的物理属性进行分类,如温度控制、流量控制、压力控制、速度控制等。闭环控制系统在控制上的特点是:由于输出信号的反馈量与给定的信号作比较产生偏差信号,利用偏差信号实现对输出量的控制或者调节,所以系统的输出量能够自动跟踪给定量,减小跟踪误差,提高控制精度,抑制扰动信号的影响。除此之外,负反馈构成的闭环控制系统还具有其他特点:引进反馈通路后,使得系统对前向通路中元件的精度要求不高;反馈作用,还可以使得整个系统对于某些非线性影响不灵敏等。

1.3.3 复合控制方式

反馈控制在外扰影响出现之后才能进行修正工作,在外扰影响出现之前则不能进行修正工作。按扰动控制方式在技术上较按偏差控制方式简单,但它只适用于扰动是可测量的场合,而且一个补偿装置只能补偿一个扰动因素,对其余扰动均不起补偿作用。因此,比较合理的一种控制方式是把按偏差控制与按扰动控制结合起来,对于主要扰动采用适当的补偿装置实现按扰动控制,同时,再组成反馈控制系统实现按偏差控制,以消除其余扰动产生的偏差。这样,系统的主要扰动已被补偿,反馈控制系统就比较容易设计,控制效果也会更好。这种按偏差控制和按扰动控制相结合的控制方式称为复合控制方式。如图 1-3-2 所示,当发生扰动,但被控量 $x_o(t)$ 还没反应时,前馈控制器(补偿器)先按扰动量的大小和方向进行"粗略"调整,尽可能使控制作用 $u_1(t)$ 在一开始就基本抵消扰动对被控量的影响,使被控量不致发生大的变化。被控量出现的"剩余"偏差则通过闭环回路来进行微调(校正作用)。因此这类控制系统对扰动作用能够得到比简单闭环控制系统更好的控制效果。

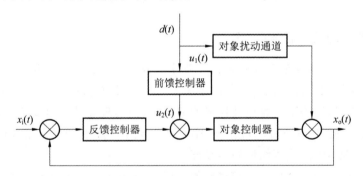

图 1-3-2　复合控制系统

1.4　机械控制系统的组成

1.4.1　机械控制系统的基本组成

图 1-4-1 所示为一典型的反馈控制系统结构框图。该框图表示了控制系统各元件在系统中的位置和相互之间的关系。作为一个典型的反馈控制系统应该包括给定环节、反馈环节、比较环节、放大环节、执行环节以及校正环节等。

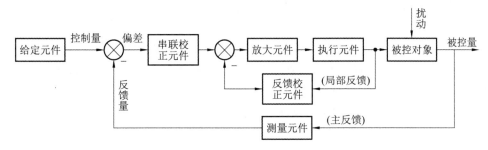

图 1-4-1 典型反馈控制系统结构

1.4.2 机械控制系统中的基本环节

（1）给定环节 用于产生控制系统的输入量（给定信号），产生的输入量一般是与期望的输出相对应的。输入信号的量纲要与主反馈信号的量纲相同。给定元件通常不在闭环回路中，以电类元件居多，给定环节可用各种形式发出信号，在已知输入信号规律的情况下，也可用计算机软件产生给定信号。

（2）测量环节 用于测量被控制量，产生与被控制量有一定函数关系的信号。测量元件一般是各种各样的传感器，起反馈作用。测量元件的精度直接影响控制系统的精度，应使测量元件的精度高于系统的精度，还要有足够宽的频带。一般来说，测量环节是非电量的电测量环节。

（3）比较环节 用于比较控制量和反馈量并产生偏差信号。电桥、运算放大器可作为电信号的比较元件。有些比较元件是与测量元件结合在一起的，如测角位移的旋转变压器和自整角机等。在计算机控制系统中，比较元件的工作通常由软件完成。

（4）放大环节 对偏差信号进行幅值或功率的放大，以便有足够的功率来推动执行机构或被控对象，以及对信号形式进行变换。

（5）执行环节 其职能是直接推动被控对象，使其被控量发生变化。如机械位移系统中的电动机、液压伺服马达、温度控制系统中的加热装置。执行元件的选择应具有足够大的功率和足够宽的工作频带。

（6）校正环节 为改善或提高系统的瞬态和稳态性能，在系统基本结构基础上增加的校正元件。校正元件根据被控对象特点和性能指标的要求而设计。校正元件串联在由偏差信号到被控制信号间的前向通道中的称为串联校正；校正元件在反馈回路中的称为反馈校正。

（7）被控对象 控制系统所要控制的对象，它的输出量即为控制系统的被控量。例如水箱水位控制系统中的水箱、房间温度控制系统中的房间、火炮随动系统中的火炮、电机转速控制系统中电机所带的负载等。设计控制系统时，认为被控对象是不可改变的。

应注意的是上述环节（元件、装置）在具体实现时不一定是各自独立的，可能是一个实际元件同时担负几个元件的作用，如系统中的运算放大器，往往同时起着比较元件、放大元件及校正元件的作用；反之，也可能是几个实际元件共同担负一个元件的作用，如电冰箱中的电机、压缩机、冷却管节流阀及蒸发器共同起着执行元件的作用。

1.4.3 机械控制系统中的量

为便于定量分析系统，通常给出控制系统中的量。

（1）被控量　也称输出量或被控参量，是在控制系统中按规定的任务需要加以控制的物理量。

（2）控制量　也称给定量或控制输入，是根据设计要求与输出量相适应的预先给定信号。

（3）干扰量　也称扰动量，干扰或破坏系统按预定规律运行的各种外部和内部条件，一般是偶然的、无法人为控制的、随机输入信号。

（4）输入量　控制量与干扰量的总称，一般多指控制量。

（5）反馈量　由输出端引回到输入端的量。

（6）偏差量　控制量与反馈量之差。

（7）误差量　实际输出量与希望输出量之差值。

1.5　机械控制系统理论的研究对象与基本要求

1.5.1　机械控制系统理论的研究对象与任务

机电控制系统理论主要研究的是机械工程技术中广义系统的动力学问题。具体地说，是研究机械工程广义系统在一定外界条件下，从系统初始条件出发的整个动态过程，以及在这个历程中和历程结束后所表现出来的动态特性和静态特性，研究这一广义系统及其输入、输出三者之间的动态关系。以下具体阐释机械工程控制论的研究对象与任务。

1. 系统

学会以"系统"的观点认识、分析和处理客观现象，是科学技术发展的需要，也是人类在认识论与方法论上的一大进步。只有逐步学会用"系统""动态"的观点，才能运用控制理论的方法，解决机械工程中的实际问题。随着机械工程学科的发展，机电系统结构变得愈来愈复杂，这种复杂性主要表现在其内部各组成部分之间，以及它们与外界环境之间的联系愈来愈密切，以至于其中某部分的变化可能会引起一连串的响应。在这种情况下，孤立地研究各部分已不能满足要求，必须将有关的部分联系起来作为一个整体加以认识、分析和处理。这个有机的整体称为"系统"。本书所涉及的机电控制系统一般具有其固有特性，系统的固有特性由其结构和参数决定。

2. 系统的类型

机械系统存在各式各样的表现形式，任何一个机械系统都处于同外界（即同其他系统）相

输入　→　│系统│　→　输出

图 1-5-1　系统的输入、输出

互联系和运动中。基于系统内部机制，以及其与外界的相互作用会有相应的行为表现。这种外界对系统的作用和系统对外界的作用，分别以"输入"和"输出"表示，如图 1-5-1 所示。

以典型的质量-阻尼-弹簧构成的机械系统为例进行说明。如图 1-5-2 所示，图中的 m、k 和 f 分别代表系统的质量、弹簧刚度系数和黏性阻尼系数。$F(t)$ 代表系统受到的外力，作为系统的输入，而输出 $x(t)$ 代表系统的位移，这样系统的数学模型可由以下微分方程进行描述：

$$m\frac{\mathrm{d}^2 x(t)}{\mathrm{d}t^2} + f\frac{\mathrm{d}x(t)}{\mathrm{d}t} + kx(t) = F(t)$$

研究系统，就是研究系统、输入、输出三者之间的相互关系。机电控制系统理论对系统及其输入、输出三者之间动态关系的研究内容大致包括以下五种类型：

（1）当系统已定，输入（或激励）已知时，求出系统的输出（或响应），并通过输出来分析研究系统本身的问题，这类研究称为系统分析。

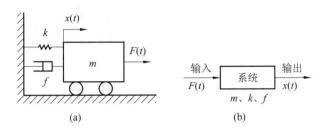

图 1-5-2 质量-阻尼-弹簧机械系统的输入输出

（2）当系统已定时，确定输入，且所确定的输入应使得输出尽可能符合给定的最佳要求，此即最优控制问题。

（3）当输入已知时，确定系统，且所确定的系统应使得输出尽可能符合给定的最佳要求，此即最优设计问题。

（4）当输出已知时，确定系统，以识别输入或输入中的有关信息，此即预测或滤波问题。

（5）当输入、输出均已知时，求出系统的结构与参数，即建立系统的数学模型，此即系统识别或系统辨识问题。

机电控制系统理论以经典控制理论为核心，主要研究线性控制系统的分析问题。

3. 外界条件

在进行系统分析时，由于系统自身无法体现自身性能，因此需要给系统加上一定的外界条件，以此产生系统的输出（或响应），通过系统输出的表现来反映和分析系统本身的性能。这里的外界条件是指对系统的输入（激励），包括人为激励、控制输入、干扰输入等的总称。

系统的输入往往又称为"激励"。激励本质上是一个主客体的交互过程，即在一定的时空环境下，激励主体采用一定的手段激发激励客体的动机，使激励客体朝着一个目标前进。一个系统的激励，如果是人为地、有意识地加到系统中去的，往往又称为"控制"，控制信号通常加在控制装置的输入端，也就是系统的输入端；如果是偶然因素产生而一般无法完全人为控制的输入，则称为"扰动"，扰动信号一般作用在被控对象上。实际的控制系统中，给定输入和扰动往往是同时存在的。实际系统除了给定的输入作用外，往往还会受到不希望的扰动作用。例如：在机电系统中负载力矩的波动、电源电压的波动等。机械系统的激励一般是外界对系统的作用，如作用在系统上的力，即载荷等，而响应则一般是系统的变形或位移等。另外，系统在时间 $t=0_-$ 时的初始状态 $x(0_-)$ 也视为一种特殊的输入。

通常，把能直接观察到的响应称为输出。经典控制理论中响应即输出，一般都能测量观察到；而在现代控制理论中，状态变量不一定都能观察到。系统的输出是分析系统性能的主要依据。

4. 动态过程与特性

从时间历程角度，在输入 $x_i(t)$ 作用下，系统输出 $x_o(t)$ 从初始状态到达新的状态，或系统从一种稳态到另一稳态之间都会出现一个过渡过程，也称为瞬态过程、动态过程或动态历程。因此，实际系统在输入信号的作用下，其输出历程包含瞬态过程和稳态过程两部分。一个典型的输出响应曲线如图 1-5-3 所示。

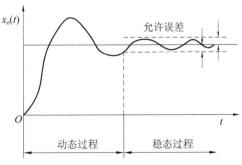

图 1-5-3 典型输出响应曲线

实际系统发生状态变化时总存在一个动态过程,其原因是系统中总有一些储能元件(如机械系统中的阻尼器、弹簧),使输出不能立即跟随其输入的变化。在动态过程中系统的动态性能得到充分体现。如输出响应是否迅速(快速性),动态过程是否有振荡或振荡程度是否剧烈(平稳性),系统最后是否收敛稳定下来(稳定性)等。动态过程结束后,系统进入稳态过程,也称为静态过程。系统的稳态过程主要反映系统工作的稳态误差(准确性)。快速性、稳定性、准确性是系统设计的三大指标要求。

1.5.2　机械控制系统的基本要求

尽管机械控制系统有不同的类型,而且每个系统也都有不同的特殊要求,但对于各类系统来说,在已知系统的结构和参数时,我们感兴趣的都是系统在某种典型输入信号下,其被控量变化的全过程。例如,对恒值控制系统是研究扰动作用引起被控量变化的全过程;对随动系统是研究被控量如何克服扰动影响并跟随参据量的变化过程。但对每一类系统中被控量变化全过程提出的基本要求都是一样的,且可以归结为稳定性、快速性和准确性,即稳、准、快的要求。

1. 稳定性

稳定性是对控制系统的首要要求。一个控制系统能起控制作用,系统必须是稳定的,而且必须满足一定的稳定裕度,当系统参数发生某些变化时,也能够使系统保持稳定的工作状态。

由于控制系统都包含有储能元件,存在着惯性,当系统的各个参数匹配不当时,将会引起系统的振荡而失去工作能力。稳定性就是指系统动态过程的振荡倾向和系统能否恢复平衡状态的性能。图 1-5-4 所示为一个控制系统受到给定值为阶跃函数的输入扰动后,被控量的响应过程可能具有的几种不同振荡形式。图(a)是振荡衰减控制过程曲线,被控量经过一定的动态过程后重新达到新的平衡状态,系统是稳定的;图(b)是被控量等幅振荡的控制过程曲线,系统受到扰动后不能达到新的平衡,系统处于临界稳定状态,在工程上视为不稳定的,在实际中不能采用;图(c)为被控量发散振荡的控制过程曲线,此时系统是不稳定的。

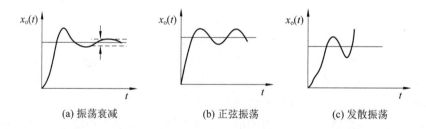

(a) 振荡衰减　　　　　　(b) 正弦振荡　　　　　　(c) 发散振荡

图 1-5-4　控制系统被控量的响应

控制系统的稳定性问题是由闭环反馈造成的,而稳定是一个闭环控制系统正常工作的先决条件。对工业控制对象而言,尤其是动力控制对象,被控量对控制作用的反应总是比较迟缓,因此在负反馈情况下,由于反馈“过量”,即控制作用“过大”“过小”,或控制速度“过快”“过慢”,有可能使系统发生振荡。改变反馈作用的强弱,就可能出现图 1-5-4 所示的各种类型的控制过程。

2. 快速性

快速性是在系统稳定性的前提下提出的,反映对控制系统动态过程持续时间方面的要求。快速性是指当系统输出量与给定的输入量之间产生偏差时,消除这种偏差的快速程度。

由于实际系统的被控对象和元件通常都具有一定的惯性,如机械惯性、电磁惯性、热惯性等,再加上物理装置功率的限制,使得控制系统的被控量难以瞬时响应输入量的变化。因此,系统从一个平衡状态到另一个平衡状态都需要一定的时间,即存在一个动态过程或称过渡过程。

一般希望系统从扰动开始到系统达到新的平衡状态的过渡过程时间尽可能短,以保证下一次扰动来临时,上一次扰动所引起的控制过程已经结束。快速性好的系统消除偏差的过渡过程时间就短,也就能复现快速变化的输入信号,因而具有较好的动态性能。

3. 准确性

准确性反映系统的控制精度,一般用系统的稳态误差来衡量。稳态误差是指系统稳定后的实际输出与期望输出之间的差值。稳态误差反映了动态过程后期的性能,是衡量系统品质的一个重要指标。稳态误差越小越好。

有时为了提高生产设备对变动负荷的适应能力和稳定性,有意保持一定的动态误差和稳态误差,即在不同负荷下保持不同的稳态值。例如火力发电机组为了能较快响应外界负荷的要求,当负荷指令发生变化时,允许主蒸汽压力在一定范围内变化(降低准确性要求),以利用锅炉蓄热,快速响应负荷变化。

对一个控制系统要求稳定性、快速性、准确性三方面都达到很高的质量往往是不可能的,三者之间往往是相互制约的。在设计与调试过程中,若过分强调系统的稳定性,则可能会造成系统响应迟缓和控制精度较低的后果;若过分强调系统响应的快速性,则又会使系统的振荡加剧,甚至引起不稳定。不同的生产过程对稳定性、快速性和准确性的具体要求和主次地位是不同的,设计时,一般总是在满足稳定性要求后,对准确性和快速性进行综合考虑。

1.6　本书的体系结构

本书所涉及的知识以数学、物理及有关科学为其理论基础,以机械工程中系统动力学问题为研究对象,运用信息的传播、处理与反馈的思维方法和观点对机电系统进行控制。通过本书的学习,希望使读者掌握控制理论的基本原理,学会以动力学的基本观点对待机电控制系统,能够从整体系统的角度,研究系统中信息传递及反馈控制的动态行为,结合生产实际来考察、分析和解决机电系统控制中的实际问题。

本书的编写力求体现如下特点:

(1) 围绕工程设计的基本要求"快速性、稳定性、准确性"开展全书对系统的分析与校正。

(2) 坚持"系统"和"动态"两个观点,将研究对象抽象为系统,运用控制理论的方法去解决机电系统控制中的实际问题。

(3) 贯彻"时域"和"频域"两条分析主线对机电控制系统性能进行分析和设计。

(4) 增加有关机电控制系统理论应用的章节,以帮助读者建立基本控制理论与实际机电控制系统工程设计问题之间的联系。

全书体系结构如下:

第 1 章介绍控制理论和机械控制系统的基本概念,给出全书的组织方式。

第 2 章介绍控制系统的数学模型,主要介绍微分方程、传递函数和方框图。这部分内容将为后续学习控制系统分析和设计方法打下基础。

第 3 章介绍控制系统的时域分析法,重点讲解低阶和高阶系统的时间响应、瞬态和稳态性能指标、稳定性判据。

第 4 章介绍系统特征方程式的根与系统参数之间的关系,重点讲解当系统参数变化时,特征方程的根在[s]平面上轨迹的变化规律。

第 5 章介绍控制系统的频域分析法,主要内容包括奈奎斯特(Nyquist)图、伯德(Bode)图,频域稳定性分析、控制系统的闭环特性。

第 6 章介绍控制系统的校正设计方法,主要内容有串联校正和反馈校正装置的设计,PID工程设计以及复合控制系统的设计方法。

第 7 章介绍机电控制系统的设计方法与设计实例分析。

学习本课程时,既要十分重视抽象思维,了解一般规律,又要充分注意结合实际,联系专业,努力实践;既要善于从个性中概括出共性,又要善于从共性出发深刻了解个性;努力学习用广义系统动力学的方法去抽象与解决实际问题,去开拓提出、分析与解决问题的思路。

1.7　知识要点

1.7.1　机械工程控制概述

1.控制理论与机械工程控制

控制理论是自动控制、电子技术、计算机科学等多种学科相互渗透的产物,是关于控制系统建模、分析和综合的一般理论。其任务是分析控制系统中变量的运动规律和如何改变这种运动规律以满足控制需求,为设计高性能的控制系统提供必要的理论手段。

控制理论主要研究两方面问题,一是在系统的结构和参数已经确定的情况下,对系统的性能进行分析,并提出改善性能的途径;二是根据系统要实现的任务,给出稳态和动态性能指标,要求组成一个系统,并确定适当的参数,使系统满足给定的性能指标。

控制理论在日渐成熟的发展过程中推广到工程技术领域,体现为工程控制论,在同机械工业相应的机械工程领域中体现为机械工程控制论。机械制造技术发展的一个重要方向是紧密同信息科学交融和深刻地引入控制理论,形成机械工程控制的学科分支。

控制理论分为经典控制理论和现代控制理论两部分。经典控制理论的研究对象是单输入、单输出的自动控制系统,特别是线性定常系统。主要研究系统运动的稳定性、时间域和频率域中系统的运动特性、控制系统的设计原理和校正方法。现代控制理论是建立在状态空间基础之上的,研究对象包括单变量系统和多变量系统,定常系统和时变系统。其基本分析和综合方法是时间域方法,包括各类系统数学模型的建立及其理论分析。

控制理论的发展历史可分为四个阶段:经典控制理论阶段、现代控制理论阶段、大系统控制理论阶段和智能控制阶段。

本书主要介绍经典控制理论。

2.机械工程控制论的研究对象

机械工程控制论主要研究机械工程技术中广义系统的动力学问题。研究机械工程广义系统在一定外界条件下,从系统初始条件出发的整个动态历程,以及在这个历程中和历程结束后所表现出来的动态特性和静态特性,研究系统及其输入、输出三者之间的动态关系。

(1)系统　系统是由相互联系、相互作用的若干部分构成,而且有一定目的或一定运动规律的一个有机整体。通常研究机械工程中的实际问题时就可以把研究对象看作为一个系统。

工程控制论研究的系统是广义系统,系统可大可小,可繁可简,可虚可实,完全由研究需要而定。系统一般具有其固有特性,系统的固有特性由其结构和参数决定。

（2）系统的研究类型 系统由其内部机制,其对外界的作用都会有相应的行为表现。研究系统就是研究系统及其输入、输出三者之间的相互关系。工程控制论对系统及其输入、输出三者之间动态关系的研究内容大致包括以下五种类型:

① 当系统已定,输入(或激励)已知时,求出系统的输出(或响应),并通过输出来分析研究系统本身的问题,这类研究称为系统分析。

② 当系统已定时,确定输入,且所确定的输入应使得输出尽可能符合给定的最佳要求,此即最优控制问题。

③ 当输入已知时,确定系统,且所确定的系统应使得输出尽可能符合给定的最佳要求,此即最优设计问题。

④ 当输出已知时,确定系统,以识别输入或输入中的有关信息,此即预测或滤波问题。

⑤ 当输入、输出均已知时,求出系统的结构与参数,即建立系统的数学模型,此即系统识别或系统辨识问题。

机械工程控制以经典控制理论为核心,主要研究线性控制系统的分析问题。

（3）外界条件 系统自身无法体现自身性能,需要通过外界给系统施加一定的影响,以此产生系统的输出(或响应),通过系统输出的表现来反映和分析研究系统本身的性能。

系统的外界条件是指对系统的输入(激励),包括人为激励、控制输入、干扰输入等的总称。

系统的输入又称为"激励"。激励本质上是主、客体的交互过程,在一定时空环境下,激励主体采用一定手段激发激励客体,使激励客体朝着目标前进。人为有意识地加到系统中去的激励称为"控制",偶然因素产生而无法完全人为控制的输入称为"扰动"。实际的控制系统中,给定输入和扰动往往是同时存在。另外,系统在时间为 0 时的初始状态也视为一种特殊的输入。

通常,把能直接观察到的响应称为输出。经典控制理论中响应即输出,一般都能测量观察到;而在现代控制理论中,状态变量不一定都能观察到。系统的输出是分析系统性能的主要依据。

（4）动态过程与特性 从时间历程角度,在输入作用下,系统输出从初始状态到达新的状态,或系统从一种稳态到另一稳态之间都会出现一个过渡过程,也称为动态过程、瞬态过程或动态历程。实际系统在输入信号的作用下,其输出过程包含瞬态过程和稳态过程两部分。

实际系统发生状态变化时总存在一个动态过程,其原因是系统中总有一些储能元件(如机械系统中的阻尼器、弹簧),使输出不能立即跟随其输入的变化。在动态过程中系统的动态性能得到充分体现。如输出响应是否迅速(快速性),动态过程是否有振荡或振荡程度是否剧烈(平稳性),系统最后是否收敛稳定下来(稳定性)等。动态过程结束后,系统进入稳态过程,也称为静态过程。系统的稳态过程主要反映系统工作的稳态误差(准确性)。快速性、稳定性、准确性是系统设计的三大指标要求。

1.7.2 控制系统的分类

1. 按输入量的变化规律分类

按输入量变化规律分,控制系统可分为恒值控制系统、程序控制系统和随动系统。

恒值控制系统的输入量在系统运行过程中始终保持恒定。其任务是保证在任何干扰作用下维持系统输出量为恒定值。恒值控制系统分析的重点是克服扰动对被控量的影响。

程序控制系统的输入量是事先设定好的不为常数的给定函数,变化规律预先可知,其任务是保证在不同运行状态下被控量按照预定的规律变化。

随动控制系统的输入量不恒定,不按已知规律变化,而是按事先不能确定的一些随机因素而改变,因而被控量也是跟随这个预先不能确定的输入量而随时变化。其任务是当输入量发生变化时,要求输出量迅速而平稳地跟随着变化,且能排除各种干扰因素的影响,准确地复现控制信号的变化规律。

2. 按反馈分类

按控制系统的结构中有无反馈控制作用分为开环控制系统、闭环控制系统和复合控制系统。

当构成系统每一环节的输入不受系统的输出的影响时,这样的系统称为开环控制系统。

当构成系统的任一环节的输入受到系统的输出影响时,这样的系统称为闭环控制系统。

复合控制系统同时包含按偏差的闭环控制和按扰动或输入的开环控制的控制系统。按偏差控制即反馈控制(见反馈控制系统),它按偏差确定控制作用以使输出量保持在期望值上。

3. 按传递信号的性质分类

按系统中传递信号的性质,控制系统分为连续控制系统和离散控制系统。

系统各环节的输入与输出信号均是时间 t 的连续函数,信号均是可任意取值的模拟量的系统称为连续控制系统。

在某一处或数处的信号是脉冲序列或数字量传递的系统称为离散控制系统,其控制规律一般是用软件实现,描述此种系统的数学工具是差分方程和 z 变换。在离散控制系统中,数字测量、放大比较、给定等部件一般由微处理器实现。

4. 按系统的数学描述分类

按系统的数学描述,控制系统可分为线性控制系统和非线性控制系统。

系统中所有的元件、部件都是线性的,输入与输出之间可以用线性微分方程来描述的控制系统称为线性控制系统。线性系统的重要特点是满足叠加原理,这对于分析多输入、多输出的线性系统具有重要意义。

当控制系统中存在非线性元件、部件时,该系统称为非线性系统,其输入输出关系需要用非线性微分方程来描述。

5. 按系统输入输出数量分类

按系统输入输出信号的数量,控制系统可分为单变量系统和多变量系统。

6. 按闭环回路的数目分类

按系统闭环回路的数目,控制系统可分为单回路控制系统和多回路控制系统。

1. 7. 3 控制系统的组成和基本要求

1. 系统组成和基本环节(元件、装置)

典型反馈控制系统组成框图如图 1-7-1 所示。该组成框图表示了控制系统各元件在系统中的位置和相互之间的关系。

给定环节 用于产生控制系统的输入量(给定信号),产生的输入量一般与期望的输出量相对应。输入信号的量纲要与主反馈信号的量纲相同。给定元件通常不在闭环回路中,可有各种形式,以电类元件居多。

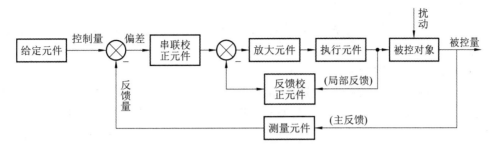

图 1-7-1 典型反馈控制系统结构

测量环节 用于测量被控制量,产生与被控制量有一定函数关系的信号,起反馈作用,一般为非电量电测。测量元件的精度直接影响控制系统的精度。

比较环节 用于比较控制量和反馈量并产生偏差信号。

放大环节 对偏差信号进行幅值或功率的放大,以便有足够的功率来推动执行机构或被控对象,并对信号形式进行变换。

执行环节 其职能是直接推动被控对象,使其被控量发生变化。执行元件的选择应具有足够大的功率和足够宽的工作频带。

校正环节 为改善或提高系统的动态和稳态性能而在系统基本结构基础上增加的校正元件。校正元件根据被控对象的特点和性能指标的要求而设计。校正元件串联在由偏差信号到被控制信号间的前向通道中的称为串联校正;校正元件在反馈回路中的称为反馈校正。

被控对象 控制系统所要控制的对象,系统输出量即为被控量。设计控制系统时,认为被控对象是不可改变的。

系统的环节(元件、装置)在具体实现时不一定是各自独立的,可能是一个实际元件同时担负几个元件的作用,也可能是几个实际元件共同担负一个元件的作用。

2. 控制系统中的量

被控量 也称输出量或被控参量,是在控制系统中按规定任务需要加以控制的物理量。

控制量 也称给定量或控制输入,是根据要求与输出量相适应的预先给定信号。

干扰量 也称扰动量,干扰或破坏系统按预定规律运行的各种外部和内部条件。

输入量 是控制量与干扰量的总称,一般多指控制量。

反馈量 由输出端引回到输入端的量。

偏差量 控制量与反馈量之差。

误差量 实际输出量与希望输出量之差值。

3. 控制系统的基本要求

评价控制系统的好坏,其指标是多种多样的,但对控制系统的基本要求一般可归纳为稳定性、快速性、准确性。

(1)稳定性 控制系统能起控制作用,首先必须稳定,且必须满足一定的稳定裕度,当外界短暂干扰或系统参数发生某些变化时,也能够使系统保持稳定的工作状态。稳定性是系统动态过程的振荡倾向和系统能否恢复平衡状态的性能。

(2)快速性 快速性是在系统稳定性的前提下提出的,反映对控制系统动态过程持续时间的要求。系统从一种平衡状态到另一种平衡状态都存在一个过渡过程。快速性是当系统输出量与给定输入量之间产生偏差时,消除这种偏差的快速程度。一般希望系统从扰动开始到系统达到新的平衡状态的过渡过程时间尽可能短。

（3）准确性　准确性反映系统的控制精度，一般用系统的稳态误差来衡量。稳态误差是指系统稳定后的实际输出与期望输出之间的差值。稳态误差反映了动态过程后期的性能，是衡量系统品质的一个重要指标。

对一个控制系统要求稳定性、快速性、准确性三方面都达到很高的质量往往是不可能的，三者之间往往是相互制约的。在设计与调试过程中，若过分强调系统的稳定性，则可能会造成系统响应迟缓和控制精度较低的后果；若过分强调系统响应的快速性，则又会使系统的振荡加剧，甚至引起不稳定。不同的生产过程对稳定性、快速性和准确性的具体要求和主次地位是不同的，设计时，一般总是在满足稳定性要求后，对准确性和快速性进行综合考虑。

1.7.4　课程性质与任务

本课程是一门专业基础课。课程以数学、物理及相关学科为其理论基础，以机械工程中系统动力学为其抽象、概括与研究的对象，运用信息的传播、处理与反馈进行控制的思维方法与观点，作为桥梁作用将数理基础课程与专业课程紧密结合起来。

本课程的任务是使学生通过课程学习，掌握控制理论的基本原理，学会以动力学的基本观点对待机械工程系统，能够从整体系统的角度，研究系统中信息传递及反馈控制的动态行为，结合生产实际来考察、分析和解决机械工程中的实际问题。

本课程体现了如下特点：

（1）围绕工程设计的基本要求"快速性、稳定性、准确性"对系统进行分析与校正。

（2）坚持"系统"和"动态"两个观点，将研究对象抽象为系统，运用控制理论的方法去解决机械工程中的实际问题。

（3）贯彻"时域"和"频域"两条分析主线对系统性能进行分析或设计。

（4）讲述了机电控制系统理论应用的知识，可帮助读者建立基本控制理论与实际控制系统工程设计问题中的联系。

学习本课程时，既要十分重视抽象思维了解一般规律，又要充分注意结合实际，联系专业努力实践；既要善于从个性中概括出共性，又要善于从共性出发深刻了解个性；学习用广义系统动力学的方法去抽象与解决实际问题。

1.8　例题解析

例 1-8-1　图 1-8-1 所示为锅炉液位控制系统原理图，为了保证锅炉正常运行，需要维持锅炉液位为正常标准值。锅炉液位过低，易烧干锅而发生严重事故；锅炉液位过高，则易使蒸汽带水并有溢出危险。因此，必须通过调节器严格控制锅炉液位的高低，以保证锅炉正常安全地运行。试简述该系统的工作原理，并绘制控制系统的结构框图。

解　该控制系统是通过蒸汽的耗气量与锅炉的进水量相等，使液位保持为正常标准值的。当锅炉的给水量不变，而蒸汽负荷突然增加或减少时，引起锅炉液位发生变化。当实际液位高度与正常给定液位之间出现偏差时，调节器立即进行控制，开大或关小给水阀门，使液位恢复到给定值。

工作原理：该系统中锅炉作为被控对象，其输出为被控参数（液位）。通过变送器测量锅炉液位，并将其转换为一定的信号输至调节器，在调节器内将测量液位与给定液位进行比较，得

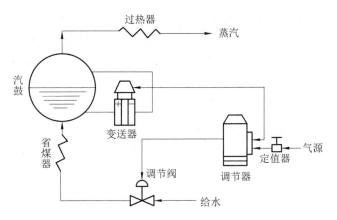

图 1-8-1 锅炉液位控制系统原理图

出偏差值,然后根据偏差情况按一定的控制规律(如比例(P)、比例-积分(PI)、比例-积分-微分(PID)等)发出相应的输出信号去推动调节阀动作,调节阀在控制系统中起执行元件作用,根据控制信号对锅炉的进水量进行调节。

锅炉液位控制系统方框图如图 1-8-2 所示。

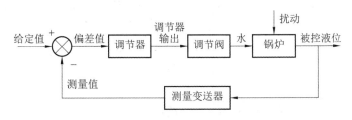

图 1-8-2 锅炉液位控制系统方框图

例 1-8-2 电冰箱制冷系统原理图如图 1-8-3 所示。试简述系统的工作原理,指出被控对象、被控量和给定量,并画出制冷系统的方框图。

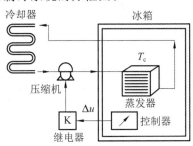

图 1-8-3 冰箱制冷系统原理图

解 控制系统的被控对象是看得见的实体,不能与物理量相混淆。被控制量则是被控对象中表征被控对象工作状态的物理量。确定控制对象要根据控制的目标与任务而定。

本题中系统的控制任务是保持冰箱内的温度 T_c 等于设定的温度 T_r。冰箱的箱体是被控对象,箱内温度是被控量。由控制器旋钮设定出与希望温度 T_r 值相对应的电位器输出电压是给定量。

系统工作原理:温度控制器中的双金属温度传感器(测量元件)感受冰箱内的温度,并把它转换为电压信号,与控制器旋钮设定出的电位器(给定元件)输出电压(对应于希望温度 T_r)相比较,利用偏差电压 Δu(表征实际温度和希望温度的偏差)控制继电器。当 Δu 大到一定值时,继电器接通压缩机启动,将蒸发器中的高温低压气态制冷液送到冷却器散热。降温后流出的低温低压冷却液被压缩成低温高压液态进入蒸发器急速降压扩散成气体,吸收箱体内的热量,使箱体内温度降低,而高温低压制冷剂再次被吸入冷却器。如此循环,使冰箱达到制冷效果。

冰箱制冷系统方框图如图 1-8-4 所示。

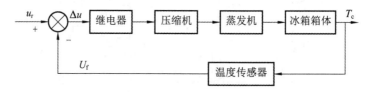

图 1-8-4　冰箱制冷系统方框图

例 1-8-3　图 1-8-5 所示为贮槽液位控制系统,工艺要求液位保持为某一数值,试画出该系统的方框图,并指出该系统中的被控对象、被控量和干扰量。

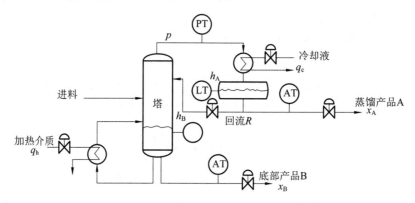

图 1-8-5　贮槽液位控制系统

解　该系统中被控对象为贮槽,被控量为贮槽液位,干扰量为进水流量、大气温度等。该控制系统的方框图如图 1-8-6 所示。

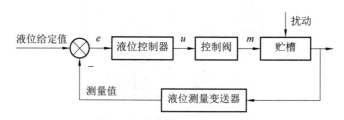

图 1-8-6　贮槽液位控制系统方框图

习题解答

习　　题

1-1　机械工程控制论的研究对象和任务是什么? 闭环控制系统的工作原理是什么?

1-2　试列举两个日常生活中控制系统的例子,用框图说明其工作原理,并指出是开环控制系统或是闭环控制系统。

1-3　对控制系统的基本性能要求有哪些? 并说明为什么。

1-4　如图所示为仓库大门自动控制系统原理示意图。试说明系统自动控制大门开、闭的工作原理,并画出系统方框图。

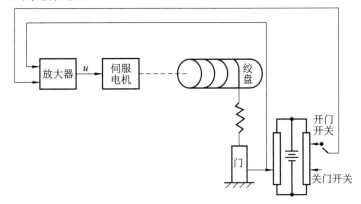

题 1-4 图

1-5　如图所示为工业炉温自动控制系统的工作原理图。试分析系统的工作原理,指出被控对象、被控量和给定量,画出系统方框图。

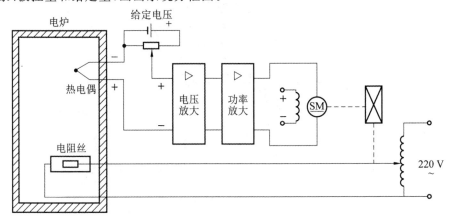

题 1-5 图

1-6　控制导弹发射架方位的电位器式随动系统原理图如图所示。图中电位器 P_1、P_2 并联后跨接到同一电源 E_0 的两端,其滑臂分别与输入轴和输出轴连接,组成方位角的给定元件和测量反馈元件。输入轴由手轮操纵;输出轴则由直流电机经减速后带动,电机采用电枢控制的方式工作。试分析系统的工作原理,指出系统的被控对象、被控量和给定量,画出系统的方框图。

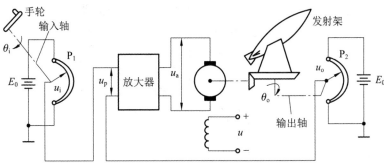

题 1-6 图

1-7 采用离心调速器的蒸汽机转速控制系统如图所示。试指出系统中的被控对象、被控量和给定量,分析其工作原理,画出系统的方框图。

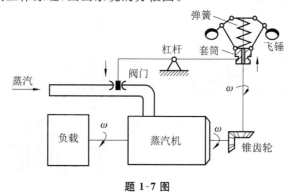

题 1-7 图

1-8 摄像机角位置自动跟踪系统如图所示。当光电显示器对准某个方向时,摄像机会自动跟踪并对准这个方向。试分析系统的工作原理,指出被控对象、被控量及给定量,并画出系统方框图。

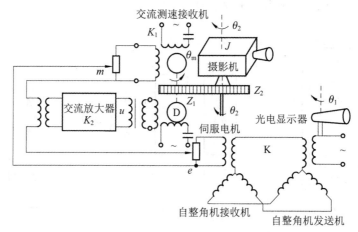

题 1-8 图

1-9 如图所示为水温控制系统示意图。冷水在热交换器中由通入的蒸汽加热,从而得到一定温度的热水。冷水流量变化用流量计测量。试绘制系统方框图,为保持热水温度为期望值,系统是如何工作的?系统的被控对象和控制装置是什么?

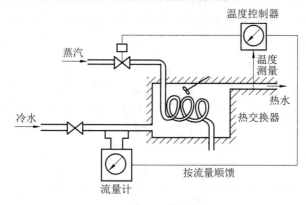

题 1-9 图

1-10 许多机器如车床、铣床和磨床,都配有跟随器,用来复现模板的外形。图示就是这样一种跟随系统的原理图。在此系统中,刀具能在原料上复制模板的外形。试说明其工作原理,画出系统方框图。

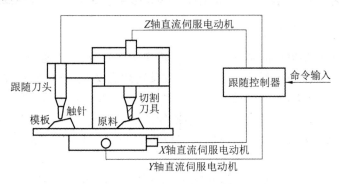

题 1-10 图

第 2 章　控制系统的数学模型

学习要点:掌握数学模型的基本概念;掌握传递函数的概念、传递函数的零极点,用分析法求系统传递函数;熟练掌握典型环节的传递函数及物理意义;了解相似原理的概念;了解传递函数方框图的组成及意义,能够根据系统微分方程绘制系统传递函数方框图,掌握闭环系统中前向通道传递函数、开环传递函数、闭环传递函数的概念及传递函数的化简;了解干扰作用下系统输出及传递函数;了解建立机电控制系统数学模型的一般步骤和方法。

2.1　控制系统数学模型的基本概念

控制系统的种类很多,它可以是物理的也可以是非物理的(如生物的、社会经济的等)。对于一个具体的控制系统来讲,其最终目的是能够完成某些规定的任务,达到一定的要求,如建造一个室内调温系统,或是造纸机稳速系统,或是火箭制导系统等。为了能较好地利用控制系统,就必须掌握其内在规律。研究一个控制系统,仅仅去分析系统的作用原理及其大致的运动过程是不够的,必须同时进行精确的数量级层面上的分析,才能做到深入地研究并将其有效地应用到实际工程中去。

2.1.1　系统的数学模型及分类

要定量描述控制系统的动态性能,揭示系统结构、参数与动态性能之间的关系,就需要建立系统的数学模型。同时,分析和设计控制系统的最首要任务也是建立系统的数学模型。控制系统数学模型既是分析控制系统的基础,又是综合设计控制系统的依据。

控制系统的数学模型就是描述系统输入输出变量之间以及内部各变量之间相互关系的数学表达式。控制系统的数学模型是根据系统的动态特性,即通过决定系统特性的物理学定律,如机械、电气、热力、液压等方面的基本定律而写成。它代表系统在运动中各变量之间的相互关系,既定性又定量地描述了整个系统的动态过程。

数学模型是对系统运动规律的定量描述,表现为各种形式的数学表达式,从而具有不同的类型。下面介绍几种主要类型。

1. 静态数学模型与动态数学模型

根据功能不同,数学模型可分为静态数学模型和动态数学模型。描述系统静态(工作状态不变或慢变过程)特性的模型称为静态数学模型。静态数学模型一般是以代数方程表示的,数学模型的变量不依赖于时间,是输入、输出之间的稳态关系。描述系统动态或瞬态特性的模型称为动态数学模型。动态数学模型的变量依赖于时间,一般是微分方程等形式。静态数学模型可以看成是动态数学模型的特殊情况。

2. 输入输出描述模型与内部描述模型

描述系统输入与输出之间关系的数学模型称为输入输出描述模型,如微分方程、传递函数、频率特性等数学模型。而状态空间模型描述了系统内部状态和系统输入、输出之间的关系,称为内部描述模型。内部描述模型不仅描述了系统输入、输出之间的关系,而且描述了系统内部信息传递关系,所以比输入输出模型更深入地揭示了系统的动态特性。

3. 连续时间模型与离散时间模型

根据数学模型所描述的系统中的信号是否存在离散信号,数学模型分为连续时间模型和离散时间模型,分别简称连续模型和离散模型。连续数学模型有微分方程、传递函数、状态空间表达式等。离散数学模型有差分方程、Z 传递函数、离散状态空间表达式等。

4. 参数模型与非参数模型

从描述方式上看,数学模型分为参数模型和非参数模型两大类。参数模型是用数学表达式表示的数学模型,如传递函数、差分方程、状态方程等。非参数模型是用直接或间接从物理系统的试验分析中得到的响应曲线表示的数学模型,如脉冲响应、阶跃响应、频率特性曲线等。

数学模型虽然有不同的表示形式,但它们之间可以互相转换,可以由一种形式的模型转换为另一种形式的模型。例如,一个具体的控制系统,可以用参数模型表示,也可以用非参数模型表示;可以用输入/输出模型表示,也可以用状态空间模型表示;可以用连续时间模型表示,也可以用离散时间模型表示。具体使用哪种模型研究某个控制系统,则要综合考虑工程实践的具体需求。

2.1.2　建立系统数学模型的一般方法

合理建立系统的数学模型是分析和研究系统的关键。由于实际的控制系统往往比较复杂,需要对其元件和系统的构造原理、工作情况等有足够的了解,需要对实际系统进行全面的分析,把握好模型简化与模型精度之间的尺度。合理的数学模型应具有最简化的形式,但又能正确地反映所描述系统的特性。

建立数学模型有两种基本方法:机理分析建模法和系统辨识建模法。

机理分析建模法是通过对系统内在机理的分析,运用各种物理、化学定律,推导出描述系统的数学关系式的方法,该数学关系式通常称为机理模型。采用机理分析建模必须清楚地了解系统的内部结构,所以,常称为"白箱"建模方法。机理分析建模得到的模型展示了系统的内在结构与联系,较好地描述了系统特性。但是,机理分析建模法具有局限性:当系统内部过程变化机理还不很清楚时,很难采用机理分析建模方法;当系统结构比较复杂时,所得到的机理模型往往比较复杂,难以满足实时控制的要求;机理建模总是基于许多简化和假设之上的,所以,机理模型与实际系统之间存在建模误差。

系统辨识建模法是利用系统输入、输出的实验数据或者正常运行数据,构造数学模型的实验建模方法。因为系统建模法只依赖于系统的输入、输出关系,即使对系统内部机理不了解,也可以建立模型,所以常称为"黑箱"建模方法。由于系统辨识是基于建模对象的实验数据或者正常运行数据,所以,建模对象必须已经存在,并能够进行实验。而且,辨识得到的模型只反映系统输入、输出的特性,不能反映系统的内在信息,难以描述系统的本质。

最有效的建模方法是将机理分析建模法与系统辨识建模法结合起来。事实上,人们在建模时,对系统不是一点都不了解,只是不能准确地描述系统的定量关系,但了解系统的一些特性,例如系统的类型、阶次等,因此,系统像一只"灰箱"。实用的建模方法是尽量利用人们对物理系统的认识,由机理分析提出模型结构,然后用观测数据估计出模型参数,这种方法常称为"灰箱"建模方法,实践证明这种建模方法是非常有效的。在工程上,建模过程常常做一些必要的假设和简化,忽略一些对系统特性影响小的次要因素,并对一些非线性因素进行线性化,在系统误差允许的范围内用简化的数学模型来表达实际系统,建立一个比较准确的近似数学模型。

2.2　控制系统的微分方程

在时域中，微分方程是控制系统最基本的数学模型。实际中常见的控制系统，如机械系统、电气系统等，都是按照一定的运动规律进行的，这些运动规律都可以用微分方程来表示。微分方程是列写传递函数和状态空间方程的基础。

2.2.1　列写微分方程的一般步骤

要建立一个控制系统的微分方程，首先必须了解整个系统的组成结构和工作原理，然后根据系统或各组成元件所遵循的运动规律和物理定律，列写整个系统的输出变量与输入变量之间的动态关系表达式，即微分方程。用分析法列写微分方程的一般步骤如下：

（1）确定系统或各组成元件的输入、输出变量。找出系统或各物理量（变量）之间的关系。对于系统给定的输入量或干扰输入量都是系统的输入量，而系统的被控制量则是系统的输出量。对于一个元件或环节而言，应按照系统信号的传递情况来确定输入量和输出量。

（2）按照信号在系统中的传递顺序，从系统的输入端开始，根据各变量所遵循的运动规律或物理定律，列写出信号在传递过程中各环节的动态微分方程，一般为一个微分方程组。

（3）按照系统的工作条件，忽略一些次要因素，对已建立的原始动态微分方程进行数学处理，如简化原始动态微分方程、对非线性项进行线性化处理等。并考虑相邻元件之间是否存在负载效应。

（4）消除所列动态微分方程的中间变量，得到描述系统输入、输出变量之间的微分方程。

（5）将微分方程标准化（规格化）。将与输出量有关的各项放在微分方程等号的左边，与输入量有关的各项放在微分方程等号的右边，并且各阶导数按降幂排列。

设有线性定常系统，若输入为 $x_i(t)$，输出为 $x_o(t)$，则系统的微分方程的一般形式可表达为

$$
a_n \frac{\mathrm{d}^n x_o(t)}{\mathrm{d}t^n} + a_{n-1} \frac{\mathrm{d}^{n-1} x_o(t)}{\mathrm{d}t^{n-1}} + \cdots + a_1 \frac{\mathrm{d}x_o(t)}{\mathrm{d}t} + a_0 x_o(t)
$$
$$
= b_m \frac{\mathrm{d}^m x_i(t)}{\mathrm{d}t^m} + b_{m-1} \frac{\mathrm{d}^{m-1} x_i(t)}{\mathrm{d}t^{m-1}} + \cdots + b_1 \frac{\mathrm{d}x_i(t)}{\mathrm{d}t} + b_0 x_i(t) \qquad (n \geqslant m)
$$
(2-1)

由于系统中通常都存在储能元件而使系统具有惯性，因此输出量的阶次 n 一般大于或等于输入量的阶次 m。

2.2.2　典型系统的微分方程

1. 机械系统

在机械系统的分析中，质量、弹簧和阻尼器是最常使用的三个理想化基本元件。理想的质量元件代表质点，此质点近似地将物体的质量全部集中到质心上。只要机械表面在滑动接触中运转，在物理系统中就存在摩擦。物体弹性变形的概念则可用螺旋弹簧表示的理想要素来说明。如表 2-2-1 所示，机械系统中元件的运动有直线运动和旋转运动两种基本形式，列写微分方程采用的物理定律为达朗贝尔原理，即作用于每个质点上的合力，同质点惯性力形成平衡力系。

表 2-2-1　机械系统基本元件的物理定律

元件名称及代号	符号	所遵循的物理定律
质量元件 m		$f = m \dfrac{\mathrm{d}x^2(t)}{\mathrm{d}t^2}$
弹性元件 k		$f = k(x_2 - x_1)$
阻尼元件 c		$f = c\left[\dfrac{\mathrm{d}x_2(t)}{\mathrm{d}t} - \dfrac{\mathrm{d}x_1(t)}{\mathrm{d}t}\right]$

【例 2-2-1】　由质量块 m、阻尼器 c、弹簧 k 组成的单自由度机械系统如图 2-2-1 所示,当外力作用于系统时,系统将产生运动。试写出外力 $f(t)$ 与质量块的位移 $x(t)$ 之间的微分方程。

解　该系统在外力 F 的作用下,抵消了弹簧拉力 $kx(t)$ 和阻尼力 $c\dfrac{\mathrm{d}x(t)}{\mathrm{d}t}$ 后,与质点惯性力 $m\dfrac{\mathrm{d}^2x(t)}{\mathrm{d}t^2}$ 形成平衡力系,根据达朗贝尔原理,便可写出力的平衡方程式为

$$F - c\frac{\mathrm{d}x}{\mathrm{d}t} - kx = m\frac{\mathrm{d}^2x}{\mathrm{d}t^2}$$

即

$$m\frac{\mathrm{d}^2x}{\mathrm{d}t^2} + c\frac{\mathrm{d}x}{\mathrm{d}t} + kx = F \tag{2-2}$$

方程(2-2)是线性二阶常微分方程。

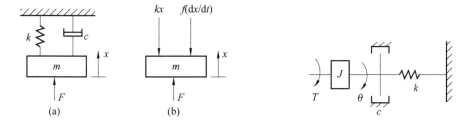

图 2-2-1　质量-弹簧-阻尼系统自由体图　　　　图 2-2-2　旋转运动的 J-c-k 系统

【例 2-2-2】　图 2-2-2 所示为一做旋转运动的机械系统,其中 J 为转动惯量,c 为回转黏性阻尼系数,k 为弹簧扭转刚度,试写出输入转矩 T 与输出转角 θ 之间的微分方程。

由达朗贝尔原理可知,外加转矩 T 与输出转角 θ 之间的微分方程为

$$J\frac{\mathrm{d}^2\theta}{\mathrm{d}t^2} + c\frac{\mathrm{d}\theta}{\mathrm{d}t} + k\theta = T \tag{2-3}$$

2. 电气系统

电气系统主要包括电阻、电容和电感等基本元件,其基本物理定律如表 2-2-2 所示。运用基尔霍夫电压定律和基尔霍夫电流定律列写微分方程。基尔霍夫电压定律为任一闭合回路中电压的代数和恒为零,即 $\sum u(t) = 0$;基尔霍夫电流定律为任一时刻在电路的任一节点上流

出的电流总和与流入该节点的电流总和相等，即 $\sum i(t) = 0$。运用基尔霍夫定律时应注意电流的流向及元件两端电压的参考极性。

表 2-2-2　电气系统基本元件的物理定律

元件名称及代号	符号	所遵循的物理定律
电容 C	$v_2 \xrightarrow{\ i\ } \dashv\vdash v_1$ C	$v_2 - v_1 = \dfrac{1}{C}\displaystyle\int i(t)\,\mathrm{d}t$
电感 L	$v_2 \xrightarrow{\ i\ } \text{\large⌒⌒} v_1$ L	$v_2 - v_1 = L\dfrac{\mathrm{d}i(t)}{\mathrm{d}t}$
电阻 R	$v_2 \xrightarrow{\ i\ } \boxminus v_1$ R	$i(t) = \dfrac{v_2 - v_1}{R}$

【例 2-2-3】　用基尔霍夫电压定律来分析图 2-2-3、图 2-2-4 所示 LRC 串联电路。

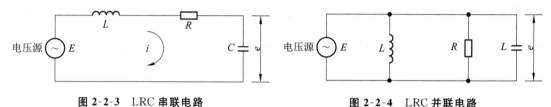

图 2-2-3　LRC 串联电路　　　　　　　图 2-2-4　LRC 并联电路

解　图 2-2-3 系统的运动方程为

$$L\frac{\mathrm{d}i}{\mathrm{d}t} + Ri + \frac{1}{C}\int_{-\infty}^{t} i\mathrm{d}t = e \tag{2-4}$$

$$\frac{1}{C}\int_{-\infty}^{t} i\mathrm{d}t = e_0 \tag{2-5}$$

依据电荷 $q = \displaystyle\int i\mathrm{d}t$，方程(2-4)变为

$$L\frac{\mathrm{d}^2 q}{\mathrm{d}t^2} + R\frac{\mathrm{d}q}{\mathrm{d}t} + \frac{1}{C}q = e \tag{2-6}$$

类似地，应用基尔霍夫电流定律，可以得到图 2-2-4 所示并联电路的运动方程

$$\frac{1}{L}\int_{-\infty}^{t} e\mathrm{d}t + \frac{e}{R} + C\frac{\mathrm{d}e}{\mathrm{d}t} = i \tag{2-7}$$

依据交链磁通 $\varPhi = \displaystyle\int e\mathrm{d}t$，可将方程式(2-7)写成：

$$C\frac{\mathrm{d}^2 \varPhi}{\mathrm{d}t^2} + \frac{1}{R}\frac{\mathrm{d}\varPhi}{\mathrm{d}t} + \frac{1}{L}\varPhi = i \tag{2-8}$$

3. 相似系统

将图 2-2-1 所示机械直线运动系统的方程式(2-2)同图 2-2-3 所示电路系统的方程式(2-6)比较，可见它们形式相同。具有相同形式的微分方程的系统称为相似系统。力 F(力矩 T)和电压 e 在这里是相似变量。称这种相似变量为力(力矩)-电压相似。表 2-2-3 给出了在这种相似变量的一览表。

表 2-2-3　机械-电气中的相似量

机械（直线运动系统）		机械（旋转运动系统）		电气系统	
力	F	力矩	T	电压	e
质量	m	转动惯量	J	电感	L
黏性摩擦系数	f	黏性摩擦系数	f	电阻	R
弹簧刚度	k	扭转弹簧刚度	k	电容的倒数	$1/C$
位移	x	角位移	θ	电量	q
速度	v	角速度	ω	电流	I

对研究各种系统如电的、机械的、热的、液压的等,相似系统的概念是一种有用的技术。若得到一个系统的解,可以推广到与它相似的所有系统上去。一般,当电系统更易于实验研究的时候,依据它们的电相似来研究机械系统是很方便的。这就是所谓的"机电模拟"。

4. 机电系统

【例 2-2-4】 图 2-2-5 是他励控制式直流电动机原理图,设 u_a 为电枢两端的控制电压,ω 为电动机旋转角速度,M_L 为折合到电动机轴上的总的等效负载力矩,系统中 e_d 是电动机旋转时电枢两端的反电动势,i_a 为电枢电流,M 为电动机的电磁力矩。求电动机的数学模型。

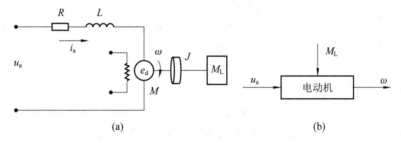

图 2-2-5　他励控制式直流电动机

解　当励磁不变时,用电枢电压控制电动机输出转速。设 L 和 R 分别为电感和电阻,根据基尔霍夫定律,电动机电枢回路的电压平衡方程为

$$L\frac{\mathrm{d}i_a}{\mathrm{d}t} + i_a R + e_d = L\frac{\mathrm{d}i_a}{\mathrm{d}t} + i_a R + k_d\omega = u_a \tag{2-9}$$

式中:k_d 为反电势常数。

根据刚体的转动定律,电动机转子的运动方程为

$$J\frac{\mathrm{d}\omega}{\mathrm{d}t} = M - M_L = k_m i_a - M_L \tag{2-10}$$

式中:J 为转动部分折合到电动机轴上的总的转动惯量,并且略去了与转速成正比的阻尼力矩。当励磁磁通固定不变时,电动机的电磁力矩 M 与电枢电流 i_a 成正比。

由式(2-9)和式(2-10),消去中间变量 i_a,可得

$$\frac{LJ}{k_d k_m}\frac{\mathrm{d}^2\omega}{\mathrm{d}t^2} + \frac{RJ}{k_d k_m}\frac{\mathrm{d}\omega}{\mathrm{d}t} + \omega = \frac{1}{k_d}u_a - \frac{L}{k_d k_m}\frac{\mathrm{d}M_L}{\mathrm{d}t} - \frac{R}{k_d k_m}M_L$$

令 $L/R = T_a$,$RJ/(k_d k_m) = T_m$,$1/k_d = C_d$,$T_m/J = C_m$,则上式为

$$T_a T_m \frac{\mathrm{d}^2\omega}{\mathrm{d}t^2} + T_m \frac{\mathrm{d}\omega}{\mathrm{d}t} + \omega = C_d u_a - C_m T_a \frac{\mathrm{d}M_L}{\mathrm{d}t} - C_m M_L \tag{2-11}$$

式(2-11)即为电枢控制式直流电动机的数学模型。由式可见,转速 ω 既受 u_a 控制,又受 M_L 影响。

2.2.3　非线性数学模型的线性化

在建立控制系统的数学模型时,常常会遇到非线性问题。严格地说实际的物理系统都包含不同程度的非线性因素,而求解非线性微分方程非常困难,对于大部分非线性系统来说,是在一定的条件下可近似地视作线性系统的,这种有条件地把非线性数学模型转化为线性数学模型来处理的方法,称为非线性数学模型的线性化。对于具有非线性特性的系统来说,如果在一定条件下,通过近似处理,能够将线性系统的理论和方法用于非线性系统,就会使问题简化,给控制系统的研究工作带来很大的方便。因此,非线性系统线性化处理的方法也是工程实践中的一种常见的、比较有效的方法。

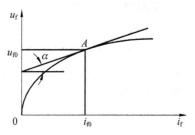

图 2-2-6　发电机励磁特性

以图 2-2-6 所示发电机励磁特性为例,图中的 A 点为发电机稳定状态励磁的工作点,励磁电流和发电机电压分别为 i_{f0} 和 u_{f0},当励磁特性磁电流改变时,发电机电压 u_f 沿着励磁曲线变化。u_f 与 i_f 变化不成比例,也就是说 u_f 和 i_f 之间成非线性关系,但是,如果仅在 A 点附近做微小的变化,那么我们就可以近似地认为 u_f 是沿着励磁曲线上 A 点的切线变化,磁特性即可用切线这一直线来代替,即变化的增量

$$\Delta U_f = \Delta I_f \tan\alpha$$

这样就把非线性问题线性化了。

由数学的级数理论可知,若非线性函数在给定区域内有各阶导数存在,便可在工作点的邻域将非线性函数展开为泰勒级数。当偏差范围很小时,可略去二次以上的高阶项,从而得到只包含偏差一次项的线性化方程式,实现函数的线性化,这种线性化方法称为小范围线性化。

对于具有一个自变量的非线性元件或系统,设其输入量为 r,输出量为 $y=f(r)$,在静态工作点 $y_0 = f(r_0)$ 处各阶导数均存在,则可在 $y_0 = f(r_0)$ 的邻域展开成泰勒级数

$$y = f(r_0) + \left(\frac{\mathrm{d}f(r)}{\mathrm{d}r}\right)_{r=r_0} + \frac{1}{2!}\left(\frac{\mathrm{d}^2 f(r)}{\mathrm{d}r^2}\right)_{r=r_0} (r-r_0)^2 + \cdots$$

当 $(r-r_0)$ 很小时,可忽略上式中 $(r-r_0)$ 二次方以上的各项,则得

$$y = f(r_0) + \left(\frac{\mathrm{d}f(r)}{\mathrm{d}r}\right)_{r=r_0} \text{ 或 } y - y_0 = K\Delta r \tag{2-12}$$

这就是该非线性元件或系统的线性化数学模型。

具有两个自变量输入的非线性系统,可设其输入量分别为 r_1 和 r_2,输出量 $y=f(r_1,r_2)$,系统静态工作点处 $y_0=f(r_{10},r_{20})$。把输出 y 在静态工作点的邻域内展开成泰勒级数,即

$$y = f(r_{10},r_{20}) + \left[\frac{\partial f}{\partial r_1}(r_1-r_{10}) + \frac{\partial f}{\partial r_2}(r_2-r_{20})\right] + \frac{1}{2!}\left[\frac{\partial^2 f}{\partial r_1^2}(r_1-r_{10})^2 + \right.$$

$$\left. \frac{\partial^2 f}{\partial r_1 \partial r_2}(r_1-r_{10})(r_2-r_{20}) + \frac{\partial^2 f}{\partial r_2^2}(r_2-r_{20})^2 \right] + \cdots$$

式中各阶导数均为在 $r_1=r_{10}$、$r_2=r_{20}$ 处的偏导数。

当偏差 (r_1-r_{10})、(r_2-r_{20}) 很小时，忽略二阶以上各项，则上式可改写为

$$y = f(r_{10}, r_{20}) + \frac{\partial f}{\partial r_1}(r_1 - r_{10}) + \frac{\partial f}{\partial r_2}(r_2 - r_{20})$$

或

$$y - y_0 = K_1(r_1 - r_{10}) + K_2(r_2 - r_{20}) \tag{2-13}$$

式中：$K_1 = \frac{\partial f}{\partial r_1}$；$K_2 = \frac{\partial f}{\partial r_2}$。

令 $\Delta y = y - y_0$、$\Delta r_1 = r_1 - r_{10}$、$\Delta r_2 = r_2 - r_{20}$，式(2-13)可改写为

$$\Delta y = K_1 \Delta r_1 + K_2 \Delta r_2$$

这就是两个自变量的非线性系统的线性化数学模型。

【例 2-2-5】　某三相桥式晶闸管整流电路的输入量为控制角 α，输出量为 E_d，E_d 与 α 之间的关系为

$$E_d = 2.34 E_2 \cos\alpha = E_{d0}\cos\alpha$$

式中：E_2 为交流电源相电压的有效值；E_{d0} 为 $\alpha = 0°$ 时的整流电压。

该装置的整流特性曲线如图 2-2-7 所示，求晶闸管整流装置线性化后的特性方程。

解　由图 2-2-7 可知输出量 E_d 与输入量 α 成非线性关系。如果正常工作点为 A，该处 $E_d(\alpha_0) = E_{d0}\cos\alpha_0$，那么当控制角 α 在小范围内变化时，可以作为线性环节来处理。令 $r_0 = \alpha_0$，$y_0 = E_{d0}\cos\alpha_0$，由式(2-12)得

$$E_d - E_{d0}\cos\alpha_0 = K(\alpha - \alpha_0) \tag{2-14}$$

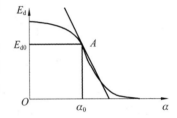

图 2-2-7　晶闸管整流特性

式中：$K = \left(\dfrac{\mathrm{d}E_d}{\mathrm{d}\alpha}\right)_{\alpha=\alpha_0} = -E_{d0}\sin\alpha_0$。

将式(2-14)改写成增量方程，得

$$\Delta E_d = K \Delta \alpha$$

式中的 $\Delta E_d = E_d - E_{d0}\cos\alpha_0$，$\Delta \alpha = \alpha - \alpha_0$，这就是晶闸管整流装置线性化后的特性方程。在一般情况下，为了简化起见，当写晶闸管整流装置的特性方程式时，常把增量方程改写为下列一般形式

$$E_d = K\alpha$$

但是，应明确的是，该式中的变量 E_d、α 均为增量。

2.3　控制系统的传递函数

2.2 节介绍了控制系统在一定输入作用下，系统输入/输出关系线性微分方程的编写方法。为了研究控制系统在一定输入作用下系统的输出和性能情况，最直接的方法就是求解系统微分方程，取得输出量的时间函数曲线，然后再根据该函数曲线来对系统性能进行分析。然而，对于复杂的系统，直接求解其微分方程常常非常困难，于是，人们引入了 Laplace 变换（简称拉氏变换）来求解线性微分方程。通过拉氏变换，微分方程的求解问题就转化为代数方程求解和查表的问题，使计算变得简单。在此基础上，人们引入了传递函数这一概念。传递函数是在拉氏变换基础上的复数域中的数学模型。传递函数不仅可以表征系统的动态特性，而且可以用来研究系统的结构或参数变化对系统性能的影响。经典控制理论中广泛应用的时域分析

法、根轨迹法和频域法,就是以传递函数为基础建立起来的,因此传递函数是经典控制理论中最基本也是最重要的数学模型。

关于拉氏变换法在有关教科书中已详细论述,本书不再叙述。

2.3.1　传递函数的基本概念及主要特点

在零初始状态条件下,定义线性定常系统的传递函数为输出变量的拉氏变换对输入变量的拉氏变换之比。

这里特别指出,零初始状态条件如下:

① $t < 0$ 时,输入量及其各阶导数均为零;

② 输入量施加于系统之前,系统处于稳定工作状态,即 $t < 0$ 时,输出量及其各阶导数也均为零。

大多数实际工程系统都满足这样的条件。零初始状态条件的规定不仅能简化运算,而且有利于在同等条件下比较系统性能。所以,这样规定是必要的。

控制系统(或环节)微分方程式的一般形式可写为

$$a_n \frac{\mathrm{d}^n x_o(t)}{\mathrm{d}t^n} + a_{n-1} \frac{\mathrm{d}^{n-1} x_o(t)}{\mathrm{d}t^{n-1}} + \cdots + a_1 \frac{\mathrm{d}x_o(t)}{\mathrm{d}t} + a_0 x_o(t)$$

$$= b_m \frac{\mathrm{d}^m x_i(t)}{\mathrm{d}t^m} + b_{m-1} \frac{\mathrm{d}^{m-1} x_i(t)}{\mathrm{d}t^{m-1}} + \cdots + b_1 \frac{\mathrm{d}x_i(t)}{\mathrm{d}t} + b_0 x_i(t) \tag{2-15}$$

式中:$x_i(t)$ 为输入变量;$x_o(t)$ 为输出变量。

若初始条件为零,输入量 $x_i(t)$ 的拉氏变换为 $X_i(s) = L[x_i(t)]$、输出量 $x_o(t)$ 的拉氏变换 $X_o(s) = L[x_o(t)]$ 为根据拉氏变换的微分定理,对微分方程(2-15)的两边同时进行拉氏变换可得

$$(a_n s^n + a_{n-1} s^{n-1} + \cdots + a_1 s + a_0) X_o(s) = (b_m s^m + b_{m-1} s^{n-1} + \cdots + b_1 s + b_0) X_i(s) \tag{2-16}$$

则有

$$X_o(s) = \frac{b_m s^m + b_{m-1} s^{n-1} + \cdots + b_1 s + b_0}{a_n s^n + a_{n-1} s^{n-1} + \cdots + a_1 s + a_0} \cdot X_i(s)$$

则系统的传递函数表达式为

$$G(s) = \frac{X_o(s)}{X_i(s)} = \frac{b_m s^m + b_{m-1} s^{m-1} + \cdots + b_1 s + b_0}{a_n s^n + a_{n-1} s^{n-1} + \cdots + a_1 s + a_0} \tag{2-17}$$

由上述定义可知,传递函数具有如下一些主要特点:

(1) 传递函数是 s 的复变函数。传递函数中的各项系数完全取决于系统的结构和参数。

(2) 传递函数分母的阶次与各项系数只取决于系统本身的固有特性而与外界无关,分子的阶次与各项系数取决于系统与外界之间的关联。所以,传递函数的分母与分子分别反映了由系统的结构和参数所决定的系统的固有特性和系统与外界之间的联系。

(3) 系统在零初始状态时,对于给定的输入,系统输出的拉氏逆变换完全取决于系统的传递函数,通过拉氏逆变换,可求得系统在时域中的输出:

$$x_o(t) = L^{-1}[X_o(s)] = L^{-1}[G(s) X_i(s)] \tag{2-18}$$

由于已设初始状态为零,因而这一输出与系统在输入作用前的初始状态无关。但是,一旦系统的初始状态不为零,则系统的传递函数不能完全反映系统的动态历程。

(4) 传递函数分母中 s 的阶次 n 不会小于分子中 s 的阶次 m,即 $n \geqslant m$。这是由于实际系统中储能元件具有惯性,使输出滞后于输入。如单自由度二阶机械振动系统,输入力后先要克

服系统的惯性,产生加速度,再产生速度,才可能有位移输出,而与输入有关的各项的阶次是不可能高于二阶的。

(5) 传递函数可以有量纲,也可以是无量纲的,取决于系统输出的量纲与输入的量纲。物理性质不同的系统、环节或元件,可以具有相同类型的传递函数。因为,既然可以用相同类型的微分方程来描述不同物理系统的动态过程,同样也可以用相同类型的传递函数来描述不同物理系统的动态过程。因此,传递函数的分析方法可以用于不同的物理系统。

(6) 传递函数是一种以系统参数表示的线性定常系统输入量与输出量之间的关系式,传递函数的概念通常只适用于线性定常系统。一个传递函数只能表示一个输入对一个输出之间的关系,对于多输入-多输出的线性定常系统,可对不同输入和对应的输出分别求传递函数,而后进行叠加。另外,系统传递函数只表示系统输入量和输出量的数学关系(描述系统的外部特性),而没有表示系统中间变量之间的关系(描述系统的内部特性)。针对这种局限性,在现代控制理论中,往往采用状态空间描述法对系统的动态特性进行描述。

2.3.2　控制系统的特征方程和零、极点

系统的传递函数 $G(s)$ 是复变量 s 的函数,经因式分解后,可写成如下的形式:

$$G(s) = \frac{b_m s^m + b_{m-1} s^{m-1} + \cdots + b_1 s + b_0}{a_n s^n + a_{n-1} s^{n-1} + \cdots + a_1 s + a_0} = \frac{K(s - z_1)(s - z_2) \cdots (s - z_m)}{(s - p_1)(s - p_2) \cdots (s - p_n)} \quad (2\text{-}19)$$

传递函数分母的多项式 $a_n s^n + a_{n-1} s^{n-1} + \cdots + a_1 s + a_0$ 反映系统的固有特性,称为系统的特征多项式,令特征多项式等于零得到的方程称为特征方程,特征方程的解称为特征根。

经因式分解后得到的传递函数形式也称为传递函数的零、极点增益模型。由复变函数可知,在式(2-19)中,当 $s = z_j (j = 1, 2, \cdots, m)$ 均能使 $G(s) = 0$,故称 $z_1, z_2, \cdots, z_m$ 为系统的零点;当 $s = p_i (i = 1, 2, \cdots, n)$ 时,均能使 $G(s)$ 取极值,即

$$\lim_{s \to p_i} G(s) = \infty \quad (i = 1, 2, \cdots, n)$$

故称 $p_1, p_2, \cdots, p_n$ 为 $G(s)$ 的极点。系统传递函数的极点也就是系统特征方程的特征根。

系统传递函数的零、极点和放大倍数 K 对系统的分析研究非常重要。系统极点的性质决定系统是否稳定。根据拉氏变换求解微分方程可知,系统的瞬态响应主要由 e^{pt}、$e^{\sigma t} \sin \omega t$、$e^{\sigma t} \cos \omega t$ 等形式的分量构成,在此,p 是系统传递函数实数极点,σ 是系统传递函数复数极点($\sigma + j\omega$)中的实数,p 和 $(\sigma + j\omega)$ 也就是微分方程的特征根,假定所有的极点是负数或具有负实部的负数,即 $p < 0$,$\sigma < 0$,系统传递函数所有的极点均在 $[s]$ 复平面左半平面,当 $t \to \infty$ 时,上述分量都将趋于零,瞬态响应是收敛的。在这种情况下,我们说系统是稳定的,也就是说系统是否稳定由系统的极点性质决定。

当系统的输入信号一定时,系统的零、极点决定着系统的动态性能,即零点对系统的稳定性没有影响,但零点对系统瞬态响应曲线的形状有影响。当系统的输入为单位阶跃函数 $X_i(s) = 1/s$,根据拉氏变换的终值定理,系统的稳态输出值为

$$\lim_{t \to \infty} x_o(t) = x_o(\infty) = \lim_{s \to 0} s X_o(s) = \lim_{s \to 0} s G(s) X_i(s) = \lim_{s \to 0} G(s) = G(0)$$

所以 $G(0)$ 决定着系统的稳态输出值。由式(2-19)可知:

$$G(0) = \frac{b_0}{a_0}$$

$G(0)$ 就是系统的放大倍数,它由系统微分方程的常数项决定。由此可见,系统的稳态性能由传递函数的常数项来决定。

由上述可知,系统传递函数的零、极点和放大倍数决定着系统的瞬态性能和稳态性能。所以,对系统的性能研究可变成对系统传递函数零、极点和放大倍数的研究。利用控制系统传递函数零、极点的分布可以简明直观地表达控制系统性能的许多规律。控制系统的时域、频域特性集中地以其传递函数零、极点特征表现出来,从系统的观点来看,对输入/输出的控制模型的描述,往往只需从系统的输入、输出的特征,即控制系统传递函数的零、极点特征来考察、分析和处理控制系统中的各种问题。

2.3.3 典型环节的传递函数

事实上,任何线性连续系统的数学模型总能由一些基本环节中的一部分组合而成。这样就可以研究这些为数不多的基本环节以及一些重要的组合系统。当弄清了这些基本环节的特性后,对任何系统也就容易分析其特性了。

对于线性常微分方程所描述的系统,其传递函数可写成:

$$G(s) = \frac{X_o(s)}{X_i(s)} = \frac{b_m s^m + b_{m-1} s^{m-1} + \cdots + b_1 s + b_0}{a_n s^n + a_{n-1} s^{n-1} + \cdots + a_1 s + a_0} \tag{2-20}$$

为了便于进一步对复杂系统的研究,把式(2-20)的分子和分母分解成因式相乘积的形式,即零、极点增益模型

$$G(s) = \frac{b_m (s - z_1)(s - z_2) \cdots (s - z_m)}{a_n (s - p_1)(s - p_2) \cdots (s - p_n)} \tag{2-21}$$

式中:$z_1, z_2, \cdots, z_m$ 为 $G(s)$ 的零点;$p_1, p_2, \cdots, p_n$ 为 $G(s)$ 的极点。

由于式(2-20)中的系数均为实数,所以 $G(s)$ 的零点和极点为实数或共轭复数。对于共轭复数的零点和极点所组成的因子合并成二次因式,二次因式的系数均为实数。这时,式(2-21)可表示为

$$G(s) = \frac{K \prod\limits_{i=1}^{\mu} (T_i s + 1) \prod\limits_{i=1}^{\eta} (T_i^2 s^2 + 2\xi_i T_i s + 1)}{s^v \prod\limits_{j=1}^{\rho} (T_j s + 1) \prod\limits_{j=1}^{\sigma} (T_j^2 s^2 + 2\xi_j T_j s + 1)} \tag{2-22}$$

式中:v 为零、正整数或负整数。当 $v=0$ 时,$\mu + 2\eta = m$,$\rho + 2\sigma = n$;当 $v>0$ 时,$\mu + 2\eta = m$,$v + \rho + 2\sigma = n$;当 $v<0$ 时,$-v + \mu + 2\eta = m$,$\rho + 2\sigma = n$。

式(2-22)表明,线性定常连续系统的传递函数均可分解成以上七种简单因子的乘积,其中的每一种因子所构成的传递函数表示一种运动特性,我们把这七种因子所构成的传递函数或其所对应的微分方程称为典型环节。

这七种典型环节是:

(1)比例环节 传递函数为 $G(s) = K$。

(2)惯性环节 传递函数为 $G(s) = \dfrac{1}{Ts+1} (T>0)$。

(3)积分环节 传递函数为 $G(s) = \dfrac{1}{s}$(或 $\dfrac{1}{Ts}$,$T>0$)。

(4)微分环节 传递函数为 $G(s) = s$(或 Ts,$T>0$)。

(5)一阶微分环节 传递函数为 $G(s) = Ts+1$,其中 $T>0$,此环节虽可由比例加微分两环节组合得到,但把它作为典型环节还是方便的。

(6)二阶振荡环节 传递函数为

$$G(s) = \frac{1}{T^2 s^2 + 2\xi T s + 1} \quad 或 \quad \frac{\omega_n^2}{s^2 + 2\xi \omega_n s + \omega_n^2} \quad (T > 0, \omega_n > 0, 0 < \xi < 1)$$

（7）二阶微分环节　传递函数为 $G(s) = T^2 s^2 + 2\xi T s + 1$。

以下将以实际元件为例，根据它们的微分方程表达式，推导出典型环节的传递函数，并提出它们的表示方法和分析它们的工作特性。

1. 比例环节

比例环节具有下列特性：输出不失真、不延滞、成比例地复现输入。

如图 2-3-1 为一运算放大器，若认为运算放大器的增益为无限大，则输出、输入电压的关系式为

$$u_c = K u_r$$

式中：u_c 为输出电压；u_r 为输入电压；K 为比例系数，$K = R_r / R_0$。

在应用运算放大器时，往往是利用反相端输入的，因此输出、输入电压的相位正相反，在上述关系式中就出现了负号。在求这种元件的传递函数时，为了方便，可以暂不考虑输出、输入间的符号关系，仍取传递函数为正号，本书以后就按此规定处理。整个系统当然必须也很容易处理这些符号关系，特别在实际系统的连接中，一定要注意电路中电压的极性，避免把负反馈接成正反馈。

若撇开元件的具体物理属性，上述元件的输入和输出的关系可表示为

$$X_o(s) = K X_i(s)$$

由此可知比例环节的传递函数为

$$G(s) = \frac{X_o(s)}{X_i(s)} = K$$

比例环节没有惯性，没有过渡过程，故也称为无惯性环节或放大环节。其特性如图 2-3-2 所示。

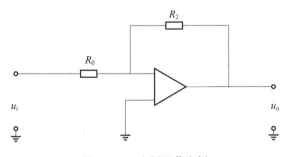

图 2-3-1　比例环节实例

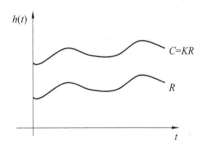

图 2-3-2　比例环节特性

2. 惯性环节

惯性环节的传递函数为

$$G(s) = \frac{1}{Ts + 1} (T > 0)$$

其运动方程为

$$T \frac{dy(t)}{dt} + y(t) = K x(t)$$

式中：K 为放大系数；T 为时间常数。

惯性环节的特点是：当输入阶跃变化时，环节具有惯性，输出不能立即按比例复现输入，而

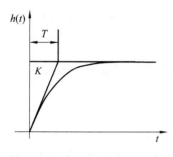

图 2-3-3　惯性环节特性

是按单指数曲线规律变化。这是由于惯性环节的物理系统中含有一个储能元件,如 RC 电路中的电容 C 储存电场能量。因为系统中有储能元件,所以能量的储存与释放需要一个过程,所以当输入突变时,输出量不能突变。惯性环节的单位阶跃响应示于图 2-3-3。

3. 积分环节

积分环节的传递函数为

$$G(s) = \frac{1}{s}(或\frac{1}{Ts}, T > 0)$$

其运动方程为

$$\frac{\mathrm{d}y(t)}{\mathrm{d}t} = K(t)$$

式中:K 为放大系数。

积分环节具有下列特性:输出的变化速度和输入成正比。因此即使在稳态时,因仍然要保持上述关系,就不存在输入的稳态值和输出的稳态值之间的固定关系。如图 2-3-4 所示的积分放大器,当放大器的开环增益趋于无穷大时,其传递函数为$G(s) = 1/RCs$。图 2-3-5 为积分环节的单位阶跃响应曲线。

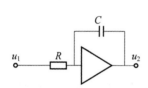

图 2-3-4　积分放大器

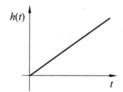

图 2-3-5　积分环节单位阶跃响应曲线

4. 微分环节

微分环节的传递函数为

$$G(s) = s(或 Ts, T > 0)$$

其运动方程式为

$$y(t) = K\frac{\mathrm{d}x(t)}{\mathrm{d}t}$$

式中:K 为放大系数。微分环节的特点是输出量 $y(t)$ 与输入量 $x(t)$ 的导数成正比。

在物理系统中,微分环节不独立存在,而是和其他环节一起出现。有些元件如果自身惯性很小,其传递函数可以近似地看作微分环节。如图 2-3-6 所示的直流电动机,当负载电阻很大时,可近似地看作微分环节,下面推导其传递函数。

电动机的转速比例于电动势,即

$$e = K_e\frac{\mathrm{d}\theta}{\mathrm{d}t}$$

式中:K_e 为比例系数;θ 为电动机转角。

当电动机接入负载 R_l 时,其电压平衡方程为

$$L_a\frac{\mathrm{d}i_a}{\mathrm{d}t} + (R_a + R_l)i_a = e$$

式中:L_a 为电动机电枢绕组电感;

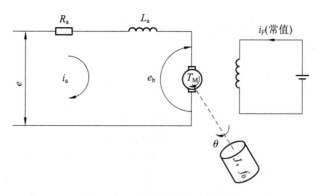

图 2-3-6　电枢控制直流电动机

R_a 为电枢绕组电阻,其输出电压为

$$u_1 = R_1 i_a$$

将以上三式联立整理得

$$T \frac{\mathrm{d}u_1}{\mathrm{d}t} + u_1 = K \frac{\mathrm{d}\theta}{\mathrm{d}t}$$

其传递函数为

$$G(s) = \frac{Ks}{Ts + 1}$$

式中:$T = L/(R_a + R_1)$,$K = K_e R_1/(R_a + R_1)$。可见当负载 R_1 很大时,$T = L/(R_a + R_1)$ 很小,可忽略不计。这时传递函数就变为

$$G(s) = Ks$$

当输入为单位阶跃函数时,微分环节的响应为在 $t = 0$ 时刻出现的脉冲(见图 2-3-7)。

5. 一阶微分环节

一阶微分环节的传递函数为

$$G(s) = Ts + 1 \quad (T > 0)$$

其运动方程为

$$y(t) = T \frac{\mathrm{d}x(t)}{\mathrm{d}t} + x(t)$$

式中:T 为时间常数。

一阶微分环节的特点是输出量 $y(t)$ 等于输入量 $x(t)$ 及其一阶导数之和。和微分环节一样,一阶微分环节在物理系统中不独立存在,作为运动特性来讲,它是一个类型。一阶微分环节的单位阶跃响应示于图 2-3-8,它在 $t = 0$ 处有一个脉冲,在 $t > 0$ 时等于输入量 $x(t)$。

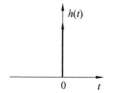
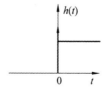

图 2-3-7　微分环节特性　　　　　　　**图 2-3-8　一阶微分环节特性**

6. 二阶振荡环节

二阶振荡环节的传递函数为

$$G(s) = \frac{1}{T^2 s^2 + 2\xi T s + 1} \quad 或 \quad \frac{\omega_n^2}{s^2 + 2\xi \omega_n s + \omega_n^2} \quad (0 < \xi < 1)$$

其运动方程为

$$\frac{1}{\omega_n^2}\frac{d^2 y(t)}{dt^2} + 2\xi\frac{1}{\omega_n}\frac{dy(t)}{dt} + y(t) = x(t)$$

式中：T 为时间常数；$\omega_n = 1/T$ 称为无阻尼自然频率；ξ 称为阻尼比。

属于振荡环节的例子有图 2-2-3 的 LRC 电路等。这一环节的特点是，在组成这一环节的系统中含有两种储能元件，如在 LRC 电路中，一种储能元件是电容 C，它储存电场能量，另一种储能元件是电感 L，它储存磁场能量。因此，当输入量突变时，在一定条件下，系统中的两种能量互相转换而产生振荡。在振荡过程中，能量逐渐消耗在耗能元件电阻上，最后振荡结束，系统达到新的平衡状态。图 2-3-9 所示为振荡环节的单位阶跃响应。

7. 二阶微分环节

二阶微分环节的传递函数为

$$G(s) = T^2 s^2 + 2\xi T s + 1$$

其运动方程为

$$y(t) = T^2 \frac{d^2 x(t)}{dt^2} + 2\xi T \frac{dx(t)}{dt} + x(t) \quad (0 < \xi < 1)$$

二阶微分环节的特点是输出量 $y(t)$ 等于输入量 $x(t)$ 及其一阶导数和二阶导数之和。二阶微分环节在物理上也不独立存在。二阶微分环节的单位阶跃响应示于图 2-3-10。

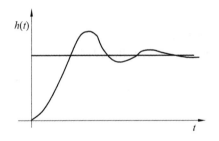　　　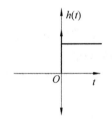

图 2-3-9　二阶振荡环节特性　　　　　　图 2-3-10　二阶振荡环节特性

以上七种典型环节表示系统或元件存在的基本运动形式，它不是具体的物理装置或元件。一个典型环节可以表示多种物理元件或系统的运动规律；同样，同一元件，如果取不同的变量作为输入量和输出量，其传递函数也会由不同的典型环节组成。表 2-3-1 列出了典型环节所对应的若干实例。

表 2-3-1　典型环节及其实例

环节	液压例	机械例	电例
比例环节 $G(s) = \dfrac{X_o(s)}{X_i(s)} = K$			

续表

环节	液压例	机械例	电例
惯性环节 $G(s)=\dfrac{1}{Ts+1}(T>0)$	$P \rightarrow \boxed{\dfrac{A/G}{\frac{B_c}{G}s+1}} \rightarrow X$	$Y \rightarrow \boxed{\dfrac{1}{\frac{B_c}{G}s+1}} \rightarrow X$	$E_1 \rightarrow \boxed{\dfrac{1}{RCs+1}} \rightarrow E_0$
积分环节 $G(s)=\dfrac{1}{Ts}$	$Q \rightarrow \boxed{\dfrac{1/A}{s}} \rightarrow X$	$N \rightarrow \boxed{\dfrac{zD}{s}} \rightarrow X$	$I \rightarrow \boxed{\dfrac{1}{Cs}} \rightarrow E_0$
微分环节 $G(s)=Ts$	$P \rightarrow \boxed{\dfrac{V}{\beta_0}s} \rightarrow Q$	$Q \rightarrow \boxed{Ks} \rightarrow X$	$I \rightarrow \boxed{L} \rightarrow E_L$
振荡环节 $G(s)=\dfrac{1}{T^2s^2+2\xi Ts+1}$	$Q \rightarrow \boxed{\dfrac{\frac{1}{A}}{\frac{V_1 m}{\beta_e A^2}s^2+\frac{V_1 B_c}{\beta_e A^2}s+1}} \rightarrow V$	$F \rightarrow \boxed{\dfrac{\frac{1}{G}}{\frac{m}{G}s^2+\frac{B_c}{G}s+1}} \rightarrow X$	$E_1 \rightarrow \boxed{\dfrac{1}{Lcs^2+RCs+1}} \rightarrow E_0$

2.4 控制系统的方框图及其化简

前面介绍的微分方程、传递函数等数学模型,都是用纯数学表达式描述系统特性的,不能反映系统中各元部件对整个系统性能的影响,而系统原理图虽然反映了系统的物理结构,但又缺少系统中各变量间的定量关系。本节介绍的方框图(或称为结构图、方块图等)既能描述系统中各变量间的定量关系,又能表示系统各部件对系统性能的影响。

一个系统,特别是复杂系统,总是由若干个环节按一定的关系组成的,将这些环节用方框来表示,其间用相应的变量及其信号流向联系起来,就构成了系统的方框图(见图 2-4-1)。系统方框图具体而形象地表示了系统内部各环节的数学模型、各变量之间的相互关系以及信号的流向。系统方框图本身就是控制系统数学模型的一种图解表示法,具有很多优点:它可以形象地反映系统中各环节、各变量之间的定性和定量关系;提供了关于系统动态特性的有关信息;并且可以揭示和评价每个组成环节对系统的影响;利用框图简化可以方便地列写整个系统的数学表达式形式的传递函数;同时,利用系统方框图可以很方便地转化成系统的频率特性,便于在频域对系统进行分析和研究。

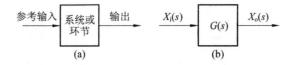

图 2-4-1 控制系统的方框图

2.4.1 控制系统方框图的构成要素及建立

控制系统的方框图,是由许多对信号进行单向运算的方框和一些连线组成的,它包括四种基本单元。

(1) 信号线:带有箭头的直线,箭头表示信号的传递方向,线上标记该信号的拉氏变换。

(2) 方框:表示对信号进行的数学变换,方框中写入环节或系统的传递函数,如图 2-4-2 所示。方框的输出量等于输入量与传递函数的积,即 $X_o(s) = G(s)X_i(s)$。

(3) 相加点(比较点):对两个以上的信号进行加减运算,"+"号表示相加,"-"号表示相减,如图 2-4-3 所示,有时"+"号省略不写。

(4) 分支点(引出点、测量点):表示信号引出或测量的位置。从同一位置引出的信号,在数值和性质方面完全相同,如图 2-4-4 所示。

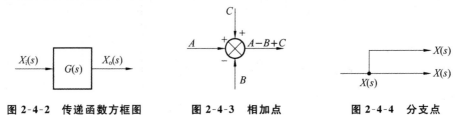

图 2-4-2 传递函数方框图   图 2-4-3 相加点   图 2-4-4 分支点

建立控制系统的方框图,其步骤如下。

(1) 根据系统工作原理和特性将系统划分为若干个环节,注意各环节之间不能有负载效应;

(2) 建立各环节的原始微分方程;

(3) 对原始微分方程进行拉氏变换,分别建立其环节的传递函数,绘出相应的方框图;

(4) 按照信号在系统中的传递、变换关系,依次将各环节的传递函数方框图连接,便得到整个系统的传递函数方框图。

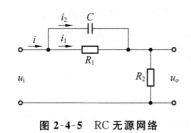

图 2-4-5 RC 无源网络

【例 2-4-1】 试绘制图 2-4-5 的 RC 无源网络的方框图。

解 将 RC 无源网络看成一个系统,系统的输入量为 $u_i(t)$,输出量为 $u_o(t)$。

(1) 建立系统各部件的微分方程。

根据基尔霍夫定律可写出以下微分方程

$$u_i = i_1 R_1 + u_o$$

$$u_o = iR_2$$

$$\frac{1}{C}\int i_2 \mathrm{d}t = i_1 R_1$$

$$i_1 + i_2 = i$$

（2）在零初始条件下对上述微分方程进行拉氏变换，得

$$U_i(s) = I_1(s)R_1 + U_o(s)$$

$$U_o(s) = I(s)R_2$$

$$I_2(s)\frac{1}{Cs} = I_1(s)R_1$$

$$I_1(s) + I_2(s) = I(s)$$

根据以上各式画出各元件的方框图，如图 2-4-6(a)～(d)所示。

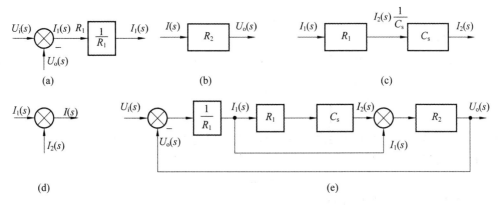

(a)　　　　　　　　(b)　　　　　　　　(c)

(d)　　　　　　　　(e)

图 2-4-6　RC 无源网络方框图的建立

（3）系统的方框图。

用信号线按信号流向依次将各方框图连接起来，得到 RC 无源网络方框图，如图 2-4-6(e)所示。

【例 2-4-2】　图 2-4-7 是一个电压测量装置，也是一个反馈控制系统，e_1 是待测量电压，e_2 是指示的电压测量值。如果 $e_2 \neq e_1$，就产生误差电压 $e = e_1 - e_2$，经调制、放大以后，驱动两相伺服电动机运转，并带动测量指针移动，直至 $e_2 = e_1$，这时指针指示的电压即是待测量的电压值。试绘制系统的方框图。

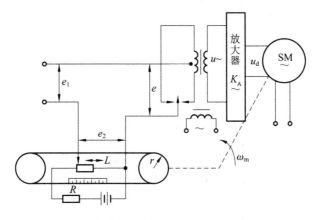

图 2-4-7　电压测量装置原理图

解　由图可知，系统由比较电路、机械调制器、两相伺服电动机及指针机构组成。

（1）列写各元件的运动方程。

比较电路 $\qquad\qquad\qquad\qquad e = e_1 - e_2$

调制器 $\qquad\qquad\qquad\qquad u_\sim = e$

放大器 $\qquad\qquad\qquad\qquad u_d = K_\Lambda e$

两相伺服电动机机械特性线性化方程为

$$M_m = -C_\Omega \frac{d\theta_m}{dt} + M_s$$

式中：M_m 为电动机输出转矩；θ_m 为电动机角位移；M_s 为电动机堵转转矩；C_Ω 是电动机阻尼系数，即机械特性线性化的直线斜率。

堵转转矩

$$M_s = C_M u_d$$

式中：C_M 为电动机转矩常数。

暂不考虑负载转矩，则电动机输出转矩 M_m 用来驱动负载并克服黏性摩擦，故得转矩平衡方程为

$$M_m = J_m \frac{d^2\theta_m}{dt^2} + f_m \frac{d\theta_m}{dt}$$

式中：J_m 和 f_m 分别是折算到电动机上的总转动惯量及总黏性摩擦系数。

绳轮传动机构

$$L = r\theta_m$$

式中：r 为绳轮半径；L 为指针位移。

测量电位器

$$e_2 = K_1 L$$

式中：K_1 为电位器传递系数。

（2）在零初始条件下对以上各式进行拉氏变换。

比较电路 $\qquad\qquad\qquad E(s) = E_1(s) - E_2(s)$

调制器 $\qquad\qquad\qquad U_\sim(s) = E(s)$

放大器 $\qquad\qquad\qquad U_d(s) = K_A E(s)$

两相伺服电动机

$$M_m = -C_\Omega s\theta_m(s) + M_s$$

$$M_s = C_M U_d(d)$$

$$M_m = J_m s^2 \theta_m(s) + f_m s\theta_m(s)$$

绳轮传动机构 $\qquad\qquad L(s) = r\theta_m(s)$

测试电位器 $\qquad\qquad E_2(s) = k_1 L(s)$

根据以上各式画出各元部件方框图，如图 2-4-8(a)～(g)所示。

（3）系统结构图。

用信号线按信号传递方向依次将各元部件的方框图连接起来，得到系统方框图，如图 2-4-8(h)所示。

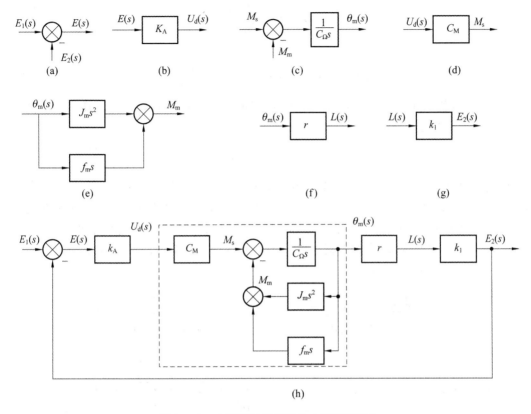

图 2-4-8 电压测量装置系统方框图的建立

2.4.2 控制系统方框图的连接方式

传递函数方框图的连接方式主要有三种:串联、并联和反馈连接。

1. 环节的串联

环节的串联是很常见的一种结构形式,其特点是,前一个环节的输出信号为后一个环节的输入信号,如图 2-4-9 所示。

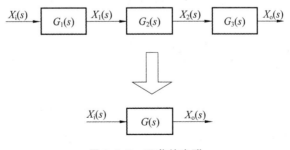

图 2-4-9 环节的串联

对于每一个环节的方框图有

$$G_1(s) = \frac{X_1(s)}{X_i(s)}$$

$$G_2(s) = \frac{X_2(s)}{X_1(s)}$$

$$G_3(s) = \frac{X_o(s)}{X_2(s)}$$

它们的乘积为

$$G(s) = G_1(s)G_2(s)G_3(s) = \frac{X_o(s)}{X_i(s)} \qquad (2\text{-}23)$$

式(2-23)表明,若干环节的串联可以用一个等效环节去代替,等效环节的传递函数为各个串联环节的传递函数之积,即

$$G(s) = \prod_{i=1}^{n} G_i(s)$$

应当指出只有当无负载效应即前一环的输出量不受后面环节影响时,式(2-23)才有效。例如,图2-4-10(c)中的电路是由图2-4-10(a)和(b)的电路串联组成。然而前者的传递函数却并不等于后两者传递函数之积,原因是存在负载效应,如果在后两个电路之间加入隔离放大器,如图2-4-10(d)所示,由于放大器的输入阻抗很大,输入阻抗很小,负载效应可以忽略不计。这时,式(2-23)就完全有效了。

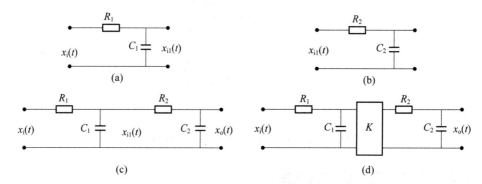

图 2-4-10　电路的串联

2. 环节的并联

环节的并联的特点是各环节的输入信号相同,输出信号相加(或相减),如图2-4-11所示。由图可见

$$X_o(s) = X_{o1}(s) + X_{o2}(s) + X_{o3}(s)$$

而

$$G_1(s) = \frac{X_{o1}(s)}{X_i(s)}, \; G_2(s) = \frac{X_{o2}(s)}{X_i(s)}, \; G_3(s) = \frac{X_{o3}(s)}{X_i(s)}$$

总的传递函数为

$$G(s) = \frac{X_o(s)}{X_i(s)} = G_1(s) + G_2(s) + G_3(s)$$

以上结论可推广到一般情况,当 n 个环节并联,其输出信号相加时,有

$$G(s) = \sum_{i=1}^{n} G_i(s) \qquad (2\text{-}24)$$

3. 反馈连接

若将系统或环节的输出信号反馈到输入端,与输入信号进行比较,如图2-4-12所示,就构成了反馈连接。若反馈信号与参考输入信号的极性相反,称为负反馈连接。反之,则为正反馈连接。图2-4-12(a)为单位负反馈系统的方框图。在有些情况下,系统的输出量和输入量不

是相同的物理量。为了进行比较,需要在反馈通道中设置一个变换装置,使反馈回来的信号具有与输入信号相同的量纲,如图 2-4-12(b)所示。这样,就形成了非单位反馈。

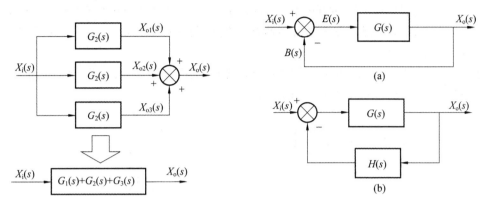

图 2-4-11 环节的并联   图 2-4-12 反馈系统

构成反馈连接后,信息的传递形成了封闭的路线,即形成了闭环控制。通常把闭环路线视作由信号两条传递信号的通道组成:一条是前向通道,即由信号输入点伸向信号引出点的通道;另一条为反馈通道,即把输出信号反馈到输入端的通道。

对于负反馈连接比较环节输出端为参考输入信号 $x_i(t)$ 和反馈信号 $b(t)$ 之差,称为偏差信号 $e(t)$,即

$$e(t) = x_i(t) - b(t)$$

或

$$E(s) = X_i(s) - B(s)$$

通常把反馈信号与偏差信号的拉氏变换式之比,定义为开环传递函数,即

$$G(s) = \frac{X_o(s)}{E(s)}$$

显然,当采用单位负反馈,即 $H(s)=1$ 时,开环传递函数即为前向通道传递函数。

对于负反馈连接,有

$$X_o(s) = [X_i(s) - H(s)X_o(s)]G(s)$$

由此可得闭环传递函数

$$G_B(s) = \frac{X_o(s)}{X_i(s)} = \frac{G(s)}{1 + G(s)H(s)} \tag{2-25}$$

对于正反馈连接,则有

$$G_B(s) = \frac{X_o(s)}{X_i(s)} = \frac{G(s)}{1 - G(s)H(s)} \tag{2-26}$$

2.4.3 控制系统方框图的等效变换与化简

对于实际系统,特别是自动控制系统,通常要用多回路的方框图来表示,如大环回路套小环回路,其方框图将很复杂。在对系统进行分析时,常常需要对方框图作一定的变换。特别是存在多回路和几个输入信号的情况下,更需要对方框图进行变换、组合与化简,以便求出总的传递函数。这里的变换主要是指对某些框图作位置上的变换,增加或取消一些框图。所谓等效变换是指变换前后输入输出总的数学关系保持不变。

对于一些多回路的实际系统,常会出现框图交错连接的情况,这就要通过分支点或相加点

的移动来消除各种连接方式之间的交叉,然后再进行等效变换化简。

1. 分支点移动规则

分支点:同一信号由一节点分开向不同方向传递的点。分支点可以相对于方框作前移或后移。

分支点前移:若分支点由方框之后移到方框之前,为保持等效,必须在分支回路上串入具有相同函数的方框,如图 2-4-13(a)所示。

分支点后移:若分支点由方框之前移到方框之后,为保持等效,必须在分支回路上串入具有相同函数倒数的方框,如图 2-4-13(b)所示。

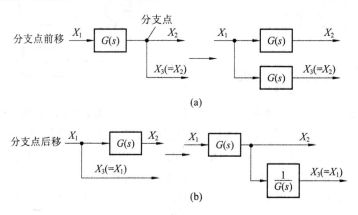

(a)

(b)

图 2-4-13　分支点移动规则

2. 相加点移动规则

相加点:信号在该节点进行代数和运算的点。相加点可以相对于方框作前移或后移。

相加点前移:若相加点由方框之后移到方框之前,为保持等效,必须在分支回路上串入具有相同函数的倒数的方框,如图 2-4-14(a)所示。

相加点后移:若相加点由方框之前移到方框之后,为保持等效,必须在分支回路上串入具有相同函数的方框,如图 2-4-14(b)所示。

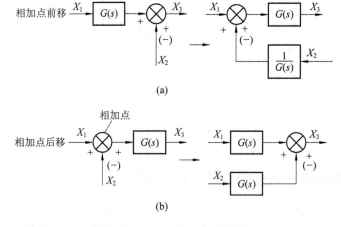

(a)

(b)

图 2-4-14　相加点移动规则

3. 分支点之间、相加点之间相互移动规则

分支点之间、相加点之间的相互移动,均不改变原有的数学关系,因此,可以相互移动。如图 2-4-15 所示。但分支点和相加点之间不能互相移动,因为它们并不等效。

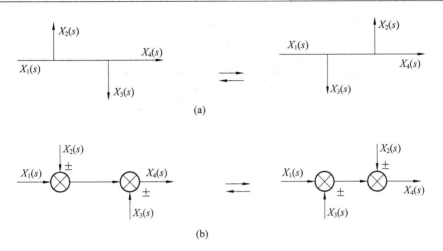

(a)

(b)

图 2-4-15　分支点之间、相加点之间的移动规则

有了以上这些基本规则就可以对较为复杂的方框图进行化简,其基本步骤如下:

① 将框图化为标准表达形式,输入 $X_i(s)$ 在左,输出 $X_o(s)$ 在右。

② 利用移动规则,消除交叉。

③ 利用串并联规则,化简支路。

④ 利用反馈规则,化简内环、外环。

⑤ 最终得到一个方框图,就是系统的传递函数。

下面举例说明方框图的变换和简化过程。

【例 2-4-3】　设多环系统的方框图如图 2-4-16 所示,试对其进行化简,并求闭环传递函数。

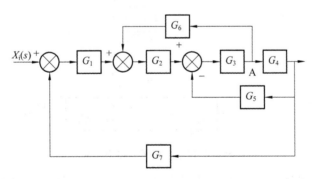

图 2-4-16　例 2-4-3 系统的方框图

解　此系统的标准形式已经给出,因此系统的化简直接从第二步开始。系统中有两个相互交替的局部反馈回路,因此在化简时首先应将信号引出点式信号汇合点移到适当的位置,将系统方框图变换为无交错反馈的图形,将 G_5 输入端的信号引出点移至 A 点。移动时遵守上述的两条原则。然后利用环节串联和反馈连接的规则依次化简支路、内环、外环,其步骤如图 2-4-17 所示。最后,得到了化简后的方框图。

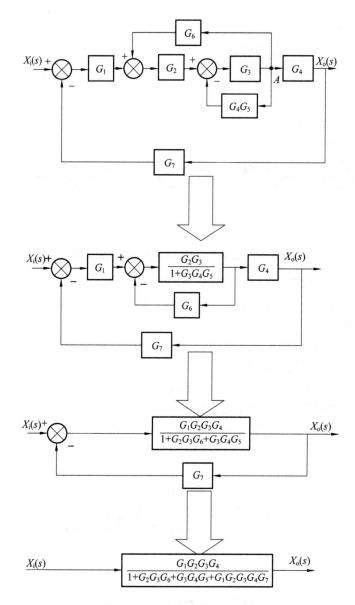

图 2-4-17 方框图的化简步骤

【**例 2-4-4**】 试化简图 2-4-18(a)所示系统传递函数方框图,并求其传递函数。

解 本例中,与 G_3、G_4 有一个并联的支路,又与 H_2 交叉。可先将 H_2 的分支点后移,然后合并并联支路,得到图(b),最后根据反馈规则逐一消去反馈回路,即可得到该系统的闭环传递函数如下:

$$G_B(s) = \frac{G_1 G_2 G_5 (1 + G_3 G_4)}{1 + G_1 G_2 H_1 + (1 + G_3 G_4) G_1 G_2 G_5 - G_2 G_3 H_2}$$

4. 闭环传递函数的直接列写

含有多个局部反馈回路的闭环传递函数也可以直接由以下公式求取:

$$G(s) = \frac{前向通道的传递函数之积}{1 + \sum 每一反馈环的传递函数之积}$$

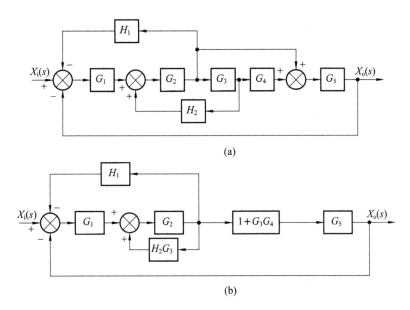

(a)

(b)

图 2-4-18　系统方框图的化简

在应用上式时,必须同时具备以下两个条件:

(1) 整个系统方框图仅有一条前向通道。如果系统有多条前向通道,则应先采用并联方式合并为一条前向通道。

(2) 各局部反馈回路之间存在公共的传递函数方框。

如果系统有两个独立的局部反馈回路,其间没有公共的方框,若直接利用上式,则会出现错误的传递函数。

2.4.4　输入和干扰同时作用下的系统传递函数

控制系统在工作过程中一般会受到两类输入作用,一类是有用的输入,也称为给定输入、参考输入或理想输入等;另一类则是干扰,或称扰动。给定输入通常加在控制装置的输入端,也就是系统的输入端;干扰输入一般作用在被控对象上。为了尽可能消除干扰对系统输出的影响,一般采用反馈控制的方式,将系统设计成闭环反馈系统。一个考虑扰动的反馈控制系统的典型结构可用图 2-4-19 的方框图来表示。

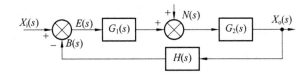

图 2-4-19　考虑扰动的反馈控制系统的典型框图

1. 给定输入信号 $X_i(s)$ 作用下的系统传递函数

令干扰信号 $N(s)=0$,则系统的方框图如图 2-4-20 所示,闭环系统的传递函数为

$$G_{B_i}(s) = \frac{X_{o1}(s)}{X_i(s)} = \frac{G_1(s)G_2(s)}{1 + G_1(s)G_2(s)H(s)} \tag{2-27}$$

可见,在给定输入 $X_i(s)$ 作用下的输出 $X_o(s)$ 只取决于系统的闭环传递函数和给定的输入 $X_i(s)$ 的形式。

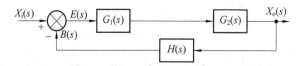

图 2-4-20　给定输入信号作用下的系统方框图

2. 干扰信号 $N(s)$ 作用下的系统传递函数

令系统的给定输入信号 $X_i(s) = 0$，则系统方框图如图 2-4-21 所示。

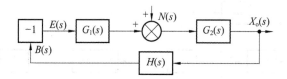

图 2-4-21　干扰信号作用下的系统方框图

$N(s)$ 作用下的系统传递函数为

$$G_N(s) = \frac{G_2(s)}{N(s)} = \frac{G_2(s)}{1 + G_1(s)G_2(s)H(s)} \tag{2-28}$$

3. 给定输入信号 $X_i(s)$ 和干扰信号 $N(s)$ 共同作用下的系统输出

给定输入信号 $X_i(s)$ 和干扰信号 $N(s)$ 共同作用于线性系统时，系统总输出是两输出的线性叠加。故总输出为

$$X_o(s) = X_{o1}(s) + X_{o2}(s) = \frac{G_1(s)G_2(s)}{1 + G_1(s)G_2(s)H(s)}X_i(s) + \frac{G_2(s)}{1 + G_1(s)G_2(s)H(s)}N(s)$$

$$= \frac{G_2(s)}{1 + G_1(s)G_2(s)H(s)}[G_1(s)X_i(s) + N(s)] \tag{2-29}$$

如果在系统设计中确保 $|G_1(s)G_2(s)H(s)| \gg 1$ 和 $|G_1(s)H(s)| \gg 1$ 时，干扰信号引起的输出将很小。

$$X_{o2}(s) = \frac{G_2(s)}{1 + G_1(s)G_2(s)H(s)}N(s) \approx \frac{1}{G_1(s)H(s)}N(s) \tag{2-30}$$

这时，系统总的输出为 $X_o(s)$，有

$$X_o(s) \approx \frac{1}{H(s)}X_i(s) + \frac{1}{G_1(s)H(s)}N(s) \approx \frac{1}{H(s)}N(s) \tag{2-31}$$

因此，闭环系统能使干扰引起的输出很小。或者说，闭环反馈系统能有效地抑制干扰对系统的影响，这是闭环控制能获得很高控制精度的一个重要原因。通过反馈回路组成的闭环系统能使系统输出只随输入而变化，不管外来干扰如何变化，系统的输出总是保持不变或变化很小。

如果系统没有反馈回路，即 $N(s) = 0$，则系统成为一个开环系统，这时，干扰 $N(s)$ 引起的输出 $X_{o2}(s) = G_2(s)N(s)$ 将无法消除，全部形成误差从系统输出。

由此可见，通过负反馈回路所组成的闭环控制系统具有较强的抗干扰能力。同时，系统的输出主要取决于反馈回路的传递函数和输入信号，与前向通道的传递函数几乎无关。特别地，当 $H(s) = 1$ 时，即单位反馈系统，这时，系统的输出 $X_o(s) \approx X_i(s)$，从而系统几乎实现了对输入信号的完全复现，这在实际工程设计中是十分有意义的。由于干扰不可避免，但只要对控制系统中的元器件选择合适的参数，就可以使干扰影响最小，这正是反馈控制的规律之一。

2.5　机电控制系统传递函数推导举例

前述章节主要介绍了控制系统数学模型的基本概念、解析建模的方法和步骤,以及数学模型的图解表示方法。下面通过实例进一步说明如何把机电控制系统抽象为数学模型,如何用解析方法和图解方法来推导系统的传递函数。必须重申,建立机电控制系统数学模型是分析系统性能关键性的步骤。通常,处理问题的方法是:首先建立一个简单的模型,并尽可能是线性的,而不管系统中可能存在的某些严重非线性和其他实际特性,从而得到近似的系统动态响应;而后为了更完整的分析,再建立一个更加精确的模型。

1. 机床进给传动链

图 2-5-1 所示为机床进给传动链,伺服电动机通过二级减速齿轮及丝杠螺母驱动工作台。这种传动链常用于工作台的位置伺服控制系统中。为研究机床工作台的定位精度,必须建立机床进给传动链的数学模型,以了解其动态性能对加工精度的影响。

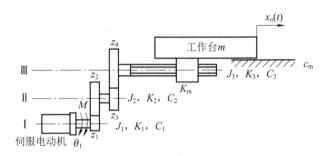

图 2-5-1　机床进给传动链

图中:J_1、J_2、J_3 分别为Ⅰ、Ⅱ、Ⅲ轴上的转动惯量;C_1、C_2、C_3 分别为Ⅰ、Ⅱ、Ⅲ轴上的黏性阻尼系数;K_1、K_2、K_3 分别为Ⅰ、Ⅱ、Ⅲ轴上的刚度系数;m 为工作台等移动部件的质量;c_m 为工作台移动时的黏性阻尼系数;K_m 为丝杠螺母副的刚度系数;T 为作用转矩。

下面推导以伺服电动机的转角 $\theta_1(t)$ 为输入量,工作台的位移 $x_o(t)$ 为输出量时该进给传动链的传递函数。为了推导其传递函数,首先可将其抽象为一个简单的动力学系统模型,抽象的过程就是质量、惯量、黏性阻尼系数、刚度系数等的折算过程。

当负载为零时,Ⅰ轴的转矩平衡方程式为

$$J \frac{\mathrm{d}^2 \theta_m(t)}{\mathrm{d}t^2} + C \frac{\mathrm{d}\theta_m(t)}{\mathrm{d}t} + K(\theta_m - \theta_1) = 0 \qquad (2\text{-}32)$$

式中:J、C、K 分别为工作台及各轴折算到Ⅰ轴上的等效总惯量、等效总黏性阻尼系数和等效总刚度系数;θ_1 为伺服电动机输入至Ⅰ轴的转角;$(\theta_m - \theta_1)$ 为Ⅰ轴在转矩作用下的相对转角;θ_m 为工作台位移 $x_o(t)$ 折算到Ⅰ轴上的等效当量转角,且

$$\theta_m = \frac{1}{n_1 n_2} \frac{2\pi}{L} x_o(t) \qquad (2\text{-}33)$$

式中:$n_1 = z_1/z_2$;$n_2 = z_3/z_4$;L 为丝杠螺距。

系数 J、C、K 的值可分别按下式计算

$$J = J_1 + n_1^2 J_2 + (n_1 n_2)^2 J_3 + \left(\frac{L}{2\pi} n_1 n_2\right)^2 m \qquad (2\text{-}34)$$

$$C = C_1 + n_1^2 C_2 + (n_1 n_2)^2 C_3 + \left(\frac{L}{2\pi} n_1 n_2\right)^2 C_{\mathrm{m}} \tag{2-35}$$

$$K = \cfrac{1}{\cfrac{1}{K_1} + \cfrac{1}{n_1^2 K_2} + \cfrac{1}{(n_1 n_2)^2 K_3} + \cfrac{1}{\left(\cfrac{L}{2\pi} n_1 n_2\right)^2 K_{\mathrm{m}}}} \tag{2-36}$$

将式(2-32)代入式(2-31)，可得

$$J \frac{\mathrm{d}^2 x_{\mathrm{o}}(t)}{\mathrm{d}t^2} + C \frac{\mathrm{d}x_{\mathrm{o}}(t)}{\mathrm{d}t} + K x_{\mathrm{o}}(t) = \frac{L}{2\pi} n_1 n_2 K \theta_{\mathrm{o}}(t) \tag{2-37}$$

对式(2-36)两边取拉氏变换，整理后可得系统传递函数为

$$G(s) = \frac{X_{\mathrm{o}}(s)}{\theta_{\mathrm{o}}(s)} = \frac{\dfrac{L}{2\pi} n_1 n_2 K}{J s^2 + C s + K} \tag{2-38}$$

由式(2-37)可见，这是一个二阶系统，由比例环节 $\dfrac{L}{2\pi} n_1 n_2$ 和二阶振荡环节组成。

2. 车削过程建模

图 2-5-2 所示为机床的车削过程。由图可知，实际切削深度 u 引起切削力 $f(t)$，切削力 $f(t)$ 作用于刀具、机床，引起刀具和机床、工件的变形，可将它们都折算到刀架上，看成是刀架产生位移 $x_{\mathrm{o}}(t)$。刀架位移 $x_{\mathrm{o}}(t)$ 又反馈回来引起切削深度 u 变化，从而使工件、刀具到机床构成一闭环系统。

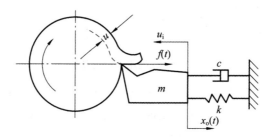

图 2-5-2　车削过程示意图

忽略切削过程中工件上前次切纹对切削深度的影响，当以名义切削深度 u_1 作为输入量，以刀架变形 $x_{\mathrm{o}}(t)$ 作为输出量，则车削过程的传递函数可推导如下：

实际切削深度为 $u = u_1 - u_0$，其拉氏变换式为

$$U(s) = U_1(s) - C(s) \tag{2-39}$$

根据切削力动力学方程，实际切除量 u 引起的切削力 $f(t)$ 为

$$f(t) = K_0 u(t) + C_0 \frac{\mathrm{d}u(t)}{\mathrm{d}t} \tag{2-40}$$

式中：K_0 为切削过程系数，它表示相应的切削力与切除量之比；C_0 为切削阻尼系数，它表示相应的切削力与切除量变化率 $\dfrac{\mathrm{d}u(t)}{\mathrm{d}t}$ 之比。

将式(2-40)进行拉氏变换，可得切深 $U(s)$ 与切削力 $F(s)$ 之间的切削传递函数

$$G_0(s) = \frac{F(s)}{U(s)} = K_0(Ts + 1) \tag{2-41}$$

式中：时间常数 $T = C_0 / K_0$。

机床刀架可以抽象为一外力作用在质量上的质量-弹簧-阻尼系统。所以，$F(s)$ 为输入，

$x_o(s)$ 为输出时的传送函数为

$$G_m(s) = \frac{X_o(s)}{F(s)} = \frac{1}{ms^2 + Cs + K} \tag{2-42}$$

根据式(2-38)、式(2-40)和式(2-41)可绘出系统方框图,如图 2-5-3 所示。

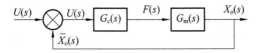

图 2-5-3　车削过程系统方框图

对于车削加工过程这一系统来说,其开环传递函数为

$$G_K(s) = G_c(s)G_m(s) = \frac{K_0(Ts+1)}{ms^2 + Cs + K} \tag{2-43}$$

由比例环节、一阶微分环节和二阶振荡环节组成。

系统闭环传递函数为

$$\varphi(s) = \frac{X_o(s)}{U(s)} = \frac{G_0(s)G_m(s)}{1 + G_0(s)G_m(s)} = \frac{K_0(Ts+1)}{ms^2 + (K_0T + C)s + (K_0 + K)} \tag{2-44}$$

3. 位置随动系统

某位置随动系统原理框图如图 2-5-4 所示,直流稳压电源 E,电位器最大工作角度 Q_m,第一级和第二级运算放大器的放大系数 K_1、K_2,功率放大器放大系数为 K_3,系统输入 Q_r,系统输出 Q_c。

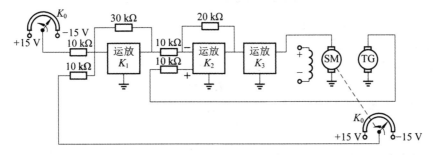

图 2-5-4　随动系统原理图

根据直流稳压电源 E 和电位器最大工作角度 Q_m,可求得电位器的传递函数 $K_0 = \dfrac{E}{Q_m}$,然后根据原理框图中各环节的与输入输出关系,可画出系统结构框图如图 2-5-5 所示。

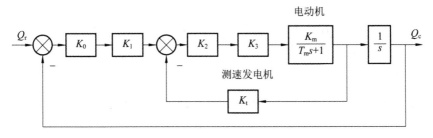

图 2-5-5　系统传递函数方框图

进一步,对图 2-5-5 的传递函数框图进行化简,可求得该随动系统的闭环传递函数为

$$\frac{Q_c(s)}{Q_r(s)} = \frac{\dfrac{K_0 K_1 K_2 K_3 K_m}{s(T_m s + 1)}}{1 + \dfrac{K_2 K_3 K_m K_t}{T_m s + 1} + \dfrac{K_0 K_1 K_2 K_3 K_m}{s(T_m s + 1)}} = \frac{1}{\dfrac{T_m}{K_0 K_1 K_2 K_3 K_m} s^2 + \dfrac{1 + K_2 K_3 K_m K_t}{K_0 K_1 K_2 K_3 K_m} s + 1}$$

4. 转速单闭环直流调速系统

图 2-5-6 所示的是具有转速负反馈的直流电动机调速系统,被调量是电动机的转速 n,给定量是给定电压 U_n^*。在电动机轴上安装测速发电机 TG,引出与被调量转速成正比的负反馈电压 U_n,U_n 与给定电压 U_n^* 相比较后,得到转速偏差电压 ΔU_n,经过比例放大器 A,产生电力电子变换器 UPE 所需的控制电压 U_c,以控制电动机转速 n。试根据其工作原理的职能框图转化得到系统的稳态结构框图和动态传递函数方框图。

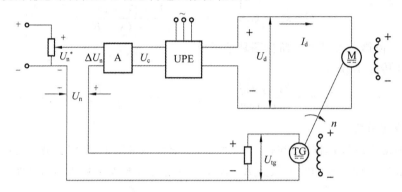

图 2-5-6　带转速负反馈的闭环直流调速系统原理框图

(1) 确定控制系统的稳态结构框图。

首先根据动力学方程求得各环节输入、输出的稳态关系:

电压比较环节　　　　　　　　　　　$\Delta U_n = U_n^* - U_n$

放大器 A　　　　　　　　　　　　　$U_c = K_p \Delta U_n$

电力电子变换器 UPE　　　　　　　　$U_{d0} = K_s U_c$

测速反馈环节　　　　　　　　　　　$U_n = \alpha n$

调速系统开环机械特性　　　　　　　$n = \dfrac{U_{d0} - I_d R}{C_e}$

以上关系式中:K_p 为放大器的比例系数,α 为转速反馈系数,U_{d0} 为电力电子变换器理想空载输出电压,R 为电枢回路总电阻。

根据上述五个关系式消去中间变量,整理后即得转速负反馈闭环直流调速系统的静特性方程:

$$n = \frac{K_p K_s U_n^* - I_d R}{C_e(1 + K_p K_s \alpha / C_e)} = \frac{K_p K_s U_n^*}{C_e(1 + K)} - \frac{R I_d}{C_e(1 + K)} \tag{2-45}$$

式中:$K = \dfrac{K_p K_s \alpha}{C_e}$ 为闭环系统的开环放大系数。

利用上述各环节的稳态关系式可以画出闭环系统的稳态结构图,如图 2-5-7 所示,图中有两个输入量:给定量 U_n^* 和扰动量 $-I_d R$。

(2) 确定控制系统的动态传递函数方框图。

为了分析调速系统的稳定性和动态品质,必须首先建立描述系统动态物理规律的数学模型。对于连续的线性定常系统,其数学模型是常微分方程,经过拉氏变换,可用传递函数和方

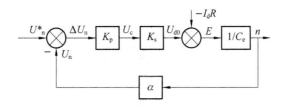

图 2-5-7 转速负反馈闭环直流调速系统稳态结构框图

框图表示。

带转速负反馈的闭环直流电动机调速系统是一个典型的运动系统,它由四个环节组成,根据系统中各环节的物理规律,列出描述该环节动态过程的微分方程,求出各环节的传递函数,组成系统的动态结构图并求出系统的传递函数。

从给定出发,第一个环节是比例放大器,其相应可以认为是瞬时的,所以它的传递函数就是它的放大系数,即

$$W_{\mathrm{p}}(s) = \frac{U_{\mathrm{c}}(s)}{\Delta U_{\mathrm{n}}(s)} = K_{\mathrm{p}} \tag{2-46}$$

第二个环节是电力电子变换器 UPE,不管是采用晶闸管触发整流装置还是采用 PWM 控制与变换装置来作为直流电动机调速的可控电源,都是一个纯滞后环节,其滞后作用由装置的失控时间 T_{s} 来决定,它们的传递函数的表达式都是相同的,都是

$$W_{\mathrm{s}}(s) = \frac{U_{\mathrm{do}}(s)}{U_{\mathrm{c}}(s)} \approx \frac{K_{\mathrm{p}}}{1 + T_{\mathrm{s}}s} \tag{2-47}$$

式中:T_{s} 为晶闸管触发整流装置或 PWM 控制与变换装置的平均失控时间。

第三个环节是直流电动机,为了推导带转速负反馈的闭环直流电动机调速系统的传递函数方框图,有必要消去电流 I_{d} 变量,可将 I_{dL} 的合成点前移,再进行等效变换,得到图 2-5-8 的形式。

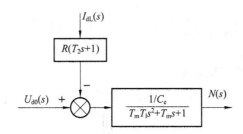

图 2-5-8 直流电动机动态传递函数框图变换

第四个环节是测速反馈环节,一般认为其相应时间是瞬时的,传递函数就是它的放大系数,即

$$W_{\mathrm{fn}}(s) = \frac{U_{\mathrm{n}}(s)}{N(s)} = \alpha \tag{2-48}$$

得到四个环节的传递函数以后,把它们按照信号传递的顺序相连,即可画出带转速负反馈的闭环直流电动机调速系统的传递函数方框图,如图 2-5-9 所示。

此时的调速系统可以近似看成是一个三阶线性系统。由图 2-5-9 可求得采用放大器的闭环直流调速系统的开环传递函数为

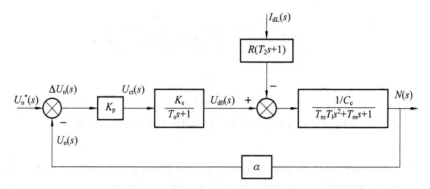

图 2-5-9　反馈控制闭环直流调速系统的动态传递函数方框图

$$W(s) = \frac{U_n(s)}{\Delta U_n(s)} = \frac{K}{(T_s s + 1)(T_m T_1 s^2 + T_m s + 1)}$$

式中，$K = K_p K_s \alpha / C_e$。因此，该系统的闭环传递函数为

$$W_{cl}(s) = \frac{N(s)}{U_n^*} = \frac{\dfrac{K_p K_s / C_e}{(T_s s + 1)(T_m T_1 s^2 + T_m s + 1)}}{1 + \dfrac{K_p K_s \alpha / C_e}{(T_s s + 1)(T_m T_1 s^2 + T_m s + 1)}} = \frac{K_p K_s / C_e}{(T_s s + 1)(T_m T_1 s^2 + T_m s + 1) + K}$$

$$= \frac{\dfrac{K_p K_s}{C_e (1 + K)}}{\dfrac{T_m T_1 T_s}{1 + K} s^3 + \dfrac{T_m (T_l + T_s)}{1 + K} s^2 + \dfrac{T_m + T_s}{1 + K} s + 1}$$

$$(2\text{-}49)$$

利用图 2-5-9 的方框图和式(2-49)的传递函数，可以进一步分析该系统的稳定性和动态性能。

2.6　数学模型的 MATLAB 语言描述

1. 简单函数的拉氏变换与反变换

在 MATLAB 的符号功能中，可以对简单函数进行拉氏变换、拉氏反变换。

拉氏变换：Laplace($f(t)$)；

拉氏反变换：iLaplace($F(s)$)。

其中 $f(t)$ 为原函数，$F(s)$ 为象函数。

【例 2-6-1】 求 $f = 5t$ 的拉氏变换。

解　MATLAB 程序如下：

```
> > syms t
> > f= 5* t;
> > F= laplace(f)
```

程序执行结果为

```
F= 5/s^2
```

【例 2-6-2】 求 $f = e^{at}$ 的拉氏变换。

解　MATLAB 程序如下：

```
> > syms t a
> > f= exp(a* t);
> > F= laplace(f)
```

程序执行结果为

```
F= - 1/( a- s)
```

【例 2-6-3】 求 $F(s)=1/(s-2)$ 的拉氏反变换。

解 MATLAB 程序如下：

```
> > syms s
> > F= 1/(s- 2);
> > f= ilaplace(F)
```

程序执行结果为

```
f= exp(2* t)
```

【例 2-6-4】 求 $F(s)=\dfrac{3a}{s^2+a^2}$ 的拉氏反变换。

解 MATLAB 程序如下：

```
> > syms s a
> > F= 3* a/(s^2+ a^2);
> > f= ilaplace(F)
```

程序执行结果为

```
f= 3* sin(a* t)
```

2. 传递函数的两种形式

传递函数通常表达成 s 的有理分式形式及零极点增益形式。

1）有理分式形式

$$G(s)=\frac{\displaystyle\sum_{i=1}^{m}a_{m-i}s^i}{\displaystyle\sum_{j=0}^{n}a_{n-j}s^j}\Rightarrow\frac{\mathrm{num}}{\mathrm{den}}$$

分别将分子、分母中 s 多项式的系数按降幂排列成行矢量，缺项的系数用 0 补齐。如 $G(s)=\dfrac{s+1}{s^3+3s^2+5s+1}$ 函数可表示为

```
> > num1= [1 1];
> > den1= [1 3 5 1];
> > sys= tf (num1, den1)
```

运行后，返回传递函数 $G(s)$ 的形式。

2）零极点增益形式

$$G(s)=\frac{K\displaystyle\prod_{i=1}^{m}(s+z_i)}{\displaystyle\prod_{j=1}^{n}(s+p_j)}$$

$$[r,\ p,\ k]=\mathrm{residue}\,(\mathrm{num},\mathrm{den})$$

部分分式展开后余数返回列向量 r，极点返回列向量 p，常数返回至 k。若无零点、极点或常数则返回[]（空矩阵）。

3. 利用 MATLAB 语言进行部分分式展开

在 MATLAB 语言中,用下面的语句格式表示出式(2-17)的分子与分母多项式:

$$num = [b_m, b_{m-1}, \cdots, b_0]$$

$$den = [a_n, a_{n-1}, \cdots, a_0]$$

MATLAB 命令:

$[r, p, k] = residue\,(num, den)$　　　求留数、极点和余项

可求出多项式 $X_o(s)$ 和 $X_i(s)$ 之比的部分分式展开式中的留数、极点和余项:

$$\frac{X_o(s)}{X_i(s)} = \frac{r(1)}{s - p(1)} + \frac{r(2)}{s - p(2)} + \cdots + \frac{r(n)}{s - p(n)} + k(s)$$

【例 2-6-5】　求下列传递函数的部分分式:

$$\frac{Y(s)}{X(s)} = \frac{2s^3 + 5s^2 + 3s + 6}{s^3 + 6s^2 + 11s + 6}$$

解　MATLAB 程序如下:

```
> > num= [2 5 3 6];
> > den= [1 6 11 6];
> > [r, p, k]= residue(num, den)
```

程序执行结果为

```
r= - 6.0000
   - 4.0000
     3.0000
p= - 3.0000
   - 2.0000
   - 1.0000
k=  2
```

则

$$\frac{Y(s)}{X(s)} = \frac{2s^3 + 5s^2 + 3s + 6}{s^3 + 6s^2 + 11s + 6} = \frac{-6}{s + 3} + \frac{-4}{s + 2} + \frac{3}{s + 1} + 2$$

如果 $p(j) = p(j+1) = \cdots = p(j+m-1)$(即 $p_j = p_{j+1} = \cdots = p_{j+m-1}$),则极点 $p(j)$ 是一个 m 重极点,部分分式展开式将包括下列诸项:

$$\frac{r(j)}{s - p(j)} + \frac{r(j+1)}{[s - p(j+1)]^2} + \cdots + \frac{r(j+m-1)}{[s - p(j+m-1)]^m}$$

【例 2-6-6】　求下列传递函数的部分分式:

$$\frac{Y(s)}{X(s)} = \frac{s^2 + 2s + 3}{(s + 1)^3} = \frac{s^2 + 2s + 3}{s^3 + 3s^2 + 3s + 1}$$

解　MATLAB 程序如下:

```
> > num= [1 2 3];
> > den= [1 3 3 1];
> > [r, p, k]= residue(num, den)
```

程序执行结果为

```
r= 1.0000
   0.0000
   2.0000
```

```
p= - 1.0000
   - 1.0000
   - 1.0000
k= [ ]
```

则

$$\frac{Y(s)}{X(s)} = \frac{1}{s+1} + \frac{0}{(s+1)^2} + \frac{2}{(s+1)^3}$$

【例 2-6-7】 求下列传递函数的部分分式：

$$\frac{Y(s)}{X(s)} = \frac{s+1}{s(s^2+s+1)}$$

解　MATLAB 程序如下：

```
> > num= [1 1];
> > den= [1 1 1 0];
> > [r, p, k]= residue(num, den)
```

程序执行结果为

```
r= - 0.5000- 0.2887i
   - 0.5000+ 0.2887i
   1.0000
p= - 0.5000+ 0.8660i
   - 0.5000- 0.8660i
   0
k= [ ]
```

则

$$\frac{Y(s)}{X(s)} = \frac{-0.5-0.2887i}{s+0.5-0.866i} + \frac{-0.5+0.2887i}{s+0.5+0.866i} + \frac{1}{s}$$

$$= \frac{1}{s} - \frac{s+0.5}{(s+0.5)^2+0.866^2} + \frac{0.5}{(s+0.5)^2+0.866^2}$$

2.7　知　识　要　点

2.7.1　系统的数学模型与微分方程

1. 控制系统的数学模型

系统的数学模型是描述系统输入输出变量之间以及内部各变量之间相互关系的数学表达式。系统数学模型揭示了系统结构、参数及性能之间的内在关系。控制系统数学模型既是分析系统的基础，又是综合设计控制系统的依据。

在经典控制理论中，常用的数学模型是微分方程、差分方程、传递函数、结构图及信号流图等；在现代控制理论中，采取的是状态空间表达式和状态变量图。

建立控制系统数学模型的方法主要有机理分析建模法和系统辨识建模法。机理分析建模法是对系统各部分的运动机理进行分析，根据系统和元件所遵循的有关定律分别推导出数学表达式，从而建立系统的数学模型。系统辨识建模法是人为地给系统施加某种测试信号，记录其输出响应，根据实验数据进行整理，并用适当的数学模型去逼近，拟合出比较接近实际系统的数学模型。往往只有部分由简单环节组成的系统的数学模型才能根据机理分析解析推导而成,生产中相当多的系统,特别是复杂系统,涉及的因素较多时,往往需要通过实验方法去建立数学模型。

本章研究的重点是用机理分析建模法建立系统的数学模型。

2. 系统数学模型的形式

由于数学模型中变量的选取不同,所以用来描述系统数学模型的形式是多种多样的。

描述各变量之间关系的代数方程称为系统的静态数学模型,描述系统各变量动态关系的表达式称为动态数学模型。时域中常采用微分方程形式,离散系统采用差分方程;在现代控制理论中对多变量输入、输出系统用状态空间方程。本章主要讨论系统的动态数学模型。

在复数域常采用传递函数和方框图形式;在频率域常采用频率特性的形式。系统各种数学模型形式建立和转换的数学基础是拉氏变换和傅里叶变换。

系统的数学模型能用线性微分方程来描述时,该系统为线性系统。如果线性微分方程的各系数均为常数,则该系统称为线性定常系统。若考虑系统的非线性因素,这时系统的数学模型就只能用非线性微分方程来描述,所对应的系统称为非线性系统。

线性系统可以运用叠加原理,当有几个输入量同时作用于系统时,可以逐个输入,求出对应的输出,然后根据线性叠加原理把各个输出进行叠加,即可求出系统的总输出,这对于生产中大量的多变量输入、输出线性系统的分析和设计十分有用。非线性系统不能应用叠加原理。

3. 微分方程

在时域中,微分方程是控制系统最基本的数学模型,微分方程是列写传递函数和状态空间方程的基础。

用解析法列写微分方程的一般步骤:

(1)确定系统或各组成元件的输入输出变量,找出系统或各物理量(变量)之间的关系。

(2)按照信号在系统中的传递顺序,从系统的输入端开始,根据各变量所遵循的运动规律或物理定律,列写出信号在传递过程中各环节的动态微分方程,一般为一个微分方程组。

(3)按照系统的工作条件,忽略次要因素,对已建立的原始动态微分方程进行数学处理,并考虑相邻元件之间是否存在负载效应。

(4)消除所列动态微分方程的中间变量,得到描述系统输入、输出变量之间的微分方程。

(5)将微分方程标准化。

控制系统微分方程的一般形式:

设输入 $x_i(t)$,输出 $x_o(t)$,系统微分方程的一般形式可表达为

$$a_n \frac{\mathrm{d}^n x_o(t)}{\mathrm{d}t^n} + a_{n-1} \frac{\mathrm{d}^{n-1} x_o(t)}{\mathrm{d}t^{n-1}} + \cdots + a_1 \frac{\mathrm{d}x_o(t)}{\mathrm{d}t} + a_0 x_o(t)$$

$$= b_m \frac{\mathrm{d}^m x_i(t)}{\mathrm{d}t^m} + b_{m-1} \frac{\mathrm{d}^{m-1} x_i(t)}{\mathrm{d}t^{m-1}} + \cdots + b_1 \frac{\mathrm{d}x_i(t)}{\mathrm{d}t} + b_0 x_i(t) \qquad (n \geqslant m)$$

由于系统中通常存在储能元件而使系统具有惯性,因此输出量的阶次 n 一般大于或等于输入量的阶次 m。

2.7.2　系统分析的基本数学工具——传递函数

1. 传递函数

线性定常系统的传递函数,定义为零初始条件下,系统输出变量的拉氏变换与输入变量的

拉氏变换之比。零初始条件为：$t<0$ 时，输入量及其各阶导数均为零；输入量施加于系统之前，系统处于稳定工作状态，即 $t<0$ 时，输出量及其各阶导数 $x_o(0_-)$，$x'_o(0_-)$，$\cdots$，$x_o^{(n-1)}(0_-)$ 均为零。

在零初始条件下，对微分方程一般形式进行拉氏变换，求出输入量和输出量的象函数，可得

$$a_n s^n X_o(s) + a_{n-1} s^{n-1} X_o(s) + \cdots + a_1 s X_o(s) + a_0 X_o(s)$$
$$= b_m s^m X_i(s) + b_{m-1} s^{m-1} X_i(s) + \cdots + b_1 s X_i(s) + b_0 X_i(s)$$

系统传递函数的一般形式

$$G(s) = \frac{L[x_o(t)]}{L[x_i(t)]} = \frac{X_o(s)}{X_i(s)} = \frac{b_m s^m + b_{m-1} s^{m-1} + \cdots + b_1 s + b_0}{a_n s^n + a_{n-1} s^{n-1} + \cdots + a_1 s + a_0}$$

传递函数具有如下主要特点：

（1）传递函数是 s 的复变函数。传递函数中的各项系数与相应微分方程中的各项系数对应相等完全取决于系统的结构和参数。

（2）传递函数分母的阶次与各项系数只取决于系统本身的固有特性而与外界无关，分子的阶次与各项系数取决于系统与外界之间的关联。

（3）系统在零初始状态时，对于给定的输入，系统输出的拉氏逆变换完全取决于系统的传递函数，通过拉氏逆变换，可求得系统在时域中的输出：

$$x_o(t) = L^{-1}[X_o(s)] = L^{-1}[G(s)X_i(s)]$$

由于已设初始状态为零，因而这一输出与系统在输入作用前的初始状态无关。但是，一旦系统的初始状态不为零，则系统的传递函数不能完全反映系统的动态历程。

（4）传递函数分母中 s 的阶次 n 不会小于分子中 s 的阶次 m，即 $n \geqslant m$。这是由于实际系统中储能元件具有惯性，使输出滞后于输入。

（5）传递函数可以有量纲，也可以是无量纲的，取决于系统输出的量纲与输入的量纲。物理性质不同的系统、环节或元件，可以具有相同类型的传递函数。因此，传递函数的分析方法可以用于不同的物理系统。

（6）传递函数是一种以系统参数表示的线性定常系统输入量与输出量之间的关系式，传递函数的概念通常只适用于线性定常系统。

2. 系统的特征方程、零点和极点及复域特征

系统的传递函数 $G(s)$ 是复变量 s 的函数，经因式分解后，可写成如下的形式

$$G(s) = \frac{b_m s^m + b_{m-1} s^{m-1} + \cdots + b_1 s + b_0}{a_n s^n + a_{n-1} s^{n-1} + \cdots + a_1 s + a_0}$$
$$= \frac{K(s-z_1)(s-z_2)\cdots(s-z_m)}{(s-p_1)(s-p_2)\cdots(s-p_n)}$$

特征多项式：传递函数分母的多项式 $a_n s^n + a_{n-1} s^{n-1} + \cdots + a_1 s + a_0$，反映系统的固有特性。

特征方程：$a_n s^n + a_{n-1} s^{n-1} + \cdots + a_1 s + a_0 = 0$。

特征根：特征方程的解。

零点：当 $s = z_j(j = 1, 2, \cdots, m)$ 均能使 $G(s) = 0$，称 $z_1, z_2, \cdots z_m$ 为系统的零点。

极点：当 $s = p_i(i = 1, 2, \cdots, n)$ 时，均能使 $G(s)$ 取极值，即 $\lim\limits_{s \to p_i} G(s) = \infty$，称 $p_1, p_2, \cdots, p_n$ 为 $G(s)$ 的极点。系统传递函数的极点也就是系统特征方程的特征根。

系统传递函数的零点、极点和放大倍数 K 对系统的分析研究非常重要。系统极点的性质决定系统是否稳定。当系统的输入信号一定时,系统的零、极点决定着系统的动态性能,系统的稳态性能由传递函数的常数项来决定。

3. 典型环节的传递函数

一个复杂的控制系统总可以分解为有限简单因式的组合,这些简单因式可以构成独立的控制单元,并具有各自独立的动态特性,通常称这些简单因式构成的控制单元为典型环节。线性系统的典型环节有:比例环节、惯性环节、积分环节、微分环节、振荡环节和延时环节等。表2-7-1所示为典型环节的传递函数。

表 2-7-1　典型环节的传递函数

环节	动力学方程	传递函数
比例环节	$x_o(t) = K x_i(t)$	$G(s) = \dfrac{X_o(s)}{X_i(s)} = K$ K 为放大系数或增益
惯性环节	$T\dfrac{\mathrm{d}x_o(t)}{\mathrm{d}t} + x_o(t) = x_i(t)$	$G(s) = \dfrac{X_o(s)}{X_i(s)} = \dfrac{1}{Ts+1}$ T 为惯性环节的时间常数
微分环节	$x_o(t) = T\dfrac{\mathrm{d}x_i(t)}{\mathrm{d}t}$	$G(s) = \dfrac{X_o(s)}{X_i(s)} = Ts$ T 为微分环节的时间常数;微分环节不可能单独存在;作用:使系统的输出提前,增加系统阻尼,强化噪声的作用
积分环节	$x_o(t) = \dfrac{1}{T}\displaystyle\int x_i(t)\mathrm{d}t$	$G(s) = \dfrac{x_o(s)}{x_i(s)} = \dfrac{1}{Ts}$ T 为积分环节的时间常数;积分环节是输出量对输入量时间的积累
振荡环节	$T^2\dfrac{\mathrm{d}^2 x_o(t)}{\mathrm{d}t^2} + 2\xi T\dfrac{\mathrm{d}x_o(t)}{\mathrm{d}t} + x_o(t) = x_i(t)$	$G(s) = \dfrac{X_o(s)}{X_i(s)} = \dfrac{1}{T^2 s^2 + 2\xi Ts + 1}$ $= \dfrac{\omega_n^2}{s^2 + 2\xi\omega_n s + \omega_n^2}$ T 为振荡环节的时间常数,ω_n 为无阻尼固有频率,ξ 为阻尼比
延时环节	$x_o(t) = x_i(t-\tau)$	$G(s) = \dfrac{\mathrm{L}[x_o(t)]}{\mathrm{L}[x_i(t)]} = \mathrm{e}^{-\tau s}$ τ 为延时时间

4. 延时环节、惯性环节和间歇的区别

惯性环节的输出需要延迟一段时间才接近于所要求的输出量,但它从输入开始时刻起就已有了输出。而延时环节在输入开始之初的时间 τ 内并无输出,在时间 τ 后才开始有输出,且输出就完全等于从一开始起的输入,不再有其他滞后过程。即输出量 $x_o(t)$ 等于输入量 $x_i(t)$,只是在时间上延迟了一段时间间隔 τ。

在机械传动副(如齿轮副、丝杠螺母副等)中的间歇是典型的所谓死区的非线性环节。与

延时环节相同之点是在输入开始一段时间后才有输出;而它们的输出有很大的不同:延时环节的输出完全等于从一开始起的输入,而死区非线性环节的输出只反映同一时间的输入的作用,系统对死区段的输入作用,其输出无任何反映。

5. 负载效应

负载效应是物理环节之间的信息作用,相邻环节的串联有功率传输或能量转换即存在负载效应。

传递函数的环节不一定代表一个具体的物理元件(物理环节或子系统),一个具体的物理元件(物理环节或子系统)也不一定就是一个传递函数环节。从根本上讲,这取决于组成系统的各物理元件(物理环节或子系统)之间是否有负载效应,即各物理元件(物理环节或子系统)之间的功率传输或能量转换关系。只有当后一环节输入阻抗很大,对前面环节的输出的影响可以忽略时,才可单独地分别列写每个环节的微分方程。

分析和设计系统时,要认真区分表示系统结构的物理框图与分析系统的传递函数框图,不要不加分析地将物理框图中的每一个物理元件(物理环节或子系统)本身的传递函数代入物理框图中所对应的框中,并将整个框图作为传递函数框图进行数学分析,这样将造成没有考虑各物理元件(物理系统或子系统)之间的负载效应的错误。

6. 相似原理

不同的物理系统(环节)可用形式相同的微分方程或传递函数来描述。一般称能用形式相同的数学模型来描述的物理系统(环节)为相似系统(环节),称在数学模型中占相同位置的物理量为相似量。由于相似系统(环节)的数学模型在形式上相同,因此,可以用相同的数学方法对相似系统进行研究,可以通过一种物理系统去研究另一种相似的物理系统。

表 2-7-2 给出了在机械-电气相似中的相似变量。

表 2-7-2 机械-电气中的相似变量

机械(直线运动系统)	机械(旋转运动系统)	电气系统
力 F	力矩 T	电压 u
质量 M	转动惯量 J	电感 L
黏性摩擦系数 f	黏性摩擦系数 f	电阻 R
弹簧刚度 K	扭转弹簧刚度 K	电容的倒数 $1/C$
位移 x	角位移 θ	电量 q
速度 v	角速度 ω	电流 I

7. 传递函数方框图

系统传递函数方框图是控制系统数学模型的图解表示法,具体而形象地表示了系统内部各环节的数学模型、各变量之间的相互关系及信号的流向,并可揭示和评价每个组成环节对系统的影响,利用框图简化可以列写整个系统的数学表达式形式的传递函数,系统方框图还可以转化成系统的频率特性,便于在频域对系统进行分析和研究。

系统传递函数方框图的构成由函数方框、相加点、分支点和信号箭头线组成,如图 2-7-1 所示。

建立系统方框图的一般步骤如下:

(1) 建立控制系统各元部件的微分方程。在建立微分方程时,应分清输入量、输出量,同

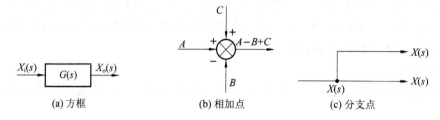

(a) 方框　　　　　　　　(b) 相加点　　　　　　　　(c) 分支点

图 2-7-1　传递函数方框图的构成要素

时考虑相邻元件之间是否有负载效应。

（2）对各元件的微分方程进行拉氏变换，并绘出各元件的方框图。

（3）按照控制系统中各变量信号传递的顺序，依次将各元件的方框图连接起来，置系统输入量于左端，输出量（即被控量）于右端，便得到系统的方框图。

方框图的连接方式：主要有串联、并联和反馈连接，如表 2-7-3 所示。

表 2-7-3　方框图连接方式

连接方式	连接示意图	等效传递函数	n 个环节连接
串联	$X_i(s) \to G_1(s) \to X_1(s) \to G_2(s) \to X_o(s)$	$\dfrac{X_o(s)}{X_i(s)} = G_1(s)G_2(s)$	$G(s) = \prod\limits_{i=1}^{n} G_i(s)$
并联	X_i；G_1 — X_{o1}；G_2 — X_{o2}；X_o	$\dfrac{X_o(s)}{X_i(s)} = G_1(s) + G_2(s)$	$G(s) = \sum\limits_{i=1}^{n} G_i(s)$
反馈	$X_i(s) \to E(s) \to G(s) \to X_o(s)$；$B(s) \to H(s)$	$\dfrac{X_o(s)}{X_i(s)} = \dfrac{G(s)}{1 \pm G(s)H(s)}$	

8. 方框图的等效变换

很多实际系统通常要用多回路的方框图来表示，大环回路套小环回路，其方框图将很复杂。在对系统进行分析时，需要对方框图作一定的变换、组合与化简，以便求出总的传递函数。这里的变换主要是指某些框图作位置上的变换；增加或取消一些框图，通过分支点或相加点的移动来消除各种连接方式之间的交叉，然后再进行等效变换化简。所谓等效变换是指变换前后输入输出总的数学关系保持不变。

1）分支点移动规则

分支点：同一信号由一节点分开向不同方向传递的点。分支点可以相对于方框作前移或后移。

分支点前移：若分支点由方框之后移到方框之前，为保持等效，必须在分支回路上串入具有相同函数的方框。

分支点后移：若分支点由方框之前移到方框之后，为保持等效，必须在分支回路上串入具有相同函数倒数的方框。

2）相加点移动规则

相加点：信号在该节点进行代数和运算的点。相加点可以相对于方框作前移或后移。

相加点前移：若相加点由方框之后移到方框之前，为保持等效，必须在分支回路上串入具有相同函数的倒数的方框。

相加点后移：若相加点由方框之前移到方框之后，为保持等效，必须在分支回路上串入具有相同函数的方框。

3）分支点之间、相加点之间相互移动规则

分支点之间、相加点之间的相互移动，均不改变原有的数学关系，因此，可以相互移动；但分支点和相加点之间不能互相移动，因为它们并不等效。

需要指出的是，方框图的化简途径并不是唯一的。系统中有多个分支点或相加点时，究竟移动哪一个分支点或相加点，并没有确切的定式，只要移动前后系统等效即可，力求方便简单。

方框图等效变换如表 2-7-4 所示。

表 2-7-4　方框图等效变换

变换	原方框图	等效方框图
分支点前移	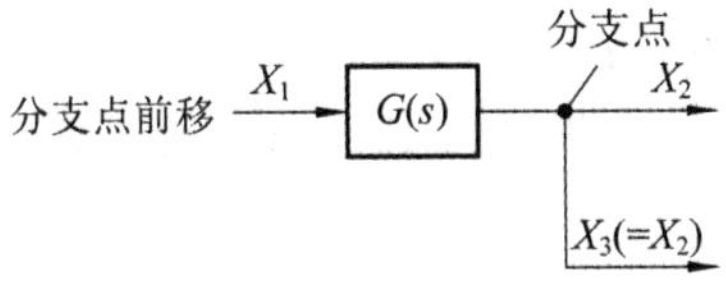	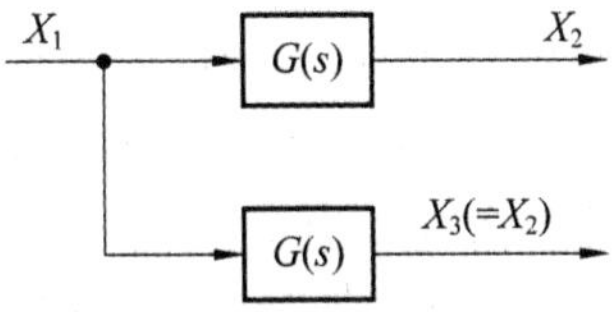
分支点后移	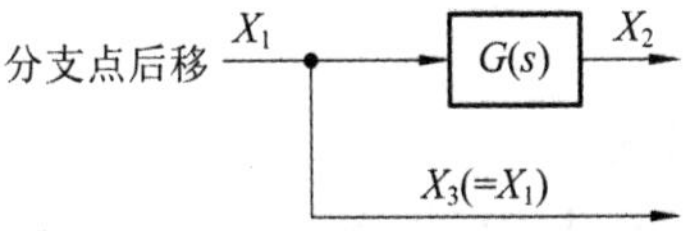	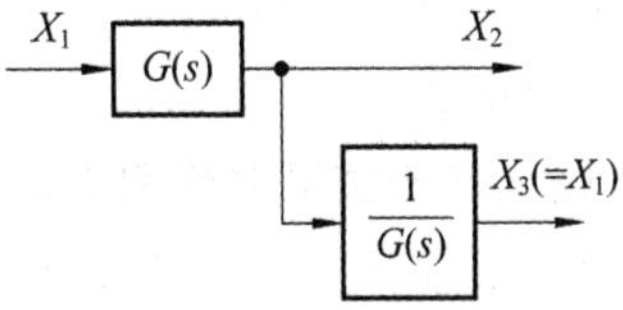
相加点前移	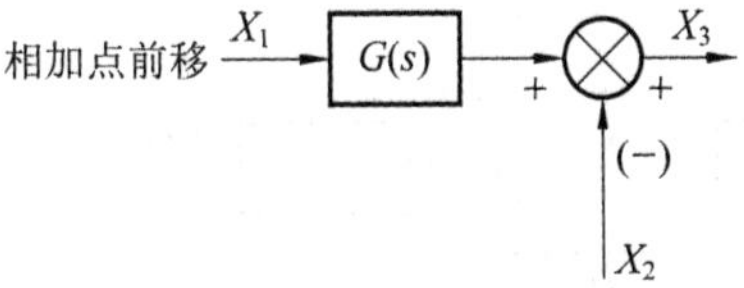	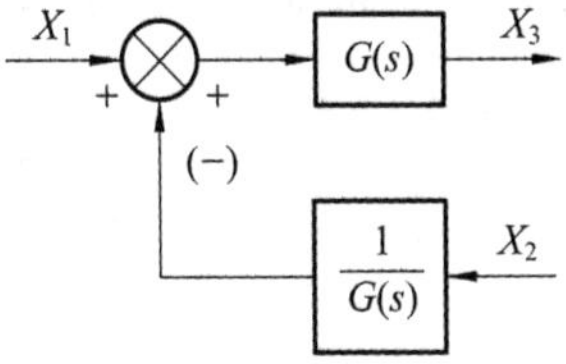
相加点后移	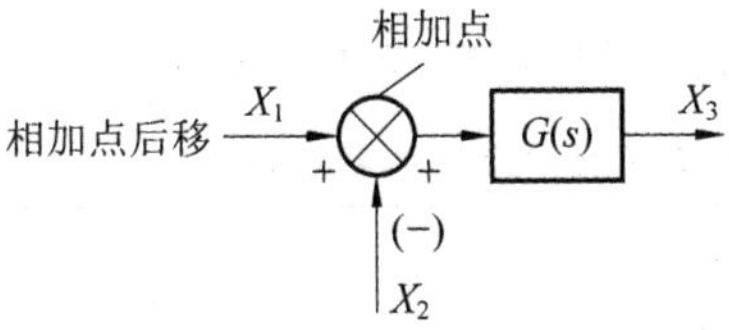	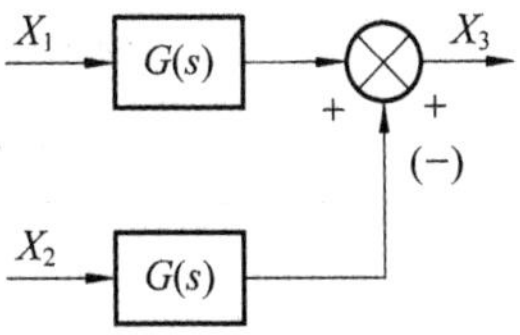
消去反馈回路	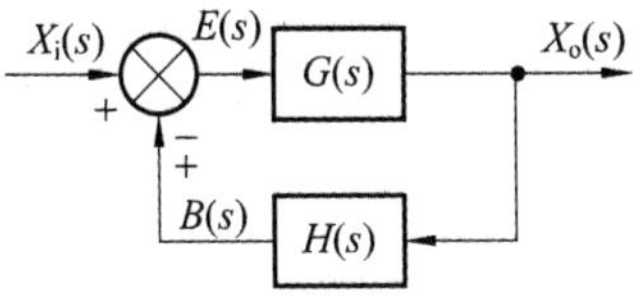	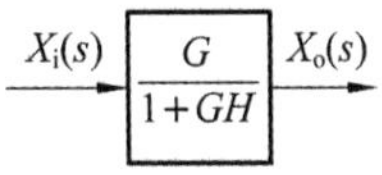

续表

变换	原方框图	等效方框图
分支点互移		
相加点互移		

9. 闭环传递函数的直接列写

含有多个局部反馈回路的闭环传递函数也可以直接由以下公式求取：

$$G(s) = \frac{\text{前向通道的传递函数之积}}{1 + \sum \text{每一反馈环的传递函数之积}}$$

在应用上式时，必须同时具备以下两个条件：

（1）整个系统方框图仅有一条前向通道。如果系统有多条前向通道，则应先采用并联方式合并为一条前向通道。

（2）各局部反馈回路之间存在公共的传递函数方框。

如果系统有两个独立的局部反馈回路，其间没有公共的方框，若直接利用上式，则会出现错误的传递函数。

10. 输入和干扰同时作用下的系统传递函数

一个考虑扰动 $N(s)$ 的反馈控制系统的典型结构可用图 2-7-2 的方框图来表示，输入和干扰同时作用下的系统输出如表 2-7-5 所示。

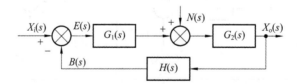

图 2-7-2　考虑扰动的反馈控制系统的典型框图

表 2-7-5　输入和干扰同时作用下的系统输出

输入作用	系统输出	说明
$X_i(s)$ 作用下的输出	$X_{o1}(s) = \dfrac{G_1(s)G_2(s)}{1 + G_1(s)G_2(s)H(s)} X_i(s)$	在给定输入 $X_i(s)$ 作用下的输出 $X_{o1}(s)$ 只取决于系统的闭环传递函数和给定的输入 $X_i(s)$ 的形式
$N(s)$ 作用下的输出	$X_{o2}(s) = \dfrac{G_2(s)}{1 + G_1(s)G_2(s)H(s)} N(s)$	
总输出	$X_o(s) = \dfrac{G_2(s)}{1 + G_1(s)G_2(s)H(s)}\left[G_1(s)X_i(s) + N(s)\right]$	闭环系统能使干扰 $N(s)$ 引起的输出 $X_{o2}(s)$ 很小

通过反馈回路组成的闭环系统能使输出 $X_o(s)$ 只随 $X_i(s)$ 而变化,不管外来干扰 $N(s)$ 如何变化,$X_o(s)$ 总是保持不变或变化很小。闭环反馈系统能有效地抑制干扰对系统的影响,这是闭环控制能获得很高控制精度的一个重要原因。如果系统没有反馈回路,即 $H(s)=0$,则系统成为一个开环系统,这时,干扰 $N(s)$ 引起的输出 $X_{o2}(s)=G_2(s)N(s)$ 将无法消除,全部形成误差从系统输出。

2.8　例 题 解 析

【例 2-8-1】　已知单摆系统的运动如图 2-8-1 所示。试写出运动方程式,求出线性微分方程。

解　(1) 设输入外作用力为零,输出为摆角 θ,摆球质量为 m。由牛顿定律写出

$$m\left(l\,\frac{\mathrm{d}^2\theta}{\mathrm{d}t^2}\right) = -mg\sin\theta - h$$

式中:l 为摆长;h 为空气阻力。

(2) 写中间变量关系式

$$h = \alpha\left(l\,\frac{\mathrm{d}\theta}{\mathrm{d}t}\right)$$

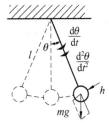

图 2-8-1　单摆系统

式中:α 为空气阻力系数;$l\dfrac{\mathrm{d}\theta}{\mathrm{d}t}$ 为运动线速度。

(3) 消中间变量得运动方程式

$$ml\,\frac{\mathrm{d}^2\theta}{\mathrm{d}t^2} + al\,\frac{\mathrm{d}\theta}{\mathrm{d}t} + mg\sin\theta = 0$$

此方程为二阶非线性齐次方程。

(4) 线性化:由前可知,在 $\theta=0$ 的附近,非线性函数 $\sin\theta \approx \theta$,故代入上式可得线性化方程

$$ml\,\frac{\mathrm{d}^2\theta}{\mathrm{d}t^2} + al\,\frac{\mathrm{d}\theta}{\mathrm{d}t} + mg\theta = 0$$

【例 2-8-2】　图 2-8-2 所示为一闭环调速控制系统原理图。试建立以 $u_g(t)$ 为输入,$n(t)$ 为输出的微分方程式,并求闭环系统的传递函数。

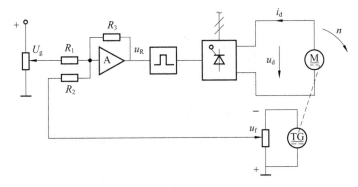

图 2-8-2　闭环调速控制系统原理图

解　系统各环节的输入输出微分方程为

运算放大器 A　　　　　　　$u_k = \dfrac{R_3}{R_1}(U_g - u_f) = K_1(U_g - u_f)$

可控电源 UPE　　　　　　　　　$u_d = K_s u_k$

直流电动机 M　　　　$T_d T_m \dfrac{d^2 n}{dt^2} + T_m \dfrac{dn}{dt} + n = \dfrac{u_d}{C_e}$

测速发电机 TG　　　　　　　　　$u_f = K_f n$

上述各式中，K_1 为运算放大器的放大倍数；K_s 为可控电源的比例放大倍数；T_d 与 T_m 分别为电动机的电磁时间常数和机电时间常数；C_e 为电动机的电动势常数；K_f 为测速发电机的比例转换系数。将上述各式消去中间变量，可得系统的微分方程为

$$\frac{T_d T_m}{1 + K_k} \frac{d^2 n}{dt^2} + \frac{T_m}{1 + K_k} \frac{dn}{dt} + n = \frac{K_r}{(1 + K_k)C_e} U_g$$

式中：K_r 为前向通道电压放大倍数，$K_r = K_1 K_s$；K_k 为系统的开环放大倍数，$K_k = \dfrac{K_1 K_s K_f}{C_e}$。

对上述各环节微分方程取拉氏变换，得到系统各环节的复域形式方程

$$U_k(s) = K_1 [U_g(s) - U_f(s)]$$

$$U_d(s) = K_s U_k(s)$$

$$(T_d T_m s^2 + T_m s + 1)N(s) = \frac{U_d(s)}{C_e}$$

$$U_f(s) = K_f N(s)$$

系统的传递函数框图如图 2-8-3 所示。

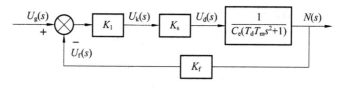

图 2-8-3　系统传递函数框图

系统闭环传递函数为

$$\Phi(s) = \frac{N(s)}{U_g(s)} = \frac{K_1 K_s}{C_e(T_d T_m s^2 + T_m s + 1) + K_1 K_f K_s}$$

【例 2-8-3】 写出图 2-8-4 所示机械系统的运动微分方程式。图中，外力 $f(t)$ 为输入，位移 x_2 为输出。

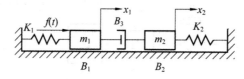

图 2-8-4　机械系统

解　对于图示系统，设 f_{B_1}、f_{B_2}、f_{B_3} 为阻尼力，f_{K_1}、f_{K_2} 为弹簧作用力。按牛顿定律列写力学方程

$$f(t) - f_{B_1} - f_{K_1} - f_{B_3} = m_1 \frac{d^2 x_1}{dt^2} \tag{1}$$

$$f_{B_3} - f_{K_2} - f_{B_2} = m_2 \frac{d^2 x_2}{dt^2} \tag{2}$$

$$f_{B_3} = B_3 \frac{\mathrm{d}(x_1 - x_2)}{\mathrm{d}t} \tag{3}$$

将式(3)带入式(1)、(2),得

$$f(t) - B_1 \frac{\mathrm{d}x_1}{\mathrm{d}t} - K_1 x_1 - B_3 \frac{\mathrm{d}(x_1 - x_2)}{\mathrm{d}t} = m_1 \frac{\mathrm{d}^2 x_1}{\mathrm{d}t^2} \tag{4}$$

$$B_3 \frac{\mathrm{d}(x_1 - x_2)}{\mathrm{d}t} - K_2 x_2 - B_2 \frac{\mathrm{d}x_2}{\mathrm{d}t} = m_2 \frac{\mathrm{d}^2 x_2}{\mathrm{d}t^2} \tag{5}$$

将式(4)、(5)进行拉氏变换

$$F(s) - B_1 s X_1(s) - K_1 X_1(s) - B_3 s[X_1(s) - X_2(s)] = m_1 s^2 X_1(s)$$

即

$$F(s) + B_3 s X_2(s) = (B_1 s + K_1 + B_3 s + m_1 s^2) X_1(s) \tag{6}$$

$$B_3 s[X_1(s) - X_2(s)] - K_2 X_2(s) - B_2 s X_2(s) = m_2 s^2 X_2(s)$$

即

$$X_1(s) = \frac{B_3 s + K_2 + B_2 s + m_2 s^2}{B_3 s} X_2(s) \tag{7}$$

将式(7)带入式(6),得

$$F(s) + B_3 s X_2(s) = (B_1 s + K_1 + B_3 s + m_1 s^2) \frac{B_3 s + K_2 + B_2 s + m_2 s^2}{B_3 s} X_2(s)$$

整理得微分方程如下

$$m_1 m_2 \frac{\mathrm{d}^4 x_2}{\mathrm{d}t^4} + (B_1 m_2 + B_2 m_1 + B_3 m_2 + B_3 m_1) \frac{\mathrm{d}^3 x_2}{\mathrm{d}t^3}$$

$$+ (B_1 B_3 + B_1 B_2 + B_2 B_3 + K_1 m_2 + m_1 K_2) \frac{\mathrm{d}^2 x_2}{\mathrm{d}t^2}$$

$$+ (K_1 B_2 + K_1 B_3 + K_2 B_1 + K_2 B_3) \frac{\mathrm{d}x_2}{\mathrm{d}t} + K_1 K_2 x_2 = B_3 \frac{\mathrm{d}f}{\mathrm{d}t}$$

【例 2-8-4】 RC 网络如图 2-8-5 所示,其中 u_1 为网络输入量,u_2 为网络输出量。画出网络结构图,求传递函数 $U_2(s)/U_1(s)$。

解　用复阻抗写出原始方程组,并整理成因果关系式

输入回路 $U_1 = R_1 I_1 + (I_1 + I_2) \dfrac{1}{C_2 s}$,$I_1 = \dfrac{1}{R_1} \left[U_1 - (I_1 + I_2) \dfrac{1}{C_2 s} \right]$

输出回路 $U_2 = R_2 I_2 + (I_1 + I_2) \dfrac{1}{C_2 s}$,$I_2 = I_1 R_1 \left[\dfrac{C_1 s}{R_2 C_1 s + 1} \right]$

中间回路 $I_1 R_1 = \left(R_2 + \dfrac{1}{C_1 s} \right) \cdot I_2$,$U_2 = R_2 I_2 + (I_1 + I_2) \dfrac{1}{C_2 s}$

即可画出传递函数如图 2-8-6 所示。

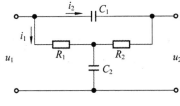

图 2-8-5　RC 网络

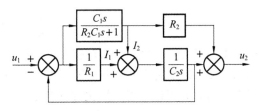

图 2-8-6　传递函数框图

化简框图即可求出其传递函数

$$\frac{U_2}{U_1} = \frac{R_1 R_2 C_1 C_2 s^2 + (R_1 + R_2) C_1 s + 1}{R_1 R_2 C_1 C_2 s^2 + (R_1 C_2 + R_2 C_1 + R_1 C_1) s + 1}$$

【例 2-8-5】 设有一个倒立摆安装在马达传动车上,如图 2-8-7 所示。倒立摆是不稳定的,如果没有适当的控制力作用在它上面,它将随时可能向任何方向倾倒,这里只考虑二维问题,即认为倒立摆只在平面内运动。控制力 u 作用于小车上。假设摆杆的重心位于其几何中心 A。试求该系统的运动方程式。

解　设输入为作用力 u,输出为摆角 θ。写原始方程式,设摆杆重心 A 的坐标为 (x_A, y_A),于是

$$x_A = x + l\sin\theta , \; y_A = l\cos\theta$$

增设中间变量 V、H、X,画出系统隔离体受力图如图 2-8-8 所示。摆杆围绕重心 A 点转动方程为

$$J \frac{\mathrm{d}^2 \theta}{\mathrm{d}t^2} = Vl\sin\theta - Hl\cos\theta \tag{1}$$

式中:J 为摆杆围绕重心 A 的转动惯量。摆杆重心 A 沿 x 轴方向运动方程为

$$m \frac{\mathrm{d}^2 x_A}{\mathrm{d}t^2} = H$$

即

$$m \frac{\mathrm{d}^2}{\mathrm{d}t^2}(x + l\sin\theta) = H \tag{2}$$

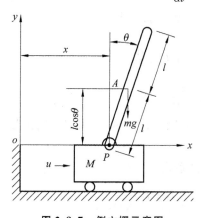

图 2-8-7　倒立摆示意图

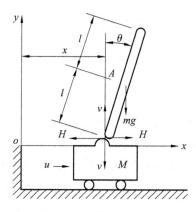

图 2-8-8　隔离体受力图

摆杆重心 A 沿 y 轴方向运动方程为

$$m \frac{\mathrm{d}^2 y_A}{\mathrm{d}t^2} = V - mg \qquad 即 \qquad m \frac{\mathrm{d}^2}{\mathrm{d}t^2}(l\cos\theta) = V - mg$$

小车沿 x 轴方向运动方程为

$$M \frac{\mathrm{d}^2 x}{\mathrm{d}t^2} = u - H$$

摆杆重心 A 沿 x 轴和 y 轴方向运动方程为车载倒立摆系统运动方程组。因为含有 $\sin\theta$ 和 $\cos\theta$ 项,所以为非线性微分方程组。当 θ 很小时,可对方程组线性化,$\sin\theta \approx \theta$,$\cos\theta \approx 1$,则倒立摆系统运动方程组可用线性化方程表示为

$$\begin{cases} J\dfrac{\mathrm{d}^2\theta}{\mathrm{d}t^2} = Vl\theta - Hl \\[2mm] m\dfrac{\mathrm{d}^2 x}{\mathrm{d}t^2} + ml\dfrac{\mathrm{d}^2\theta}{\mathrm{d}t^2} = H \\[2mm] 0 = V - mg \\[2mm] M\dfrac{\mathrm{d}^2 x}{\mathrm{d}t^2} = u - H \end{cases}$$

用 $s^2 = \dfrac{\mathrm{d}^2}{\mathrm{d}t^2}$ 的算子符号将以上方程组写成代数形式,消掉中间变量 V、H、X 得

$$\left(-Ml - \frac{M+m}{ml}J\right)s^2\theta + (M+m)g\theta = u$$

将微分算子还原后得

$$\left(Ml + \frac{MJ}{ml} + \frac{J}{l}\right)\frac{\mathrm{d}^2\theta}{\mathrm{d}t^2} - (M+m)g\frac{\mathrm{d}\theta}{\mathrm{d}t} = -u$$

此为二阶线性化偏量微分方程。

【**例 2-8-6**】　已知机械系统如图 2-8-9 所示,电气系统如图 2-8-10 所示,试画出两系统结构图,求出传递函数,并证明它们是相似系统。

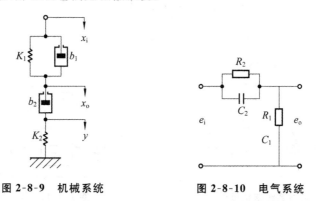

图 2-8-9　机械系统　　　　　　　　图 2-8-10　电气系统

解　(1) 若图 2-8-9 所示机械系统的运动方程遵循以下原则:并联元件的合力等于两元件上的力相加,平行移动,位移相同,串联元件各元件受力相同,总位移等于各元件相对位移之和。则该系统的微分方程组为

$$\begin{cases} F = F_1 + F_2 = f_1(\dot{x}_i - \dot{x}_o) + K_1(x_i - x_o) \\[1mm] F = f_2(\dot{x}_o - \dot{y}) \\[1mm] F = K_2 y \end{cases}$$

取拉氏变换,并整理成因果关系有:

$$\begin{cases} F(s) = (f_1 s + K_1)[x_i(s) - x_o(s)] \\[2mm] y(s) = \dfrac{1}{K_2}F(s) \\[2mm] x_o(s) = \dfrac{1}{f_2 s}F(s) + y(s) \end{cases}$$

画结构框图如图 2-8-11 所示,框图化简求传递函数为

$$\frac{X_o(s)}{X_i(s)} = \frac{(k_1 + f_1 s)\left(\frac{1}{k_2} + \frac{1}{f_2 s}\right)}{1 + (k_1 + f_1 s)\left(\frac{1}{k_2} + \frac{1}{f_2 s}\right)} = \frac{\left(\frac{f_1}{k_1} s + 1\right)\left(\frac{f_2}{k_2} s + 1\right)}{\left(\frac{f_1}{k_1} s + 1\right)\left(\frac{f_2}{k_2} s + 1\right) + \frac{f_2}{k_1} s}$$

（2）写图 2-8-10 所示电气系统的运动方程。按电路理论，遵循的定律与机械系统相似，即并联元件总电流等于两元件电流之和，电压相等。串联元件电流相等，总电压等于各元件分电压之和，可见，电压与位移互为相似量电流与力互为相似量。

运动方程可直接用复阻抗写出：

$$\begin{cases} \dot{I}(s) = \dot{I}_1(s) + \dot{I}_2(s) = \frac{1}{R_2}[\dot{E}_i(s) - \dot{E}_o(s)] + \frac{1}{C_2 s}[\dot{E}_i(s) - \dot{E}_o(s)] \\ \dot{I}(s) = \frac{1}{R_1}[\dot{E}_o(s) - \dot{E}_{C1}(s)] \\ \dot{I}(s) = C_1 s + \dot{E}_{C1}(s) \end{cases}$$

整理成因果关系：

$$\begin{cases} I(s) = \left(\frac{1}{R_2} + C_2 s\right)[E_i(s) - E_o(s)] \\ E_{C1}(s) = \frac{1}{C_1 S} I(s) \\ E_o(s) = IR_1 + E_{C1}(s) \end{cases}$$

画结构图如图 2-8-12 所示。

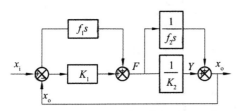

图 2-8-11   机械系统结构框图

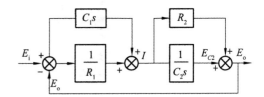

图 2-8-12   电气系统结构框图

传递函数为

$$\frac{E_o(s)}{E_i(s)} = \frac{\left(\frac{1}{R_1} + C_1 s\right)\left(R_2 + \frac{1}{C_2 s}\right)}{1 + \left(\frac{1}{R_1} + \frac{1}{C_1 s}\right)\left(R_2 + \frac{1}{C_2 s}\right)} = \frac{(R_1 C_1 s + 1)(R_2 C_2 s + 1)}{(R_1 C_1 s + 1)(R_2 C_2 s + 1) + R_1 C_2 s}$$

上述两个系统传递函数，对其结构图进行比较后可以看出两个系统是相似的。机、电系统之间相似量的对应关系如表 2-8-1 所示。

表 2-8-1   相似量

机械系统	x_i	x_o	y	F	F_1	F_2	K_1	$1/K_2$	f_1	f_2
电气系统	e_i	e_o	e_{C2}	I	I_1	I_2	$1/R$	R	C_1	C_2

【例 2-8-7】   如图 2-8-13 为一个闭环速度控制系统原理图，试建立以 $u_i(t)$ 为输入，$\omega(t)$ 为输出的微分方程式，并求其传递函数。

解   本题为电气控制系统数学模型的建立。应从各环节（部件）的数学模型出发，依次列写，得到方程组后，画出传递函数框图，便可求出传递函数。

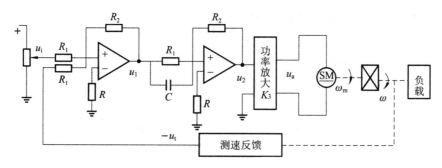

图 2-8-13 速度控制原理图

系统各环节微分方程如下

运算放大器 I $\qquad u_1 = -\dfrac{R_2}{R_1}(u_i - u_t) = -K_1(u_i - u_t) = -(u_i - u_t)$

运算放大器 II $\qquad u_2 = -\dfrac{R_2}{R_1}\left(RC\dfrac{du_1}{dt} + u_1\right) = -K_2\left(\tau\dfrac{du_1}{dt} + u_1\right) = -\left(\tau\dfrac{du_1}{dt} + u_1\right)$

功率放大器 $\qquad\qquad\qquad u_a = K_3 u_2$

直流电动机 $\qquad\qquad T_m\dfrac{d\omega_m}{dt} + \omega_m = K_m u_a - K_c M'_c$

以上式中，T_m、K_m、K_c、M'_c 为考虑齿轮系和负载后，折算到电动机轴上的等效值。

齿轮系 $\qquad\qquad\qquad\qquad \omega = \dfrac{1}{i}\omega_m$

测速发电机 $\qquad\qquad\qquad u_t = K_t\omega$

以上各式消去中间变量，可得到系统的微分方程

$$T'_m\frac{d\omega}{dt} + \omega = K'_g\frac{du_i}{dt} + K_g u_i - K'_c M'_c$$

式中：T'_m、K'_g、K_g、K'_c 分别为相应的系数。对上述各环节微分方程两边取拉氏变换，得到系统的复域形式方程如下：

$$U_1(s) = -K_1[U_i(s) - U_t(s)]$$
$$U_2(s) = -K_2(\tau s + 1)U_1(s)$$
$$U_a(s) = K_3 U_2(s)$$
$$\Omega_m(s) = \frac{1}{T_m s + 1}[K_m U_a(s) - K_c M'_c(s)]$$
$$\Omega(s) = \frac{1}{i}\Omega_m(s)$$
$$U_t(s) = K_t\Omega(s)$$

从而可以画出系统传递函数框图如图 2-8-14 所示。

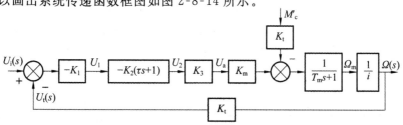

图 2-8-14 系统传递函数框图

根据传递函数框图化简,得到系统的传递函数

$$\Phi(s) = \frac{K_1 K_2 K_3 K_m (\tau s + 1) \dfrac{1}{i(T_m s + 1)}}{1 + K_1 K_2 K_3 K_t K_n (\tau s + 1) \dfrac{1}{i(T_m s + 1)}}$$

【例 2-8-8】 某随动系统(位置控制系统)如图 2-8-15 所示。该系统的任务是控制机械负载的位置,使其与参考位置相协调。试画出该系统的传递函数框图,列写系统的传递函数。

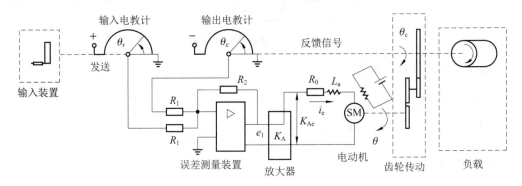

图 2-8-15　随动系统原理图

解　该系统的工作原理:用一对电位计作为系统的误差测量装置,将输入和输出位置信号转换为与位置成正比的电信号。输入电位计电刷臂的角位置 θ_r 由控制输入信号确定,角位置 θ_r 就是系统的参考输入量,而电刷臂上的电位与电刷臂的角位置成正比,输出电位计电刷臂的角位置 θ_c 由输出轴的位置确定。电位差 $e = K_s(e_r - e_c)$ 就是误差信号(K_s 为桥式电位器的传递函数),该信号被增益常数为 K_A 的放大器放大(K_A 应具有很高的输入阻抗和很低的输出阻抗),放大器的输出电压作用到直流电动机的电枢电路上。电动机激磁绕组上加有固定电压。如果出现误差信号,电动机就产生力矩以转动输出负载,并使误差信号减少到零。

当激磁电流固定时,对于电枢电路

$$L_a \frac{di_a}{dt} + R_a i_a + K_b \frac{d\theta}{dt} = K_A K_s e$$

$$(L_a s + R_a) I_a(s) = K_A K_S E(s) - K_b \vartheta(s)$$

式中:L_a 和 R_a 为电动机电枢绕组的电感和电阻;K_b 为电动机的反电势常数;θ 为电动机的轴的角位移。

电动机的力矩平衡方程为

$$J \frac{d^2\theta}{dt^2} + f \frac{d\theta}{dt} = M = C_m i_a$$

$$(Js^2 + fs)\theta(s) = M(s) = C_m I_a(s)$$

式中:J 为电动机负载和齿轮传动装置折合到电动机轴上的组合转动惯量;f 为电动机负载和齿轮传动装置折合到电动机轴上的黏性摩擦系数;C_m 为电动机的转矩系数;i_a 为电枢电流。

根据各环节输入与输出的关系,可画出系统的传递函数框图如图 2-8-16 所示。

图 2-8-16 为单位反馈系统,反馈回路传递函数为 1。系统的开环传递函数(即前向通路传递函数)为

$$G(s) = K_s K_A \frac{\dfrac{1}{L_a s + R_a} C_m \dfrac{1}{Js^2 + fs}}{1 + \dfrac{C_m \cdot K_b s}{(L_a s + R_a)(Js^2 + fs)}} \cdot \frac{1}{i} = \frac{K_s K_A C_m / i}{(L_a s + R_a)(Js^2 + fs) + C_m K_b s}$$

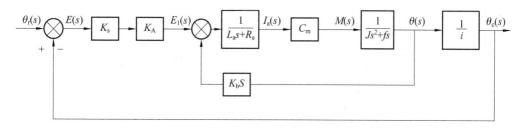

图 2-8-16 随动系统方框图

如果略去电枢电感 L_a,则有

$$G(s) = \frac{K_s K_A C_m / i R_a}{s(Js + f + \frac{C_m K_b}{R_a})} = \frac{K_1}{s(Js + F)} = \frac{K_1/F}{s(\frac{J}{F}s + 1)} = \frac{K}{s(T_m s + 1)}$$

式中:$K_1 = K_s K_A C_m / i R_a$ 为增益;$F = f + \frac{C_m K_b}{R_a}$ 为阻尼系数,由于 K_b 电动机反电势的存在,增大了系统的黏性摩擦;$K = K_1 / F$ 为开环增益;$T_m = J/F$ 为机电时间常数。在不考虑负载力矩的情况下,随动系统的开环传递函数可以简化为 $G(s) = \frac{K}{s(T_m s + 1)}$。相应的闭环传递函数为

$$\Phi(s) = \frac{\theta_c(s)}{\theta_r(s)} = \frac{G(s)}{1 + G(s)} = \frac{K}{T_m s^2 + s + K}$$

$$= \frac{K/T_m}{s^2 + \frac{1}{T_m}s + \frac{K}{T_m}} = \frac{\omega_n^2}{s^2 + 2\xi\omega_n s + \frac{K}{T_m}} = \frac{\omega_n^2}{s^2 + 2\xi\omega_n s + \omega_n^2}$$

则无阻尼振荡频率 $\omega_n = \sqrt{\frac{K}{T_m}}$,阻尼比 $\xi = \frac{1}{2}\sqrt{\frac{1}{T_m K}}$。

习题解答

习　　题

2-1　试建立图示机械系统的微分方程。其中外力 $x_i(t)$ 为输入量,位移 $x_o(t)$ 为输出量,弹性系数 k、阻尼系数 c、质量 m 均为常数。

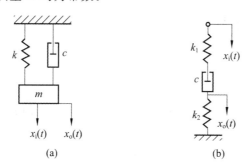

(a)　　　　　　　(b)

题 2-1 图

2-2　试建立图示电路系统的微分方程。其中输入电压为 $u_i(t)$,输出电压为 $u_o(t)$,电阻 R、电容 C 均为常数。

2-3　试证明图示的力学系统(a)和电路系统(b)是相似系统。

2-4　求下列函数的拉氏变换:

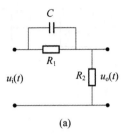 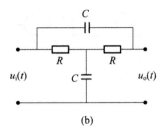

题 2-2 图

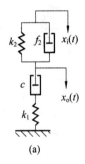 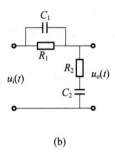

题 2-3 图

(1) $f(t)=1+4t+t^2$；

(2) $f(t)=\sin 4t+\cos 4t$；

(3) $f(t)=t^3+\mathrm{e}^{4t}$；

(4) $f(t)=t^n\mathrm{e}^{at}$；

(5) $f(t)=(t-1)^2\mathrm{e}^{2t}$。

2-5　求下列各拉氏变换式的原函数。

(1) $F(s)=\dfrac{\mathrm{e}^{-s}}{s-1}$；

(2) $F(s)=\dfrac{1}{s(s+2)^3(s+3)}$；

(3) $F(s)=\dfrac{s+1}{s(s^2+2s+2)}$；

(4) $F(s)=\dfrac{20(s+1)(s+3)}{(s+2)(s+4)(s^2+2s+2)}$。

2-6　试求图示各信号 $x(t)$ 的象函数 $X(s)$。

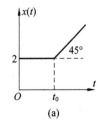 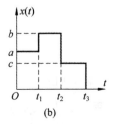 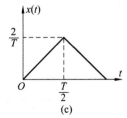

题 2-6 图

2-7　已知在零初始条件下，系统的单位阶跃响应为 $x_o(t)=1-2\mathrm{e}^{-2t}+\mathrm{e}^{-t}$，试求系统的传

递函数和单位脉冲响应。

2-8　某位置随动系统原理框图如图所示,已知电位器最大工作角度 $Q_m = 330°$,功率放大器放大系数为 K_3。

(1) 分别求出电位器的传递函数 K_0,第一级和第二级放大器的放大系数 K_1、K_2;

(2) 画出系统的传递函数方框图;

(3) 求系统的闭环传递函数 $X_o(s)/X_i(s)$。

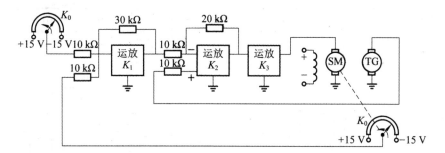

题 2-8 图

2-9　飞机俯仰角控制系统结构图如图所示,试求闭环传递函数 $X_o(s)/X_i(s)$。

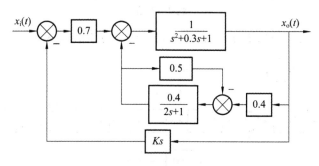

题 2-9 图

2-10　已知系统方程组如下,试绘制系统传递函数方框图,并求闭环传递函数 $X_o(s)/X_i(s)$。

$$\begin{cases} X_1(s) = G_1(s)X_i(s) - G_1(s)[G_7(s) - G_8(s)]X_o(s) \\ X_2(s) = G_2(s)[X_1(s) - G_6(s)X_3(s)] \\ X_3(s) = [X_2(s) - X_o(s)G_5(s)]G_3(s) \\ X_o(s) = G_4(s)X_3(s) \end{cases}$$

2-11　已知控制系统结构框图如图所示,求输入 $x_i(t) = 3u(t)$ 时系统的输出 $x_o(t)$。

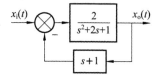

题 2-11 图

2-12　试用传递函数方框图等效化简,求图示各系统的传递函数 $X_o(s)/X_i(s)$。

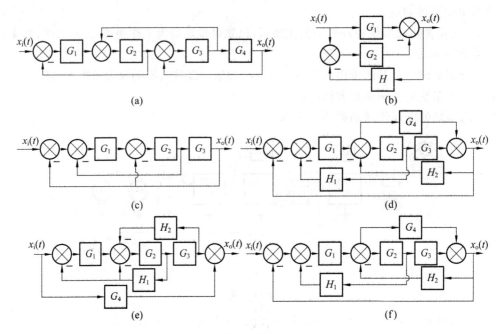

题 2-12 图

2-13　简化如图所示的系统方框图,并求其系统的传递函数 $X_o(s)/X_i(s)$。

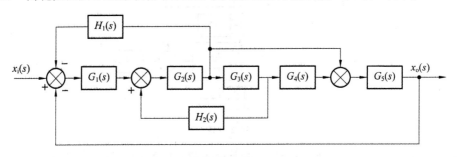

题 2-13 图

第3章　控制系统的时域分析

学习要点：了解系统时间响应的概念、组成及典型输入信号，掌握系统特征根与系统稳定性及动态性能的关系；掌握一阶系统定义和基本参数，求解一阶系统的单位脉冲响应、单位阶跃响应；掌握二阶系统定义和基本参数，掌握二阶系统单位脉冲响应曲线、单位阶跃响应曲线形状及其振荡与系统阻尼比之间的对应关系；掌握二阶系统性能指标的定义、计算及其与系统特征参数之间的关系；了解主导极点定义及作用；掌握系统稳定性概念及与特征根之间的关系，掌握劳斯稳定判据的应用；掌握系统误差基本概念、误差与偏差的关系，稳态误差的求法，系统输入、结构和参数及干扰对系统误差的影响。

3.1　控制系统的时间响应及其性能指标

分析和设计系统的首要工作是确定系统的数学模型。一旦建立了合理的、便于分析的数学模型，就可以对已组成的控制系统进行分析，从而得出系统性能的改进方法。

经典控制理论中，常用时域分析法、根轨迹法或频率分析法来分析控制系统的性能。所谓控制系统的时域分析法，就是给控制系统施加一个特定的输入信号，通过分析控制系统的输出响应对系统的性能进行分析。由于系统的输出变量一般是时间 t 的函数，故称这种响应为时域响应，这种分析方法为时域分析法。当然，不同的方法有不同的特点和适用范围，但是比较而言，时域分析法是一种直接在时间域中对系统进行分析的方法，具有直观、准确的优点，并且可以提供系统时间响应的全部信息。对二阶以上的高阶系统则多采用频率分析法和根轨迹法。

3.1.1　时间响应的概念及组成

本节首先给出时域分析法的一些基本概念，分析时间响应的组成，为时域分析提供必要的条件。

（1）响应　在经典控制理论中，响应即输出，一般都能通过测量观察到。我们称能直接观察到的响应为输出。响应不仅取决于系统的内部结构和参数，而且也和系统的初始状态以及加于系统上的外界作用有关。初始状态及外界作用不同，响应则完全不同。

（2）时间响应　系统在输入信号作用下，其输出随时间变化的规律。一个实际系统的输出时间响应曲线通常如图 3-1-1 所示。若系统稳定，时间响应由动态响应和稳态响应组成。

（3）动态响应　动态响应又称瞬态响应或过渡过程，指在输入信号作用下，系统从初始状态到最终状态的响应过程。根据系统结构和参数选择情况，动态响应表现为衰减、发散或等幅振荡几种形式。显然，一个实际运行的控制系统，其动态响应必须是衰减的，也就是说，系统必须是稳定的。对于稳定系统而言，系统在某一输入信号作用下，其输出量从初始状态到稳定状态的响应过程，称为系统的动态响应，反映了控制系统的稳定性和快速性。

（4）稳态响应　如果一个线性系统是稳定的，那么从任何初始条件开始，经过一段时间就可以认为它的过渡过程已经结束，进入了与初始条件无关而仅由外作用决定的状态，即稳态响

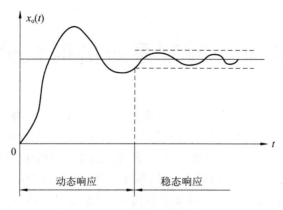

图 3-1-1　系统的时间响应曲线

应。系统在某一输入信号作用下,理论上定义为当 $t \to \infty$ 时的时间响应。工程实际常给出一个稳态误差 Δ,当满足

$$\left| x_{\mathrm{o}}(t) - x_{\mathrm{o}}(\infty) \right| \leqslant \Delta \cdot x_{\mathrm{o}}(\infty)$$

时,称系统已经进入稳态过程。稳态响应表征系统输出量最终复现输入量的程度,提供系统有关稳态误差的信息,用稳态性能来描述。

(5)过渡过程　从时间历程角度,在输入 $x_{\mathrm{i}}(t)$ 作用下,系统从初态到达稳定状态之间会出现一个过渡过程。实际系统发生状态变化时总存在一个过渡过程,其原因是系统中总有一些储能元件,使输出量不能立即跟随其输入量的变化。在过渡过程中,系统动态性能充分体现。如输出响应是否迅速(快速性),过渡过程是否有振荡,振荡程度是否剧烈(平稳性),系统最后是否收敛稳定下来(稳定性)等。

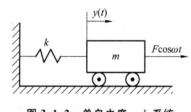

图 3-1-2　单自由度 m-k 系统

(6)时间响应的数学概念　也可以从数学观点上理解时间响应的概念,线性定常系统的微分方程是非齐次常系数线性微分方程,其全解包括通解和特解。通解对应于齐次方程,由系统初始条件(零输入响应、自由响应)引起;特解由输入信号引起,包括瞬态响应和稳态响应。例如考虑质块质量为 m 和弹簧刚度为 k 的单自由度系统如图 3-1-2 所示。在外力 $F\cos\omega t$ 的作用下,系统的动力学方程为如下线性常微分方程:

$$m\frac{\mathrm{d}^2 y(t)}{\mathrm{d}t^2} + ky(t) = F\cos\omega t$$

根据微分方程解的结构理论,全解为通解和特解之和

$$y(t) = A\sin\omega_{\mathrm{n}}t + B\cos\omega_{\mathrm{n}}t + \frac{F}{k} \cdot \frac{1}{1-\lambda^2}\cos\omega t$$

式中,ω_{n} 为系统的无阻尼固有频率,$\omega_{\mathrm{n}} = \sqrt{k/m}$。

设 $t=0$ 时,$y(t)=y(0)$,$\dot{y}(t)=\dot{y}(0)$,则

$$A = \frac{\dot{y}(0)}{\omega_{\mathrm{n}}}, \ B = y(0) - \frac{F}{k} \cdot \frac{1}{1-\lambda^2}$$

$$y(t) = \frac{\dot{y}(0)}{\omega_{\mathrm{n}}}\sin\omega_{\mathrm{n}}t + y(0)\cos\omega_{\mathrm{n}}t + \frac{F}{k} \cdot \frac{1}{1-\lambda^2}\cos\omega_{\mathrm{n}}t + \frac{F}{k} \cdot \frac{1}{1-\lambda^2}\cos\omega t$$

式中:等号右边第一、二项是由微分方程的初始条件引起的自由振动,即自由响应;第三项是由作用力引起的自由振动,其振动频率均为固有频率 ω_n,此处第三项也称为自由振动,它的频率 ω_n 与作用力频率 ω 完全无关,但它的幅值还是受到 F 的影响;第四项是由作用力引起的强迫振动,即强迫响应,其振动频率即为作用力频率 ω。因此,系统的时间响应可以从两方面分类:按振动性质可分为自由响应与强迫响应,按振动来源可分为零输入响应与零状态响应。控制工程所要研究的往往是零状态响应。

一般情况下,设系统的动力学方程为

$$a_n \frac{\mathrm{d}x_o^{(n)}(t)}{\mathrm{d}t^n} + a_{n-1} \frac{\mathrm{d}x_o^{(n-1)}(t)}{\mathrm{d}t^{n-1}} + \cdots + a_1 \frac{\mathrm{d}x_o(t)}{\mathrm{d}t} + a_0 x_o(t) = x_i(t)$$

则,方程的解的一般形式为

$$x_o(t) = \sum_{i=1}^{n} A_{1i} \mathrm{e}^{s_i t} + \sum_{i=1}^{n} A_{2i} \mathrm{e}^{s_i t} + B(t)$$

式中,$s_i(i=1,2,\cdots,n)$ 为系统的特征根。由此可得出如下一般性结论:

① 系统的阶次 n 和 s_i 取决于系统的固有特性,与系统的初始状态无关。

② 由 $x_o(t) = \mathrm{L}^{-1}[G(s)X_i(s)]$ 所求得的输出是系统的零状态响应。

③ 系统特征根的实部影响自由响应项的收敛性。若所有特征根均具有负实部,则系统自由响应项收敛,系统稳定,此时称自由响应为动态响应,称强迫响应为稳态响应;若存在特征根的实部为正,则自由响应发散,系统不稳定;若存在特征根的实部为零,其余的实部为负,则自由响应等幅振荡,系统临界稳定。工程上一般视临界稳定为不稳定,因为一旦出现干扰,很可能造成系统不稳定。

④ 特征根的虚部影响自由响应项的振荡情况。虚部绝对值越大,自由响应项的振荡越剧烈。

3.1.2 典型输入信号

控制系统的动态性能,可以通过在输入信号作用下系统的过渡过程来评价。系统的过渡过程不仅取决于系统本身的特性,还与初始条件、外加输入信号的形式有关。一般情况下,由于控制系统的外加输入信号具有随机的性质而无法预先知道,而且其瞬时函数关系往往又不能以解析形式来表达。只有在一些特殊情况下,控制系统的输入信号才是确知的。为了便于分析和设计,常采用一些典型输入信号研究系统。适当规定系统的输入信号为某些典型函数的形式,不仅使问题的数学处理系统化,而且还可以由此去推知更复杂的输入情况下的系统性能。另外,在实际中为了去除系统的外部影响来客观分析系统本身的特性,通常设初始条件全为零,输入为典型输入信号来进行分析设计。即规定控制系统的初始状态为零,这样有 $c(0^-)$ $= \dot{c}(0^-) = \ddot{c}(0^-) = \cdots = 0$,表明在外作用加于系统之前,被控制量及其各阶导数相对于平衡工作点的增量为零,系统处于相对平衡状态。

在选取上述典型信号时必须考虑下列各项原则:首先,选取的输入信号的典型形式应反映系统工作的大部分实际情况。其次,选取外加输入信号的形式应尽可能简单,以便于分析处理。最后,应选取那些能使系统工作在最不利情况下的输入信号作为典型的试验信号。

在控制工程中,常采用的典型输入信号如表 3-1-1 所示。

表 3-1-1　典型输入信号

名称	时域表达式	复域表达式
单位阶跃函数	$1(t)$	$1/s$
单位脉冲函数	$\delta(t)$	1
单位斜坡函数	$t1(t)$	$1/s^2$
单位加速度函数	$\dfrac{1}{2}t^2 1(t)$	$1/s^3$
正弦函数	$A\sin\omega t$	$\dfrac{A\omega}{s^2+\omega^2}$

1. 阶跃函数

阶跃函数(见图 3-1-3(a))的表达式为

$$x_i(t) = \begin{cases} R & t \geqslant 0 \quad R = 常量 \\ 0 & t < 0 \end{cases}$$

当取 $R=1$ 时,称为单位阶跃函数,记作 $1(t)$。其拉氏变换式(或称象函数)为

$$L[1(t)] = \int_{0_-}^{\infty} 1 \cdot e^{-st} dt = \frac{1}{-s} \cdot e^{-st} \Big|_{0_-}^{\infty} = \frac{1}{s}$$

指令突然转换、合闸、负荷突变等,均可视为阶跃作用。阶跃作用是评价系统动态性能时应用较多的一种典型输入信号,亦称常值信号。

2. 脉冲函数

实际脉冲函数(见图 3-1-3(b))的表达式一般为

$$x_i(t) = \begin{cases} 1/h & 0 < t < h \\ 0 & t > h, t < 0 \end{cases}$$

式中,脉冲高度为 $1/h$,脉冲宽度为 h,脉冲面积等于 1。若对实际脉冲的宽度 h 取趋于零的极限,则有

$$x_i(t) = \begin{cases} \infty & t = 0 \\ 0 & t \neq 0 \end{cases}$$

及

$$\int_{-\infty}^{\infty} x_i(t) dt = 1$$

此刻的脉冲函数称为理想单位脉冲函数,记作 $\delta(t)$。其拉氏变换式为

$$L[\delta(t)] = \int_{0_-}^{\infty} \delta(t) \cdot e^{-st} dt = \int_{0_-}^{0_+} \delta(t) \cdot dt = 1$$

$\delta(t)$ 是一种脉冲值很大、脉冲强度(面积)有限的短暂信号,这是现实中的抽象,只有数学意义,但它是重要的数学工具,是数字控制理论的基础。实际的脉冲信号、撞击力、武器弹射的爆发力及阵风等,均可视为理想脉冲。

3. 速度函数(或斜坡函数)

速度函数(见图 3-1-3(c))的表达式为

$$x_i(t) = \begin{cases} Rt & t \geqslant 0 \\ 0 & t < 0 \end{cases}$$

式中,$R=$ 常量。若 $R=1$,则称 $x_i(t)=t$ 为单位斜坡函数。速度函数表征匀速信号。其拉氏

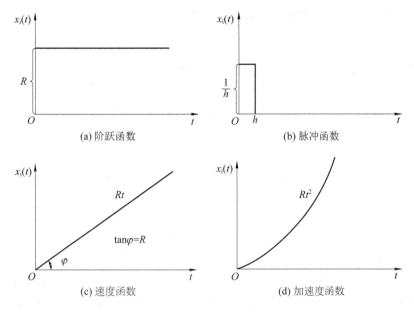

(a) 阶跃函数　　　　　　　　(b) 脉冲函数

(c) 速度函数　　　　　　　　(d) 加速度函数

图 3-1-3　典型输入信号

变换为

$$\mathrm{L}\big[t \cdot 1(t)\big] = \int_{0_-}^{\infty} t \cdot \mathrm{e}^{-st}\,\mathrm{d}t = \frac{1}{-s}\int_{0_-}^{\infty} t \cdot \mathrm{d}(\mathrm{e}^{-st}) = \frac{1}{s^2}$$

　　数控机床加工斜面或锥体时的进给指令、机械手等速移指令以及船闸升降时主拖动系统发出的位置信号等，均可视为斜坡作用。斜坡作用亦称等速信号。

4. 加速度函数

　　加速度函数(见图 3-1-3(d))的表达式为

$$x_\mathrm{i}(t) = \begin{cases} Rt^2 & t \geqslant 0 \\ 0 & t < 0 \end{cases}$$

式中，$R =$ 常量。加速度函数表征匀加速信号。其拉氏变换为

$$\mathrm{L}\big[x_\mathrm{i}(t)\big] = \int_{0_-}^{\infty} t^2\,\mathrm{e}^{-st}\,\mathrm{d}t = \frac{1}{-s} t^2\,\mathrm{e}^{-st}\bigg|_{0_-}^{\infty} - \left(\frac{1}{-s}\right)\int_{0_-}^{\infty} 2t\mathrm{e}^{-st}\,\mathrm{d}t = \frac{2}{s^3}$$

5. 正弦函数

　　正弦函数 $x_\mathrm{i}(t) = A\sin\omega t$ 也是常用的典型输入信号之一，其中，A 为振幅，ω 为角频率。

　　由指数函数的拉氏变换，可以直接写出负指数函数的拉氏变换为

$$\mathrm{L}\big[\mathrm{e}^{\mathrm{j}\omega t}\big] = \frac{1}{s - \mathrm{j}\omega}$$

因为

$$\frac{1}{s - \mathrm{j}\omega} = \frac{s + \mathrm{j}\omega}{(s + \mathrm{j}\omega)(s - \mathrm{j}\omega)} = \frac{s}{s^2 + \omega^2} + \mathrm{j}\,\frac{\widetilde{\omega}}{s^2 + \omega^2}$$

由公式

$$\mathrm{e}^{\mathrm{j}\omega t} = \cos\omega t + \mathrm{j}\sin\omega t$$

有

$$\mathrm{L}\big[\mathrm{e}^{\mathrm{j}\omega t}\big] = \mathrm{L}\big[\cos\omega t + \mathrm{j}\sin\omega t\big] = \frac{s}{s^2 + \omega^2} + \mathrm{j}\,\frac{\omega}{s^2 + \omega^2}$$

取负指数的虚部交换,则有正弦信号的拉氏变换为

$$L[\sin\omega t] = \frac{\omega}{s^2 + \omega^2}$$

实际控制过程中,电源及振动的噪声、模拟路面不平度的指令信号以及海浪对船舶的扰动力等,均可近似为正弦作用。

由于上列函数都是一些比较简单的函数,因此应用这些函数作为典型输入信号时,可以很容易地对控制系统进行数学分析和实验研究。

还有一个问题需要加以考虑,那就是在分析、设计控制系统时,究竟应该选取哪一种形式的典型输入信号作为试验信号最为合适。一般来说,如果控制系统的实际输入,大部分是随时间逐渐增加的信号,则应用斜坡函数作为试验信号较为合适。如果是舰船上用的一类控制系统,经常受到的干扰是海浪的颠簸,由于海浪的变化规律接近于正弦,则选取正弦函数作为试验信号是合理的。如果作用到控制系统的输入信号大多具有突变性质时,则选用阶跃函数作为典型输入信号最为恰当。因此,究竟采用何种典型信号作为系统的试验信号要视具体情况而定,但需注意不管采用何种典型输入信号作为试验信号,对同一系统来说,其过渡过程所表征的系统特性应是统一的。基于典型输入信号的概念使有可能在同一基础上去比较各种控制系统的性能。

3.1.3　控制系统的时域性能指标

本章将讨论控制系统在典型输入信号作用下的过渡过程特性建立过渡过程的特征值与系统性能指标间的关系。关于正弦信号作用下系统输出特性的分析,将在频率特性法一章中进行。

1. 典型时间响应

初状态为零的系统,典型外作用下输出量的动态过程称为典型时间响应。

1) 单位阶跃响应

系统在单位阶跃信号 $1(t)$ 作用下的响应,称单位阶跃响应,常以 $h(t)$ 表示。取系统的闭环传递函数为 $\Phi(s)$,则单位阶跃响应的拉氏变换式应为

$$\Phi(s) \cdot X_i(s) = \Phi(s) \cdot \frac{1}{s}$$

经拉氏反变换后,得到

$$h(t) = L^{-1}\left[\Phi(s) \cdot \frac{1}{s}\right]$$

2) 单位斜坡响应

系统在 $t1(t)$ 作用下的响应称为单位斜坡响应。设以 $x_o(t)$ 表示。则

$$X_o(s) = \Phi(s)X_i(s) = \Phi(s) \cdot \frac{1}{s^2}$$

经拉氏反变换后,得到

$$x_o(t) = L^{-1}\left[\Phi(s) \cdot \frac{1}{s^2}\right]$$

3) 单位脉冲响应

系统在 $\delta(t)$ 信号作用下响应,称为单位脉冲响应,常以 $k(t)$ 表示。单位脉冲响应的拉氏变换式

$$K(s) = \Phi(s) \cdot X_{\mathrm{i}}(s) = \Phi(s) \cdot 1 = \Phi(s)$$

经拉氏反变换后,得到

$$k(t) = \mathrm{L}^{-1}\big[\Phi(s)\big]$$

和传递函数一样,单位脉冲响应只由系统的动态结构及参数决定,$k(t)$ 也可以认为是系统的一种动态数学模型。

2. 阶跃响应的性能指标

一般在较为恶劣的、严格的工作条件下,需要进行控制系统追踪或复现阶跃输入,故常以阶跃响应衡量系统控制性能的好处。

系统的阶跃响应性能指标分述如下(参照图 3-1-4)。

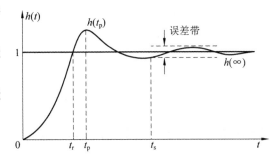

(1) 峰值时间 t_{p}:指 $h(t)$ 曲线中达到最大值的时间。

(2) 超调量 $\sigma\%$:指 $h(t)$ 中对稳态值的最大超出量与稳态值之比。即

$$\sigma\% = \frac{h(t_{\mathrm{p}}) - h(\infty)}{h(\infty)} \times 100\%$$

图 3-1-4　单位阶跃响应曲线及性能指标

(3) 调节时间 t_{s}:指响应曲线中,$h(t)$ 进入稳态值附近 $\pm 5\%$[或 $\pm 2\%$]误差带而不再出来的最小时间。t_{s} 也常称过渡时间。

(4) 稳态误差 e_{ss}:指响应的稳态值与期望值之差。对复现单位阶跃输入信号的系统而言,常取

$$e_{\mathrm{ss}} = 1 - h(\infty)$$

(5) 上升时间 t_r:指响应曲线达到稳态值所需的时间。

(6) 穿越次数 N:指响应曲线,在调节时间 t_{s} 之前穿越稳态值的次数之半。

上述指标中,峰值时间 t_{p} 表征响应的初始段快慢。而调节时间 t_{s} 则表明系统响应过渡阶段的总持续时间,从总体上反映了过程的快速性。超调量 $\sigma\%$ 反映了系统响应过渡阶段的平衡性。稳态误差 e_{ss} 表征的是系统响应的最终(稳态)精度。控制工程中,常侧重以 $\sigma\%$、t_{s} 及 e_{ss} 三项指标评价系统的稳、快、准。

3.1.4　控制系统时域分析的基本方法及步骤

控制系统的基本性能包括稳定性、快速性和准确性,对系统的设计和分析都将围绕着基本性能要求展开。由基本性能的定性要求推导出系统的定量性能指标,通过计算分析,获得实际系统的性能指标参数,将其与设计指标要求相比较,以便确定该系统是否满足设计要求和使用要求。如果实际系统的性能参数在某些方面不能完全满足要求,或者在实际产品已经制造出来但某些性能指标不能完全满足要求时,通过分析之后,我们不是推翻原设计或报废原产品,而是通过系统校正的方式,在原系统基础上增加某些校正装置,以改善系统性能,使之完全满足设计要求和使用要求。这是进行系统分析的基本方法和目的。

实际系统多为高阶复杂系统,直接分析高阶系统将非常复杂。然而,高阶系统通常都是由低阶系统通过串联、并联和反馈等方式组合而成,高阶系统的动态性能常可以用低阶系统进行近似。因此,系统分析的思路是:先分析系统中低阶系统(一阶、二阶)的动态性能,然后利用高

阶系统主导极点的概念去近似分析高阶系统的动态性能。

系统的性能自身不能表现出来,必须给系统一个外界激励,通过在该输入激励下产生的输出响应的外在表现,来体现系统自身的固有特性。如何选择适当的外界激励,在上一节已阐述过基本选取原则。由于系统的时域分析着重于计算法,因此希望输入信号是一个简单的函数,以便简化计算。阶跃信号输入可以模拟指令、电压、负荷等的开关转换,反映恒值系统的大部分工作情况;脉冲信号输入可以模拟碰撞、敲打、冲击等场合,反映系统受干扰时的工作情况。因此,系统的时域分析一般用阶跃信号和脉冲信号作为系统的输入。

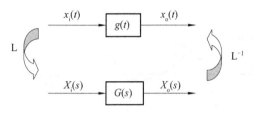

图 3-1-5　控制系统时域分析的思路

系统在时域中的数学模型 $g(t)$ 是微分方程,尤其是高阶微分方程求解困难,对线性定常系统的时域分析常采用图 3-1-5 所示的分析思路。

首先将系统的微分方程 $g(t)$ 和选取的输入信号 $x_i(t)$ 利用拉氏变换转换到复数域,得到 $G(s)$ 和 $X_i(s)$,然后在复数域进行代数运算 $X_o(s) = G(s)X_i(s)$,获得系统在复数域的输出 $X_o(s)$,最后利用拉氏逆变换得到系统在时域的输出 $x_o(t)$,利用 $x_o(t)$ 的表现来分析系统自身的动态性能。

3.2　一阶系统的时域分析

当控制系统的数学模型是一阶微分方程式时即称为一阶系统。一阶系统的时域响应可以直接求解微分方程式得出。一阶系统在工程实践中应用广泛,如 RC 网络、发电机、加热器、冰箱和水箱等,均可近似为一阶系统。虽然一阶系统结构简单,但在说明控制系统时域响应的一些基本概念方面却很有意义。

3.2.1　一阶系统的数学模型

图 3-2-1 所示为由 R、C 组成的四端电路便是最常见的一阶系统。电路的输入电压 U_1 和输出电压 U_2 间的动态特性由下列一阶微分方程来描述:

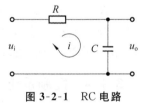

$$RC\frac{\mathrm{d}U_2(t)}{\mathrm{d}t} + U_2(t) = U_1(t)$$

图 3-2-1　RC 电路

描述一阶系统动态特性的微分方程式的一般标准形式是

$$T\frac{\mathrm{d}x_o(t)}{\mathrm{d}t} + x_o(t) = x_i(t)$$

式中:T 称为时间常数,它表示系统的惯性。

由此得到的一阶系统传递函数的标准形式是

$$G(s) = \frac{X_o(s)}{X_i(s)} = \frac{1}{Ts+1}$$

一阶系统的方框图如图 3-2-2(a)所示,它在 $[s]$ 平面上的极点分布为 $s = -1/T$,如图 3-2-2(b)所示。

下面分析一阶系统在典型输入信号作用下的响应过程,设系统的初始条件为零,并由此得到一阶系统的特点和线性系统的有关结论。

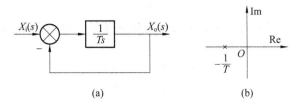

图 3-2-2　一阶系统方框图和极点分布图

3.2.2　一阶系统的单位阶跃响应

设系统的输入信号为单位阶跃函数,即

$$x_{\mathrm{i}}(t) = 1(t)$$

则系统过渡过程 $x_{\mathrm{o}}(t)$ 的拉氏变换式为

$$X_{\mathrm{o}}(s) = G(s)X_{\mathrm{i}}(s) = \frac{1}{Ts+1} \cdot \frac{1}{s}$$

取 $X_{\mathrm{o}}(s)$ 的拉氏反变换,得到

$$x_{\mathrm{o}}(t) = \mathrm{L}^{-1}\big[X_{\mathrm{o}}(s)\big] = \mathrm{L}^{-1}\Big[\frac{1}{Ts+1} \cdot \frac{1}{s}\Big]$$

即

$$x_{\mathrm{o}}(t) = (1 - \mathrm{e}^{-\frac{t}{T}}) \quad (t \geqslant 0) \tag{3-1}$$

由式(3-1)求得

$$x_{\mathrm{o}}(0) = x_{\mathrm{o}}(t)\big|_{t=0} = 0$$

及

$$x_{\mathrm{o}}(\infty) = x_{\mathrm{o}}(t)\big|_{t=\infty} = 1$$

式(3-1)表征的一阶系统的时间响应过渡过程示于图 3-2-3,由图可知一阶系统的过渡过程是单调上升的指数曲线。

当 $t = T$ 时,$x_{\mathrm{o}}(T) = 1 - \mathrm{e}^{-1} = 0.632$。此刻系统输出达到过渡过程总变化量的 63.2%。这一点是一阶系统过渡过程的重要特征点。它为用实验方法求取一阶系统的时间常数 T 提供了理论依据。图 3-2-3 所示指数曲线的另一个重要特性是在 $t=0$ 处切线的斜率等于 $\frac{1}{T}$,即

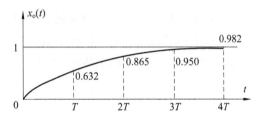

图 3-2-3　一阶系统时间响应过渡过程

$$\frac{\mathrm{d}x_{\mathrm{o}}(t)}{\mathrm{d}t}\Big|_{t=0} = \frac{1}{T}\mathrm{e}^{-\frac{t}{T}}\Big|_{t=0} = \frac{1}{T}$$

这说明一阶系统如能保持初始反应速度不变,则在 $t=T$ 时间里,时间响应过渡过程便可以完成其总变化量。但从图 3-2-3 可以看到,一阶系统过渡过程 $x_{\mathrm{o}}(t)$ 的斜率随着时间的推移实际是单调下降的,如

$t=0$ 时　　　　　　　　　　　　　$x_{\mathrm{o}}(0) = \dfrac{1}{T}$

$t=T$ 时　　　　　　　　　　　　　$x_{\mathrm{o}}(T) = 0.368\dfrac{1}{T}$

$t=\infty$ 时 $x_o(\infty)=0$

从上面分析知道,在理论上一阶系统的时间响应过渡过程要完成全部的变化量,需要无限长的时间。但从式(3-1)可以求得下列数据:

$t=2T$ 时 $x_o(2T)=0.865$

$t=3T$ 时 $x_o(3T)=0.950$

$t=4T$ 时 $x_o(4T)=0.982$

$t=5T$ 时 $x_o(5T)=0.993$

这些数据说明,当 $t>4T$ 时,一阶系统的时间响应过渡过程已完成其全部变化量的98%以上。也就是说,此刻的过渡过程在数值上与其应完成的全部变化量间的误差将保持在2%以内。从工程实际角度来看,这时可以认为过渡过程已经结束。因此对一阶系统来说,过渡过程持续时间(简称为过渡过程时间,记作 t_s),可以认为等于四倍的时间常数,即 $t_s=4T$。由于时间常数 T 反映一阶系统的惯性,所以时间常数越小一阶系统的过渡过程进行得越快;反之,越慢。

根据一阶系统过渡过程的实验曲线求取传递函数时,只需求出时间常数即可。而时间常数 T 可以直接从 $0.632x_o(\infty)$ 对应的时间求得,也可以从 $t=0$ 处的切线斜率 $1/T$ 求得。

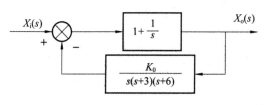

图 3-2-4　系统结构图

【例 3-2-1】　一阶系统如图 3-2-4 所示,试求系统单位阶跃响应的调节时间 t_s($\Delta=0.05$),如果要求 $t_s=0.1$ s,试问系统的反馈系数应调整为何值?

解　对方框图进行变换,得系统的闭环传递函数为

$$G_B(s)=\frac{X_o(s)}{X_i(s)}=\frac{100/s}{1+0.1(100/s)}=\frac{10}{0.1s+1}$$

故,时间常数 $T=0.1$,调节时间 $t_s=3T=3\times0.1$ s$=0.3$ s。

$G_B(s)$ 中的倍数 10,并不影响 t_s 值。

计算 $t_s=0.1$ s 的反馈系数值:设图 3-2-4 中反馈系数为 K_H,则系统闭环传递函数

$$G'_B(s)=\frac{100/s}{1+\frac{100}{s}K_H}=\frac{1/K_H}{\frac{0.01}{K_H}s+1}$$

故 $$T'=\frac{0.01}{K_H}$$

$$t_s=3T=\frac{0.03}{K_H}=0.1\ \text{s}\quad 求得\quad K_H=0.3$$

3.2.3　一阶系统的单位脉冲响应

当输入信号是理想单位脉冲时,系统的输出便是脉冲过渡函数。由于理想单位脉冲函数的拉氏变换为 $L[\delta(t)]=1$,所以系统输出信号的拉氏变换与系统的传递函数相同,即

$$X_o(s)=G(s)X_i(s)=\frac{1}{Ts+1}\times1=\frac{1}{Ts+1}$$

因此,一阶系统在理想单位脉冲函数作用下的过渡过程等于系统传递函数的拉氏反变换,即

$$x_{\mathrm{o}}(t) = \mathrm{L}^{-1}\left[\frac{1}{Ts+1}\right] = -\frac{1}{T}\mathrm{e}^{-\frac{1}{T}} \tag{3-2}$$

由式(3-2)可得

$t=0$ 时 $\qquad\qquad x_{\mathrm{o}}(0) = \dfrac{1}{T}\qquad\qquad \dot{x}_{\mathrm{o}}(0) = \dfrac{1}{T^2}$

$t=T$ 时 $\qquad\qquad x_{\mathrm{o}}(T) = 0.368\,\dfrac{1}{T}\qquad \dot{x}_{\mathrm{o}}(T) = -0.368\,\dfrac{1}{T^2}$

$t=\infty$ 时 $\qquad\qquad x_{\mathrm{o}}(\infty) = 0\qquad\qquad \dot{x}_{\mathrm{o}}(\infty) = 0$

由式(3-2)描述的响应过渡过程,即一阶系统的脉冲过渡函数(见图 3-2-5)。

图 3-2-5 表明,一阶系统的脉冲过渡函数是一单调下降的指数曲线。如果定义上述指数曲线衰减到其初值的 2% 为过渡过程时间 t_{s},则 $t_{\mathrm{s}}=4T$。因此,系统的惯性越小(即时间常数 T 越小),则过渡过程(即脉冲过渡函数)的持续时间越短。也就是说,系统反映输入信号的快速性越好。

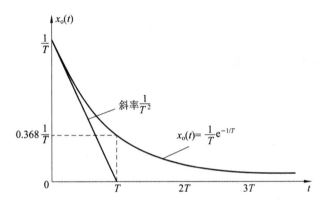

图 3-2-5　一阶系统的脉冲过渡函数

鉴于工程上理想单位脉冲函数不可能得到,而是以具有一定脉宽和有限幅度的脉冲来代替。因此,为了得到近似精度较高的脉冲过渡函数,要求实际脉冲函数的宽度 h(见图 3-1-3(b))与系统的时间常数 T 相比应足够地小,一般要求

$$h < 0.1H$$

另外,从单位脉冲响应和单位阶跃响应的表达式可以看出,二者之间存在积分和微分关系,而单位脉冲信号和单位阶跃信号也存在积分和微分的关系,由此可以得出线性定常系统的一个重要性质:如果系统的输入信号存在积分和微分关系,则系统的时间响应也存在对应的积分和微分关系。由此可知,对阶跃响应微分即得到脉冲响应。

3.2.4　一阶系统的单位速度响应

设系统的输入信号为单位速度函数,即 $x_{\mathrm{i}}(t)=t$。这时,系统输出信号的拉氏变换式为

$$X_{\mathrm{o}}(s) = \frac{1}{Ts+1}\cdot\frac{1}{s^2} = \frac{1}{s^2} - \frac{T}{s} + \frac{T^2}{Ts+1}$$

将上式进行拉氏反变换,使得系统的时间响应过渡过程,即

$$x_{\mathrm{o}}(t) = t - T(1 - \mathrm{e}^{-\frac{t}{T}}) \tag{3-3}$$

由式(3-3)描述的时间响应过渡过程曲线示于图 3-2-6。根据式(3-3),可以求得系统的输出信号与其输入信号的差 $\varepsilon(t)$,即

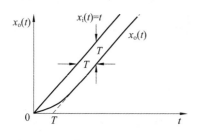

图 3-2-6 单位速度函数作用下的时间响应过渡过程

$$\varepsilon(t) = x_i(t) - x_o(t) = T(1 - e^{-\frac{t}{T}})$$

从以上可见,当时间 t 趋于无穷,上述信号差 $\varepsilon(\infty)$ 趋于常值。这说明,一阶系统在跟踪单位速度函数时,其输出信号在过渡过程结束后,在输出、输入信号间仍有差值(或称跟踪误差)存在,其值等于时间常数 T。显然,系统的时间常数 T 越小,跟踪误差便越小。

3.3 二阶系统的时域分析

凡是能够用二阶微分方程描述的系统都称为二阶系统,二阶系统的典型形式是振荡系统,二阶系统动态结构框图如图 3-3-1 所示。如电动机、机械动态方程、小功率随动系统等均可近似为二阶系统。很多实际的系统都是二阶系统,很多高阶系统在一定条件下也可近似地简化为二阶系统来研究。因此,分析二阶系统响应具有十分重要的意义。

3.3.1 二阶系统的单位阶跃响应

图 3-3-1 为典型的二阶系统动态结构图,系统的开环传递函数为

$$G(s) = \frac{\omega_n^2}{s(s + 2\xi\omega_n)}$$

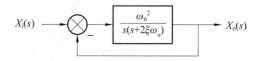

图 3-3-1 典型的二阶系统方框图

将二阶系统最高项系数变为 1,可得二阶系统的标准化微分方程和传递函数:

$$\frac{dx_o^2(t)}{dt} + 2\xi\omega_n \frac{dx_o(t)}{dt} + \omega_n^2 x_o(t) = \omega_n^2 x_i(t) \tag{3-4a}$$

$$G(s) = \frac{X_o(s)}{X_i(s)} = \frac{\omega_n^2}{s^2 + 2\xi\omega_n s + \omega_n^2} \tag{3-4b}$$

式中:ω_n 为无阻尼固有频率;ξ 为阻尼比。

对于单位阶跃函数而言,由于 $x_i(t) = 1(t)$;$x_i(s) = \frac{1}{s}$。从式(3-4)求得二阶系统在单位阶跃函数作用下输出信号的拉氏变换为

$$X_o(s) = \frac{\omega_n^2}{s^2 + 2\xi\omega_n s + \omega_n^2} \cdot \frac{1}{s} \tag{3-5}$$

对式(3-5)进行拉氏反变换,便可得到在单位阶跃函数作用下,二阶系统的过渡过程 $x_o(t)$。

由式(3-4)可求得二阶系统的特征方程

$$s^2 + 2\xi\omega_n s + \omega_n^2 = 0 \tag{3-6}$$

它的两个根是

$$s_{1,2} = -\xi\omega_n \pm \omega_n \sqrt{\xi^2 - 1} \tag{3-7}$$

将式(3-4b)所示系统传递函数的分子与分母多项式分别用下式表示:

$$N(s) = \omega_n^2$$

$$D(s) = s^2 + 2\xi\omega_n + \omega_n^2$$

则

$$X_\text{o}(s) = \frac{N(s)}{D(s)} X_\text{i}(s)$$

如果输入单位阶跃函数，$X_\text{i}(s) = 1/s$，则上式又可写为

$$X_\text{o}(s) = \frac{N(s)}{sD(s)}$$

根据拉氏反变换，可求得系统的单位阶跃响应为

$$h(t) = x_\text{o}(t) = 1 + \sum_{i=1}^{2} \frac{N(s_i)}{s_i D(s_i)} e^{s_i t} \quad (t \geqslant 0) \tag{3-8}$$

式(3-7)说明，随着阻尼比 ξ 取值的不同，二阶系统的特征根(即闭环极点)各异。而式(3-8)则说明二阶系统的特征根(即闭环极点)各异，将使二阶系统的单位阶跃函数作用下的响应也不同。可见系统的阻尼比、极点以及单位阶跃响应是彼此相关、密切联系的。具体来说：

① 当 $0 < \xi < 1$ 时，两个特征很将是一对共轭复根，即

$$s_{1,2} = -\xi\omega_\text{n} \pm \text{j}\omega_\text{n}\sqrt{1-\xi^2}$$

二阶系统的闭环极点是一对位于 $[s]$ 平面左半部的共轭复数极点(见图 3-3-2(c))。系统的单位阶跃响应将是振幅随时间按指数函数规律衰减的周期函数。此时系统处于欠阻尼状态。

② 当 $\xi^2 - 1 = 0$ 即 $\xi = 1$ 时，特征方程具有两个相等的负实根，它们是

$$s_{1,2} = -\xi\omega_\text{n}$$

二阶系统的闭环极点是位于 $[s]$ 平面的实轴上的两个相等负实极点(见图 3-3-2(b))。于是，系统的单位阶跃响应中没有周期分量，单位阶跃响应将随时间按指数函数规律而单调衰减。此时系统处于临界阻尼状态。

③ 当 $\xi > 1$ 时，特征方程式具有两个不等的负实根，即

$$s_1 = -\xi\omega_\text{n} + \omega_\text{n}\sqrt{\xi^2-1}, \quad s_2 = -\xi\omega_\text{n} - \omega_\text{n}\sqrt{\xi^2-1}$$

二阶系统的两个闭环极点均位于 $[s]$ 平面负实轴上(见图 3-3-2(a))。系统的单位阶跃响应还是随时间按指数函数规律而单调递减，只是衰减的快慢主要由靠近虚轴的那个实极点决定。这个极点越靠近虚轴，衰减速度越慢。此时系统处于过阻尼状态。

④ 当 $\xi = 0$ 时，特征方程式具有一对共轭纯虚根，即

$$s_{1,2} = \pm \text{j}\omega_\text{n}$$

二阶系统的闭环极点为位于 $[s]$ 平面虚轴上的一对共轭虚数(见图 3-3-2(d))。此时系统的单位阶跃响应是恒定振幅的周期函数，系统处于无阻尼状态。

⑤ 当 $-1 < \xi < 0$ 时，特征方程式的两个根为具有正实部的共轭复根，即

$$s_{1,2} = +\xi\omega_\text{n} \pm \text{j}\omega_\text{n}\sqrt{1-\xi^2}$$

二阶系统的闭环极点为位于 $[s]$ 平面右半部的一对共轭复极点(见图 3-3-2(e))。系统的单位阶跃响应是振幅随时间按指数函数规律递增的周期函数。

⑥ 当 $\xi < -1$ 时，特征方程式具有两个不等的正实根，即

$$s_1 = -\xi\omega_\text{n} + \omega_\text{n}\sqrt{\xi^2-1}, \quad s_2 = -\xi\omega_\text{n} - \omega_\text{n}\sqrt{\xi^2-1}$$

二阶系统的两个闭环极点均位于 $[s]$ 平面负正轴上(见图 3-3-2(f))。系统的单位阶跃响应随时间按指数函数规律而单调递增，递增的快慢主要由靠近虚轴的那个实极点决定。这个极点越靠近虚轴，递增速度越慢。

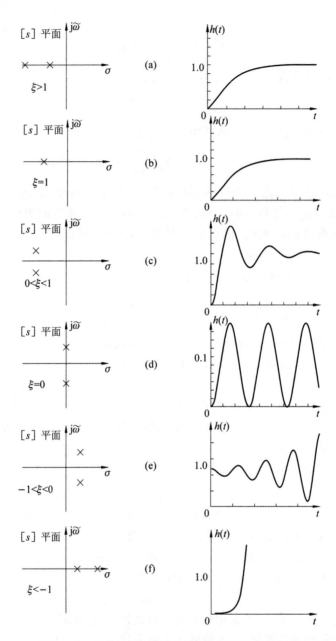

图 3-3-2 极点分布不同时二阶系统的单位阶跃响应

根据上面列举的几种不同情况,逐项对单位阶跃函数作用下二阶系统的过渡过程做细致具体的分析。

① $0<\xi<1$ 时二阶统的单位阶跃响应过渡过程(欠阻尼状态)。

在这种情况下式(3-5)可改写成

$$X_o(s) = \frac{\omega_n^2}{s^2 + 2\xi\omega_n s + \omega_n^2} \cdot \frac{1}{s} = \frac{1}{s} - \frac{s + 2\xi\omega_n}{s^2 + 2\xi\omega_n s + \omega_n^2}$$

$$= \frac{1}{s} - \frac{s + 2\xi\omega_n}{(s + \xi\omega_n + j\omega_d)(s + \xi\omega_n - j\omega_d)}$$

$$= \frac{1}{s} - \frac{s + \xi\omega_n}{(s + \xi\omega_n)^2 + \omega_d^2} - \frac{\xi\omega_n}{(s + \xi\omega_n)^2 + \omega_d^2} \qquad (3\text{-}9)$$

式中：ω_d 为有阻尼自振频率，$\omega_d = \omega_n \sqrt{1 - \xi^2}$。

取式（3-9）的拉氏反变换，即

$$L^{-1}\left[\frac{s + \xi\omega_n}{(s + \xi\omega_n)^2 + \omega_d^2}\right] = e^{-\xi\omega_n t}\cos\omega_d t$$

及

$$L^{-1}\left[\frac{\omega_d}{(s + \xi\omega_n)^2 + \omega_d^2}\right] = e^{-\xi\omega_n t}\sin\omega_d t$$

得过渡过程

$$x_o(t) = L^{-1}\left[\frac{1}{s}\right] - L^{-1}\left[\frac{s + \xi\omega_n}{(s + \xi\omega_n)^2 + \omega_d^2}\right] - L^{-1}\left[\frac{\xi\omega_n}{(s + \xi\omega_n)^2 + \omega_d^2}\right]$$

$$= 1 - e^{-\xi\omega_n t}\cos\omega_d t - \frac{\xi\omega_n}{\omega_d}e^{-\xi\omega_n t}\sin\omega_d t$$

$$= 1 - e^{-\xi\omega_n t}\left(\cos\omega_d t + \frac{\xi}{\sqrt{1 - \xi^2}}\sin\omega_d t\right)$$

$$= 1 - e^{-\xi\omega_n t}\frac{1}{\sqrt{1 - \xi^2}}\sin(\omega_d t + \theta) \quad (t \geqslant 0) \qquad (3\text{-}10)$$

式中

$$\theta = \tan^{-1}\frac{\sqrt{1 - \xi^2}}{\xi}$$

这时，二阶系统的偏差信号是

$$\varepsilon(t) = x_i(t) - x_o(t) = \frac{e^{-\xi\omega_n t}}{\sqrt{1 - \xi^2}}\sin(\omega_d + \theta) \quad (t \geqslant 0) \qquad (3\text{-}11)$$

从式（3-10）及式（3-11）看出，对应 $0 < \xi < 1$ 时的过渡过程 $x_o(t)$ 和偏差信号 $\varepsilon(t)$ 均为衰减的正弦振荡曲线，示于图 3-3-3。

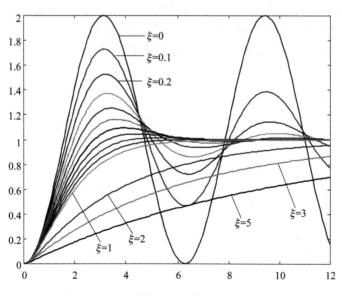

图 3-3-3　各种情况下系统的单位阶跃响应

由式（3-10）及式（3-11）还可看出 $x_o(t)$ 与 $\varepsilon(t)$ 的衰减速度取决于 $\xi\omega_n$ 值的大小，其衰减振

荡的频率便是有阻尼自振频率 ω_d。由式(3-11)还可以看出,当时间 t 趋向于无穷时,系统的偏差等于零,即

$$\varepsilon(t)\big|_{t\to\infty} = 0$$

② $\xi = 0$ 时二阶系统的单位阶跃响应过渡过程(无阻尼状态)。

将 $\xi = 0$ 代入式(3-10),得到

$$x_o(t) = 1 - \cos\omega_n t \quad (t \geqslant 0) \tag{3-12}$$

从式(3-12)可知,无阻尼(即 $\xi=0$)时二阶系统的过渡过程是等幅正弦(余弦)振荡(见图 3-3-3),振荡频率为 ω_n。

综上分析可以看出频率 ω_n 和 ω_d 的物理含义。ω_n 是无阻尼(即 $\xi=0$)时二阶系统的等幅正弦振荡过渡过程的振荡频率,因此称为无阻尼自由振荡频率。而 $\omega_d = \omega_n\sqrt{1-\xi^2}$ 是欠阻尼 ($0 < \xi < 1$) 时,衰减正弦振荡过渡过程的振荡频率,因此称为有阻尼自由振荡频率。相应的 $T_d = \dfrac{2\pi}{\omega_d}$ 称为有阻尼振荡周期。显然,ω_d 低于 ω_n,且随着 ξ 的增大,ω_d 的值减小。

③ $\xi = 1$ 时二阶系统的单位阶跃响应过渡过程(临界阻尼状态)。

此时,由式(3-5)得

$$X_o(s) = \frac{\omega_n^2}{(s+\omega_n)^2 \cdot s} = \frac{1}{s} - \frac{\omega_n}{(s+\omega_n)^2} - \frac{1}{(s+\omega_n)} \tag{3-13}$$

取式(3-13)的拉氏反变换,得 $\xi=1$ 的二阶系统过渡过程:

$$x_o(t) = 1 - e^{-\omega_n t}(1+\omega_n t) \quad (t \geqslant 0) \tag{3-14}$$

式(3-14)说明,阻尼比为 1 时,二阶系统的过渡过程是一个无超调的单调上升过程,其变化率为

$$\dot{x}_o(t) = \omega_n^2 t \cdot e^{-\omega_n t}$$

上式表明,当 $t=0$ 时,即过渡过程在 $t=0$ 时的变化率为零。而在 $t>0$ 时,过渡过程具有大于零的变化率,且 $x_o(t)$ 单调上升。当 $t\to\infty$ 时,变化率将趋于零,过渡过程将趋于具有常值的稳态。这时的过渡过程见图 3-3-3 的 $\xi=1$ 曲线。

④ $\xi > 1$ 时二阶系统的单位阶跃响应过渡过程(过阻尼状态)。

这时二阶系统的两个闭环极点为不等的负实数,即

$$s_{1,2} = -\xi\omega_n\sqrt{\xi^2-1}$$

因此,式(3-5)可写成:

$$X_o(s) = \frac{\omega_n^2}{s(s+\xi\omega_n+\omega_n\sqrt{\xi^2-1})(s+\xi\omega_n-\omega_n\sqrt{\xi^2-1})}$$

取上式的拉氏反变换,得到

$$
\begin{aligned}
x_o(t) &= 1 - \frac{1}{2\sqrt{\xi^2-1}(\xi-\sqrt{\xi^2-1})}e^{-(\xi-\sqrt{\xi^2-1})\omega_n t} + \frac{1}{2\sqrt{\xi^2-1}(\xi-\sqrt{\xi^2-1})}e^{-(\xi-\sqrt{\xi^2-1})\omega_n t} \\
&= 1 + \frac{\omega_n}{2\sqrt{\xi^2-1}}\left(\frac{e^{s_1 t}}{-s_1} - \frac{e^{s_2 t}}{-s_2}\right) \quad (t \geqslant 0)
\end{aligned}
\tag{3-15}
$$

式中

$$s_1 = -(\xi+\sqrt{\xi^2-1})\omega_n$$

$$s_2 = -(\xi-\sqrt{\xi^2-1})\omega_n$$

式(3-15)表明,$\xi > 1$ 时,在二阶系统的时间响应过渡过程 $x_o(t)$ 中含有两个衰减指数项。

相应的过渡过程曲线见图 3-3-3。当 ξ 远大于 1 时,闭环极点 s_1 将比极点 s_2 距离虚轴要远得多。因此在求取输出信号的近似解时,可以忽略 s_1 对系统输出的影响,从而可把二阶系统近似看成一阶系统来处理。在这种情况下,近似一阶系统的传递函数是

$$\frac{X_o(s)}{X_i(s)} = \frac{-s_2}{s - s_2}$$

根据上述传递函数,并考虑到 $X_i(s) = \frac{1}{s}$,得到

$$X_o(s) = \frac{(\xi - \sqrt{\xi^2 - 1})\omega_n}{s + (\xi - \sqrt{\xi^2 - 1})\omega_n} \cdot \frac{1}{s}$$

以及

$$x_o(t) = 1 - e^{-(\xi - \sqrt{\xi^2 - 1})\omega_n t} \quad (t \geq 0) \tag{3-16}$$

式(3-16)表征的近似过渡过程,在 $\xi > 2$ 时,能够满意地逼近在 $\xi > 2$ 时的二阶系统的过渡过程。

⑤ $-1 < \xi < 0$ 时二阶系统的单位阶跃响应过渡过程。

这时,二阶系统的过渡过程为

$$x_o(t) = 1 - \frac{e^{-\xi\omega_n t}}{\sqrt{1 - \xi^2}} \sin(\omega_d t + \theta) \quad (t \geq 0) \tag{3-17}$$

式中

$$-1 < \xi < 0$$

从式(3-17)看出,由于 ξ 具有负值,因此 $e^{-\xi\omega_n t}$ 具有正幂数,从而决定二阶系统的过渡过程具有发散正弦振荡的形式。

⑥ 对于 $\xi < -1$ 的情况二阶系统过渡过程 $x_o(t)$ 的表达式与式(3-17)相同。但由于此时 $\xi < -1$,过渡过程具有单调发散的形式。

对应不同阻尼比 ξ 时的单位阶跃函数作用下二阶系统的过渡过程曲线示于图 3-3-3。

从图 3-3-3 中可以看出,二阶系统在单位阶跃函数作用下的过渡过程,随着阻尼比 ξ 的减小,振荡特性将表现得越加强烈。以致通过 $\xi = 0$ 时的等幅不衰减振荡;在负阻尼($\xi < 0$)时,出现了发散特性。在 $\xi = 1$ 及过阻尼的 $\xi > 1$ 情况下,二阶系统的过渡过程具有单调上升的特性。就过渡过程的持续时间来看,在无振荡、单调上升的特性中,以 $\xi = 1$ 的过渡过程时间最短。在欠阻尼($0 < \xi < 1$)特性中,对应 $\xi = 0.4 \sim 0.8$ 时的过渡过程,不仅具有比 $\xi = 1$ 时更短的过渡过程时间 t_s,而且振荡特性也并不严重。因此,一般说来,希望二阶系统工作在 $\xi = 0.4 \sim 0.8$ 的欠阻尼状态。因为在这种工作状态下将有一个振荡特性适度、持续时间较短的过渡过程。

从图 3-3-3 还可看出,如果两个二阶系统只有相同的 ξ 值和不同的 ω_n 值时,则它们的过渡过程曲线将具有相同的超调量和不同的振荡频率 ω_d。

3.3.2 单位阶跃响应下二阶系统的时域性能分析

对控制系统的基本要求是响应过程的稳定性、准确性和快速性。评价这些定性的性能要求总要用一定的定量性能指标来衡量。如何选择性能指标是一个重要的问题。

通常,系统的性能指标形式为二阶欠阻尼系统的单位阶跃响应(时域,单位阶跃输入,二阶系统,欠阻尼)。其原因有四:一是产生阶跃输入比较容易,而且从系统对单位阶跃输入的响应也较容易求得对任何输入的响应;二是许多输入与单位阶跃输入相似,而且阶跃输入又往往是实际系统中最不利的输入情况;三是因为高阶系统总是由低阶系统组合而成,低阶系统中二阶

系统有两个特征参数 ω_n 和 ξ,最能反映高阶系统的特征,实际系统中常用二阶系统的性能参数去近似高阶系统的性能,因此选用二阶系统作为性能指标推导的数学原型是恰当的;四是因为完全无振荡的单调过程的过渡时间太长,所以,除了那些不允许产生振荡的系统外,通常都允许系统有适度的振荡,其目的是获得较短的过渡过程时间。这是在设计二阶系统时,常使系统在欠阻尼状态下工作的原因。以下关于二阶系统响应的性能指标的定义及计算公式的推导,除特别说明外,都是针对欠阻尼二阶系统而言的。更确切地说,是针对欠阻尼二阶系统的单位阶跃响应的过渡过程而言的。

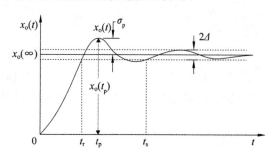

图 3-3-4　二阶系统性能指标的过渡过程曲线

一个欠阻尼二阶系统的典型输出响应过程如图 3-3-4 所示。为了说明欠阻尼二阶系统的单位阶跃响应的过渡过程的特性,通常采用下列性能指标:上升时间 t_r,峰值时间 t_p,最大超调量 M_p,调整时间 t_s,振荡次数 N。

以下推导它们的计算公式,分析它们与系统特征参数 ω_n 和 ξ 之间的关系。

1. 上升时间 t_r 的计算

根据定义,当 $t = t_s$ 时,$x_o(t_r) = 1$。由式(3-10)求得

$$x_o(t_r) = 1 = 1 - e^{-\xi\omega_n t_r}\left(\cos\omega_d t_r + \frac{\xi}{\sqrt{1-\xi^2}}\sin\omega_d t_r\right)$$

即

$$e^{-\xi\omega_n t_r}\left(\cos\omega_d t_r + \frac{\xi}{\sqrt{1-\xi^2}}\sin\omega_d t_r\right) = 0$$

由于

$$e^{-\xi\omega_n t_r} \neq 0$$

所以

$$\cos\omega_d t_r + \frac{\xi}{\sqrt{1-\xi^2}}\sin\omega_d t_r = 0$$

或

$$\tan\omega_d t_r = -\frac{\sqrt{1-\xi^2}}{\xi} = -\frac{\omega_d}{\sigma}$$

式中:$\omega_d = \omega_n\sqrt{1-\xi^2}$;$\sigma = \xi\omega_n$(见图 3-3-5)。

求解上列方程得

$$\omega_d t_r = \tan^{-1}\left(-\frac{\sqrt{1-\xi^2}}{\xi}\right)$$

或

$$t_r = \frac{1}{\omega_d}\tan^{-1}\left(-\frac{\sqrt{1-\xi^2}}{\xi}\right) = \frac{\pi-\beta}{\omega_d} = \frac{\pi-\beta}{\omega_n\sqrt{1-\xi^2}}$$

$$(3-18)$$

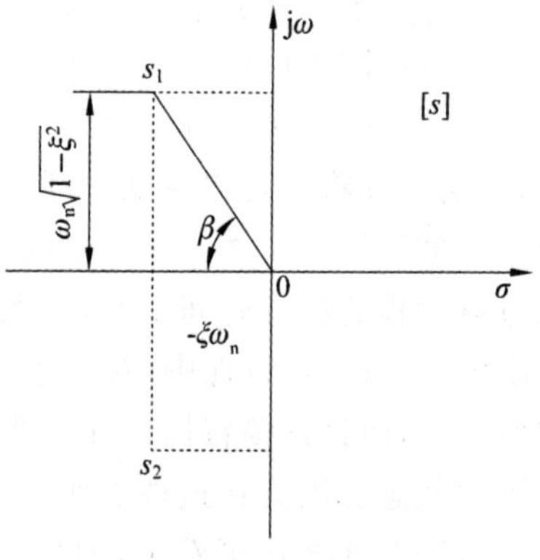

图 3-3-5　β 角的定义

式中:$\beta = \tan^{-1}(\sqrt{1-\xi^2}/\xi)$(见图 3-3-5)。

从式(3-18)可知,当阻尼比 ξ 一定时,欲使上升时间 t_r 短,必须要求系统具有较高的无阻尼自振频率 ω_n。

2. 峰值时间 t_p 的计算

将式

$$x_o(t) = 1 - e^{-\xi\omega_n t}\left(\cos\omega_d t + \frac{\xi}{\sqrt{1-\xi^2}}\sin\omega_d t\right)$$

对时间 t 求导,并令其等于零,便可求得峰值时间 t_p,即由

$$\frac{dx_o(t)}{dt}\bigg|_{t=t_p} = \xi\omega_n e^{-\xi\omega_n t_p}\left(\cos\omega_d t_p + \frac{\xi}{\sqrt{1-\xi^2}}\sin\omega_d t_p\right) - e^{-\xi\omega_n t_p}\cdot\omega_d\left(-\sin\omega_d t_p + \frac{\xi}{\sqrt{1-\xi^2}}\cos\omega_d t_p\right)$$
$$= 0$$

求得

$$\xi\omega_n\left(\cos\omega_d t_p + \frac{\xi}{\sqrt{1-\xi^2}}\sin\omega_d t_p\right) = \omega_d\left(-\sin\omega_d t_p + \frac{\xi}{\sqrt{1-\xi^2}}\cos\omega_d t_p\right)$$

或

$$\sin\omega_d t_p = 0$$

得

$$\omega_d t_p = 0, \pi, 2\pi, 3\pi, \cdots$$

峰值时间因为是 $x_o(t)$ 达到第一个峰值的时间,所以取

$$\omega_d t_p = \pi$$

即

$$t_p = \frac{\pi}{\omega_d} \tag{3-19}$$

可见峰值时间 t_p 是有阻尼振荡周期的一半。

3. 最大超调量 σ_p 的计算

由于 σ_p 发生在 $t=t_p$ 时刻,按 σ_p 的定义

$$\sigma_p = \frac{x_o(t_p) - x_o(\infty)}{x_o(\infty)}100\% = -e^{-\xi\omega_n t_p}\left(\cos\omega_d t_p + \frac{\xi}{\sqrt{1-\xi^2}}\sin\omega_d t_p\right)\times 100\%$$

将 $t_p = \frac{\pi}{\omega_d}$ 代入上式,便可求得超调量 σ_p:

$$\sigma_p = -e^{-\xi\omega_n\cdot\frac{\pi}{\omega_d}}\left(\cos\pi + \frac{\xi}{\sqrt{1-\xi^2}}\sin\pi\right)\times 100\% = e^{-\frac{\xi}{\sqrt{1-\xi^2}}}\times 100\% \tag{3-20}$$

式(3-20)表明,超调量 σ_p 只是阻尼比的函数,而与无阻尼自由振荡频率 ω_n 无关。当二阶系统的阻尼比 ξ 确定后,即可求得其对应的起调量 σ_p。反之,如果给出了超调量 σ_p 的要求值,也可求得相应的阻尼比 ξ 的数值。一般,当 $\xi=0.4\sim0.8$ 时,相应的超调量 $\sigma_p=25\%\sim2.5\%$。

4. 过渡过程时间的计算

根据过渡过程时间的定义

$$|x_o(t) - x_o(\infty)| \leqslant \Delta\cdot x_o(\infty) \quad (t\geqslant t_s)$$

并考虑到

$$x_o(t) = 1 - e^{-\xi\omega_n t}/\sqrt{1-\xi^2}\sin\left(\omega_d t + \tan^{-1}\frac{\sqrt{1-\xi^2}}{\xi}\right)$$

求得

$$\left|\frac{e^{-\xi\omega_n t}}{\sqrt{1-\xi^2}}\sin\left(\omega_d t + \tan^{-1}\frac{\sqrt{1-\xi^2}}{\xi}\right)\right| \leqslant 0 \quad (t\geqslant t_s)$$

由于 $\frac{e^{-\xi\omega_n t}}{\sqrt{1-\xi^2}}$ 是式(3-10)所描述的衰减正弦振荡曲线的包络线,因此可将上列不等式所表

达的条件改写成

$$\left| \frac{\mathrm{e}^{-\xi\omega_n t}}{\sqrt{1-\xi^2}} \right| \leqslant 0 \quad (t \geqslant t_s)$$

由上式最后求得过渡过程时间 t_s 的计算式为

$$t_s \geqslant \frac{1}{\xi\omega_n}\ln\frac{1}{\Delta}\frac{1}{\sqrt{1-\xi^2}} \tag{3-21}$$

在式(3-21)中若取 $\Delta=0.02$，则得

$$t_s \geqslant \frac{4+\ln\dfrac{1}{\sqrt{1-\xi^2}}}{\xi\omega_n} \tag{3-22}$$

若取 $\Delta=0.05$，则得

$$t_s \geqslant \frac{3+\ln\dfrac{1}{\sqrt{1-\xi^2}}}{\xi\omega_n} \tag{3-23}$$

式(3-22)及式(3-23)在 $0<\xi<0.9$ 时可以分别近似看成

$$t_s \approx \frac{4}{\xi\omega_n} \quad 及 \quad t_s \approx \frac{3}{\xi\omega_n}$$

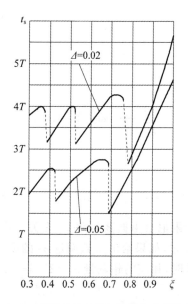

图 3-3-6　过渡过程时间与阻尼比之间的关系

过渡过程时间随阻尼比变化的关系曲线示于图 3-3-6。

由图 3-3-6 看出，允许误差为稳态值的 ±2%（即 $\Delta=\pm0.02$）时，$\xi=0.76$ 所对应的 t_s 为最小；在允许误差为稳态值的 ±5%（即 $\Delta=\pm0.05$）时，$\xi=0.68$ 时的 t_r 为最小。过了曲线 $t_s(\xi)$ 的最低点，t_s 将随着 ξ 增加而线性增加。设计二阶系统时，一般取 $\xi=0.707$ 作为最佳阻尼比。这是因为不仅对应 $\xi=0.707$ 时的过渡过程时间 t_s 最小，而且超调量 σ_p 也并不大。从图 3-3-6 看到，曲线 $t_s(\xi)$ 具有不连续性，这是由于 ξ 值的微小变化，可能引起过渡过程时间 t_s 显著变化所造成的。应当指出，过渡过程时间 t_s 是和 ω_n 及 ξ 的乘积成反比的。由于 ξ 通常是根据最大超调量 σ_p 的要求值确定的，所以过渡过程时间 t_s 主要根据 ω_n 来确定。调整系统的无阻尼自振频率 ω_n 可以在不改变 σ_p 的情况下，改变过渡过程时间 t_s。

5. 振荡次数 N 的计算

根据定义，振荡次数 N 是在 $0\leqslant t\leqslant t_s$ 时间间隔内，系统单位阶跃响应的过渡过程 $x_o(t)$ 穿越其稳态值 $x_o(\infty)$ 直线的次数之半，即

$$N = \frac{t_s}{T_d}$$

式中，T_d 为系统的有阻尼振荡周期，$T_d=\dfrac{2\pi}{\omega_d}$。

根据 $\Delta = \pm 0.02$ 时 $t_s = \dfrac{4}{\xi \omega_n}$ 得

$$N = \frac{2\sqrt{1-\xi^2}}{\pi \xi} \tag{3-24}$$

又由 $\Delta = \pm 0.05$ 时的 $t_s = \dfrac{3}{\xi \omega_n}$ 得

$$N = \frac{1.5\sqrt{1-\xi^2}}{\pi \xi} \tag{3-25}$$

若已知 σ_p，考虑到

$$\sigma_p = e^{-\frac{\pi \xi}{\sqrt{1-\xi^2}}} \quad 即 \quad \ln\sigma_p = -\frac{\pi \xi}{\sqrt{1-\xi^2}}$$

求得振荡次数 N 与超调量 σ_p 的关系为

$$N = \frac{-1.5}{\ln\sigma_p} \quad (\Delta = 0.05)$$

及

$$N = \frac{-2}{\ln\sigma_p} \quad (\Delta = 0.02)$$

振荡次数还可以通过下列条件求取，即根据

$$x_o(t) - x_o(\infty) = 0 (t \leqslant t_s)$$

由

$$x_o(t) - x_o(\infty) = -\frac{e^{-\xi\omega_n t}}{\sqrt{1-\xi^2}}\sin\left(\omega_d + \tan^{-1}\frac{\sqrt{1-\xi^2}}{\xi}\right) = 0 \quad (t \leqslant t_s)$$

求得

$$\sin\left(\omega_d t + \tan^{-1}\frac{\sqrt{1-\xi^2}}{\xi}\right) = 0 \tag{3-26}$$

由于

$$\sin n\pi = 0 \quad (n = 0,1,2,\cdots)$$

所以式(3-26)的解为

$$\omega_d t + \tan^{-1}\frac{\sqrt{1-\xi^2}}{\xi} = n\pi \quad (n = 0,1,2,\cdots) \tag{3-27}$$

将 $t = t_s$ 代入式(3-27)，得到

$$\omega_d t_s + \tan^{-1}\frac{\sqrt{1-\xi^2}}{\xi} = (m+\varepsilon)\pi$$

式中：m 为整数，ε 为小数，因为当 $t = t_s$ 时，$x_o(t)$ 并不一定刚好等于 $x_o(\infty)$。

令 $N = \dfrac{m}{2}$，解得

$$N = \frac{\omega_n\sqrt{1-\xi^2}t_s + \tan^{-1}\dfrac{\sqrt{1-\xi^2}}{\xi}}{2\pi} - \frac{\varepsilon}{2}$$

将式 $\omega_n t_s = \dfrac{1}{\xi}\ln\dfrac{1}{\Delta\sqrt{1-\xi^2}}$ 代入上式并取整数，得到

$$N = N\frac{\sqrt{1-\xi^2}}{2\pi\xi}\ln\frac{1}{\Delta\sqrt{1-\xi^2}} + \frac{\tan^{-1}\dfrac{\sqrt{1-\xi^2}}{\xi}}{2\pi} \tag{3-28}$$

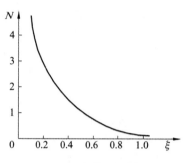

图 3-3-7　N 和 ξ 的关系曲线

当给出 ξ,并确定了 Δ 之后,即可求得相应 N 值。根据式(3-28)画出的 N 和 ξ 的关系曲线示于图 3-3-7 中。

综上讨论,我们可以看到,欲使二阶系统具有满意的动态性能指标,必须选取合适的阻尼比 ξ 和无阻尼自振荡频率 ω_n,可以提高二阶系统反应的快速性,减少过渡过程时间 t_s。增大 ξ 值,可以减弱系统的振荡性能,从而降低超调量 σ_p 和振荡次数 N。在设计系统时,增大 ω_n 的数值,一般都是通过提高系统的开环放大系数 K 来实现的,而提高 ξ 一般都希望减少系统的开环放大系数 K。因此,一般来说,在系统的快速性能和阻尼性能(或称振荡性能)之间是存在矛盾的。为了减弱系统的振荡性能,又要其具有一定的快速性能,只有通过采取合适的折中办法方能实现。

【例 3-3-1】　如图 3-3-8 所示系统,试求其单位阶跃响应表达式和瞬态性能指标。

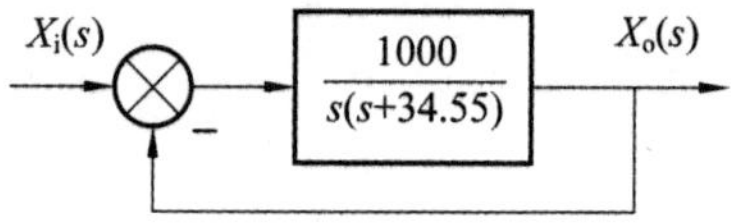

解　系统的闭环传递函数为

图 3-3-8　二阶系统示例框图

$$G_B(s) = \frac{\omega_n^2}{s^2 + 2\xi\omega_n s + \omega_n^2} = \frac{1000}{s^2 + 34.55s + 1000}$$

$$\omega_n = \sqrt{1000}\ \text{s}^{-1} = 31.55\ \text{s}^{-1},\quad \xi = \frac{34.55}{2\omega_n} = 0.546$$

可以看出,系统工作在欠阻尼情况,其单位阶跃响应为

$$x_o(t) = 1 - \frac{e^{-\xi\omega_n t}}{\sqrt{1-\xi^2}}\sin\left(\sqrt{1-\xi^2}\,\omega_n t + \arctan\frac{\sqrt{1-\xi^2}}{\xi}\right)$$

$$= 1 - \frac{e^{-0.546 \times 31.55t}}{\sqrt{1-0.546^2}}\sin\left(\sqrt{1-0.546^2}\times 31.6t + \arctan\frac{\sqrt{1-0.546^2}}{0.546}\right)$$

$$= 1 - 1.19e^{-17.25t}\sin(26.47t + 0.993)$$

各项性能指标为

$$t_r = \frac{\pi - \beta}{\omega_n\sqrt{1-\xi^2}} = \frac{\pi - 0.993}{31.6\sqrt{1-0.546^2}}\ \text{s} = 0.085\ \text{s}$$

$$t_p = \frac{\pi}{\omega_n\sqrt{1-\xi^2}} = \frac{\pi}{31.6\sqrt{1-0.546^2}}\ \text{s} = 0.110\ \text{s}$$

$$M_p = e^{\frac{-\pi\xi}{\sqrt{1-\xi^2}}} \times 100\% = e^{-\frac{0.546\pi}{\sqrt{1-0.546^2}}} = 12.9\%$$

$$t_s(\Delta = 0.05) \approx \frac{3}{\xi\omega_n} = \frac{3}{0.546 \times 31.6}\ \text{s} = 0.174\ \text{s}$$

【例 3-3-2】　设一个位置随动系统,其传递函数方框图如图 3-3-9(a)所示,当系统输入单位阶跃函数时,最大超调量 $M_p \leqslant 5\%$,试校核该系统的各参数是否满足要求;如果在原系统基础上增加一微分负反馈,如图 3-3-9(b)所示,求微分反馈的时间常数 τ。

解　列出图 3-3-9(a)系统闭环传递函数并写成规范化形式

$$G_{B1}(s) = \frac{50}{0.05s^2 + s + 50} = \frac{31.62^2}{s^2 + 2 \times 0.316 \times 31.62s + 31.62^2}$$

可知,此系统的 $\xi = 0.316$,$\omega_n = 31.62\ \text{s}^{-1}$。用 ξ 求得 $M_p = 35\% > 5\%$,故不能满足要求。

图 3-3-9(b)所示系统的闭环传递函数为

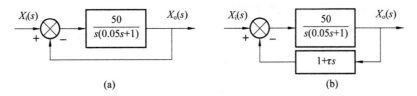

图 3-3-9 随动系统示例

$$G_{B2}(s) = \frac{50}{0.05s^2 + (1+50\tau)s + 50} = \frac{1000}{s^2 + 20(1+50\tau)s + 1000}$$

为满足条件 $M_p \leqslant 5\%$，算得 $\xi = 0.69$，现因 $\omega_n = 31.62\ \text{s}^{-1}$，而 $20 \times (1+50\tau) = 2\xi\omega_n$，从而可求得 $\tau = 0.0236\ \text{s}$。

【例 3-3-3】 某机械系统如图 3-3-10(a) 所示，对质量块 m 施加 $x_i(t) = 9.5\ \text{N}$ 的力（单位阶跃）后，质量块的位移 $x_o(t)$ 曲线如图 3-3-10(b) 所示，试确定系统的各参数值。

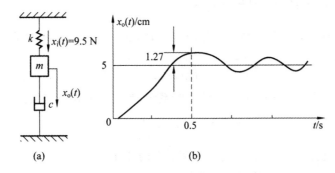

图 3-3-10 某机械系统及阶跃响应曲线

解 机械系统的微分方程为

$$m\frac{\mathrm{d}x_o^2(t)}{\mathrm{d}t} + c\frac{\mathrm{d}x_o(t)}{\mathrm{d}t} + kx_o(t) = x_i(t)$$

此系统的传递函数为

$$G(s) = \frac{X_o(s)}{X_i(s)} = \frac{\dfrac{1}{m}}{s^2 + \dfrac{c}{m}s + \dfrac{k}{m}}$$

与二阶系统的规格化表达式相比较，得

$$\omega_n^2 = \frac{k}{m}, \quad 2\xi\omega_n = \frac{c}{m}$$

因 $X(s) = \dfrac{9.5}{s}$，故

$$X_o(s) = G(s)X_i(s) = \frac{\dfrac{1}{m}}{s^2 + \dfrac{c}{m}s + \dfrac{k}{m}} \cdot \frac{9.5}{s}$$

由终值定理

$$x_o(\infty) = \lim_{t\to\infty} x_o(t) = \lim_{s\to 0} X_o(s) = \frac{9.5}{k}\ \text{cm} = 5\ \text{cm}$$

所以，弹簧刚度 $k = 190\ \text{N/m}$。

由质量块的响应曲线可知其最大超调量为

$$M_p = e^{-\frac{\pi\xi}{\sqrt{1-\xi^2}}} \times 100\% = \frac{1.27}{5} \times 100\% = 25.4\%$$

故系统的阻尼比为 $\xi = 0.4$

从响应曲线可知，峰值时间 $t_p = 0.5$ s，而根据 $t_p = \dfrac{\pi}{\omega_n\sqrt{1-\xi^2}}$，解得

$$\omega_n = \frac{\pi}{t_p\sqrt{1-\xi^2}} = \frac{\pi}{0.5\sqrt{1-0.4^2}} = 6.86 \text{ rad/s}$$

最后求得两参数值为

$$m = \frac{k}{\omega_n^2} = \frac{190}{6.86^2} \text{ kg} = 4 \text{ kg}$$

$$c = 2\xi\omega_n m = 2 \times 0.4 \times 6.86 \times 4 \text{ N} \cdot \text{s/m} = 22 \text{ N} \cdot \text{s/m}$$

3.3.3　二阶系统的单位脉冲响应

当二阶系统的输入信号为理想单位脉冲函数时，由于理想单位脉冲函数 $\delta(t)$ 的拉氏变换等于1，即

$$L[\delta(t)] = 1$$

故对于具有标准形式闭环传递函数的二阶系统，其输出的拉氏变换式为

$$X_o(s) = \frac{\omega_n^2}{s^2 + 2\xi\omega_n s + \omega_n^2}$$

取上式的拉氏反变换，便可得到在下列各种情况下的脉冲过渡函数。

（1）欠阻尼（$0 < \xi < 1$）时的脉冲过渡函数：

$$x_o(t) = \frac{\omega_n}{\sqrt{1-\xi^2}} e^{-\xi\omega_n t} \sin\omega_n\sqrt{1-\xi^2}\,t \quad (t \geqslant 0) \tag{3-29}$$

（2）无阻尼（$\xi = 0$）时的脉冲过渡函数：

$$x_o(t) = \omega_n \sin\omega_n t \quad (t \geqslant 0) \tag{3-30}$$

（3）$\xi = 1$（或称临界阻尼）时的脉冲过渡函数：

$$x_o(t) = \omega_n^2 \cdot t \cdot e^{-\omega_n t} \quad (t \geqslant 0) \tag{3-31}$$

（4）过阻尼（$\xi > 1$）时的脉冲过渡函数：

$$x_o(t) = \frac{\omega_n}{2\sqrt{\xi^2-1}} e^{-(\xi-\sqrt{\xi^2-1})\omega_n t} - \frac{\omega_n}{2\sqrt{\xi^2-1}} e^{-(\xi+\sqrt{\xi^2-1})\omega_n t}$$

$$= \frac{\omega_n}{2\sqrt{\xi^2-1}}\left[e^{-(\xi-\sqrt{\xi^2-1})\omega_n t} - e^{-(\xi+\sqrt{\xi^2-1})\omega_n t}\right] \tag{3-32}$$

上述各种情况下的脉冲过渡函数曲线，如图3-3-11所示。

从图3-3-11可见，临界阻尼和过阻尼时的脉冲过渡函数总是正值，而对于欠阻尼情况来说，脉冲过渡函数则是围绕横轴振荡的函数，它有正值，也有负值。因此，如果系统的脉冲过渡函数不改变符号，那么，系统或处于临界阻尼状态或处于过阻尼状态，即此时的响应函数的过渡过程不具有超调现象，而是单调地趋于某一常量。

3.3.4　二阶系统的单位速度响应

当二阶系统的输入信号为单位速度函数，即 $x_o(t) = t$、$x_o(s) = \dfrac{1}{s^2}$ 时，其输出的拉氏变换

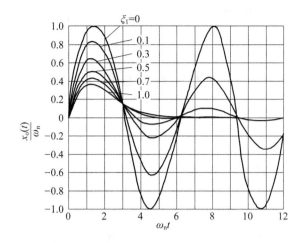

图 3-3-11 二阶系统的脉冲过渡函数曲线

式为

$$X_{o}(s) = \frac{\omega_n^2}{s^2 + 2\xi\omega_n s + \omega_n^2} \cdot \frac{1}{s^2} = \frac{1}{s^2} - \frac{\dfrac{2\xi}{\omega_n}}{s} + \frac{\dfrac{2\xi}{\omega_n}(s + \xi\omega_n) + (2\xi^2 - 1)}{s^2 + 2\xi\omega_n s + \omega_n^2}$$

对上式进行拉氏反变换，便求得在下列各种情况下二阶系统的过渡过程。

（1）欠阻尼（$0 < \xi < 1$）时的过渡过程：

$$x_o(t) = t - \frac{2\xi}{\omega_n} + e^{-\xi\omega_n t}\left(-\frac{2\xi}{\omega_n}\cos\omega_d t + \frac{2\xi^2 - 1}{\omega_n\sqrt{1-\xi^2}}\sin\omega_d t\right) \quad (t \geqslant 0) \tag{3-33}$$

式中

$$\omega_d = \omega_n\sqrt{1-\xi^2}$$

$$\tan^{-1}\frac{2\xi\sqrt{1-\xi^2}}{2\xi^2 - 1} = 2\tan^{-1}\frac{\sqrt{1-\xi^2}}{\xi}$$

（2）临界阻尼（$\xi = 1$）时的过渡过程：

$$x_o(t) = t - \frac{2}{\omega_n} + \frac{2}{\omega_n}e^{-\omega_n t}\left(1 + \frac{\omega_n t}{2}\right) \quad (t \geqslant 0) \tag{3-34}$$

（3）过阻尼（$\xi > 1$）时的过渡过程：

$$x_o(t) = t - \frac{2\xi}{\omega_n} - \frac{2\xi^2 - 1 - 2\xi\sqrt{\xi^2-1}}{2\omega_n\sqrt{\xi^2-1}}e^{-(\xi+\sqrt{\xi^2-1})\omega_n t}$$

$$+ \frac{2\xi^2 - 1 + 2\xi\sqrt{\xi^2-1}}{2\omega_n\sqrt{\xi^2-1}}e^{-(\xi-\sqrt{\xi^2-1})\omega_n t} \quad (t \geqslant 0) \tag{3-35}$$

二阶系统单位速度响应的过渡过程还可以通过对单位阶跃响应的过渡过程的积分求得，其中积分常数可根据 $t = 0$ 时过渡过程 $x_o(t)$ 的初始条件来确定。

单位速度函数作用下二阶系统工作于欠阻尼及过阻尼状态时的偏差信号分别是

$$\varepsilon(t) = x_i(t) - x_o(t) = \frac{2\xi}{\omega_n} - \frac{e^{-\xi\omega_n t}}{\omega_n\sqrt{1-\xi^2}}\sin\left(\omega_d t + \tan^{-1}\frac{2\xi\sqrt{1-\xi^2}}{2\xi^2 - 1}\right) \quad (0 < \xi < 1)$$

$$\tag{3-36}$$

及

$$\varepsilon(t) = \frac{2\xi}{\omega_n} + \frac{2\xi^2 - 1 - 2\xi\sqrt{\xi^2-1}}{2\omega_n\sqrt{\xi^2-1}}e^{-(\xi+\sqrt{\xi^2-1})\omega_n t} - \frac{2\xi^2 - 1 + 2\xi\sqrt{\xi^2-1}}{2\omega_n\sqrt{\xi^2-1}}e^{-(\xi-\sqrt{\xi^2-1})\omega_n t} \quad (\xi > 1)$$

$$\text{(3-37)}$$

对于上列两种状态下的偏差信号,分别求取 t 趋于无穷时的极限,将得到完全相同的稳态偏差 $\varepsilon(\infty)$,即

$$\varepsilon(\infty) = \frac{2\xi}{\omega_n} \tag{3-38}$$

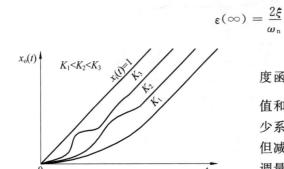

图 3-3-12　二阶系统速度响应函数的过渡过程曲线

式(3-38)说明,二阶系统在跟踪单位速度函数时,稳态偏差 $\varepsilon(\infty)$ 是一个常数 $\frac{2\xi}{\omega_n}$,其值和 ω_n 成反比,而和 ξ 成正比。于是,欲减少系统的稳态偏差只需要增大 ω_n 或减少 ξ。但减少 ξ 会使单位阶跃响应的过渡过程的超调量 σ_p 增大。因此设计二阶系统时,需要在速度函数作用下的稳态偏差与单位阶跃响应过渡过程的超调量之间进行折中考虑,以便确定一个合理的设计方案。二阶系统速度响应函数的过渡过程曲线示于图 3-3-12。图中 K_1、K_2、K_3 为系统的开环放大系数。

3.4　高阶系统的时域分析

在控制工程中,严格说来,任何一个控制系统几乎都是由高阶微分方程来描述的,也就是说,控制系统是一个高阶系统。而对高阶系统的研究和分析,一般是比较复杂的。这就要求我们分析高阶系统时,能抓住主要矛盾,忽略次要因素,使问题得到简化。同时希望将用以分析二阶系统的方法,推广到高阶系统中去。本节将着重建立描述高阶系统过渡过程的闭环主导极点的概念,并利用这一概念对高阶系统进行近似分析。

3.4.1　高阶系统的时间响应分析

对于一般的单输入/单输出高阶线性定常系统传递函数的普遍形式可表示为

$$G(s) = \frac{X_o(s)}{X_i(s)} = \frac{b_m s^m + b_{m-1}s^{m-1} + \cdots + b_1 s + b_0}{a_n s^n + a_{n-1}s^{n-1} + \cdots + a_1 s + a_0} \quad (n \geqslant m) \tag{3-39}$$

为确定系统的零点、极点,将式(3-39)的分子、分母分解成因式形式,则有

$$G(s) = \frac{K(s+z_1)(s+z_2)\cdots(s+z_m)}{(s+p_1)(s+p_2)\cdots(s+p_n)} = \frac{K\prod\limits_{j=1}^{m}(s+z_j)}{\prod\limits_{i=1}^{n}(s+p_i)} \tag{3-40}$$

式中:$z_1, z_2, \cdots, z_m$ 为系统闭环传递函数的零点;$p_1, p_2, \cdots, p_n$ 为系统闭环传递函数的极点。

高阶系统时域分析的前提是系统为稳定系统,全部极点都应在 [s] 复平面的左半部。系统在单位阶跃作用下有两种情况:

(1) $G(s)$ 的极点是不相同的实数,全在 [s] 复平面左半部(实数极点可组成一阶项)。在阶跃信号作用下

$$X_{\mathrm{o}}(s) = G(s)X_{\mathrm{i}}(s) = \frac{K\prod\limits_{j=1}^{m}(s+z_j)}{\prod\limits_{i=1}^{n}(s+p_i)} \cdot \frac{1}{s} = \frac{a}{s} + \sum_{i=1}^{n}\frac{b_i}{s+p_i}$$

对上式进行拉氏逆变换,得

$$x_{\mathrm{o}}(t) = a + \sum_{i=1}^{n}b_i\mathrm{e}^{-p_i t} \quad (t \geqslant 0) \tag{3-41}$$

式中,a 为稳态分量;$\sum\limits_{i=1}^{n}b_i\mathrm{e}^{-p_i t}$ 为包含多项式分量的指数曲线(一阶系统),随着 $t\to\infty$,只要所有实数极点 p_i 值为负值,则所有指数曲线分量都趋于零。在各个指数曲线的衰减过程中,p_i 值不同,衰减速度也不一样。按照抓住主要矛盾,忽略次要因素的原则,我们主要关注那些衰减较慢的分量(p_i 较小),它们主要影响系统的过渡过程,而忽略那些衰减较快的分量,从而将高阶系统简化为低阶系统来分析。

（2）极点位于复平面[s]左半部,为实数极点和共轭复数极点(可组成二阶项)。

$$G(s) = \frac{K\prod\limits_{j=1}^{m}(s+z_j)}{\prod\limits_{i=1}^{n}(s+p_i)} = \frac{K\prod\limits_{j=1}^{m}(s+z_j)}{\prod\limits_{i=1}^{q}(s+p_i)\prod\limits_{k=1}^{r}(s^2+2\xi_k\omega_{nk}s+\omega_{nk}^2)} \quad (q+2r=n) \tag{3-42}$$

在阶跃信号作用下

$$X_{\mathrm{o}}(s) = \frac{a}{s} + \sum_{i=1}^{q}\frac{b_i}{s+p_i} + \sum_{k=1}^{r}\frac{C_k s + d_k}{s^2+2\xi_k\omega_{nk}s+\omega_{nk}^2}$$

令 $\omega_{\mathrm{d}k}=\omega_{nk}\sqrt{1-\xi_k^2}$　$D_k=\dfrac{d_k-C_k\xi_k\omega_{nk}}{\omega_{\mathrm{d}k}}$,则

$$X_{\mathrm{o}}(s) = \frac{a}{s} + \sum_{i=1}^{q}\frac{b_i}{s+p_i} + \sum_{k=1}^{r}\left[\frac{C_k(s+\xi_k\omega_{nk})}{(s+\xi_k\omega_{nk})^2+\omega_{\mathrm{d}k}^2} + \frac{D_k\omega_{\mathrm{d}k}}{(s+\xi_k\omega_{nk})^2+\omega_{\mathrm{d}k}^2}\right]$$

对上式进行拉氏逆变换,得

$$x_{\mathrm{o}}(t) = a + \sum_{i=1}^{q}b_i\mathrm{e}^{-p_i t} + \sum_{k=1}^{r}\mathrm{e}^{-\xi_k\omega_{nk}t}\left[C_k\cos\omega_{\mathrm{d}k}t + D_k\sin\omega_{\mathrm{d}k}t\right] \quad (t \geqslant 0) \tag{3-43}$$

式中:a,b_i,C_k,D_k 均为常数。

由式(3-43)可知,系统的单位阶跃响应包括三部分:第一项 a 为稳态分量,第二项为指数曲线(一阶系统),第三项为振荡曲线(二阶系统)。因此,高阶系统的单位阶跃响应也是由稳态响应和瞬态响应组成,且稳态响应与输入信号和系统的参数有关,瞬态响应取决于系统的参数,由一些一阶惯性环节和二阶振荡环节的响应信号叠加组成。这也证明了关于高阶系统总是由低阶系统组合而成的论点。当所有极点均具有负实部时,除常数 a,其他各项随着时间 t 趋于无穷大而衰减为零,即系统是稳定的。

3.4.2　高阶系统的主导极点与简化

式(3-43)表明,高阶系统单位阶跃响应的过渡过程含有指数函数分量和衰减函数分量。

对实际的高阶控制系统来说,如果系统稳定,其闭环极点与零点一定在[s]复平面左半部中分布,且有多种形式。但就闭环极点与虚轴的距离来说,却只有远近之别。距虚轴较近的闭环极点对应的过渡过程分量衰减较慢。这些分量在决定过渡过程形式方面将起主要作用。另一些距虚轴较远的极点,由于相应的过渡过程分量衰减较快,从而它们对系统的过渡过程影响

不大。

还有一些极点虽然靠近虚轴,但是其附近有一个零点,且两者之间的距离是它们到其他极点距离的十分之一以上,那么这些极点就被称作偶极子。偶极子对其所对应的瞬态响应分量在系统的响应中作用很小,可以忽略不计。

设有一个高阶系统,其闭环极点与零点在$[s]$平面上的分布示于图 3-4-1(a),图 3-4-1(b)所示为该系统脉冲过渡函数的各分量。从图 3-4-1(b)可见,由共轭极点 s_1、s_2 确定的分量,在脉冲过渡函数的诸分量中起主要作用,因为这个分量衰减得最慢。而其他远离虚轴的极点 s_3、s_4、s_5 对应的过渡过程分量,由于衰减较快,它们仅在过渡过程开始的极短时间(如在 $t < t_p$)内呈现出一定的影响。因此,在高阶系统过渡过程的近似分析中,可将此等分量对系统过渡过程的影响忽略。一般来说,可忽略的子信号有两种:衰减很快的信号(极点远离虚轴)、幅值较小的信号(极点附近有零点)。

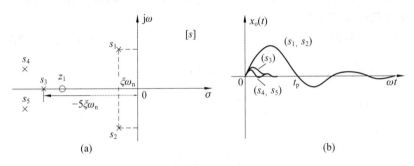

图 3-4-1 高阶系统的零极点分布及其过渡过程

例如,在图 3-4-1(a)所示的闭环极点、零点分布情况下,设极点 s_3 距虚轴的距离为共轭复数极点 s_1、s_2 距虚轴距离的 5 倍以上,即

$$|\mathrm{Re}s_3| \geqslant 5|\mathrm{Re}s_1| \geqslant 5\xi\omega_n$$

同时,在极点 s_1、s_2 附近无其他闭环零点。我们可以计算出与极点 s_3 对应的过渡过程分量的衰减时间

$$t_{s3} \approx \frac{4}{5\xi\omega_n} = \frac{1}{5}t_{s1} = 0.2t_{s1}$$

t_{s1} 是与距虚轴最近的共轭复数极点 s_1、s_2 对应的过渡过程分量的衰减时间。从二阶系统的过渡过程分析可知,就对应共轭复数极点 s_1、s_2 的过渡过程分量来说,上升时间 t_r、峰值时间 t_p 与过渡过程时间 t_s 之比分别是

$$\frac{t_r}{t_s} = \left[\frac{\left(\pi - \tan^{-1}\frac{\sqrt{1-\xi^2}}{\xi}\right)}{\omega_n\sqrt{1-\xi^2}}\right] \Bigg/ \frac{4}{\xi\omega_n} = \frac{\pi - \tan^{-1}\frac{\sqrt{1-\xi^2}}{\xi}}{4} \cdot \frac{\xi}{\sqrt{1-\xi^2}}$$

及

$$\frac{t_p}{t_s} = \frac{\pi}{\omega_n\sqrt{1-\xi^2}} \Bigg/ \frac{4}{\xi\omega_n} = \frac{\pi}{4}\frac{\xi}{\sqrt{1-\xi^2}}$$

当取常用的阻尼比 $\xi = 0.4$ 时,得

$$t_r = 0.216t_s$$

及

$$t_p = 0.34t_s$$

上面计算结果表明,当 $|\mathrm{Re}s_3| \geqslant 5|\mathrm{Re}s_1|$,以及 s_1、s_2 具有 $\xi = 0.4$ 时,与极点 s_3 对应的过

渡过程分量，早在与极点 s_1、s_2 对应的过渡过程分量达到第一个峰值前，已基本衰减完毕。因此，与极点 s_3 对应的过渡过程分量自身，对于主要由极点 s_1、s_2 决定的系统过渡过程的一些特征量（即性能指标 t_r、t_p、σ_p、t_s、N 等）的影响，便可近似地忽略不计。

从上面的分析可以看出，如果在控制系统的闭环极点中，距虚轴最近的共轭复数极点周围没有零点，而其他闭环极点距虚轴的距离，都在上述共轭复数极点距虚轴距离的 5 倍以上，则控制系统过渡过程的形式及其与性能指标有关的特征量，主要取决于距虚轴最近的共轭复数极点。那些远离虚轴的极点自身对系统过渡过程的影响在近似分析中可以忽略不计。鉴于距虚轴最近而又远离零点的闭环极点对系统过渡过程所起的主导作用，我们将这样的极点称为闭环主导极点。考虑到控制工程实践通常要求控制系统既具有较高的响应速度，又必须具有一定的阻尼程度，往往将控制系统设计成具有衰减振荡的动态性能。因此，闭环主导极点通常是以距虚轴最近，而附近又无闭环零点的共轭复数极点的形式出现。

应该指出，应用闭环主导极点的概念分析、设计控制系统时，使分析和设计工作得到很大简化，且易于进行。这是一种很重要的近似分析方法。但需注意，这种近似分析方法是有条件的。如果条件不符合而使用近似分析方法，将使分析结果产生较大误差。

根据上面介绍的基于闭环主导极点概念求取高阶系统过渡过程的方法，实质上是一种把高阶系统作为二阶系统或一阶系统来处理的近似方法，体现了抓矛盾的主要方面，目的是使分析问题得到简化而又力求确切地反映高阶系统的客观特性。但注意到高阶系统毕竟不是二阶系统的客观事实，因而又考虑了除闭环主导极点外，其他闭环极点、零点对内闭环主导极点决定的过渡过程的影响。

【例 3-4-1】 已知某系统的闭环传递函数为

$$G(s) = \frac{1}{(0.67s+1)(0.005s^2+0.08s+1)}$$

试估计系统的阶跃响应特性。

解　本系统为三阶系统，它的三个极点分布情况为：$p_1=-1.5$，极点 p_2 和 p_3 离虚轴的距离是极点 p_1 离虚轴距离的 5.3 倍，故极点 p_2 和 p_3 对系统响应的影响可以忽略，极点 p_1 是主导极点，主导着系统的响应。因此，系统可以近似看成具有传递函数：

$$G^*(s) = \frac{1}{0.67s+1}$$

该一阶系统的时间常数 $T=0.67$ s，其阶跃响应没有超调，若取 $\Delta=2\%$，则系统的调整时间为

$$t_s = 4T = 4 \times 0.67 \text{ s} = 2.68 \text{ s}$$

【例 3-4-2】 已知某系统的闭环传递函数为

$$G(s) = \frac{0.61s+1}{(0.67s+1)(0.005s^2+0.08s+1)}$$

试估计系统的阶跃响应特性。

解　本系统为三阶系统，有三个闭环极点和一个闭环零点。极点 $p_1=-1.5$，$p_{2,3}=-8\pm$ j11.7，零点 $z_1=-1.64$。由于零点 z_1 和极点 p_1 非常接近，为偶极子，因此它们对系统响应的影响将相互抵消。故共轭复数极点 p_2、p_3 成为主导极点。本系统可以近似看成具有传递函数

$$G^*(s) = \frac{0.61s+1}{0.005s^2+0.08s+1}$$

该二阶系统的阻尼比 $\xi=0.57$，无阻尼振荡频率 $\omega_n=14.1$ rad/s，因此该系统在阶跃信号

作用下的超调量

$$M_p = e^{\frac{-\pi\xi}{\sqrt{1-\xi^2}}} \times 100\% = e^{-\frac{0.57 \times \pi}{\sqrt{1-0.57^2}}} \times 100\% = 11.3\%$$

若取 $\Delta = 5\%$，则调整时间

$$t_s = \frac{3}{\xi\omega_n} = \frac{3}{0.57 \times 14.1}\ \text{s} = 0.37\ \text{s}$$

3.5　控制系统的时域稳定性分析

　　控制系统能在实际中应用，其首要条件是保证系统稳定。不稳定的控制系统，当其受到外界或内部一些因素的扰动，例如，负载或能源的波动，系统参量的变化等，即使这些扰动很微弱，持续时间也很短，照样会使系统中的各物理量偏离其原平衡工作点，并随时间的推移而发散，致使系统在扰动消失后，也不可能再恢复到原来的平衡工作状态。由于系统在实际工作过程中，上述类型的扰动是不可避免的，因此，不稳定系统显然无法正常工作。

　　若控制系统在初始条件的影响下，其过渡过程随着时间的推移，逐渐衰减并趋向于零，则称该系统为渐近稳定，简称为稳定。反之，若在初始条件影响下，系统的过渡过程随时间的推移而发散，则称系统为不稳定。分析系统的稳定性，给出保证系统特别是高阶系统稳定的条件，是控制系统设计的基本任务之一。

　　下面将要讨论的控制系统稳定问题，如不作特殊说明，均指渐近稳定。同时认为，在给定的初始条件下，系统中诸信号的变化均不超出其线性范围。

3.5.1　线性系统稳定的充分必要条件

　　我们知道线性系统的稳定性是系统自身的固有特性，它和系统的输入信号无关。下面按稳定的定义，分析线性系统的稳定性，并求取其稳定的条件。

　　设线性系统的运动方程式为

$$D(p)x_o(t) = M(p)x_i(t) + M_f(p)f(t) \tag{3-44}$$

式中：

$$D(p) = a_n p^n + a_{n-1} p^{n-1} + \cdots + a_1 p + a_0$$
$$M(p) = b_m p^m + b_{m-1} p^{m-1} + \cdots + b_1 p + b_0$$
$$M_f(p) = d_l p^l + d_{l-1} p^{l-1} + \cdots + d_1 p + d_0$$

对式（3-44）进行拉氏变换，得到

$$X_o(s) = \frac{M(s)}{D(s)} X_i(s) + \frac{M_f(s)}{D(s)} F(s) + \frac{M_0(s)}{D(s)} \tag{3-45}$$

式中：$\frac{M(s)}{D(s)} = G(s)$ 为线性系统输出信号 $x_o(t)$ 相对输入信号 $x_i(t)$ 的闭环传递函数；$\frac{M_f(s)}{D(s)} = G_f(s)$ 为线性系统输出信号 $c_f(t)$ 相对扰动信号 $f(t)$ 的闭环传递函数；$M_0(s)$ 是与初始条件 $c^{(i)}(0)(i=0,1,2,\cdots)$ 有关的 s 多项式。

　　按稳定的定义，分析线性系统的稳定性时，需要研究初始条件影响下系统的过渡过程。为此，在式（3-45）中，取 $x_i(t)=0$ 及 $f(t)=0$，于是得到在初始条件影响下系统输出信号拉氏变换式，即

$$X_o(s) = \frac{M_0(s)}{D(s)}$$

若令 $s = s_i (i = 1, 2, \cdots, n)$ 为线性系统特征方程 $D(s) = 0$ 的根，或称系统的特征根，则对 $X_o(s)$ 应用拉氏变换，使得初始条件影响下的过渡过程，即

$$x_o(t) = L^{-1}[X_o(s)] | = L^{-1}\left[\frac{M_0(s)}{D(s)}\right] = \sum_{i=1}^{n} \frac{M_0(s)}{\dot{D}(s)}\bigg|_{s=s_i} e^{s_i t} \tag{3-46}$$

式中：$\dot{D}(s) = \dfrac{\mathrm{d}}{\mathrm{d}s}D(s)$。

从式(3-46)看到，若

$$\mathrm{Re}s_i < 0 \quad (i = 1, 2, \cdots, n)$$

即特征根均具有负实部，则初始条件影响下的过渡过程最终将衰减到零，即

$$\lim_{t \to \infty} x_o(t) = 0$$

按稳定的定义，此时的系统是稳定的。反之，若特征根中，有一个以上的根具有正实部时，则初始条件影响下的过渡过程随时间的推移将发散，即

$$\lim_{t \to \infty} x_o(t) = \infty$$

根据稳定的定义，这时的系统为不稳定。上述结论对于任何初始条件，只要不超出系统的线性工作范围，都是成立的。

另外，根据稳定的定义，还可用下法求取线性系统的稳定条件。设线性系统在初始条件为零时，输入一个理想单位脉冲 $\delta(t)$，这时系统的输出便是脉冲过渡函数。这相当于系统在扰动信号作用下，输出信号偏离原平衡工作点的情形。当线性系统的脉冲过渡函数 $k(t)$ 随时间的推移趋于零时，即：$\lim\limits_{t \to \infty} k(t) = 0$，则称线性系统为稳定。

假若线性系统的脉冲过渡函数，随时间的推移趋于常值 C 或趋于等幅振荡 $C \cdot \sin(\omega t + \varphi)$，这时的线性系统处于临界稳定状态。这里临界稳定状态也算作稳定状态。又由于理想单位脉冲函数 $\delta(t)$ 的拉氏变换式等于 1，所以系统输出的拉氏变换式为

$$X_o(s) = \frac{M(s)}{D(s)}$$

设系统的特征根 $s_i (i = 1, 2, \cdots, n)$ 彼此不等。通过将上式分解成部分式的形式，即

$$X_o(s) = \frac{C_1}{(s - s_1)} + \frac{C_2}{(s - s_2)} + \cdots + \frac{C_n}{(s - s_n)} = \sum_{i=1}^{n} \frac{C_i}{(s - s_i)}$$

式中

$$C_i = \frac{M(s)}{\dot{D}(s)}\bigg|_{s=s_i}$$

通过拉氏反变换，求得系统的脉冲过渡函数 $k(t)$ 为

$$k(t) = x_o(t) = \sum_{i=1}^{n} C_i e^{s_i t} \tag{3-47}$$

从式(3-47)不难看出，条件 $\lim\limits_{t \to \infty} k(t) = 0$。只有当系统的特征根全部都具有负实部部时方能实现。

因此，得出控制系统稳定的必要和充分条件为：稳定系统的特征方程根必须全部具有负实部；反之，若特征根中有一个或一个以上具有正实部时，则系统必为不稳定。或者说，若系统闭环传递函数 $\Phi(s)$ 的全部极点均位于 $[s]$ 复平面之左半部，则系统是稳定的；反之，若有一个或一个以上的极点位于 $[s]$ 复平面之右半部，则系统为不稳定。

基于上述线性系统稳定的充要条件，可得出以下几点结论：

(1) 稳定系统的脉冲过渡函数 $k(t)$ 随着时间的推移必趋于零，即 $\lim\limits_{t \to \infty} k(t) = 0$，但对于不稳

定系统来说,其脉冲过渡函数 $k(t)$ 随时间的推移将发散,即:$\lim\limits_{t\to\infty}k(t)=\infty$。

(2) 稳定系统在幅值为有界的输入信号作用下,其输出也必定为幅值有界,而对不稳定系统来说,不能断言其输出为幅值有界。

(3) 稳定系统在控制信号作用下,由于其输出信号的暂态分量随时间的推移而衰减到零,因此当输出信号中的稳定分量与控制信号间的误差很小时,系统输出信号便基本上反映了输入信号的变化规律。反之,对不稳定系统说,由于其输出中的暂态分量随时间的推移而发散,因此系统的输出信号与输入信号间的差别,将随时间的推移而越来越大。同理:当系统受扰动信号作用时,稳定系统可以消除干扰的影响,而不稳定系统则不具有消除干扰的能力。

(4) 在控制系统闭环传递函数的极点中,有部分极点位于虚轴之上,而其余的极点分布在 $[s]$ 复平面的左半部时,便出现了所谓临界稳定状态。

需要指出,上述临界稳定状态,对于纯正的线性系统来说,虽也看做是稳定的,但对于线性化系统来说,这种状态在系统运行过程中能否出现,要根据原非线性运动方程来分析。况且即使对纯正的线性系统来说,由于在实际运行过程中系统的参数值总可能有变动,以及对这些参数的原始估计和测量也可能不够准确,因此原来处于虚轴上的极点,实际上却可能分布到 $[s]$ 复平面的右半部去,致使系统不稳定。因此从控制工程实践角度看,一般认为临界稳定属于系统的实际不稳定工作状态。

3.5.2 劳斯稳定判据

线性定常系统稳定性的充要条件是系统的特征根全部具有负实部或闭环传递函数极点全部位于 $[s]$ 复平面的左半平面。由此可引出系统稳定性的判定方法有两种:一是直接求解出特征方程的根,看这些根是否全部具有负实部。但当系统的阶数高于三阶时,求解特征根比较困难。二是讨论特征根的分布,看其是否全部具有负实部,以此来判断系统的稳定性,这种方法避免了对特征方程的直接求解,由此产生了一系列稳定性判据,如时域的劳斯(Routh)判据、胡尔维茨(Hurwitz)判据等,频域的奈奎斯特(Nyquist)判据、伯德(Bode)判据等。

1884 年,E. J. Routh 提出了 Routh 判据。Routh 判据是基于特征方程的根和系数之间的关系建立起来的,通过对特征方程各项系数的代数运算,直接判断其根是否在 $[s]$ 复平面的左半平面,从而判断系统的稳定性,因此这种判据又称为代数判据。

1. 系统稳定性与特征方程系数的关系

设系统的特征方程为

$$
\begin{aligned}
B(s) &= a_n s^n + a_{n-1} s^{n-1} + \cdots + a_1 s + a_0 \\
&= a_n \left(s^n + \frac{a_{n-1}}{a_n} s^{n-1} + \cdots + \frac{a_1}{a_n} s + \frac{a_0}{a_n} \right) \\
&= a_n (s - s_1)(s - s_2) \cdots (s - s_n) = 0
\end{aligned}
\tag{3-48}
$$

式中:$s_1, s_2, \cdots, s_n$ 为系统的特征根。由根与系数的关系,可求得

$$\left.\begin{array}{l} \dfrac{a_{n-1}}{a_n} = -(s_1 + s_2 + \cdots + s_n) \\[3mm] \dfrac{a_{n-2}}{a_n} = +(s_1 s_2 + s_2 s_3 + \cdots + s_{n-1} s_n) \\[3mm] \dfrac{a_{n-3}}{a_n} = -(s_1 s_2 s_3 + s_2 s_3 s_4 + \cdots + s_{n-2} s_{n-1} s_n) \\[3mm] \vdots \\[2mm] \dfrac{a_0}{a_n} = (-1)^n (s_1 s_2 \cdots s_n) \end{array}\right\} \qquad (3\text{-}49)$$

从式(3-49)可知,要使全部特征根 $s_1, s_2, \cdots, s_n$ 均具有负实部,就必须满足两个条件:一是特征方程的各项系数 $a_i (i = 0, 1, 2, \cdots, n)$ 都不等于零。因为若有一个系数为零,则必出现实部为零的特征根或实部有正有负的特征根,才能满足式(3-49)的条件,此时为临界稳定或不稳定。二是特征方程的各项系数 a_i 的符号都相同,才能满足式(3-49)的条件。按习惯,一般 a_i 取正值。这样,上述两个条件可归纳为系统稳定的一个必要条件,即 $a_i > 0$。但这仅仅是一个必要条件,满足必要条件的系统不一定都是稳定的系统,还需要进一步判定其是否满足稳定的充分条件。

2. Routh 稳定性判据

劳斯稳定判据:系统稳定的充要条件是劳斯表中第一列各元素的符号均为正,且值不为零。如果劳斯表中第一列系数的符号有变化,则系统不稳定,其符号变化的次数等于该特征方程式的根在 $[s]$ 复平面的右半平面上的个数。

采用劳斯稳定判据判别系统的稳定性,步骤如下:

(1) 列出系统的特征方程:
$$B(s) = a_n s^n + a_{n-1} s^{n-1} + \cdots + a_1 s + a_0 = 0$$
检查各项系数 a_i 是否都大于零。若都大于零,则进行第二步。

(2) 按系统的特征方程列写劳斯表如下:

s^n	a_n	a_{n-2}	a_{n-4}	a_{n-6}	$\cdots$
s^{n-1}	a_{n-1}	a_{n-3}	a_{n-5}	a_{n-7}	$\cdots$
s^{n-2}	A_1	A_2	A_3	A_4	$\cdots$
s^{n-3}	B_1	B_2	B_3	B_4	$\cdots$
$\vdots$	$\vdots$	$\vdots$	$\vdots$		
s^2	D_1	D_2			
s^1	E_1				
s^0	F_1				

表中: $A_1 = \dfrac{a_{n-1} a_{n-2} - a_n a_{n-3}}{a_{n-1}}$, $A_2 = \dfrac{a_{n-1} a_{n-4} - a_n a_{n-5}}{a_{n-1}}$, $A_3 = \dfrac{a_{n-1} a_{n-6} - a_n a_{n-7}}{a_{n-1}}$, $\cdots$,

一直计算到 $A_i = 0$ 为止;

$$B_1 = \frac{A_1 a_{n-3} - a_{n-1} A_2}{A_1} , \quad B_2 = \frac{A_1 a_{n-5} - a_{n-1} A_3}{A_1} , \quad B_3 = \frac{A_1 a_{n-7} - a_{n-1} A_4}{A_1}$$

一直计算到 $B_i = 0$ 为止。

用同样的方法,求取劳斯表中其余行的元素,一直到第 $n+1$ 行排完为止。表中空缺的项运算时以 0 代入。

（3）考查劳斯表中第一列系数的符号,判断系统稳定情况。

若第一列各数均为正数,则闭环特征方程所有根具有负实部,系统稳定。如果第一列中有负数,则系统不稳定,第一列中数值符号改变的次数就等于系统特征方程含有正实部根的数目。

【例 3-5-1】　设系统的特征方程为

$$B(s) = s^4 + 2s^3 + 3s^2 + 4s + 3 = 0$$

试用劳斯判据判断系统的稳定性。

　　解　由特征方程的各项系数可知,各项系数均大于零且无缺项,满足必要条件。列劳斯表由劳斯表第一列看出,系数符号不全为正值,从 $+1 \rightarrow -2 \rightarrow +3$,符号改变两次,说明闭环系统有两个正实部的根,即在 $[s]$ 复平面的右半平面有两个极点,所以控制系统不稳定。

$$
\begin{array}{c|ccc}
s^4 & 1 & 3 & 3 \\
s^3 & 2 & 4 & 0 \\
s^2 & 1 & 3 & \\
s^1 & \text{-2} & & \\
s^0 & 3 & & \\
\end{array}
$$

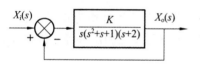

图 3-5-1　控制系统稳定判据示例

【例 3-5-2】　某单位反馈的控制系统如图 3-5-1 所示,试用劳斯判据确定使系统稳定的 K 值范围。

　　解　该控制系统的闭环传递函数为

$$G_B(s) = \frac{X_o(s)}{X_i(s)} = \frac{K}{s(s^2+s+1)(s+2)+K}$$

闭环系统特征方程为

$$s(s^2+s+1)(s+2)+K = s^4 + 3s^3 + 3s^2 + 2s + K = 0$$

可见,特征方程的系数均大于零且无缺项。

　　列劳斯表如下

$$
\begin{array}{c|ccc}
s^4 & 1 & 3 & K \\
s^3 & 3 & 2 & \\
s^2 & \dfrac{7}{3} & K & \\
s^1 & 2-\dfrac{9}{7}K & & \\
s^0 & K & & \\
\end{array}
$$

要使系统稳定,必须满足

$$
\begin{cases}
2 - \dfrac{9}{7}K > 0 \\
K > 0
\end{cases}
$$

所以 K 取值范围是 $0 < K < \dfrac{14}{9}$。

　　本例说明了控制系统稳定性与系统放大系数之间的矛盾关系:若希望增大系统的放大系数来降低系统的稳态误差,但放大系数过大将导致系统不稳定。

3. 劳斯稳定性判据的特殊情况

在列劳斯表的时候,可能出现两种特殊情况:

（1）劳斯表的任一行中，出现第一个元素为零，其余各元素不全为零。将使劳斯表无法往下排列。此时，可用一个很小的正数 ε 代替为零的那一项，继续排列劳斯表中的其他元素。最后取 $\varepsilon \to 0$ 的极限，利用劳斯判据进行判断。

【例 3-5-3】 用劳斯判据判断下列特征方程表示的系统稳定性，并说明使系统不稳定的特征根的性质。

$$B(s) = s^4 + 2s^3 + 3s^2 + 6s + 1 = 0$$

解 列劳斯表如下：

$$
\begin{array}{c|ccc}
s^4 & 1 & 3 & 1 \\
s^3 & 2 & 6 \\
s^2 & 0 \approx \varepsilon & 1 \\
s^1 & \dfrac{6\varepsilon\text{-}2}{\varepsilon} < 0 \\
s^0 & 1
\end{array}
$$

因为劳斯表第一列出现零元素，故系统不稳定。又第一列的元素的符号变化两次，故特征根中有两个带正实部的根。

（2）劳斯表的任一行中，所有元素为零。出现这种情况的原因可能是系统中存在对称于复平面原点的特征根，这些根或者是两个符号相反、绝对值相等的实根，或者是一对共轭复数虚根，或者是一对共轭复数根。由于根对称于复平面原点，故特征方程的次数总是偶数。出现任一行全为零的时候，可作以下处理：

（a）利用全为零的这一行的上一行的各项系数组成一个偶次辅助多项式；

（b）对辅助多项式求导，用辅助多项式一阶导数的系数代替劳斯表中的零行继续计算，直到列出劳斯表；

（c）解辅助方程，可以得到特征方程中对称分布的根。

【例 3-5-4】 设控制系统的特征方程为

$$B(s) = s^5 + s^4 + 3s^3 + 3s^2 + 2s + 2 = 0$$

求使系统不稳定的特征根的数目和性质。

解 劳斯列表如下：

$$
\begin{array}{c|ccc}
s^5 & 1 & 3 & 2 \\
s^4 & 1 & 3 & 2 \\
s^3 & 0 & 0 \\
s^2 & & & \\
s^1 & & & \\
s^0 & & &
\end{array}
$$

劳斯列表的 s^3 行出现全为零，故辅助多项式为

$$F(s) = s^4 + 3s^2 + 2 = 0$$

$F(s)$ 对 s 求导，得

$$F'(s) = 4s^3 + 6s = 0$$

用 $F'(s)$ 的系数取代全零行，作 s^3 行的元素，得到的劳斯表如下

$$\begin{array}{c|ccc}
s^5 & 1 & 3 & 2 \\
s^4 & 1 & 3 & 2 \\
s^3 & 4 & 6 & \\
s^2 & 3/2 & 2 & \\
s^1 & 2/3 & & \\
s^0 & 2 & &
\end{array}$$

3.6　控制系统误差时域分析及计算

　　前面所讨论的动态性能是线性控制系统的重要特性,而控制系统的另一个重要特性与系统的误差有关。控制系统输入量的改变不可避免地会引起动态响应过程中的误差,并且还会引起系统产生稳态误差。这一误差与许多因素有关,如传动机构的静摩擦、间隙,放大器的零点漂移、电子元件的老化等都会使系统产生误差。

　　在第3.1节中,曾指出稳态性能指标是表征控制系统准确性的性能指标,通常用稳态下输出量的希望值与实际值之间的差来衡量。一个符合工程要求的系统,其稳态误差必须控制在允许的范围之内。例如:工业加热炉的炉温误差若超过其允许的限度,就会影响加工产品的质量;火炮跟踪的误差超过允许限度就不能用于战斗……这些都说明了稳态误差是系统质量的一个重要性能指标。

　　讨论稳态误差的前提是系统必须稳定。因为一个不稳定的系统无稳态。因此,讨论时所指的都是稳定的系统。

3.6.1　系统的误差与偏差

　　系统误差 $e(t)$ 一般定义为:控制系统所期望的输出量 $x_o^*(t)$ 与实际输出量 $x_o(t)$ 之间的差值,即

$$e(t) = x_o^*(t) - x_o(t)$$

为避免与系统偏差混淆,误差的拉氏变换记为 $E_1(s)$,则

$$E_1(s) = X_o^*(s) - X_o(s)$$

　　在闭环控制系统中,系统偏差 $\varepsilon(t)$ 定义为参考输入信号 $x_i(t)$ 与反馈信号 $b(t)$ 之差。

$$\varepsilon(t) = x_i(t) - b(t)$$

其拉氏变换为

$$E(s) = X_i(s) - B(s) = X_i(s) - H(s)X_o(s)$$

　　一个闭环控制系统之所以能对输出 $X_o(s)$ 起自动控制作用,就在于运用偏差 $E(s)$ 进行控制。当 $X_o(s) \neq X_o^*(s)$ 时,由于 $E(s) \neq 0$,$E(s)$ 就起控制作用,力图将 $X_o(s)$ 调节到 $X_o^*(s)$ 值;反之,当 $X_o(s) = X_o^*(s)$ 时,应有 $E(s) = 0$。而使 $E(s)$ 不再对 $X_o(s)$ 进行调节。

　　当 $X_o(s) = X_o^*(s)$ 时,$E(s) = X_o(s) - B(s) = X_o(s) - H(s)X_o^*(s) = 0$

$$X_o(s) = H(s)X_o^*(s) \quad 或 \quad X_o^*(s) = \frac{1}{H(s)}X_o(s)$$

　　因此,在一般情况下系统的误差和偏差之间的关系为

$$E_1(s) = \frac{1}{H(s)}E(s) \tag{3-50}$$

由式(3-50)可知,求出偏差 $E(s)$ 后即可求出误差 $E_1(s)$。对单位反馈系统,$H(s)=1$,则偏差与误差相同。由于误差和偏差之间具有确定性的关系,故往往把偏差作为误差的量度,用偏差信号来求取稳态误差。

3.6.2　系统的稳态误差与稳态偏差

在时域中,系统的稳态误差定义为

$$e_{ss} = \lim_{t \to \infty} e(t)$$

为计算系统稳态误差,可先求出 $E_1(s)$,再利用拉氏变换的终值定理求解。

$$e_{ss} = \lim_{t \to \infty} e(t) = \lim_{s \to 0} sE_1(s)$$

同样的,系统的稳态偏差为

$$\varepsilon_{ss} = \lim_{t \to \infty} \varepsilon(t) = \lim_{s \to 0} sE(s)$$

通常在输入信号和干扰信号共同作用下的系统框图如图 3-6-1 所示。下面分析系统在参考输入和干扰输入共同作用下的稳态误差。

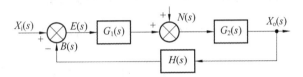

图 3-6-1　输入和扰动共同作用的系统框图

系统在参考输入 $X_i(s)$ 作用下的偏差传递函数为

$$\frac{E(s)}{X_i(s)} = \frac{1}{1 + G_1(s)G_2(s)H(s)}$$

系统在输入 $X_i(s)$ 作用下的偏差 $E(s) = \dfrac{1}{1 + G_1(s)G_2(s)H(s)} X_i(s)$

利用式(3-50),系统在参考输入 $X_i(s)$ 作用下的稳态误差为

$$e_{Rss} = \lim_{s \to 0} sE_1(s) = \lim_{s \to 0} s \frac{1}{H(s)} E(s) = \lim_{s \to 0} s \frac{1}{H(s)} \frac{1}{1 + G_1(s)G_2(s)H(s)} X_i(s) \quad (3\text{-}51)$$

系统在干扰输入 $N(s)$ 作用下的偏差传递函数为

$$\frac{E(s)}{N(s)} = \frac{-G_2(s)H(s)}{1 + G_1(s)G_2(s)H(s)}$$

系统在输入 $N(s)$ 作用下的偏差 $E(s) = \dfrac{-G_2(s)H(s)}{1 + G_1(s)G_2(s)H(s)} N(s)$。

利用式(3-51),系统在干扰输入 $N(s)$ 作用下的稳态误差为

$$e_{Nss} = \lim_{s \to 0} sE_1(s) = \lim_{s \to 0} s \frac{1}{H(s)} E(s) = \lim_{s \to 0} s \frac{1}{H(s)} \frac{-G_2(s)H(s)}{1 + G_1(s)G_2(s)H(s)} N(s)$$

$$= \lim_{s \to 0} \frac{-sG_2(s)N(s)}{1 + G_1(s)G_2(s)H(s)} \quad (3\text{-}52)$$

由式(3-51)和式(3-52),得出系统在 $X_i(s)$ 和 $N(s)$ 共同作用下的稳态误差为

$$e_{ss} = e_{Rss} + e_{Nss} = \lim_{s \to 0} \left[\frac{1}{H(s)} \frac{sX_i(s)}{1 + G_1(s)G_2(s)H(s)} - \frac{sG_2(s)N(s)}{1 + G_1(s)G_2(s)H(s)} \right] \quad (3\text{-}53)$$

特别的,当 $H(s)=1$ 时,系统误差 e_{ss} 等于系统偏差 ε_{ss},因此分析时不再区分稳态误差 e_{ss} 和稳态偏差 ε_{ss}。

3.6.3　系统的型次与偏差系数

由上述讨论可知,系统的稳态误差与输入信号和系统传递函数有关,此处先讨论系统类型与稳态误差之间的关系。

线性系统的开环传递函数的一般表达式可写成

$$G(s)H(s) = \frac{K_1(s-z_1)(s-z_2)\cdots(s-z_m)}{(s-p_1)(s-p_2)\cdots(s-p_n)} = \frac{K(\tau_1 s+1)(\tau_2 s+1)\cdots(\tau_m s+1)}{s^v(T_1 s+1)(T_2 s+1)\cdots(T_{n-v}s+1)}$$

式中:K 为系统的开环增益;$\tau_1, \tau_2, \cdots, \tau_m$ 和 $T_1, T_2, \cdots, T_{n-v}$ 为时间常数;v 为开环传递函数中包含积分环节的个数。

工程上,通常根据系统中包含积分环节的个数 v 来划分系统的型次:$v=0$ 的系统称为 0型系统;$v=1$ 的系统称为 I 型系统;$v=2$ 的系统称为 Ⅱ 型系统;依此类推。

下面再讨论稳态误差与输入信号之间的关系,给出稳态误差系数的概念。

1. 静态位置误差系数 K_p

当系统输入为单位阶跃信号时,$X_i(s)=1/s$,系统的稳态误差

$$e_{ss} = \lim_{s \to 0} s \frac{1}{H(s)} \cdot \frac{1}{1+G_1(s)G_2(s)H(s)} \cdot \frac{1}{s}$$

$$= \frac{1}{H(0)} \cdot \frac{1}{1+\lim_{s \to 0}G(s)H(s)} = \frac{1}{H(0)} \cdot \frac{1}{1+K_p}$$

式中:$K_p = \lim_{s \to 0}G(s)H(s)$ 定义为静态位置误差系数。

当系统为单位反馈控制系统时

$$e_{ss} = \frac{1}{1+K_p} \tag{3-54}$$

对于 0 型系统,$K_p = \lim_{s \to 0}G(s)H(s) = \lim_{s \to 0}\frac{K}{s^0} = K$,$e_{ss} = \frac{1}{1+K_p}$,为有差系统。对于 I 型系统,$K_p = \lim_{s \to 0}G(s)H(s) = \lim_{s \to 0}\frac{K}{s^1} = \infty$,$e_{ss} = 0$,为位置无差系统。对于 Ⅱ 型系统,同理可得 $K_p = \infty$,$e_{ss} = 0$,为位置无差系统。Ⅱ 型以上系统依此类推。

从上述分析可见,系统稳态误差除与输入信号 $X_i(s)$ 有关外,只与系统的开增益 K 及 v 值有关,而与时间常数 τ、T 及参数 ξ 毫无关系。欲消除系统在阶跃作用下的稳态误差,要求开环传递函数 $G(s)H(s)$ 中至少应配置一个积分环节,即 $v \geqslant 1$。

2. 静态速度误差系数 K_v

当系统输入为单位斜坡信号时,$X_i(s)=1/s^2$,系统的稳态误差

$$e_{ss} = \lim_{s \to 0} s \frac{1}{H(s)} \cdot \frac{1}{1+G_1(s)G_2(s)H(s)} \cdot \frac{1}{s^2} = \frac{1}{H(0)} \cdot \lim_{s \to 0}\frac{1}{s+sG(s)H(s)}$$

$$= \frac{1}{H(0)} \cdot \frac{1}{\lim_{s \to 0}sG(s)H(s)} = \frac{1}{H(0)} \cdot \frac{1}{K_v}$$

式中:$K_v = \lim_{s \to 0}sG(s)H(s)$ 定义为静态速度误差系数。

当系统为单位反馈控制系统时,有

$$e_{ss} = \frac{1}{K_v} \tag{3-55}$$

对于 0 型系统，$K_v = \lim_{s \to 0} sG(s)H(s) = \lim_{s \to 0} s \cdot K = 0, e_{ss} = \dfrac{1}{K_v} = \infty$。

对于 I 型系统，$K_v = \lim_{s \to 0} sG(s)H(s) = \lim_{s \to 0} \dfrac{K}{s} = K, e_{ss} = \dfrac{1}{K_v}$。

对于 II 型系统，$K_v = \lim_{s \to 0} sG(s)H(s) = \lim \dfrac{K}{s} = \infty, e_{ss} = 0$。II 型以上系统依此类推。

上述分析表明，输入为斜坡信号时，0 型系统不能跟随，误差趋于无穷大。I 型系统为有差系统，II 型系统及其以上系统为无差系统。欲消除系统在斜坡作用下的稳态误差，开环传递函数中至少应配置两个积分环节，即 $v \geqslant 2$。不同 v 值下的斜坡响应曲线如图 3-6-2 所示。0 型系统不能跟随并不表明系统不稳定，这是由于 $x_o(t)$ 的稳态速度与 $x_i(t)$ 的不相同，致使误差逐渐积累。因此，响应发散的系统不一定不稳定，但不稳定的系统其响应必定发散。

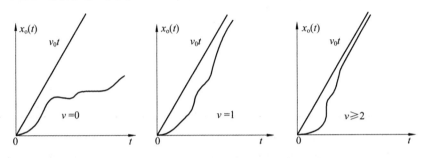

图 3-6-2　不同 v 值的斜坡响应曲线

3. 静态加速度误差系数 K_a

当系统输入为单位加速度信号时，$X_i(s) = 1/s^3$，系统的稳态误差

$$e_{ss} = \lim_{s \to 0} s \frac{1}{H(s)} \cdot \frac{1}{1 + G_1(s)G_2(s)H(s)} \cdot \frac{1}{s^3} = \frac{1}{H(0)} \cdot \lim_{s \to 0} \frac{1}{s^2 + s^2 G(s)H(s)}$$

$$= \frac{1}{H(0)} \cdot \frac{1}{\lim\limits_{s \to 0} s^2 G(s)H(s)} = \frac{1}{H(0)} \cdot \frac{1}{K_a}$$

式中：$K_a = \lim\limits_{s \to 0} s^2 G(s)H(s)$ 定义为静态加速度误差系数。

当系统为单位反馈控制系统时，有

$$e_{ss} = \frac{1}{K_a} \tag{3-56}$$

对于 0 型系统，$K_a = \lim\limits_{s \to 0} s^2 G(s)H(s) = \lim\limits_{s \to 0} s^2 \cdot K = 0, e_{ss} = \dfrac{1}{K_a} = \infty$。

对于 I 型系统，同上分析。

对于 II 型系统，$K_a = \lim\limits_{s \to 0} s^2 G(s)H(s) = \lim\limits_{s \to 0} s^2 \dfrac{K}{s^2} = K, e_{ss} = \dfrac{1}{K_a}$。

上述分析表明，输入为加速度信号时，0 型和 I 型系统不能跟随，II 型系统为有差系统，II 型及其以上系统为无差系统。欲消除或减少系统稳态误差，必须增加积分环节数目，使 $v \geqslant 3$ 和提高开环放大系数 K，这与系统稳定性的要求是矛盾的。不同 v 值下的加速度响应曲线如图 3-6-3 所示，合理地解决这一矛盾是系统的设计任务之一。一般首先保证稳态精度，然后采用某些校正措施改善系统的稳定性。

综合以上，分析结果见表 3-6-1 所示。

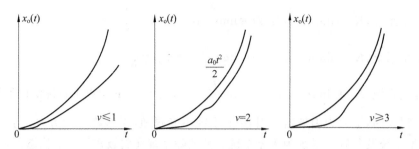

图 3-6-3　不同 v 值的加速度响应曲线

表 3-6-1　典型输入信号下系统的稳态误差

系统类型	单位阶跃输入	单位斜坡输入	单位加速输入
0 型系统	$\dfrac{1}{1+K_p}$	∞	∞
Ⅰ型系统	0	$\dfrac{1}{K_v}$	∞
Ⅱ型系统	0	0	$\dfrac{1}{K_a}$

（1）同一系统，在输入信号不同时，系统的稳态误差不同。

（2）系统的稳态误差与系统的型次有关。在输入信号相同时，系统的型次越高，则稳态精度也越高。应根据系统承受输入情况选择系统的型次。

（3）系统的稳态误差随开环增益的增大而减小。K 值大有利于减小 ε_{ss}，但 K 值太大不利于系统的稳定性。

（4）系统的稳态误差可以通过系统的稳态偏差来求取，系统的稳态偏差由系统的静态误差系数 K_p、K_v、K_a 来求得。在一定意义上，K_p、K_v、K_a 反映了系统减小或消除 ε_{ss} 的能力。

【例 3-6-1】 已知某单位反馈系统的开环传递函数为

$$G(s)H(s) = \frac{2.5(s+1)}{s^2(0.25s+1)}$$

求系统在参考输入 $x_i(t) = 6 + 6t + 6t^2$ 作用下的系统的稳态误差。

解 系统的静态误差系数为

$$K_p = \lim_{s \to 0} G(s)H(s) = \lim_{s \to 0} \frac{2.5(s+1)}{s^2(0.25s+1)} = \infty$$

$$K_v = \lim_{s \to 0} sG(s)H(s) = \lim_{s \to 0} s \cdot \frac{2.5(s+1)}{s^2(0.25s+1)} = \infty$$

$$K_a = \lim_{s \to 0} s^2 G(s)H(s) = \lim_{s \to 0} s^2 \cdot \frac{2.5(s+1)}{s^2(0.25s+1)} = 2.5$$

因此，系统的稳态误差为

$$e_{ss} = \frac{6}{1+K_p} + \frac{6}{K_v} + \frac{6}{K_a} = 4.8$$

3.6.4　扰动作用下的稳态误差

实际系统中，除了给定的输入作用外，往往还会受到不希望的扰动作用。例如机电传动系统中的负载力矩波动、电源电压波动等。在扰动作用下的稳态误差值的大小，反映了系统的抗

干扰能力。如图 3-6-1 所示的闭环控制系统在扰动作用下的稳态误差为

$$e_{\text{Nss}} = \lim_{s \to 0} \frac{-sG_2(s)N(s)}{1 + G_1(s)G_2(s)H(s)}$$

此式表明,在扰动作用下,系统的稳态误差与开环传递函数、扰动以及扰动的位置有关。应该注意的是,前面所定义的静态误差系数是在输入作用下得出的,并不适用于求取扰动作用下的稳态误差。下面通过例题做进一步说明。

【例 3-6-2】 求图 3-6-4 所示的单位反馈系统在不同位置的单位阶跃扰动下的稳态误差。

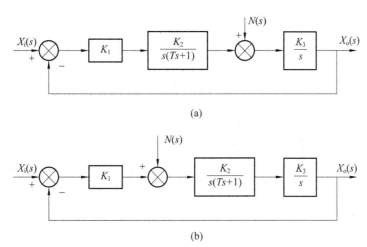

图 3-6-4 扰动作用下的稳态误差示例

解 (1)当扰动位置在图 3-6-4(a)时,设 $G_1(s) = K_1 \dfrac{K_2}{s(Ts+1)}$,$G_2(s) = \dfrac{K_3}{s}$,$H(s) = 1$,在单位扰动 $N(s) = 1/s$ 作用下,系统的稳态误差为

$$e_{\text{Nss}} = \lim_{s \to 0} \frac{-sG_2(s)N(s)}{1 + G_1(s)G_2(s)H(s)} = -\lim_{s \to 0} \frac{s \cdot \dfrac{K_3}{s} \cdot \dfrac{1}{s}}{1 + \dfrac{K_1 K_2 K_3}{s^2(Ts+1)}}$$

$$= -\lim_{s \to 0} \frac{K_3 s(Ts+1)}{s^2(Ts+1) + K_1 K_2 K_3} = 0$$

(2)当扰动位置在图 3-6-4(b)时,设 $G_1(s) = K_1$,$G_2(s) = \dfrac{K_2}{s(Ts+1)} \dfrac{K_3}{s}$,$H(s) = 1$,在单位扰动 $N(s) = 1/s$ 作用下,系统的稳态误差为

$$e_{\text{Nss}} = \lim_{s \to 0} \frac{-sG_2(s)N(s)}{1 + G_1(s)G_2(s)H(s)} = -\lim_{s \to 0} \frac{s \cdot \dfrac{K_2}{s(Ts+1)} \cdot \dfrac{K_3}{s} \cdot \dfrac{1}{s}}{1 + \dfrac{K_1 K_2 K_3}{s^2(Ts+1)}}$$

$$= -\lim_{s \to 0} \frac{K_2 K_3}{s^2(Ts+1) + K_1 K_2 K_3} = -\frac{1}{K_1}$$

从上例可以看出,在扰动作用下,系统的稳态误差与开环传递函数、扰动作用以及扰动作用的位置都有关。从扰动作用的位置来看,系统稳态误差与偏差信号到扰动点之间的积分环节的数目以及增益的大小有关,而与扰动点作用点后面的积分环节的数目以及增益的大小

无关。

系统在参考输入和扰动共同作用下的稳态误差,可用叠加原理,将两种作用分别引起的稳态误差进行叠加。

需要注意的是,讨论系统的稳态误差是在系统稳定的前提下进行的,对于不稳定的系统,也就不存在稳态误差问题。

3.6.5 提高系统稳态精度的措施

当系统稳态精度不满足要求时,一般可采用如下措施以减小或消除系统的稳态误差。

(1)提高系统的开环增益即放大系数 提高开环增益,可以明显提高 0 型系统在阶跃输入、Ⅰ型系统在斜坡输入、Ⅱ型系统在抛物线输入作用下的稳态精度。但当开环增益过高时,会降低系统的稳定程度。

(2)提高系统的型次 提高系统的型次,即增加开环系统中积分环节的个数,尤其是在扰动作用点前引入积分环节,可以减小稳态误差。但是单纯提高系统型次,同样会降低系统的稳定程度,因此一般不使用高于Ⅱ型的系统。

(3)复合控制结构 当要求控制系统既要高稳态精度,又要求有良好的动态性能时,如果单靠加大开环增益或在前向通道内串入积分环节,往往不能同时满足上述要求,这时可采用复合控制方法,即在反馈回路中加入前馈通路,组成前馈控制与反馈控制相结合的复合控制系统,以补偿参考输入和扰动作用产生的误差。

3.7 知 识 要 点

3.7.1 控制系统响应构成与时域特征

1. 时间响应概念

能直接观察到的响应称为输出。在经典控制理论中响应即输出,在现代控制理论中,状态变量不一定都能观察到。系统在输入信号作用下,其输出随时间变化的规律称为时间响应。实际稳定系统的输出时间响应由瞬态响应和稳态响应组成,如图 3-7-1 所示。

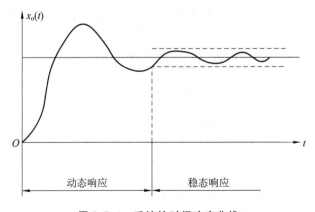

图 3-7-1 系统的时间响应曲线

系统在某一输入信号作用下,其输出量从初始状态到稳定状态的响应过程,称为系统的动态响应,反映控制系统的稳定性和快速性。系统在某一输入信号作用下,当 $t \to \infty$ 时的时间响

应即为稳态响应。工程实际常给出一个稳态误差 Δ，当满足 $|x_o(t)-x_o(\infty)| \leqslant \Delta \cdot x(\infty)|$ 时，称系统已经进入稳态过程。

从时间历程角度，实际系统发生状态变化时总存在过渡过程（动态过程）和稳态过程。其原因是系统中总有一些储能元件，使输出量不能立即跟随其输入量的变化。在过渡过程中系统动态性能充分体现。如输出响应是否迅速（快速性），过渡过程是否有振荡，振荡程度是否剧烈（平稳性），系统最后是否收敛稳定下来（稳定性）等。

2. 典型输入信号

控制系统的时间响应不仅取决于系统本身特性，还与输入信号的形式有关。实际系统的输入具有多样性，未知且可能是随机的，但从考查系统性能出发，总可以选取一些具有特殊性质的典型输入信号来替代。

典型输入信号的选取原则：输入信号应能使系统充分显露出各种动态性能；能反映系统工作的大部分实际情况；能反映在最不利输入下系统的工作能力；应是简单函数，便于用数学公式表达、分析和处理；易于在实验中获得。

在控制系统中，常用阶跃信号、脉冲信号、斜坡信号、抛物线信号和正弦信号等五种信号作为典型的输入信号。典型输入信号的时域和复域数学表达式如表 3-7-1 所示。

表 3-7-1　典型输入信号

信号	含义	时域曲线	时域表达式	复域表达式	应用
阶跃信号	表示参考输入的一个瞬间突变过程	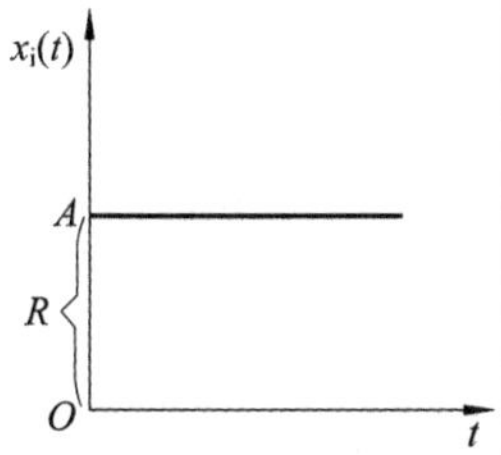	$x_i(t)=\begin{cases} 0 & t<0 \\ R & t\geqslant 0 \end{cases}$ $R=1$ 时，称为单位阶跃信号	$L[1(t)]=\dfrac{1}{s}$	模拟指令、电压、负荷等的突然转换
脉冲信号	可视为一个持续时间极短的信号	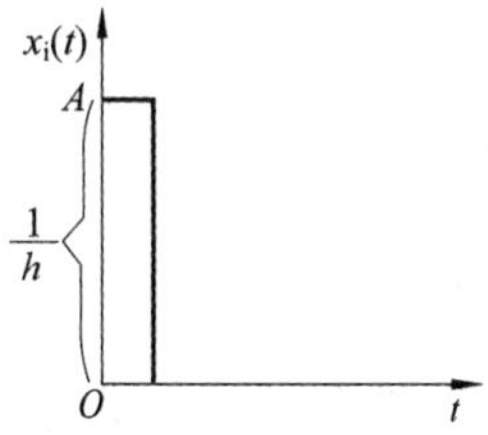	$x_i(t)=\begin{cases} 0 & 0<t<h \\ 1/h & 0<t<h \end{cases}$	$L[\delta(t)]=1$	模拟碰撞、敲打、冲击等场合
速度信号	表示由零值开始随时间 t 线性增长	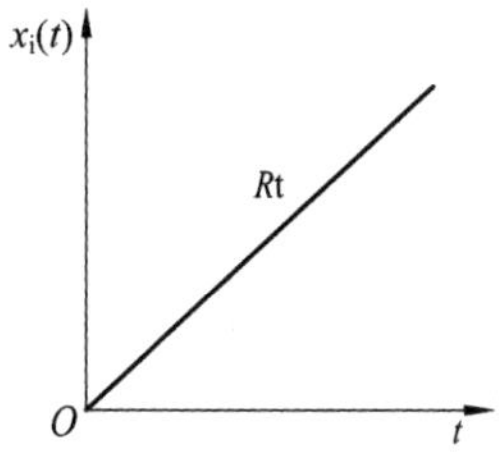	$x_i(t)=\begin{cases} 0 & t<0 \\ Rt & t\geqslant 0 \end{cases}$ $R=1$ 时，称为单位斜坡信号	$L[x_i(t)]=\dfrac{1}{s^2}$	模拟速度信号

续表

信号	含义	时域曲线	时域表达式	复域表达式	应用
加速度信号	表示输入信号是等加速度变化的	$x_i(t)$ ... Rt^2 ... O ... t	$x_i(t)=\begin{cases}0 & t<0 \\ \dfrac{1}{2}Rt^2 & t\geqslant 0\end{cases}$ $R=1$ 时,称为单位抛物线信号	$L[x_i(t)]=\dfrac{1}{s^3}$	模拟系统输入一个随时间而逐渐增加的信号
正弦信号	表示输入信号是正弦周期变化的	$x_i(t)$ ... $A\sin\omega t$ ... O ... t	$x_i(t)=\begin{cases}0 & t<0 \\ A\sin\omega t & t\geqslant 0\end{cases}$	$L[\sin\omega t]=\dfrac{\omega}{s^2+\omega^2}$	模拟系统受周期信号作用

控制系统的时域分析法以计算分析为主,选取阶跃信号和脉冲信号作为输入信号;系统的频域分析法多以实验为主,用正弦信号作为输入信号。

3.7.2 控制系统时域动态性能分析

1. 时域分析的思路

系统在时域中的数学模型 $g(t)$ 是微分方程,尤其是高阶微分方程时求解困难,对线性定常系统的时域分析常采用图 3-7-2 所示的分析思路。

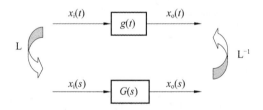

图 3-7-2　控制系统时域分析的思路

首先将系统的微分方程 $g(t)$ 和选取的输入信号 $x_i(t)$ 利用拉氏变换转换到复数域,得到 $G(s)$ 和 $X_i(s)$,然后在复数域进行代数运算 $X_o(s)=G(s)X_i(s)$,获得系统在复数域的输出 $X_o(s)$,最后利用拉氏逆变换得到系统在时域的输出 $x_o(t)$,利用 $x_o(t)$ 的表现来分析系统自身的动态性能。

2. 一阶系统的时间响应

由一阶微分方程描述的系统称为一阶系统。一阶系统结构、时域及复域输出如表 3-7-2 所示。

表 3-7-2　一阶系统时间响应

系统结构

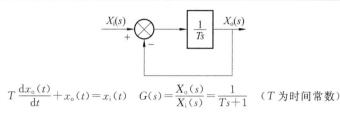

$$T\frac{\mathrm{d}x_\mathrm{o}(t)}{\mathrm{d}t}+x_\mathrm{o}(t)=x_\mathrm{i}(t)\quad G(s)=\frac{X_\mathrm{o}(s)}{X_\mathrm{i}(s)}=\frac{1}{Ts+1}\quad (T\text{ 为时间常数})$$

单位脉冲响应	单位阶跃响应
$x_\mathrm{o}(t)=\mathrm{L}^{-1}\left[\dfrac{1}{Ts+1}\right]=\dfrac{1}{T}\mathrm{e}^{-\frac{t}{T}}\quad(t\geqslant0)$	$x_\mathrm{o}(t)=\mathrm{L}^{-1}\left[\dfrac{1}{Ts+1}\cdot\dfrac{1}{s}\right]=1-\mathrm{e}^{-\frac{t}{T}}\quad(t\geqslant0)$

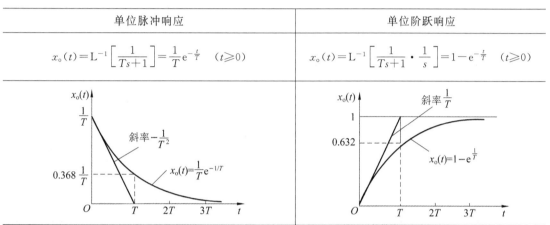

一阶系统的单位脉冲响应曲线是一条单调下降的指数曲线，只有瞬态项，稳态响应为零；初值为 $1/T$，当 t 趋于无穷大时，其值趋于零。若以指数曲线衰减到初值的 2% 之前的过程定义为过渡过程，响应的时间为 $4T$，此时间为过渡过程时间或调整时间。为保证输出的准确性，对脉冲信号要求是：$h\leqslant0.1T$，即脉冲宽度小于时间常数的 10%。

一阶系统的单位阶跃响应曲线是一条单调上升的指数曲线，稳态值为 1，瞬态过程平稳无振荡。用实验方法测出响应曲线达到稳态值的 63.2% 时，所用的时间即为惯性环节的时间常数 T。

如果系统的输入信号存在积分和微分关系，则系统的时间响应也存在对应的积分和微分关系，对阶跃响应微分即得到脉冲响应。

3. 二阶系统数学模型规格化与极点配置

凡是能够用二阶微分方程描述的系统都称为二阶系统，二阶系统的典型形式是振荡系统，二阶系统动态结构框图如图 3-7-3 所示。很多高阶系统在一定条件下也可近似地简化为二阶系统来研究。

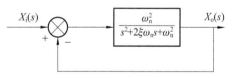

图 3-7-3　二阶系统动态结构框图

二阶系统的规格化传递函数

$$G(s)=\frac{X_\mathrm{o}(s)}{X_\mathrm{i}(s)}=\frac{\omega_\mathrm{n}^2}{s^2+2\xi\omega_\mathrm{n}s+\omega_\mathrm{n}^2}$$

无阻尼固有频率 ω_n 和阻尼比 ξ 称为二阶系统的特征参数，表明了二阶系统本身与外界无关的特性；特征多项式为 $s^2+2\xi\omega_\mathrm{n}s+\omega_\mathrm{n}^2$，特征方程为 $s^2+2\xi\omega_\mathrm{n}s+\omega_\mathrm{n}^2=0$；特征方程的根 $s_{1,2}=-\xi\omega_\mathrm{n}\pm\omega_\mathrm{n}\sqrt{\xi^2-1}$ 称为特征根，也就是系统的极点。当阻尼比 ξ 取值不同，系统在复平面的极点配

置也不同,如表 3-7-3 所示。

表 3-7-3　二阶系统极点配置

阻尼比	特征根	极点配置
欠阻尼 $0<\xi<1$	一对共轭复数 $s_{1,2}=-\xi\omega_n\pm j\omega_n\sqrt{1-\xi^2}$	$0<\xi<1$
无阻尼系统 $\xi=0$	一对共轭纯虚数 $s_{1,2}=\pm j\omega_n$	$\xi=0$
临界阻尼 $\xi=1$	一对相等负实根 $s_{1,2}=-\omega_n$	$\xi=1$
过阻尼 $\xi>1$	一对不等负实根 $s_{1,2}=-\xi\omega_n\pm\omega_n\sqrt{\xi^2-1}$	$\xi>1$

4. 二阶系统的单位脉冲响应

由于二阶系统的极点配置中阻尼比 ξ 的取值有四种不同情况,因此,二阶系统的输出响应也有四种情况。将二阶系统单位脉冲响应和单位阶跃响应汇总于表 3-7-4。

表 3-7-4　二阶系统单位脉冲响应和单位阶跃响应比较

系统结构

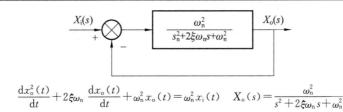

$$\frac{\mathrm{d}x_o^2(t)}{\mathrm{d}t}+2\xi\omega_n\frac{\mathrm{d}x_o(t)}{\mathrm{d}t}+\omega_n^2 x_o(t)=\omega_n^2 x_i(t)\quad X_o(s)=\frac{\omega_n^2}{s^2+2\xi\omega_n s+\omega_n^2}$$

阻尼系数	单位脉冲响应	单位阶跃响应
$\xi=0$	$x_o(t)=\omega_n\sin\omega_n t$	$x_o(t)=1-\cos\omega_n t$
$0<\xi<1$	$x_o(t)=\dfrac{\omega_n}{\sqrt{1-\xi^2}}\mathrm{e}^{-\xi\omega_n t}\sin\omega_d t$	$x_o(t)=1-\dfrac{\mathrm{e}^{-\xi\omega_n t}}{\sqrt{1-\xi^2}}\sin(\omega_d t+\theta)$
$\xi=1$	$x_o(t)=\omega_n^2 t\mathrm{e}^{-\omega_n t}$	$x_o(t)=1-(1+\omega_n t)\mathrm{e}^{-\omega_n t}$
$\xi>1$	$x_o(t)=\dfrac{\omega_n}{2\sqrt{\xi^2-1}}\left[\mathrm{e}^{-s_2 t}-\mathrm{e}^{-s_1 t}\right]$	$x_o(t)=1+\dfrac{\omega_n}{2\sqrt{\xi^2-1}}\left(-\dfrac{1}{s_1}\mathrm{e}^{s_1 t}+\dfrac{1}{s_2}\mathrm{e}^{s_2 t}\right)$

称 $\omega_d=\omega_n\sqrt{1-\xi^2}$ 为二阶系统的有阻尼固有频率，$\theta=\arctan\dfrac{\sqrt{1-\xi^2}}{\xi}$ 为阻尼角。欠阻尼系统的单位脉冲响应曲线是减幅正弦振荡曲线，其幅值衰减的快慢取决于 $\xi\omega_n$ 值。欠阻尼系统常称为二阶振荡系统。

欠阻尼系统的单位阶跃响应的稳态分量 1，瞬态分量是一个以 ω_d 为频率的衰减正弦振荡过程，曲线的衰减快慢取决于衰减指数 $\xi\omega_n$。当 $\xi=0.4\sim0.8$ 时，其过渡过程时间比临界阻尼时更短且振荡不太严重。选择合适的 ω_n 和 ξ 值使系统工作在 $\xi=0.4\sim0.8$ 的欠阻尼状态。

5. 二阶系统的时域瞬态性能指标

控制系统的基本要求是响应过程的稳定性、准确性和快速性。评价定性基本要求需要用一些的定量性能指标来衡量。系统的性能指标形式选择为二阶欠阻尼系统的单位阶跃响应（时域、二阶系统、单位阶跃输入、欠阻尼）。

二阶欠阻尼系统的典型输出响应过程如图 3-7-4 所示。其主要性能指标有:上升时间 t_r,峰值时间 t_p,最大超调量 M_p,调整时间 t_s,振荡次数 N。

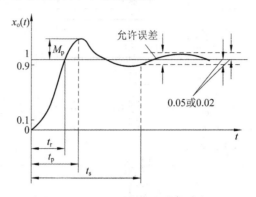

图 3-7-4　二阶系统响应的性能指标

二阶欠阻尼系统的性能指标定义及计算公式如表 3-7-5 所示。

表 3-7-5　二阶欠阻尼系统的性能指标

性能指标	含义	计算式	调节
上升时间 t_r	响应曲线从原工作状态出发,第一次到达输出稳态值所需要的时间	$t_r = \dfrac{\pi - \beta}{\omega_d} = \dfrac{1}{\omega_d}\tan^{-1}\left(-\dfrac{\sqrt{1-\xi^2}}{\xi}\right)$	当 ξ 一定时,ω_n 增大,t_r 就减小;当 ω_n 一定时,ξ 增大,t_r 就增大
峰值时间 t_p	响应曲线到达第一个峰值所需要的时间	$t_p = \dfrac{\pi}{\omega_d} = \dfrac{\pi}{\omega_n\sqrt{1-\xi^2}}$	t_p 是有阻尼振荡周期 $2\pi/\omega_d$ 的一半。ξ 一定时,ω_n 增大 t_p 就减小;ω_n 一定时,ξ 增大,t_p 就增大
最大超调量 σ_p	响应曲线最大峰值 $x_o(t_p)$ 与稳态值 $x_o(\infty)$ 的差	$\sigma_p = e^{\frac{-\xi}{\sqrt{1-\xi^2}}}\times 100\%$	σ_p 仅与 ξ 有关,σ_p 的大小直接说明系统的阻尼特性
过渡时间 t_s	响应曲线达到并一直保持在稳态值的公差带 $\pm\Delta$($\Delta = 2\%$ 或 5%)内所需要的时间	$\Delta = 0.02\quad t_s \geqslant \dfrac{4 + \ln\dfrac{1}{\sqrt{1-\xi^2}}}{\xi\omega_n}$ $\Delta = 0.05\quad t_s \geqslant \dfrac{3 + \ln\dfrac{1}{\sqrt{1-\xi^2}}}{\xi\omega_n}$	ξ 一定时,ω_n 增大,t_s 就减小,系统响应速度变快
振荡次数 N	调整时间 t_s 内响应曲线振荡的次数	$\Delta = \pm 0.02\quad N = \dfrac{2\sqrt{1-\xi^2}}{\pi\xi}$ $\Delta = \pm 0.05\quad N = \dfrac{1.5\sqrt{1-\xi^2}}{\pi\xi}$	N 只与 ξ 有关,随 ξ 增大而减小,直接反映系统的阻尼特性

最佳阻尼比:一般取 $\xi = 0.707$ 作为最佳阻尼比。此时系统不仅调整时间 t_s 最小,超调量 σ_p 也不大,系统同时兼顾了快速性和平稳性两方面的要求。在具体设计时,通常根据对最大超调量 σ_p 的要求来确定阻尼比 ξ,调整时间 t_s 主要根据系统的 ω_n 来确定。

在性能指标中,上升时间 t_r、峰值时间 t_p、调整时间 t_s 反映系统的快速性,最大超调量 σ_p、振荡次数 N 反映系统过渡过程的平稳性。这些性能指标并非在任何情况下都要全部考虑。对于欠阻尼系统主要的性能指标是上升时间 t_r、峰值时间 t_p、最大超调量 M_p 和调整时间 t_s;而对于过阻尼系统,则无需考虑峰值时间 t_p 和最大超调量 M_p。要使二阶系统具有满意的动态性能指标,必须选择合适的阻尼比 ξ 和无阻尼固有频率 ω_n。提高 ω_n,可以提高二阶系统的响应速度,减少上升时间 t_r、峰值时间 t_p 和调整时间 t_s;增大 ξ,可以减弱系统的振荡性能,即降低超调量 M_p,减少振荡次数 N,但会增大上升时间 t_r 和峰值时间 t_p。

很多实际系统瞬态响应的平稳性和快速性对结构参数的要求往往是矛盾的。为提高响应速度加大开环增益,结果阻尼又偏小,使振荡加剧;反之,减少增益能显著改善平稳性,但瞬态过程又偏于迟缓。仅仅通过调整系统原有部件的有限参数,难于全面满足性能指标。在这种情况下,改善系统品质只得另辟新径,比如采取在原系统中引入附加控制信号的方法,来着重提高响应某方面的性能,如加入误差信号的比例-微分控制、输出量的速度反馈控制等措施。

6. 高阶系统的时间响应

动态特性用三阶以上的微分方程描述的系统,通常称为高阶系统。直接对高阶系统进行分析往往比较复杂,通常采用抓住主要矛盾,忽略次要因素办法,使问题简化。一般的高阶系统均可以化简为零阶、一阶和二阶环节的组合,二阶振荡环节的性能特征对高阶系统的近似非常重要。

高阶线性定常系统传递函数的因式形式:

$$G(s) = \frac{K(s + z_1)(s + z_2)\cdots(s + z_m)}{(s + p_1)(s + p_2)\cdots(s + p_n)} = \frac{K\prod_{j=1}^{m}(s + z_j)}{\prod_{i=1}^{n}(s + p_i)}$$

式中: $z_1, z_2, \cdots, z_m$ 为系统闭环传递函数的零点; $p_1, p_2, \cdots, p_n$ 为系统闭环传递函数的极点。

系统为稳定的前提下,其极点在 $[s]$ 复平面左半部有两种情况:一是不相同的实数(实数极点可组成一阶项),二是实数极点和共轭复数极点(可组成二阶项)。高阶系统的时间响应如表 3-7-6 所示。

表 3-7-6　高阶系统的时间响应

极点配置	时间响应
全部为不相同的实数(实数极点可组成一阶项)	$x_o(t) = a + \sum_{i=1}^{n} b_i e^{-p_i t} \quad (t \geqslant 0)$
实数极点和共轭复数极点(可组成二阶项)	$x_o(t) = a + \sum_{i=1}^{q} b_i e^{-p_i t} + \sum_{k=1}^{r} e^{-\xi_k \omega_{nk} t}\left[C_k \cos\omega_{dk} t + D_k \sin\omega_{dk} t\right] \quad (t \geqslant 0)$ a, b_i, C_k, D_k 均为常数

高阶系统的时间响应由稳态响应和瞬态响应组成,稳态响应与输入信号和系统的参数有关,瞬态响应取决于系统的参数,由低阶系统组合而成。

如果高阶系统中距虚轴最近的极点 s_1、s_2 的附近没有零点干扰,且其他极点距虚轴的距离都在这对极点距虚轴距离的五倍以上,则距虚轴最近的极点称为主导极点。系统中主导极点对应的响应分量衰减最慢,可以认为系统的动态响应主要由主导极点所决定。但应注意的是,当有零点接近距离虚轴最近的极点时,由于零点的干扰作用,则该极点便失去主导极点的作用。找到系统的一对共轭复数主导极点，忽略非主导极点的影响，高阶系统就可以近似当作二阶振荡系统来分析，相应的性能指标都可以按二阶系统得到估计。

3.7.3　控制系统的稳定性

1. 系统稳定性与判定条件

稳定是控制系统正常工作的首要条件，也是控制系统的重要性能指标之一。分析系统的稳定性是经典控制理论的重要组成部分。

系统稳定性定义：若系统在初始条件影响下，其过渡过程随时间的推移逐渐衰减并趋于0，则系统稳定；反之，系统过渡过程随时间的推移而发散，则系统不稳定。

如果一个系统受到干扰，偏离了原来的平衡状态；当干扰取消后，这个系统又能恢复原来的状态，则这个系统是稳定的。否则，称系统是不稳定的。稳定性是系统的固有特性，只取决于系统内部结构和参数，是一种自身恢复能力，与输入量种类、性质无关。

设零输入条件下由系统初始条件引起的输出为 $x_o(t)$，若系统要稳定，须满足

$$\lim_{t \to \infty} x_o(t) = 0$$

线性定常系统稳定性的充要条件是：系统特征方程的根全部具有负实部。由于系统特征根就是系统闭环传递函数的极点，因此，系统稳定性的充要条件还可表述为：系统传递函数的极点全部位于 $[s]$ 复平面的左半部。如果特征根中有一个或以上的根的实部为正，则系统不稳定；若系统有一对共轭极点位于虚轴上或有一极点位于原点，其他极点均位于 $[s]$ 复平面的左半平面，则零输入响应趋于等幅振荡或恒定值，此时系统处于临界稳定状态。工程意义上临界稳定属于不稳定系统。零点对稳定性无影响，仅反映外界输入对系统的作用。

系统稳定性的判定通常有两种方法：一是直接求解出特征方程的根，看这些根是否全部具有负实部，但高阶系统求解困难。二是看其特征根是否全部具有负实部，以此来判断系统的稳定性，这种方法避免了对特征方程的直接求解，由此产生了一系列稳定性判据，如时域的劳斯判据、胡尔维茨判据等，频域的奈奎斯特判据、伯德判据等。

2. 劳斯稳定性判据

劳斯稳定性判据是基于特征方程的根和系数之间的关系建立起来的，通过对特征方程各项系数的代数运算，直接判断其根是否在 $[s]$ 复平面的左半平面，这种判据又称为代数判据。

劳斯稳定性判据的充要条件：

充分条件：要使全部特征根 $s_1, s_2, \cdots, s_n$ 均具有负实部，就必须满足特征方程的各项系数 $a_i(i=0,1,2,\cdots,n)$ 都不等于零，且符号都相同。

必要条件：符合劳斯判据。劳斯表中第一列各元素的符号均为正，且值不为零。如果劳斯表中第一列系数的符号有变化，则系统不稳定，其符号变化的次数等于该特征方程式的根在 $[s]$ 复平面的右半平面上的个数。

采用 Routh 稳定判据判别系统稳定性的步骤：

（1）列出系统的特征方程 $B(s) = a_n s^n + a_{n-1} s^{n-1} + \cdots + a_1 s + a_0 = 0$，检查各项系数 a_i 是否都大于零。若都大于零，则进行第二步。

（2）按系统的特征方程列写劳斯表：

$$
\begin{array}{c|cccccc}
s^n & a_n & a_{n-2} & a_{n-4} & a_{n-6} & \cdots \\
s^{n-1} & a_{n-1} & a_{n-3} & a_{n-5} & a_{n-7} & \cdots \\
s^{n-2} & A_1 & A_2 & A_3 & A_4 & \cdots \\
s^{n-3} & B_1 & B_2 & B_3 & B_4 & \cdots \\
\vdots & \vdots & \vdots & \vdots & \\
s^2 & D_1 & D_2 & & \\
s^1 & E_1 & & & \\
s^0 & F_1 & & &
\end{array}
$$

表中：

$$
A_1 = \frac{a_{n-1}a_{n-2} - a_n a_{n-3}}{a_{n-1}} \qquad A_2 = \frac{a_{n-1}a_{n-4} - a_n a_{n-5}}{a_{n-1}} \qquad A_3 = \frac{a_{n-1}a_{n-6} - a_n a_{n-7}}{a_{n-1}} \qquad \cdots
$$

一直计算到 $A_i = 0$ 为止。

$$
B_1 = \frac{A_1 a_{n-3} - a_{n-1} A_2}{A_1} \qquad B_2 = \frac{A_1 a_{n-5} - a_{n-1} A_3}{A_1} \qquad B_3 = \frac{A_1 a_{n-7} - a_{n-1} A_4}{A_1} \qquad \cdots
$$

一直计算到 $B_i = 0$ 为止。

用同样的方法，求取劳斯表中其余行的元素，一直到第 $n+1$ 行排完为止。表中空缺的项，运算时以零代入。

（3）考察劳斯表中第一列系数的符号，判断系统稳定情况。

若第一列各数均为正数，则闭环特征方程所有根具有负实部，系统稳定。如果第一列中有负数，则系统不稳定，第一列中数值符号改变的次数就等于系统特征方程含有正实部根的数目。

3. 劳斯稳定性判据的特殊情况

在列劳斯表的时候，可能出现两种特殊情况：

（1）劳斯表的任一行中，出现第一个元素为零，其余各元素不全为零。将使劳斯表无法往下排列。此时，可用一个很小的正数 ε 代替为 0 的那一项，继续排列劳斯表中的其他元素。最后取 $\varepsilon \to 0$ 的极限，利用劳斯判据进行判断。

（2）劳斯表的任一行中，所有元素为零。出现这种情况的原因可能是系统中存在对称于复平面原点的特征根，这些根或者是两个符号相反、绝对值相等的实根，或者是一对共轭复数虚根，或者是一对共轭复数根。由于根对称于复平面原点，故特征方程的次数总是偶数。出现任一行全为零的时候，可利用全为零的这一行的上一行的各项系数组成一个偶次辅助多项式；对辅助多项式求导，用辅助多项式一阶导数的系数代替劳斯表中为 0 的行继续计算，直到列出劳斯表；解辅助方程，可以得到特征方程中对称分布的根。

3.7.4 控制系统误差时域分析

控制系统的准确性是三大基本性能要求之一，系统的准确性用误差表示。系统误差由过渡过程的瞬态误差和稳态运行时的稳态误差两部分组成。引起瞬态误差的内因是系统本身的结构，引起稳态误差的内因当然也是系统本身的结构，而外因则是输入量及其导数的连续变化部分。对于稳定系统，稳态误差是衡量系统稳态响应的时域指标，是系统控制精度及抑制干扰能力的度量。控制系统设计的主要任务之一就是使稳态误差最小或小于某一允许值。

1. 误差与偏差

系统误差 $e(t)$ 一般定义为：控制系统所期望的输出量 $x_o^*(t)$ 与实际输出量 $x_o(t)$ 之间的差值。

$$e(t) = x_o^*(t) - x_o(t)$$

闭环控制系统之所以能对输出 $X_o(s)$ 起自动控制作用,就在于运用偏差 $E(s)$ 进行控制。一般情况下系统的误差 $E_1(s)$ 和偏差 $E(s)$ 之间的关系为

$$E_1(s) = \frac{1}{H(s)} E(s)$$

求出偏差 $E(s)$ 后即可求出误差 $E_1(s)$。对单位反馈系统 $H(s) = 1$,则偏差与误差相同。系统分析往往把偏差作为误差的量度,用偏差信号来求取稳态误差。

2. 稳态误差与稳态偏差

在时域和复域中,系统的稳态误差为

$$e_{ss} = \lim_{t \to \infty} e(t) = \lim_{s \to 0} s E_1(s)$$

同理,系统的稳态偏差为

$$\varepsilon_{ss} = \lim_{t \to \infty} \varepsilon(t) = \lim_{s \to 0} s E(s)$$

通常在输入信号 $X_i(s)$ 和干扰信号 $N(s)$ 共同作用下的系统框图如图 3-7-5 所示。

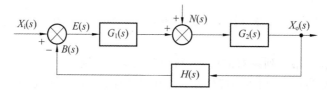

图 3-7-5 输入和扰动共同作用的系统框图

系统在 $X_i(s)$ 和 $N(s)$ 共同作用下的稳态误差为

$$e_{ss} = e_{Rss} + e_{Nss} = \lim_{s \to 0} \left[\frac{1}{H(s)} \frac{s X_i(s)}{1 + G_1(s) G_2(s) H(s)} - \frac{s G_2(s) N(s)}{1 + G_1(s) G_2(s) H(s)} \right]$$

当 $H(s) = 1$ 时,系统误差 e_{ss} 等于系统偏差 ε_{ss},因此分析时不再区分稳态误差 e_{ss} 和稳态偏差 ε_{ss}。

3. 系统的型次、偏差系数和稳态误差

线性系统开环传递函数的因式表达和型次表达式为

$$G(s) H(s) = \frac{K_1(s - z_1)(s - z_2) \cdots (s - z_m)}{(s - p_1)(s - p_2) \cdots (s - p_n)} = \frac{K(\tau_1 s + 1)(\tau_2 s + 1) \cdots (\tau_m s + 1)}{s^v (T_1 s + 1)(T_2 s + 1) \cdots (T_{n-v} s + 1)}$$

式中:K 为系统的开环增益;$\tau_1, \tau_2, \cdots, \tau_m$ 和 $T_1, T_2, \cdots, T_{n-v}$ 为时间常数;v 为开环传递函数中包含积分环节的个数。

工程上,通常根据系统中包含积分环节的个数 v 来划分系统的型次:$v = 0$ 的系统称为 0 型系统;$v = 1$ 的系统称为 I 型系统;$v = 2$ 的系统称为 II 型系统;依此类推。

系统稳态误差除与输入信号 $X_i(s)$ 有关外,只与系统的开增益 K 及 v 值有关。通常定义系统的偏差系数如表 3-7-7 所示,通过偏差系数来求取系统的稳态误差如表 3-7-8 所示。

表 3-7-7 系统输入信号与偏差系数的关系

输入信号	单位阶跃输入	单位斜坡输入	单位加速输入
偏差系数	静态位置误差系数 $K_p = \lim_{s \to 0} G(s) H(s)$	静态速度误差系数 $K_v = \lim_{s \to 0} s G(s) H(s)$	静态加速度误差系数 $K_a = \lim_{s \to 0} s^2 G(s) H(s)$

表 3-7-8 典型输入信号下系统的稳态误差

系统类型	单位阶跃输入	单位斜坡输入	单位加速输入
0 型系统	$\dfrac{1}{1+K_{\mathrm{p}}}$	∞	∞
Ⅰ 型系统	0	$\dfrac{1}{K_{\mathrm{v}}}$	∞
Ⅱ 型系统	0	0	$\dfrac{1}{K_{\mathrm{a}}}$

输入为阶跃信号时,欲消除系统的稳态误差,要求开环传递函数 $G(s)H(s)$ 中至少应配置一个积分环节,即 $v\geqslant1$,如图 3-7-6 所示。

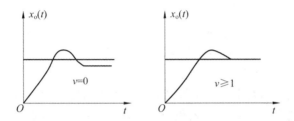

图 3-7-6 不同 v 值的阶跃响应曲线

输入为斜坡信号时,0 型系统不能跟随,误差趋于无穷大。Ⅰ 型系统为有差系统,Ⅱ 型系统及其以上系统为无差系统。欲消除系统在斜坡作用下的稳态误差,开环传递函数中至少应配置两个积分环节,即 $v\geqslant2$。不同 v 值下的斜坡响应曲线如图 3-7-7 所示。

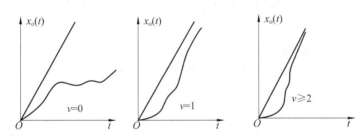

图 3-7-7 不同 v 值的斜坡响应曲线

输入为加速度信号时,0 型和 Ⅰ 型系统不能跟随,Ⅱ 型系统为有差系统,Ⅱ 型及其以上系统为无差系统。欲消除或减少系统稳态误差,必须增加积分环节数目 $v\geqslant3$ 和提高开环放大系数 K,不同 v 值下的加速度响应曲线如图 3-7-8 所示。提高开环放大系数 K 与系统稳定性的要求是矛盾的。一般是首先保证稳态精度,然后采用某些校正措施改善系统的稳定性。

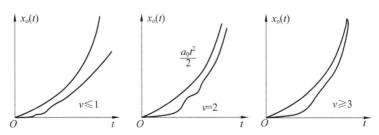

图 3-7-8 不同 v 值的加速度响应曲线

上述分析可见,同一系统,在输入信号不同时,系统的稳态误差不同;系统的稳态误差与系统的型次有关,在输入信号相同时,系统的型次越高,则稳态精度也越高,应根据系统承受输入情况选择系统的型次;系统的稳态误差随开环增益的增大而减小,K 值大有利于减少 ε_{ss},但 K 值太大不利于系统的稳定性;要获得系统的稳态误差可以通过系统的稳态偏差来求取,系统的稳态偏差由系统的静态误差系数 K_p、K_v、K_a 来求得。在一定意义上 K_p、K_v、K_a 反映了系统减少或消除 ε_{ss} 的能力。

4. 提高系统稳态精度的措施

当系统稳态精度不满足要求时,一般可采用如下措施以减小或消除系统的稳态误差。

(1)提高系统的开环增益即放大系数   提高开环增益,可以明显提高 0 型系统在阶跃输入、Ⅰ型系统在斜坡输入、Ⅱ型系统在抛物线输入作用下的稳态精度。但当开环增益过高时,会降低系统的稳定程度。

(2)提高系统的型次   提高系统的型次,即增加开环系统中积分环节的个数,尤其是在扰动作用点前引入积分环节,可以减小稳态误差。但是单纯提高系统型次,同样会降低系统的稳定程度,因此一般不使用高于Ⅱ型的系统。

(3)复合控制结构   当要求控制系统既要有高稳态精度,又要有良好的动态性能时,如果单靠加大开环增益或在前向通道内串入积分环节,往往不能同时满足上述要求,这时可采用复合控制方法,即在反馈回路中加入前馈通路,组成前馈控制与反馈控制相结合的复合控制系统,以补偿参考输入和扰动作用产生的误差。复合控制系统解决了偏差控制系统中遇到的提高系统精度和保证稳定性之间的矛盾。

3.8   时域分析的 MATLAB 求解

1. 求取系统单位阶跃响应:step( )

step( )——该函数作用在系统的阶跃响应。用法如下:

[y, x, t] = step(num, den, t)

[y, x, t] = step(sys, t)

其中:y、x、t 为仿真计算结果,y 为输出矩阵,x 为状态轨迹,t 为自动生成的时间序列;

num 和 den 分别为传递函数的分子和分母多项式系数;

sys 为传递函数,sys = tf (num , den)。

当函数不返回参数,直接绘制仿真计算图形时,其用法为

step (num , den)或 step (sys)或 step (sys , t)或 step (sys1 ,sys2,…, t)

【例 3-8-1】   求解一阶系统 $G(s) = \dfrac{2}{3s+2}$ 的单位阶跃响应。

解   MATLAB 程序如下:

```
num= [2];
den= [3,2];
step(num,den)
title('G(s)= 2/(3s+ 2)的单位阶跃响应')
```

程序执行结果如图 3-8-1 所示。

【例 3-8-2】   一阶系统传递函数为 $G(s) = \dfrac{1}{Ts+1}$,求 T 取不同值时的单位阶跃响应曲线。

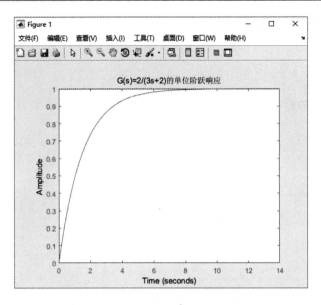

图 3-8-1　$G(s) = \dfrac{2}{3s+2}$ 的响应曲线

解　MATLAB 程序如下：

```
T= [2:2:12];
figure(1)
hold on
for t= T
num= [1];
den= [t,1];
step(num,den)
end
title('当 T 取不同值时 G(s)= 1/(Ts+ 1)的单位阶跃响应')
hold off
```

程序结果如图 3-8-2 所示。

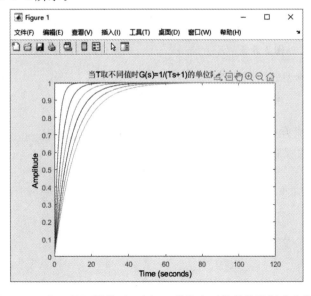

图 3-8-2　当 T 取不同值时 $G(s)=1/(Ts+1)$ 的单位阶跃响应曲线

2. 二阶系统的单位阶跃响应

典型二阶系统为

$$G(s) = \frac{\omega_n^2}{s^2 + 2\xi\omega_n s + \omega_n^2}$$

其单位阶跃响应的程序为

```
num= [ωn²];
Den= [1 2ξωn ωn²];
Step(num,den)
```

【例 3-8-3】 求 $G(s) = \dfrac{4}{s^2 + 1.6s + 4}$ 的单位阶跃响应。

解 响应曲线如图 3-8-3 所示,响应程序如下:

```
num= [4];
den= [1,1.6,4];
step(num,den)
title('G(s)= 4/(s^2+ 1.6s+ 4)的单位阶跃响应')
```

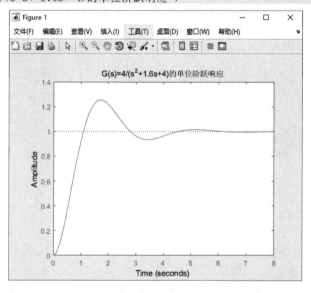

图 3-8-3　$G(s) = \dfrac{4}{s^2 + 1.6s + 4}$ 的单位阶跃响应曲线

【例 3-8-4】 求典型二阶系统为

$$G(s) = \frac{\omega_n^2}{s^2 + 2\xi\omega_n s + \omega_n^2}$$

试绘制出 $\omega_n = 6, \xi$ 分别为 $0.1, 0.2, \cdots, 1.0, 2.0$ 时的单位阶跃响应。

解 MATLAB 的程序为

```
wn= 6;
kosi= [0.1:0.1:1.0,2.0];
figure(1)
hold on
for kos= kosi
    num= wn.^2;
    den= [1,2* kos* wn,wn^2];
```

```
        step(num,den)
end
title('Step Response')
hold off
```

执行后得到如图 3-8-4 所示的单位阶跃响应曲线。

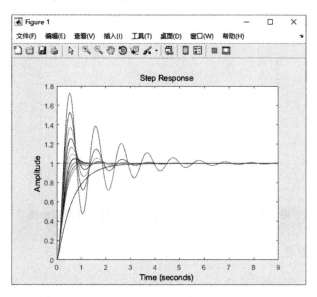

图 3-8-4　典型二阶系统的单位阶跃响应曲线

3. 其他输入信号的时间响应

1）单位脉冲输入的时间响应

$num = [b_m\ b_{m-1} \cdots b_0]$；

$den = [a_n\ a_{n-1} \cdots a_0]$；

impulse(num,den)

【例 3-8-5】 求二阶系统 $G(s) = \dfrac{50}{25s^2 + 2s + 1}$ 的单位脉冲响应曲线。

解　MATLAB 程序为

```
num= [0,0,50];
den= [25,2,1];
impulse(num,den)
grid
```

执行后得到如图 3-8-5 所示的单位脉冲响应曲线。

2）单位斜坡输入的时间响应

$num = = [b_m\ b_{m-1} \cdots b_0]$；

$den = [a_n\ a_{n-1} \cdots a_0\ 0]$；

step(num,den)

单位斜坡输入的时间响应是在单位阶跃输入的时间响应程序的 den = [ ] 项中在最后加一个"0"即可，其他同单位阶跃输入。

【例 3-8-6】 求闭环系统 $\dfrac{Y(s)}{X(s)} = \dfrac{50}{25s^2 + 2s + 1}$ 的单位斜坡响应。

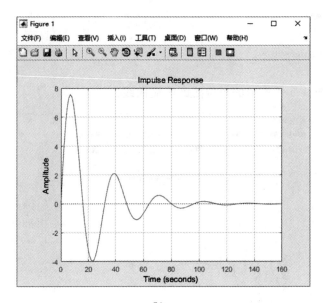

图 3-8-5　$G(s) = \dfrac{50}{25s^2 + 2s + 1}$ 的单位脉冲响应曲线

解　对于单位斜坡输入量，$X_i(s) = \dfrac{1}{s^2}$，则

$$Y(s) = \frac{50}{25s^2 + 2s + 1} \cdot \frac{1}{s^2} = \frac{50}{(25s^2 + 2s + 1)s} \cdot \frac{1}{s} = \frac{50}{25s^3 + 2s^2 + s} \cdot \frac{1}{s}$$

MATLAB 程序为

```
num= [0,0,0,50];
den= [25,2,1,0];
t= 0:0.01:100;
step(num,den,t)
grid
```

执行后得如图 3-8-6 所示的单位斜坡响应曲线。

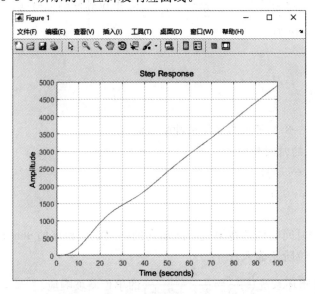

图 3-8-6　例 3-8-6 的单位斜坡响应曲线

4. 高阶系统的阶跃响应和性能指标计算

对于高于二阶的系统,求其响应和性能指标是较困难的。应用 MATLAB 语言求解则较方便,下面举例说明。

【例 3-8-7】 一个三阶系统的传递函数为 $G(s) = \dfrac{750}{s^3 + 36s^2 + 205s + 750}$;(1)找出系统的主导极点;(2)求出系统的低阶模型;(3)比较原系统与低阶模型系统的单位阶跃响应。

解 (1)MATLAB 程序如下:

```
deno= [1,36,205,750];
r= roots(deno)
```

程序执行结果为

```
r=
   - 30.0000+ 0.0000i
 - 3.0000+ 4.0000i
 - 3.0000- 4.0000i
```

因极点 $-30.0000 + 0.0000i$ 离虚轴的距离是另两个极点离虚轴的 10 倍,因此它对系统的影响可忽略。系统的主导极点应为 $-3 \pm 4i$。

(2)系统的近似传递函数为 $G(s) = \dfrac{25}{s^2 + 6s + 25}$。

(3)近似二阶系统的 MATLAB 程序为

```
num1= 25;
den1= [1,6,25];
```

原三阶系统的 MATLAB 程序为

```
num2= 750;
den2= [1,36,205,750];
step(num1,den1, 'r')
hold on
step(num2 , den2,'b')
```

执行后得如图 3-8-7 所示的响应曲线。

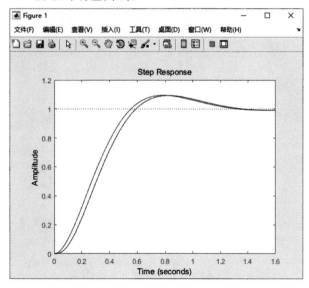

图 3-8-7 例 3-8-7 的响应曲线

【例 3-8-8】 已知一个单位反馈控制系统的开环传递函数为

$$G(s) = \frac{3(2s+1)}{s(s+2)(s-1)}$$

试绘制单位阶跃响应曲线并计算其性能指标。

解 程序如下：

```
num= [6 3];
den= [1 1 - 2 0];
s1= tf(num,den);
Gc=  feedback(s1,1);
t= [0:0.1:30];        % 求阶跃响应并作图
step(Gc);
y= step(Gc,t);
plot(t,y);grid        % Count Sigma and tp
[mp,tf]= max(y);
cs= length(t);
yss= y(cs);           % 计算最大百分比超调量和峰值时间
Sigma= 100* (mp- yss)/yss
tp= t(tf)             % Count ts
i= cs+ 1;
n= 0;
while n= = 0,
i= i- 1;
if i= = 1,
  n= 1;
  elseif y(1)> 1.05 * yss,
  n= 1;
  end;
end;
t1= t(i);
cs= length(t);
j= cs+ 1;
n= 0;
while n= = 0,
  j= j- 1;
  if j= = 1,
    n= 1;
  elseif y(j)< 0.95 * yss,
  n= 1;
  end;
end;
t2= t(j);
if t2< tp,
  if t1> t2,
  ts= t1
```

```
    end
  elseif t2> tp,
    if t2< t1,
    ts= t2
    else
    ts= t1
  end
  end
```

结果（响应曲线见图 3-8-8）为

```
Sigma= 135.5371        （最大百分比超调量）
tp= 1.5000            （峰值时间）
ts= 24.4000           （调整时间）
```

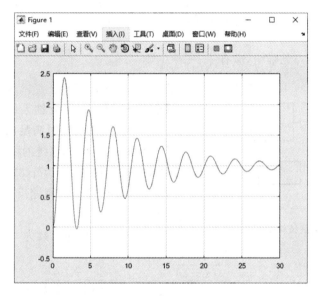

图 3-8-8　例 3-8-8 响应曲线

3.9　例 题 解 析

【**例 3-9-1**】　某系统结构图如图 3-9-1 所示，试选取 k 值，使系统具有阻尼比 $\xi=0.707$，并选取 $G_c(s)$，使得干扰 N 对系统输出没有影响。

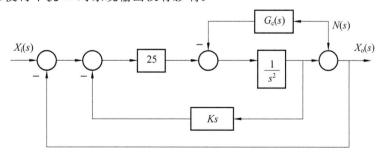

图 3-9-1　系统结构框图

分析　本题属复合控制系统,应明确前馈控制只影响传递函数的分子,对分母无影响,也就对特征方程、闭环极点无影响。本题主要解决带有干扰补偿的二阶系统的分析以及全补偿条件下补偿装置的传递函数的计算方法。

解　由图可得系统特征方程为

$$1 + \frac{25Ks}{s^2} + \frac{25}{s^2} = 0 \qquad 即 \qquad s^2 + 25Ks + 25 = 0$$

比照规格化特征方程 $s^2 + 2\xi\omega_n s + \omega_n^2 = 0$,可得 $\omega_n = 5$

$$\beta = \frac{2\xi\omega_n}{25} = \frac{2 \times 0.707 \times 5}{25} = 0.2828$$

系统对干扰 N 的输出

$$\frac{X_o(s)}{N(s)} = \frac{1 \times (1 + \frac{25Ks}{s^2}) + \left[-\frac{1}{s^2} \cdot G_c(s)\right]}{1 + \frac{25Ks}{s^2} + \frac{25}{s^2}} = \frac{s^2 + 25Ks - G_c(s)}{s^2 + 25Ks + 25}$$

欲使 $N(s)$ 对输出 $X_o(s)$ 无影响,应有 $\dfrac{X_o(s)}{N(s)} = 0$,则

$$G_c(s) = s^2 + 25ks = s^2 + 7.07s$$

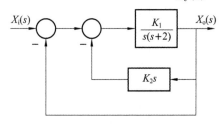

图 3-9-2　系统结构框图

【例 3-9-2】　设某反馈系统如图 3-9-2 所示,试选择 K_1、K_2 以使系统同时满足以下性能指标的要求:(1) 当单位斜坡输入时,系统的稳态误差 $e_{ss} \leqslant 0.35$;(2) 闭环系统的阻尼比 $\xi \leqslant 0.707$;(3) 调节时间 $t_s \leqslant 3$ s。

解　本题阐述利用测速反馈可有效改善二阶系统性能。

(1) 系统开环传递函数为

$$G(s) = \frac{\dfrac{K_1}{s(s+2)}}{1 + \dfrac{K_1}{s(s+2)} \cdot K_2 s} = \frac{K_1}{s^2 + (2 + K_1 K_2)s}$$

闭环系统特征方程为

$$s^2 + (2 + K_1 K_2)s + K_1 = 0$$

由二阶系统稳定条件,应有

$$\begin{cases} 2 + K_1 K_2 > 0 \\ K_1 > 0 \end{cases} \qquad 得 \qquad \begin{cases} K_1 K_2 > -2 \\ K_1 > 0 \end{cases}$$

考虑到系统为 I 型系统,切开环增益为

$$K = \lim_{s \to 0} s \cdot G(s) = \frac{K_1}{2 + K_1 K_2}$$

欲使单位斜坡输入下,系统稳态误差 $e_{ss} = \dfrac{1}{K} \leqslant 0.35$,则应有

$$\frac{2 + K_1 K_2}{K_1} \leqslant 0.35$$

(2) 闭环系统传递函数为

$$G_B(s) = \frac{G(s)}{1 + G(s)} \frac{K_1}{s^2 + (2 + K_1 K_2)s + K_1} = \frac{\omega_n^2}{s^2 + s\xi\omega_n s + \omega_n^2}$$

则

$$\begin{cases} 2\xi\omega_n = 2 + K_1 K_2 \\ K_1 = \omega_n^2 \end{cases} \Rightarrow \quad \xi = \frac{2 + K_1 K_2}{2\sqrt{K_1}}$$

（3）调整时间 $t_s \leqslant 3s$（按 $\Delta = 2\%$ 计）

$$t_s = \frac{4.5}{\xi\omega_n} = \frac{4.5}{\dfrac{2 + K_1 K_2}{2}} \leqslant 3 \quad \text{则} \quad K_1 K_2 \geqslant 1$$

联立求解 3 个方面性能指标对 K_1、K_2 的要求，得到满足性能指标的解为

$$K_1 \geqslant 8.571, \ K_2 \geqslant 0.117$$

【例 3-9-3】　已知单位反馈二阶控制系统的开环传递函数为 $G(s) = \dfrac{K}{s(Ts+1)}$。（1）写出用阻尼比 ξ 和无阻尼谐振频率 ω_n 描述的闭环传递函数；（2）若要求闭环极点配置在 $\lambda_{1,2} = -5 \pm 5\sqrt{3}j$，则 K、T 应取何值？

分析　本题主要说明标准二阶系统的开环传递函数、闭环传递函数、性能参数 ξ、ω_n 及其闭环极点之间的关系。

解　（1）根据题意，该系统的闭环传递函数为

$$\Phi(s) = \frac{G(s)}{1 + G(s)} = \frac{K/T}{s^2 + \dfrac{1}{T}s + \dfrac{K}{T}} = \frac{\omega_n^2}{s^2 + 2\xi\omega_n s + \omega_n^2}$$

得

$$\begin{cases} \omega_n^2 = \dfrac{K}{T} \\ 2\xi\omega_n = \dfrac{1}{T} \end{cases} \Rightarrow \begin{cases} \omega_n = \sqrt{\dfrac{K}{T}} \\ \xi = \sqrt{\dfrac{1}{4KT}} \end{cases}$$

（2）若闭环极点配置在 $\lambda_{1,2} = -5 \pm 5\sqrt{3}j$，则相应的特征方程应为

$$(s - \lambda_1)(s - \lambda_2) = (s+5)^2 + (5\sqrt{3})^2 = s^2 + 10s + 100$$

比照闭环传递函数的特征方程，得

$$\begin{cases} \dfrac{1}{T} = 10 \\ \dfrac{K}{T} = 100 \end{cases} \Rightarrow \begin{cases} T = 0.1 \\ K = 10 \end{cases}$$

【例 3-9-4】　某单位反馈系统在输入信号 $x_i(t) = 1 + t$ 的作用下，输出响应 $x_o(t) = t$，试求系统的开环传递函数和稳态误差。

解　由 $x_o(t) = t$ 得 $x_o(0) = 0$，故 $x_o(t) = t$ 是在零初始条件下的响应。

由 $x_i(t) = 1 + t$ 得 $X_i(s) = \dfrac{s+1}{s^2}$，由 $x_o(t) = t$ 得 $X_o(s) = \dfrac{1}{s^2}$，于是

$$\Phi(s) = \frac{X_o(s)}{X_i(s)} = \frac{\dfrac{1}{s^2}}{\dfrac{s+1}{s^2}} = \frac{\dfrac{1}{s}}{1 + \dfrac{1}{s}} = \frac{G(s)}{1 + G(s)}$$

为一个单位反馈系统，开环传递函数 $G(s) = \dfrac{1}{s}$，系统为 Ⅰ 型系统，且开环增益 $K = 1$，于是，稳

态误差 $e_{ss}=0+1=1$。

【例 3-9-5】 已知系统结构框图如图 3-9-3 所示，要求系统在 $x_i(t)=t^2$ 作用时，稳态误差 $e_{ss}<0.5$，试确定满足要求的开环增益 K 的范围。

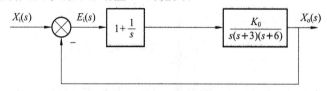

图 3-9-3　系统结构图

解　系统的开环传递函数

$$G(s)=\frac{K_0(s+1)}{s^2(s+3)(s+6)}$$

开环增益 $K=\dfrac{K_0}{18}$，为 Ⅱ 型系统，特征方程 $D(s)=s^4+9s^3+18s^2+K_0s+K_0=0$，劳斯表为

s^4	1	18	K_0
s^3	9	K_0	
s^2	$\dfrac{162-K_0}{9}$	K_0	
s^1	$\dfrac{(162-K_0)K_0-81K_0}{9}$	0	
s^0	K_0		

为使系统稳定，必须满足以下条件：

$$\begin{cases}\dfrac{162-K_0}{9}>0 \\[2mm] \dfrac{(162-K_0)K_0-81K_0}{9}>0 \\[2mm] K_0>0\end{cases} \Rightarrow \begin{cases}K_0<162 \\ K_0<81 \\ K_0>0\end{cases}$$

因此，使系统稳定的开环增益 $0<K=\dfrac{K_0}{18}<4.5$。当 $x_i(t)=t^2$ 时，利用静态误差系数法，令 $e_{ss}=\dfrac{A}{K}=\dfrac{2}{K}<0.5$，有 $K>4$，综合满足稳定要求和满足误差要求的 K 值范围是 $4<K<4.5$。

【例 3-9-6】 设复合控制系统结构如图 3-9-4 所示。（1）计算当 $n(t)=t$ 时系统的稳态误差；（2）设计 k_c，使系统在 $x_i(t)=t$ 作用下无稳态误差。

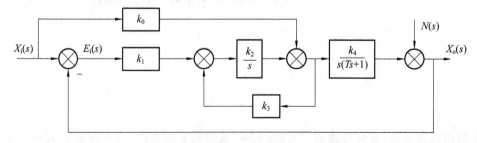

图 3-9-4　系统结构图

解 系统对干扰 $n(t)=t$ 即 $N(s)=\dfrac{1}{s^2}$ 的偏差为

$$\frac{E(s)}{N(s)} = \frac{1}{1+k_1 \cdot \dfrac{k_2/s}{1+(k_2/s)\cdot k_3} \cdot \dfrac{k_4}{s(Ts+1)}} = -\frac{s(Ts+1)(s+k_2k_3)}{s(s+k_2k_3)(Ts+1)+k_1k_2k_4}$$

稳态误差为

$$e_{ss} = \lim_{s\to 0}sE(s) = \lim_{s\to 0}s \cdot \frac{E(s)}{N(s)} \cdot N(s)$$

$$= \lim_{s\to 0}s \cdot \frac{-s(Ts+1)(s+k_2k_3)}{s(s+k_2k_3)(Ts+1)+k_1k_2k_4} \cdot \frac{1}{s^2} = -\frac{k_3}{k_1k_4}$$

（2）将例图 3-9-4 等效为图 3-9-5。

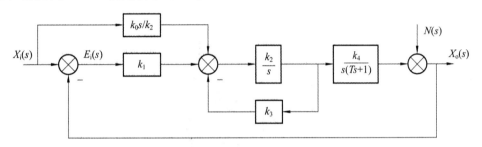

图 3-9-5 系统结构图

则

$$\frac{E(s)}{X_i(s)} = \frac{1-\dfrac{k_c s}{k_2}\cdot\dfrac{k_2k_4}{s(Ts+1)(s+k_2k_3)}}{1+k_1\cdot\dfrac{k_2k_4}{s(Ts+1)(s+k_2k_3)}} = \frac{Ts^3+(1+k_2k_3T)s^2+(k_2k_3-k_ck_4)s}{s(Ts+1)(s+k_2k_3)+k_1k_2k_4}$$

要使系统在 $x_i(t)=t$ 作用下无稳态误差，须令 $k_2k_3-k_ck_4=0$，即

$$k_c = \frac{k_2k_3}{k_4}$$

【例 3-9-7】 已知控制系统结构图如图 3-9-6 所示，其单位阶跃响应如图 3-9-7 所示，若要求系统的稳态位置误差 $e_{ss}=0$，试确定 K、v 和 T 的值。

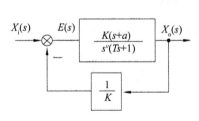

图 3-9-6 系统结构图

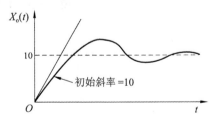

图 3-9-7 单位阶跃响应

解 由 $x_i(t)=1(t)$ 时，$e_{ss}=0$，可以判定 $v\geqslant 1$。系统闭环传递函数为

$$\Phi(s) = \frac{\dfrac{K(s+a)}{s^v(Ts+1)}}{1+\dfrac{s+a}{s^v(Ts+1)}} = \frac{K(s+a)}{s^v(Ts+1)+s+a}$$

系统单位阶跃响应收敛，系统稳定，因此必有：$v\leqslant 2$。根据单位阶跃响应曲线，有

$$h(\infty) = \lim_{s \to 0} s\Phi(s) \cdot X_i(s) = \lim_{s \to 0} s \cdot \frac{K(s+a)}{s^v(Ts+1)+s+a} \cdot \frac{1}{s} = K = 10$$

$$h'(0) = k(0) = \lim_{s \to \infty} s\Phi(s) = \lim_{s \to \infty} \frac{Ks^2 + aKs}{Ts^{v+1}+s^v+s+a} = 10$$

当 $T \neq 0$ 时,有

$$k(0) = \lim_{s \to \infty} \frac{Ks^2}{Ts^{v+1}} = 10$$

可得

$$\begin{cases} K = 10 \\ v = 1 \\ T = 1 \end{cases}$$

当 $T = 0$ 时,有

$$k(0) = \lim_{s \to \infty} \frac{Ks^2}{s^v} = 10$$

可得

$$\begin{cases} K = 10 \\ v = 2 \\ T = 0 \end{cases}$$

【例 3-9-8】 电机控制系统如图 3-9-8 所示,系统参数 $T=0.1, J=0.01, k_i=10$。(1)设干扰力矩 $T_d=0$,输入 $\theta_r(t)=t$,问 k 和 k_t 值对稳态误差有何影响? (2)设输入 $\theta_r(t)=0$,当干扰力矩 T_d 为单位阶跃函数时,k 和 k_t 值对稳态误差有何影响?

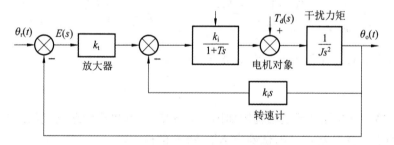

图 3-9-8　电机控制系统结构图

解 (1) 由于 $T_d(s)=0$ 且 $\theta_r(s)=\dfrac{1}{s^2}$,由输入引起的误差传递函数为

$$\frac{E(s)}{\theta_r(s)} = \frac{Js^2(1+Ts)+k_ik_t s}{Js^2(1+Ts)+k_ik_t s+kk_i}$$

此时,稳态误差为

$$e_{Rss} = \lim_{s \to 0} sE(s) = \lim_{s \to 0} s \frac{Js^2(1+Ts)+k_ik_t s}{Js^2(1+Ts)+k_ik_t s+kk_i} \cdot \frac{1}{s^2} = \frac{k_t}{k}$$

可见,稳态误差 e_{Rss} 与 k_t 成正比。当 k_t 增大时,稳态误差增大,而动态指标超调量和调整时间减小。也就是说,为了改善动态性能指标而调整系统参数,有时会牺牲稳态指标。

(2) $\theta_r(s)=0$ 且 $T_d(s)=\dfrac{1}{s}$,干扰与输出之间的传递函数为

$$\frac{\theta_c(s)}{T_d(s)} = \frac{\dfrac{1}{Js^2}}{1 + \dfrac{k_i}{1+Ts} \cdot \dfrac{1}{Js^2} \cdot k_t s + k \cdot \dfrac{k_i}{1+Ts} \cdot \dfrac{1}{Js^2}}$$

此时，稳态误差为

$$e_{\mathrm{Nss}} = \lim_{s \to 0} s E_n(s) = -\frac{\dfrac{1}{Js^2}}{1 + \dfrac{k_i}{1+Ts} \cdot \dfrac{1}{Js^2} \cdot k_t s + k \cdot \dfrac{k_i}{1+Ts} \cdot \dfrac{1}{Js^2}} \cdot \frac{1}{s} = -\frac{1}{10k}$$

可见，稳态误差 e_{Nss} 与 k 成正比，与 k_t 无关。但 k_t 的取值应满足系统的稳定性条件。

系统的特征方程为

$$0.001s^3 + 0.01s^2 + 10k_t s + 10k = 0$$

劳斯列表为

s^3	0.001	$10k_t$
s^2	0.01	$10k$
s^1	$10k_t - k$	0
s^0	k	

由稳定性条件，要求 $k > 0$，$k_t > 0.1k$。

【例 3-9-9】　某单位反馈系统的开环传递函数为 $G(s) = \dfrac{1}{s(0.5s+1)(0.2s+1)}$。(1) 确定其闭环主导极点；(2) 确定由主导极点所决定的 ξ、ω_n 值。

分析　(1) 根据闭环主导极点的定义，需对系统特征方程求解，解得全部闭环极点，然后求离虚轴最近的闭环极点的实部与其他远离虚轴的闭环极点实部的比值，如果所得比值小于或等于 $\dfrac{1}{5}$，且在离虚轴最近的闭环极点附近不存在闭环零点，则这个离虚轴最近的闭环极点便可确定为系统的闭环主导极点，它常以共轭复数对的形式出现。

解　为求得全部闭环极点，需首先求系统的闭环传递函数

$$\Phi(s) = \frac{G(s)}{1+G(s)} = \frac{1}{1 + s(0.5s+1)(0.2s+1)} = \frac{10}{s^3 + 7s^2 + 10s + 10}$$

特征方程为

$$D(s) = s^3 + 7s^2 + 10s + 10 = (s+5.52)(s^2 + 1.48s + 1.834) = 0$$

由特征方程解得系统的 3 个闭环极点为

$$s_{1,2} = -0.74 \pm \mathrm{j}101326, \quad s_3 = -5.52$$

$$\frac{\mathrm{Res}_{1,2}}{\mathrm{Res}_3} = \frac{-0.74}{-5.52} = 0.134 < \frac{1}{5}$$

因此，确定 $s_{1,2}$ 为该系统的闭环主导极点。

(2) 闭环主导极点的标准形式是 $s_{1,2} = -\xi\omega_n \pm \mathrm{j}\omega_n\sqrt{1-\xi^2}$，与所求得的闭环主导极点比较，得

$$\begin{cases} \xi\omega_n = 0.74 \\ \omega_n\sqrt{1-\xi^2} = 1.1326 \end{cases} \quad 解得 \quad \begin{cases} \xi = 0.547 \\ \omega_n = 1.35 \end{cases}$$

【例 3-9-10】　具有一定质量的某部件在外力作用下的动态结构如图 3-9-9 所示。图中 F_0 为外力、X 为位移；m、f、k 分别为运动体的质量、阻尼系数和弹性系数。试分析动力学系统

参数对阶跃响应性能的影响,并求系统具有最佳阻尼比($\xi=0.7$)时参数应满足的条件。

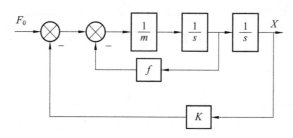

图 3-9-9 系统动态结构图

解 用化简方框图求得系统的传递函数

$$\Phi(s) = \frac{X(s)}{F_0(s)} = \frac{1/ms^2}{1 + f/ms + K/ms^2} = \frac{1}{ms^2 + fs + K} = \frac{1/m}{s^2 + fs/m + K/m}$$

对照标准式,可得 $\omega_n = \sqrt{K/m}$,$\xi = f/(2\sqrt{Km})$。

要求响应有较好的平稳性,应使 ξ 加大,即加大阻尼 f、减小质量 m(k 一般由静态性能决定);要求响应有较好的快速性,应使 ω_n 加大,即减小 m。

总的要求是 m 小、f 大。故技术上常采用轻型材料或空心结构减小质量,而采用加大阻尼面积或安置空气阻尼片、液压阻尼器及磁涡流板等措施提高阻尼系数。

要求系统具有最佳阻尼比,应取

$$\xi = f/(2\sqrt{Km}) = 0.7$$

即参数间应保持 $f = 1.4\sqrt{Km}$。

习　　题

3-1 在单位阶跃输入下测得某伺服机构的响应为

$$x_o(t) = 1 + 0.2e^{-60t} - e^{-10t} \quad (t \geqslant 0)$$

试求:(1)闭环传递函数;(2)系统的无阻尼自然频率及阻尼比。

3-2 二阶系统在[s]复平面中有一对共轭复数极点,试在[s]复平面中画出与下列指标相应的极点可能分布的区域。

(1) $\xi \geqslant 0.707$,$\omega_n > 2$ rad/s;

(2) $0 \leqslant \xi \leqslant 0.707$,$\omega_n \leqslant 2$ rad/s;

(3) $0 \leqslant \xi \leqslant 0.5$,$2$ rad/s$\leqslant \omega_n \leqslant 4$ rad/s;

(4) $0.5 \leqslant \xi \leqslant 0.707$,$\omega_n \leqslant 2$ rad/s。

3-3 在许多化学过程中,反应槽内的温度要保持恒定,图示(a)(b)分别为开环和闭环温度控制系统结构框图,两种系统正常的 K 值为 1。(1) 若 $x_i(t) = 1(t)$,$n(t) = 0$,求两种系统从响应开始达到稳态温度值的 63.2% 各需多长时间;(2) 当有阶跃扰动 $n(t) = 0.1$ 时,求扰动对两种系统的温度的影响。

3-4 测定直流电机传递函数的一种方法是给电枢加一定电压,保持励磁电流不变,测出电机的稳态转速。另外要记录电机从静止到速度为稳态值 50% 或 63.2% 所需的时间,利用转速时间曲线(见图)和所测数据,并假设传递函数为 $G(s) = \frac{\Omega(s)}{V(s)} = \frac{K}{s(s+a)}$,可求得 K 和 a 的值。

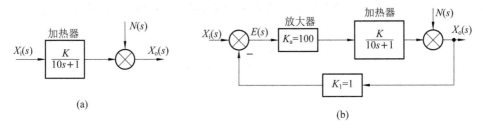

(a)

(b)

题 3-3 图

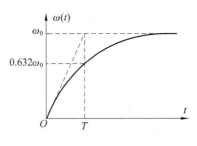

题 3-4 图

若实测结果是：加 10 V 电压可得 1200 r/min 的稳态转速，而达到该值 50% 的时间为 1.2 s，试求电机传递函数。其中 $\omega(t)=\mathrm{d}\theta/\mathrm{d}t$，单位是 rad/s。

3-5　单位反馈系统的开环传递函数 $G(s)=\dfrac{4}{s(s+5)}$，求单位阶跃响应 $u(t)$ 和调节时间 t_s。

3-6　给定典型二阶系统的设计指标：超调量 $M_\mathrm{p}\leqslant5\%$，调节时间 $t_\mathrm{s}<3$ s，峰值时间 $t_\mathrm{p}<1$ s，试确定系统极点配置的区域，以获得预期的响应特性。

3-7　电子心脏起搏器心律控制系统结构如图所示，其中模仿心脏的传递函数相当于一纯积分环节。

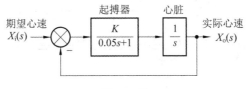

题 3-7 图

（1）若 $\xi=0.5$ 对应最佳响应，问起搏器增益 K 应取多大？

（2）若期望心速为 60 次/min，并突然接通起搏器，问 1 s 后实际心速为多少？瞬时最大心速多大？

3-8　机器人控制系统方框图如图所示。试确定参数 K_1、K_2 值，使系统阶跃响应的峰值时间 $t_\mathrm{p}=0.5$ s，超调量 $M_\mathrm{p}=2\%$。

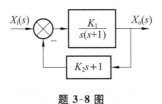

题 3-8 图

3-9 某典型二阶系统的单位阶跃响应如图所示,试确定系统的闭环传递函数。

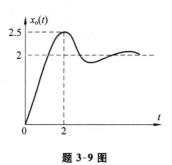

题 3-9 图

3-10 设图(a)所示系统的单位阶跃响应如图(b)所示,试确定系统的参数 K_1、K_2 和 a。

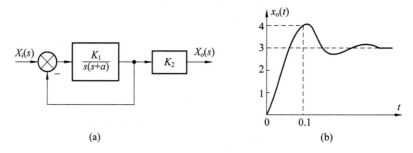

(a)   (b)

题 3-10 图

3-11 图示是电压测量系统,输入电压 $e(t)$,输出位移 $y(t)$,放大器增益 $K=10$,丝杠螺距 1 mm,电位计滑臂每移动 1 cm 电压增量为 0.4 V。当对电动机加 10 V 阶跃电压时(带负载)稳态转速为 1000 r/min,达到该值 63.2% 需要 0.5 s。画出系统方框图,求出传递函数 $Y(s)/E(s)$,并求系统单位阶跃响应的峰值时间 t_p、超调量 M_p、调节时间 t_s 和稳态值 $u(\infty)$。

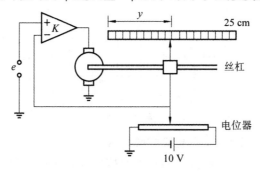

题 3-11 图

3-12 已知系统的特征方程,试判别系统的稳定性,并确定在右半 $[s]$ 平面根的个数及纯虚根。

(1) $B(s)=s^5+2s^4+2s^3+4s^2+11s+10=0$;

(2) $B(s)=s^5+3s^4+12s^3+24s^2+32s+48=0$;

(3) $B(s)=s^5+2s^4-s-2=0$;

(4) $B(s)=s^5+2s^4+24s^3+48s^2-25s-50=0$。

3-13 图示为某垂直起降飞机的高度控制系统结构图,试确定使系统稳定的 K 值范围。

3-14 单位反馈系统的开环传递函数为

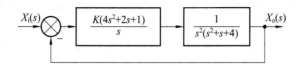

题 3-13 图

$$G(s) = \frac{K(s+1)}{s(Ts+1)(2s+1)}$$

试在满足 $T>0,K>1$ 的条件下,确定使系统稳定的 T 和 K 的取值范围,并以 T 和 K 为坐标画出使系统稳定的参数区域图。

3-15　温度计的传递函数为 $\frac{1}{Ts+1}$,用其测量容器内的水温,1 min 才能显示出该温度的 98% 的数值。若加热容器使水温按 10 ℃/min 的速度匀速上升,问温度计的稳态指示误差有多大?

3-16　系统结构框图如图所示。试求局部反馈加入前、后系统的静态位置误差系数、静态速度误差系数和静态加速度误差系数。

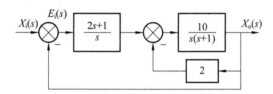

题 3-16 图

3-17　系统结构框图如图所示。已知 $x_i(t)=n_1(t)=n_2(t)=1(t)$,试分别计算 $x_i(t)$、$n_1(t)$ 和 $n_2(t)$ 作用时的稳态误差,并说明积分环节设置位置对减小输入和干扰作用下的稳态误差的影响。

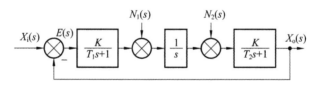

题 3-17 图

3-18　航天员装备机动控制系统结构框图如图所示。其中控制器可以用增益 K_2 来表示;航天员及其装备的总转动惯量 $J=25$ kg·m²。

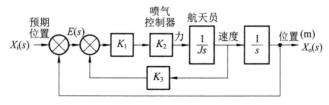

题 3-18 图

(1) 当输入为斜坡信号 $x_i(t)=t$ m 时,试确定 K_3 的取值,使系统稳态误差 $e_{ss}=1$ cm;

(2) 采用(1)中的 K_3 值,试确定 K_1、K_2 的取值,使系统超调量 σ_p 限制在 10% 以内。

3-19　已知控制系统结构框图如图所示,试求:(1) 按不加虚线所画的顺馈控制时,系统在干扰作用下的传递函数 $G_N(s)$;(2) 当干扰 $n(t) = \Delta \cdot 1(t)$ 时,系统的稳态输出;(3) 若加入虚线所画的顺馈控制时,系统在干扰作用下的传递函数,并求 $n(t)$ 对输出 $x_o(t)$ 稳态值影响最小的适合 K 值。

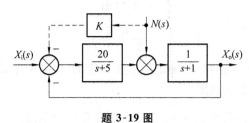

题 3-19 图

第4章 根轨迹法

学习要点:了解根轨迹法的基本概念,掌握根轨迹方程的求解方法;了解系统参数变化时根轨迹的一般规律,掌握根轨迹绘制的基本法则;掌握参数根轨迹的绘制方法,了解非最小相位系统的基本概念;明确开环零点、极点对系统性能的影响,了解开环零点、极点分布与系统性能之间的联系。

根轨迹法是分析和设计线性控制系统的图解方法,使用简便,在控制工程上得到了广泛应用。本章首先介绍根轨迹的基本概念,然后重点介绍根轨迹绘制的基本法则,在此基础上,进一步讨论参数根轨迹的问题,最后介绍控制系统的根轨迹分析方法。

4.1 根轨迹与根轨迹方程

4.1.1 根轨迹的基本概念

我们知道,闭环系统的稳定性取决于它的特征根(闭环极点),而系统的品质则取决于系统的闭环极点和零点在[s]平面上的位置。通常,为了求解特征方程的根也就是系统的闭环极点,需将特征多项式分解为因式。而对于三阶以上的系统,求解特征方程的根需要进行复杂的计算。另一方面,在分析或设计系统时,经常要研究一个或者几个参量在一定范围内变化时,对闭环极点的位置以及系统性能的影响。例如考查高阶系统的开环增益变化对系统性能的影响,如果按已有的特征方程(高阶代数方程)求根的近似方法,就需要进行复杂的计算,显得十分烦琐,使这种方法难以在实际中应用。

1948年,伊文思(W. R. Evans)根据反馈系统开环和闭环传递函数之间的本质联系,提出了一种求解系统特征方程的根的图解方法——根轨迹法。根轨迹是指当系统中某个或几个参数变化时,特征方程的根在[s]平面上变化的轨迹。

采用根轨迹法可以在已知系统的开环零点、极点条件下,绘制出系统特征方程的根(即闭环传递函数的极点)在[s]平面上随参数变化运动的轨迹,只需进行简单计算就可直观地看出系统某个参数作全局变化(例如某个参数从 0→∞)时,闭环极点的变化趋势。借助这种方法常常可以比较简便、直观地分析系统特征方程的根与系统参数之间的关系。这种定性分析在研究系统性能和改善系统性能方面具有重要意义,特别是利用计算机进行辅助设计以后,更加方便和直观。因此,作为一种时域分析方法,根轨迹法已成为经典控制理论中最基本的方法之一,与频率法互为补充,都是研究控制系统的有效工具。

以图 4-1-1 所示系统为例,系统开环传递函数为

$$G_K(s) = \frac{K}{s(0.5s+1)}$$

式中:K 为开环增益,其闭环传递函数为

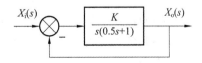

图 4-1-1 二阶反馈系统

$$G_B(s) = \frac{X_o(s)}{X_i(s)} = \frac{K}{s(0.5s+1)+K} = \frac{K}{0.5s^2+s+K}$$

则闭环特征方程为 $0.5s^2+s+K=0$，解得闭环特征根表达式为

$$s_1 = -1+\sqrt{1-2K}, \quad s_2 = -1-\sqrt{1-2K}$$

下面寻找当开环增益 K（由 $0\to\infty$）变动时，闭环特征根 $s_{1,2}$ 在 $[s]$ 平面上移动的轨迹。

取 K 为不同值代入 $s_{1,2}$ 表达式，结果如表 4-1-1 所示。

表 4-1-1　不同 K 值对应的 $s_{1,2}$ 的值

量	值			
K	0	0.5	1.0	∞
s_1	0	-1	$-1+j1$	$-1+j\infty$
s_2	-2	-1	$-1-j1$	$-1-j\infty$

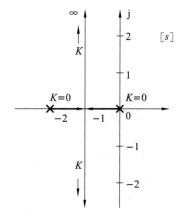

图 4-1-2　二阶系统根轨迹

在复平面上标出特征根 s_1、s_2 的值，逐点连接这些特征根点，再用箭头表示它们的变化趋向，则随着 K 值的变动，$s_{1,2}$ 在平面上的轨迹如图 4-1-2 所示，此即系统的根轨迹。

根轨迹直观显示了参数 K 和特征根分布的关系，由此可对系统的动态性能进行如下分析：

① 开环增益 K 由 $0\to\infty$ 变动，根轨迹均在 $[s]$ 平面的左侧。因此只要 $K>0$，系统总是稳定的。

② $0<K<0.5$，闭环特征根为实根，故系统呈过阻尼状态，阶跃响应无超调，具有非周期性。

③ $K=0.5$，系统呈临界阻尼状态。

④ $K>0.5$，$s_{1,2}$ 为共轭复根，系统呈欠阻尼状态，阶跃响应具有衰减振荡特性。

⑤ $K=1$，$s_{1,2}=-1\pm j1$，系统处于最佳阻尼状态，阶跃响应的平稳性及快速性均较理想。

⑥ $K>1$，系统阻尼减弱，振荡频率加大，平稳性变差。

⑦ 开环传递函数中有一个串联的积分环节，故系统为 I 型，阶跃作用下的稳态误差为零；而静态速度误差系数 $K_v=K$，K 加大则稳态精度提高。

可以看出，只要把握了系统的根轨迹，控制过程许多方面的特性都将一目了然。但是，用逐点求闭环特征方程根的一般代数方法绘制根轨迹，对高阶系统而言将是不现实的。而根轨迹法则是利用反馈系统中开、闭环轨迹的总体规律。

控制系统的一般结构如图 4-1-3 所示，则其闭环传递函数为

$$G_B(s) = \frac{G(s)}{1+G(s)H(s)} \qquad (4-1)$$

式中：$G(s)H(s)$ 为系统的开环传递函数。

如将开环传递函数用其分子、分母多项式方程根的因式来表示，又可写为

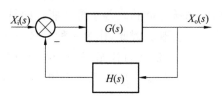

图 4-1-3　控制系统的一般结构

$$G_K(s) = G(s)H(s) = \frac{K^* \prod\limits_{j=1}^{m}(s-z_j)}{\prod\limits_{i=1}^{m}(s-p_i)} \quad (m \leqslant n) \tag{4-2}$$

式中：p_i 为分母多项式方程的根，又称为开环极点；

z_j 为分子多项式方程的根，又称为开环零点；

K^* 为根轨迹增益，与开环增益 K 成正比。

式（4-2）又常称为系统开环传递函数的零、极点表达式。将式（4-2）代入式（4-1），可得

$$G_B(s) = \frac{G(s)\prod\limits_{i=1}^{n}(s-p_i)}{\prod\limits_{i=1}^{n}(s-p_i) + K^*\prod\limits_{j=1}^{m}(s-z_j)} = \frac{K_\varphi^* \prod\limits_{j=1}^{l}(s-z_{\varphi j})}{\prod\limits_{i=1}^{n}(s-s_i)} \quad (l \leqslant n) \tag{4-3}$$

式中：s_i 为闭环极点，亦即闭环特征根；

$z_{\varphi j}$ 为闭环零点；

K_φ^* 为闭环根轨迹增益。

式（4-3）为系统闭环传递函数的零、极点表达式。

开环传递函数是由元部件较简单的传递函数组成的，而且多具有串联形式，因而开环零点 z_j、极点 p_i 较易确定。关键是闭环极点（即闭环特征根）s_i 难以求得。由式（4-3）看出，求 s_i 相当于解闭环特征方程 $\prod\limits_{i=1}^{n}(s-p_i) + K^*\prod\limits_{j=1}^{m}(s-z_j) = 0$。

那么，如何由已知的开环零、极点，不通过直接解上述闭环特征方程，而找出闭环极点 s_i 在增益 K^* 变动下的规律性，并绘制出根轨迹呢？

4.1.2 根轨迹方程

对于高阶系统，求解特征方程是很困难的，因此采用解析法绘制根轨迹只适用于较简单的低阶系统。而高阶系统根轨迹的绘制是根据已知的开环零、极点位置，采用图解的方法来实现的。

下面给出用图解法绘制根轨迹的根轨迹方程的例子。

设控制系统如图 4-1-3 所示，其闭环传递函数为

$$G_B(s) = \frac{G(s)}{1 + G(s)H(s)}$$

式中：$G_K = G(s)H(s)$ 为系统的开环传递函数。

绘制根轨迹，就是寻求闭环特征方程的根，因此根轨迹上的所有点，都必须满足方程

$$\prod\limits_{i=1}^{n}(s-p_i) + K^*\prod\limits_{j=1}^{m}(s-z_j) = 0 \tag{4-4}$$

式（4-4）也可改写为

$$\frac{K^* \prod\limits_{j=1}^{m}(s-z_j)}{\prod\limits_{i=1}^{n}(s-p_i)} = -1 \tag{4-5}$$

即

$$G(s)H(s) = -1 \qquad (4-6)$$

这表明,如果某 s 值为根轨迹点,亦即为闭环特征方程的根,则将此 s 代入系统开环传递函数,其结果必须等于 -1。换言之,满足式(4-5)、式(4-6)的 s 值必为根轨迹点。故该式常称根轨迹方程。

式(4-5)可进而表示成模方程和相方程,即

$$\frac{K^* \prod\limits_{j=1}^{m} |s - z_j|}{\prod\limits_{i=1}^{n} |s - p_i|} = 1 \qquad (4-7)$$

$$\sum_{j=1}^{m} \angle(s - z_j) - \sum_{i=1}^{n} \angle(s - p_i) = (2k+1)\pi \qquad (4-8)$$

式中 $k = 0, \pm 1, \pm 2, \cdots$。

式(4-7)、式(4-8)也可分别写作

$$\frac{K^* \prod\limits_{j=1}^{m} h_j}{\prod\limits_{i=1}^{n} k_i} = 1$$

$$\sum_{j=1}^{m} \varphi_j - \sum_{i=1}^{n} \theta_i = (2k+1)\pi \qquad k = 0, \pm 1, \pm 2, \cdots$$

式中:h_j 为根轨迹上的点 s 与第 j 个开环零点之间的距离;

k_i 为根轨迹上的点 s 与第 i 个开环极点之间的距离;

φ_j 为根轨迹上的点 s 与第 j 个开环零点所连矢量的相角;

θ_i 为根轨迹上的点 s 与第 i 个开环极点所连矢量的相角;

若没有开环零点,式(4-7)可写为

$$\prod_{i=1}^{n} |s - p_i| = K^*$$

复平面上的任意点 s,如果它正是闭环极点,那么它与所有开环零、极点所组成的全部矢量,必定满足模方程(4-7)和相方程(4-8)。

从这两个方程中还可看出,模方程和增益 K^* 有关,而相方程和 K^* 无关。因此,将满足相方程的 s 值代入模方程,总能求得一个对应的 K^* 值。亦即 s 值如果满足相方程,也必能满足模方程。所以,相方程是决定闭环根轨迹的充分必要条件,绘制根轨迹图,只依据相方程就可以了。而模方程主要是用来确定根轨迹上各点对应的开环增益 K^* 值。

【例 4-1-1】 设系统的开环传递函数为

$$G_{\mathrm{K}}(s) = \frac{K(\tau_1 s + 1)}{s(T_1 s + 1)(T_2 s + 1)}$$

解 为了便于绘制根轨迹,先把上式改写为以零、极点表示的形式,即

$$G_{\mathrm{K}}(s) = \frac{K^*\left(s + \dfrac{1}{\tau_1}\right)}{s\left(s + \dfrac{1}{T_1}\right)\left(s + \dfrac{1}{T_2}\right)} = \frac{K^*(s + z_1)}{s(s + p_1)(s + p_2)}$$

式中:$K^* = \dfrac{\tau_1}{T_1 T_2} K$;$z_1 = \dfrac{1}{\tau_1}$;$p_1 = \dfrac{1}{T_1}$;$p_2 = \dfrac{1}{T_2}$。

4.2 根轨迹绘制的基本法则

根轨迹是当开环增益 K^* 从零变化到无穷大时,特征根在复平面上的运动轨迹,在根轨迹上的每一点都应满足根轨迹方程的幅值条件和相角条件。下面首先介绍绘制根轨迹的基本法则,并举例说明如何利用这些法则绘制根轨迹。

1. n 阶系统有 n 条根轨迹

n 阶系统的特征方程有 n 个特征根,当开环增益 K^* 由 $0 \to \infty$ 变动时,n 个特征根跟随变化,在 s 平面上必然出现 n 条根轨迹。

2. 根轨迹对称于实轴

闭环极点若为实数,则位于 s 平面实轴上;若为复数,则共轭出现,对实轴互为镜像。所以根轨迹必对称于实轴。

3. 根轨迹起于开环极点,终于开环零点及无穷远

根轨迹起于开环极点,终于开环零点及无穷远,其中 m 条终于开环零点,$n-m$ 条终于无穷远。证明如下。

由式(4-5)根轨迹方程,得

$$\frac{\prod\limits_{j=1}^{m}(s-z_j)}{\prod\limits_{i=1}^{n}(s-p_i)} = -\frac{1}{K^*} \tag{4-9}$$

(1)根轨迹起点(即开环增益 $K=0$ 的闭环极点)。

令 $K^*=0$,则由式(4-9)得

$$\frac{\prod\limits_{j=1}^{m}(s-z_j)}{\prod\limits_{i=1}^{n}(s-p_i)} = -\frac{1}{K^*} = \infty$$

故

$$\prod_{i=1}^{n}(s-p_i)=0, s=p_i \quad (i=1,2,\cdots,n)$$

所以,n 条根轨迹分别从 n 个开环极点 p_i 开始,即根轨迹起于开环极点。

(2)根轨迹终点(即开环增益 $K \to \infty$ 的闭环极点)。

令 $K^* \to \infty$,则由式(4-9)得

$$\frac{\prod\limits_{j=1}^{m}(s-z_j)}{\prod\limits_{i=1}^{n}(s-p_i)} = -\frac{1}{K^*} \mid K^* \to \infty = 0$$

故

$$\prod_{j=1}^{m}(s-z_j)=0, s=z_j \quad (j=1,2,\cdots,m)$$

所以,n 条根轨迹中有 m 条分别终止 z_j,即 m 条根轨迹终止于开环零点。

当 $K^* \to \infty$ 时,设 $s \to \infty$,则代入式(4-9)可使等式成立,即

$$\lim_{s \to \infty} \frac{\prod\limits_{j=1}^{m}(s-z_j)}{\prod\limits_{i=1}^{n}(s-p_i)} = \lim_{s \to \infty} \frac{s^m}{s^n} = \lim_{s \to \infty} \frac{1}{s^{n-m}} = 0 = \lim_{K^* \to \infty} \frac{-1}{K^*}$$

故 $s \to \infty$ 应为系统在 $K^* \to \infty$ 的闭环极点,此时系统的开环传递函数降阶为 $n-m$ 阶,即应有 $n-m$ 条根轨迹趋向无穷远。

【例 4-2-1】 某负反馈系统的开环传递函数为 $G(s)H(s) = \dfrac{K}{s(0.5s+1)}$,试讨论根轨迹的起点和终点。

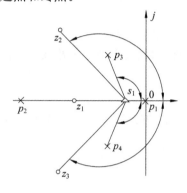

图 4-2-1 开环零、极点分布

解 该系统 $n=2$,为 2 阶系统。故

(1) 系统应有两条根轨迹。

(2) 根轨迹必对称于实轴。

(3) 系统开环极点为:$p_1=0$、$p_2=-2$;由于开环传递函数分子无 s 项,即 $m=0$,所以系统没有开环零点。

(4) 由第 3 条法则知,系统开环增益 K 由 $0 \to \infty$ 变动时,两条根轨迹应分别从开环极点 0 和 -2 开始,最终均趋向无穷远。

该系统的根轨迹已示于图 4-2-1 中,可看出上述诸特点。当然,第 3 条法则并未能明确根轨迹趋向无穷远处的具体方位。

4. 实轴上根轨迹所在区段内的右侧,开环零、极点个数之和为奇数

由此法则可以很快确定,在 s 平面的实轴上哪些区段有根轨迹。

该法则可由相方程证明。若某系统开环零、极点分布如图 4-2-1 所示,以叉表示开环极点,以圆圈表示开环零点。如果该系统在实轴上有根轨迹段,则取该段中任一点 s_i,必须满足相方程,即

$$\sum_{j=1}^{m} \angle(s_1-z_j) - \sum_{i=1}^{n} \angle(s_1-p_i) = (2K+1)\pi$$

由图 4-2-1 看出,开环复数零点和极点均成对共轭对称于实轴,故上式中对应的各子项相角必正负相消。余下的实数开环零、极点中,位于 s_1 左侧的,其指向 s_1 的相量均为零;位于 s_1 右侧的,其指向 s_1 的相量均为 π。故如果 s_1 是根轨迹点,必有实轴上 s_1 右侧的开环零、极点个数之差(或之和)为奇数。这一结论扩展至整个区段,即实轴上某些开区间的右侧,开环零点、极点个数和为奇数,则该段实轴必为根轨迹。

【例 4-2-2】 试确定图 4-2-2 系统 K(由 $0 \to \infty$)变动下的系统根轨迹。

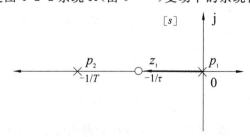

图 4-2-2 系统根轨迹

解　系统为二阶的,有两个开环极点 0、$-1/T$ 及一个开环零点 $-1/\tau$。故:

(1) 有两条根轨迹。

(2) 根轨迹起于开环极点 0、$-1/T$,开环零点 $-1/\tau$ 及无穷远,见图 4-2-2。

(3) 实轴上区段 $0\sim1/\tau$ 内的右侧只有一个开环极点,为奇数,故 $0\sim1/\tau$ 段为根轨迹段。

(4) 实轴上区段 $-1/T\sim\infty$ 内的右侧开环零、极点总数为 3,故该区段亦为根轨迹段,而 $-1/\tau\sim1/T$ 段不是根轨迹段。

故系统根轨迹如图中粗实线所示。箭头指向代表 K 增大时闭环极点的变动方向,由此则把握了闭环特征根变化的全局。可以看出,无论增益 K 取何值,均不会有复数根轨迹段,该闭环系统的阶跃响应为非振荡收敛型。

5. 根轨迹的渐近线方位

系统开环零点数 m 小于开环极点数 n,则趋向无穷远的根轨迹应有 $n-m$ 条,这些根迹趋向无穷远的方位可由其渐近线的方位来确定。渐近线与实轴正方向的夹角为

$$\varphi_{\mathrm{a}} = \frac{(2k+1)\pi}{n-m} \tag{4-10}$$

式中:k 依次取 0、±1、±2,直至获得 $n-m$ 个倾角为止。

渐近线与实轴相交于点 $(\sigma_{\mathrm{a}}, \mathrm{j}_0)$,有

$$\sigma_{\mathrm{a}} = \frac{\displaystyle\sum_{i=1}^{n} p_i - \sum_{i=1}^{n} z_j}{n-m} \tag{4-11}$$

下面证明式(4-10)、式(4-11)。

根轨迹趋向无穷远处的渐近线是一组 $n-m$ 条以 σ_{a} 为中心、以 φ_{a} 为指向的射线。现构成一个负反馈系统,令其闭环根轨迹恰为上述射线,则该系统开环传递函数必为

$$G_{\mathrm{a}}(s)H_{\mathrm{a}}(s) = \frac{K^*}{(s-\sigma_{\mathrm{a}})^{n-m}} \tag{4-12}$$

某原型系统和由其渐近线所构造的系统,在 $K\to\infty$、$s\to\infty$ 时,其根轨迹是一致的,亦即根轨迹方程是相等的,故由式(4-5)、式(4-6)可得

$$\frac{\displaystyle\prod_{j=1}^{m}(s-z_j)}{\displaystyle\prod_{i=1}^{n}(s-p_i)} = \frac{s^m + b_{m-1}s^{m-1} + \cdots + b_1 s + b_0}{s^n + a_{n-1}s^{n-1} + \cdots + a_1 s + a_0} = -\frac{1}{K^*}$$

式中:$b_{m-1} = \displaystyle\sum_{j=1}^{m} z_j$ 为负的零点之和,$a_{n-1} = \displaystyle\sum_{i=1}^{n} p_i$ 为负的极点之和。当 $K\to\infty$ 时,由 $n>m$,有 $s\to\infty$,上式可近似为

$$s^{m-n} + (b_{m-1} - a_{n-1})s^{m-n-1} = -\frac{1}{K^*}$$

即

$$\left(1 + \frac{b_{m-1} - a_{n-1}}{s}\right)^{\frac{1}{m-n}} = -\left(\frac{1}{K^*}\right)^{\frac{1}{m-n}} \tag{4-13}$$

由于 $s\to\infty$,将式(4-13)两边按牛顿二项式定理展开,近似取线性项(即略去高次项),则有

$$s\left(1 + \frac{1}{m-n}\frac{b_{m-1} - a_{n-1}}{s}\right)^{\frac{1}{m-n}} = \left(-\frac{1}{K^*}\right)^{\frac{1}{m-n}} \tag{4-14}$$

令 $\dfrac{b_{m-1}-a_{n-1}}{m-n}=\dfrac{a_{n-1}-b_{m-1}}{n-m}=\sigma_a$，式（4-14）可改为

$$s+\sigma_a=-\left(\frac{1}{K^*}\right)^{\frac{1}{m-n}}$$

即

$$s=-\sigma_a+\left(-\frac{1}{K^*}\right)^{\frac{1}{m-n}} \tag{4-15}$$

将 $-1=e^{j(2k+1)\pi}(k=0,1,2,\cdots)$ 代入式（4-15），则有

$$s=-\sigma_a+(K^*)^{\frac{1}{n-m}}\cdot e^{j\frac{2k+1}{n-m}\pi}$$

这就是当 $s\to\infty$ 时根轨迹的渐近线方程，它由两项组成。

第一项为实轴上的常数向量，为渐近线与实轴的交点，其坐标为

$$\sigma_a=\frac{b_{m-1}-a_{n-1}}{m-n}=\frac{a_{n-1}-b_{m-1}}{n-m}=\frac{\displaystyle\sum_{i=1}^{n}p_i-\sum_{j=1}^{m}z_j}{n-m}$$

第二项为通过坐标原点的直线与实轴的夹角，即

$$\varphi_a=\frac{(2k+1)\pi}{n-m}$$

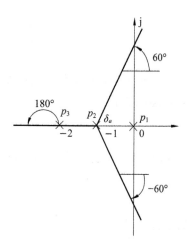

图 4-2-3　系统根轨迹渐近线

【例 4-2-3】　单位负反馈系统开环传递函数

$$G(s)=\frac{K^*}{s(s+1)(s+2)}$$

试求根轨迹趋向无穷的渐近线。

系统开环有 3 个极点：$p_1=0,p_2=-1,p_3=-2$。没有零点。$n=3,m=0,n-m=3$，故应有三条渐近线。

由式（4-10）得三个方位角：

$$\varphi_a=\frac{(2k+1)\pi}{n-m}=\frac{(2k+1)\pi}{3}=\begin{cases}\pi/3 & k=0\\ -\pi/3 & k=-1\\ \pi & k=1\end{cases}$$

由式（4-11）得实轴交点

$$\sigma_a=\frac{\displaystyle\sum_{i=1}^{n}p_i-\sum_{j=1}^{n}z_j}{n-m}=\frac{0+(-1)+(-2)}{3}=-1$$

三条渐近线如图 4-2-3 所示，将平面分成三等份。

6. 根轨迹的起始角与终止角

根轨迹的起始角，是指根轨迹在起点处的切线与水平正方向的夹角，如图 4-2-4 中的 θ_{p1}。而根轨迹的终止角，是指终止于某开环零点的根轨迹在该点处的切线与水平正方向的夹角，如图 4-2-5 中的 θ_{z1}。

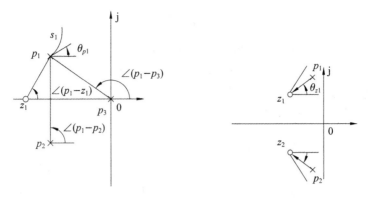

图 4-2-4 根轨迹的起始角   图 4-2-5 根轨迹的终止角

下面以图 4-2-4 所示系统开环零、极点分布为例,说明起始角的求取。

在假想的 p_1 点附近的根轨迹上取一点 s_1,则由相方程(4-8),得

$$\angle(s_1 - z_1) - \angle(s_1 - p_1) - \angle(s_1 - p_2) - (s - p_3) = (2k+1)\pi$$

令 s_1 无限靠近 p_1,即取 $s_1 \to p_1$,则各开环零点、极点引向 s_1 的向量,转换为引向 p_1 的向量,而其中 $\angle(s_1 - p_1)|_{s \to p_1}$ 即为初始角 θ_{p1}。故

$$\theta_{p1} = (2k+1)\pi + \angle(p_1 - z_1) - \angle(p_1 - p_2) - \angle(p_1 - p_3)$$

从而推广得计算某开环极点 p_k 处起始角的公式:

$$\theta_{pk} = (2k+1)\pi + \sum_{j=1}^{m} \angle(p_k - z_j) - \sum_{\substack{i=1 \\ i \neq k}}^{n} \angle(p_k - p_i) \tag{4-16}$$

同理可得计算某开环零点 z_k 处终止角的公式:

$$\theta_{zk} = (2k+1)\pi - \sum_{\substack{j=1 \\ j \neq k}}^{m} \angle(z_k - z_j) + \sum_{i=1}^{n} \angle(z_k - p_i) \tag{4-17}$$

【例 4-2-4】 单位负反馈系统的开环传递函数

$$G(s) = \frac{K^*(s+1.5)(s+2+j)(s+2-j)}{s(s+2.5)(s+0.5+j1.5)(s+0.5-j1.5)}$$

试绘制 K^* 由 0→∞ 变动的系统根轨迹。

(1) 开环极点:$p_1 = 0$、$p_{2,3} = -0.5 \pm j1.5$、$p_4 = -2.5$。开环零点:$z_1 = -1.5$、$z_{2,3} = -2 \pm j$。

(2) 实轴上 0~1.5 和 -2.5~∞ 为根轨迹段。

(3) 渐近线方位。

由于开环传递函数 $n=4$、$m=3$,故只有一条根轨迹趋向无穷,又依据根轨迹必关于实轴对称的法则,可判断出,一条趋向于无穷远的根轨迹肯定在实轴上。实际上在这种情况下无须计算渐近线。如计算,则:

$$\varphi_a = \frac{(2k+1)\pi}{n-m} = \frac{(2k+1)\pi}{4-3} = \pi$$

(4) 起始角 θ_{p2} 及终止角 θ_{z2}。

由式(4-16)及图 4-2-6(a)得

$$\theta_{p2} = (2k+1)\pi + \sum_{j=1}^{3} \angle (p_2 - p_i)$$

$$= (2k+1)\pi + 56.5° + 19° + 59° - 108.5° - 90° - 37°$$

$$= (2k+1)\pi - 101° = 79°$$

而另一起始角 θ_{p3} 必与 θ_{p2} 共轭，$\theta_{p3} = -79°$。

由式(4-17)及图 4-2-6(b)得

$$\theta_{z2} = (2k+1)\pi - \sum_{j=1}^{3} \angle (z_2 - z_j) + \sum_{i=1}^{4} \angle (z_2 - p_i)$$

$$= (2k+1)\pi - 117° - 90° + 153° + 199° + 121° + 63°$$

$$= 149.5°$$

而

$$\theta_{z3} = -149.5°$$

则系统根轨迹如图 4-2-7 所示。

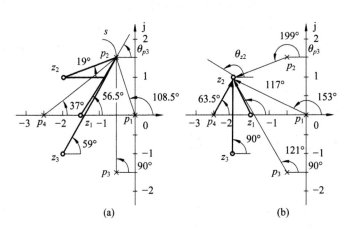

图 4-2-6　例 4-2-4 根轨迹的起始角和终止角　　　图 4-2-7　例 4-2-4 系统的根轨迹

7. 分离点 d

随着开环增益 K 的变动，在 s 平面上可能会出现几条根轨迹相会合而后又分离的点，这类点称为根轨迹的分离点或会合点，如图 4-1-2 中的 -1 点。

分离点 d 可由式(4-18)求得：

$$\sum_{i=1}^{n} \frac{1}{d - p_i} = \sum_{j=1}^{m} \frac{1}{d - z_j} \tag{4-18}$$

根据式(4-4)，系统的闭环特征方程为

$$\prod_{i=1}^{n} (s - p_i) + K^* \prod_{j=1}^{m} (s - z_j) = 0$$

根轨迹若有分离点，表明闭环特征方程有重根。由高等代数理论知，方程存在重根的条件为

$$\prod_{i=1}^{n} (s - p_i) + K^* \prod_{j=1}^{m} (s - z_j) = 0$$

及

$$\frac{d}{ds}\Big[\prod_{i=1}^{n} (s - p_i) + K^* \prod_{i=1}^{m} (s - z_j) \Big] = 0 \tag{4-19}$$

或

$$\begin{cases} \prod_{i=1}^{n}(s-p_i) = -K^* \prod_{j=1}^{m}(s-z_j) \\ \dfrac{\mathrm{d}}{\mathrm{d}s}\Big[\prod_{i=1}^{n}(s-p_i)\Big] = -K^* \dfrac{\mathrm{d}}{\mathrm{d}s}\Big[\prod_{j=1}^{m}(s-z_j)\Big] \end{cases} \qquad (4\text{-}20)$$

将式(4-20)中两式相除,得

$$\frac{\dfrac{\mathrm{d}}{\mathrm{d}s}\Big[\prod_{i=1}^{n}(s-p_i)\Big]}{\prod_{i=1}^{n}(s-p_i)} = \frac{\dfrac{\mathrm{d}}{\mathrm{d}s}\Big[\prod_{j=1}^{m}(s-z_j)\Big]}{\prod_{j=1}^{m}(s-z_j)}$$

即

$$\frac{\mathrm{d}\ln\prod_{i=1}^{n}(s-p_i)}{\mathrm{d}s} = \frac{\mathrm{d}\ln\prod_{j=1}^{m}(s-z_j)}{\mathrm{d}s}$$

又

$$\ln\prod_{i=1}^{n}(s-p_i) = \sum_{i=1}^{n}\ln(s-p_i)$$

$$\ln\prod_{j=1}^{m}(s-z_j) = \sum_{j=1}^{m}\ln(s-z_j)$$

则

$$\sum_{i=1}^{n}\frac{\mathrm{d}\ln(s-p_i)}{\mathrm{d}s} = \sum_{j=1}^{m}\frac{\mathrm{d}\ln(s-z_j)}{\mathrm{d}s}$$

即

$$\sum_{i=1}^{n}\frac{1}{s-p_i} = \sum_{j=1}^{m}\frac{1}{s-z_j}$$

满足上式的 s 值即系统闭环特征方程的重根,也就是分离点 d,故式(4-18)得证。

一般,根轨迹位于实轴上两相邻开环极点之间,则两极点间至少存在一个分离点,根轨迹位于实轴上两相邻开环零点之间(或其中一个零点位于无穷远处),则两零点间也至少存在一个分离点。

在运用诸法则无法判断是否存在分离点的情况下,为慎重可用式(4-18)解算,否则容易疏漏,以致根轨迹的总体分布形态出现错误。

【例 4-2-5】 负反馈系统的开环传递函数

$$G(s)H(s) = \frac{K^*(s+1)}{s^2+3s+3.25}$$

试求系统闭环根轨迹的分离点 d。

解　由根轨迹绘制法则可知:

(1) 系统有两条根轨迹。

(2) 开环有两个极点。解 $s^2+3s+3.25=0$ 得 $p_{1,2}=-1.5\pm\mathrm{j}$。开环有 1 个零点,$z_1=1$。

(3) 根轨迹起始于 p_1、p_2,终止于 -1 及无穷远处。

(4) 实轴上 $-1\sim-\infty$ 为根轨迹段,见图 4-2-8。

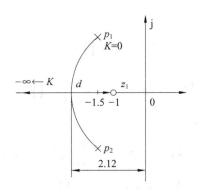

图 4-2-8　例 4-2-5 系统根轨迹

由系统根轨迹图可直观看出,在实轴上根轨迹区段中必然存在分离点,否则根轨迹无法延续及衔接。

(5) 求 d。

将极点与零点代入式(4-18),有

$$\frac{1}{d+1.5+j} + \frac{1}{d+1.5-j} = \frac{1}{d+1}$$

解得 $d_1 = 2.12, d_2 = 0.12$。

d_2 不在图 4-2-8 的根轨迹区段内,为不合理点,应舍弃,故分离点 $d = d_1 = -2.12$。

确定了 d,则根轨迹的分布将更细致和准确。

之所以会解出不合理的分离点,是因为在推证式(4-18)的过程中,并没有对 K^* 给予限制,而作根轨迹是只取 K^*(由 $0 \rightarrow \infty$)在正实数范围变动。

8. 分离角与会合角

根轨迹在 $[s]$ 平面上某点相遇,即闭环出现重极点。根轨迹是由什么方向趋向重极点的呢? 这一方向可由根轨迹的会合角公式确定。

根轨迹在 $[s]$ 平面上某点相遇后分开,其分离的方向可由根轨迹的分离角公式确定。

所谓分离角,是指根轨迹离开重极点处的切线与实轴正方向的夹角。

所谓会合角,是指根轨迹进入重极点处的切线与实轴正方向的夹角。

以例 4-2-5 中的根轨迹分离点为例来进行分析。

1) 分离角公式

当开环增益 K 取某一值 K_d 时,闭环出现重极点,若闭环系统有 n 个极点,其中有 l 个重极点,$n-l$ 个单极点,要确定 l 重极点处的根轨迹的分离角,可以这样处理:

将原系统 $K = K_d$ 时的闭环极点看作一个新的系统的开环极点,而新系统的根轨迹和原系统 $K \geqslant K_d$ 的根轨迹完全重合。这样,求原系统的分离角就相当于求新系统(增益为零)的起始角,则新系统的起始角公式即为原系统分离角公式,故

$$\theta_d = \frac{1}{l}\left[(sk+1)\pi + \sum_{j=1}^{m}\angle(d-z_j) - \sum_{i=l+1}^{n}\angle(d-s_i)\right] \tag{4-21}$$

式中:d 为分离点坐标;

z_j 为原系统的开环零点;

s_i 为当 $K = K_d$ 时除 l 个重极点外,新系统的其他 $n-l$ 个开环极点(即原系统闭环极点);

l 为分离点处的根轨迹的分支数(即重根数)。

求例 4-2-5 中 d 处的分离角(见图 4-2-8),根据分离角公式(4-21),有

$$\theta_d = \frac{1}{2}\big[(2k+1)\pi + \angle(d-z_j)\big] = \frac{1}{2}\big[(2k+1)\pi + 180°\big]$$

取 $k=0$,则 $\theta_d = 180°$;取 $k=1$,则 $\theta_d = 0°$。

2)会合角公式

当开环增益 $K = K_d$ 时,根轨迹出现重极点,求重极点处的会合角可以这样处理。

(1)将根轨迹倒转。开环增益 K 由 $0 \to \infty$ 时,由开环极点出发,趋向开环零点或无穷远处的根轨迹,和开环增益 K 由 $\infty \to 0$ 时,由开环零点和无穷远处出发,趋向开环极点的根轨迹是一样的。

设原系统的闭环特征方程为

$$\prod_{i=1}^{n}(s-p_i) + K^* \prod_{j=1}^{m}(s-z_j) = 0 \tag{4-22}$$

该方程可变换为

$$\prod_{j=1}^{m}(s-z_j) + \frac{1}{K^*}\prod_{i=1}^{n}(s-p_i) = 0 \tag{4-23}$$

由于两个方程具有相同的特征根,故:

式(4-22)所示系统在 K^* 由 $0 \to \infty$ 时的根轨迹和式(4-23)所示系统在 K^* 由 $0 \to \infty$ 时的根轨迹是一样的。只是后者需要将原系统的开环零点看作极点,极点看作零点。由式(4-23)绘制的根轨迹称倒转的根轨迹。

(2)将式(4-23)所示系统 $\frac{1}{K} = \frac{1}{K_d}$ 时的闭环极点看作另一新系统的开环极点,其中有 l 个重极点,$n-l$ 个单极点。

这样,求原系统在重极点处的会合角,就相当于求新系统的起始角,则新系统的起始角公式即为原系统会合角公式,故

$$\varphi_d = \frac{1}{l}\Big[(2k+1)\pi + \sum_{i=1}^{n}\angle(d-p_i) - \sum_{i=l+1}^{n}\angle(d-s_i)\Big] \tag{4-24}$$

式中:d 为分离点。

p_i 为原系统的开环极点,现看作开环零点。

s_i 为 $\frac{1}{K} = \frac{1}{K_d}$ 时除了 l 个重极点外,新系统其他的 $n-l$ 个开环极点(即原系统的闭环极点)。

l 为分离点处的根轨迹分支数(即重根数)。

由例 4-2-5 中求 d 点处的会合角(见图 4-2-8),根据会合角公式(4-24),有

$$\varphi_d = \frac{1}{2}\big[(2k+1)\pi + \angle(d-p_1) + \angle(d-p_2)\big]$$

$$= \frac{1}{2}(2k+1)\pi$$

取 $k=0$,$\varphi_d = 90°$;$k=1$,$\varphi_d = -90°$。

9. 虚轴交点 ω

根轨迹与虚轴相交,表明系统闭环特征方程有纯虚根,系统处于临界稳定状态。

将 $s = j\omega$ 代入闭环特征方程式(4-6),得

$$1 + G(j\omega)H(j\omega) = 0 \tag{4-25}$$

分解为　　　　　　$\text{Re}[1 + G(j\omega)] + j\text{Im}[1 + G(j\omega)H(j\omega)] = 0$

故有方程组

$$\begin{cases} \text{Re}[1 + G(j\omega)H(j\omega)] = 0 \\ \text{Im}[1 + G(j\omega)H(j\omega)] = 0 \end{cases} \tag{4-26}$$

从式(4-26)便解出 ω 值及对应的开环增益 K。

【例 4-2-6】 已知系统开环传递函数

$$G(s) = \frac{K^*}{s(s+1)(s+2)}$$

试求根轨迹与虚轴的交点。

将系统闭环特征方程变换为

$$s(s+1)(s+2) + K^* = 0$$

展开为　　　　　　　　　$s^3 + 3s^2 + 2s + K^* = 0$

令 $s = j\omega$，代入上式得

$$(j\omega)^3 + 3(j\omega)^2 + 2j\omega + K^* = 0$$

整理得　　　　　　$\begin{cases} -\omega^3 + 2\omega = 0 \\ -3\omega^2 + K^* = 0 \end{cases}$

解得　　　　　　　$\omega = \begin{cases} 0 & K^* = 0 \\ \pm\sqrt{2} & K^* = 6 \end{cases}$

10. 根之和

由式(4-4)可知系统闭环特征方程为

$$\prod_{i=1}^{n}(s - p_i) + K^* \prod_{j=1}^{m}(s - z_j) = 0$$

该方程亦可由闭环极点 s_i 的因式表示为

$$\prod_{i=1}^{n}(s - s_i) = 0$$

若系统开环传递函数分母、分子的阶数差

$$n - m \geqslant 2$$

则展开上述两方程中的多项式，有

$$s^n + \left(\sum_{i=1}^{n} -p_i\right)s^{n-1} + \cdots = s^n + \left(\sum_{i=1}^{n} -s_i\right)s^{n-1} + \cdots \tag{4-27}$$

故得

$$\sum_{i=1}^{n} p_i = \sum_{i=1}^{n} s_i \tag{4-28}$$

即系统 n 个开环极点和等于 n 个闭环极点和。在开环极点已确定不变的情况下，其和为常值。因此对于符合 $n - m \geqslant 2$ 的反馈系统，当增益 K 变动使某些闭环极点在 $[s]$ 平面上向左挪动时，则必有另一些极点向右移，如此才能保持极点和常值。这对判别根轨迹的走向是很有意义的。

【例 4-2-7】 负反馈系统的开环传递函数

$$G(s)H(s) = \frac{K}{s(s+1)(0.5s+1)}$$

试作 K 由 $0 \rightarrow \infty$ 变动的系统闭环根轨迹。

将 $G(s)H(s)$ 改写为

$$G(s)H(s) = \frac{2K}{s(s+1)(s+2)} = \frac{K^*}{s(s+1)(s+2)}$$

(1) 系统开环极点有三个: $p_1 = 0$、$p_2 = -1$、$p_3 = -2$。没有零点。将极点标于图 4-2-9 上。

(2) 根轨迹有三条。

(3) 根轨迹起始于 p_1、p_2、p_3,终止于无穷远。

(4) 渐近线方位。

$$\varphi_a = \frac{(2k+1)\pi}{n-m} = \frac{(2k+1)\pi}{3} = \{\pm\pi/3、\pi\}$$

$$\sigma_a = \frac{0+(-1)+(-2)}{3} = -1$$

(5) 实轴上 $0 \sim -1$ 及 $-2 \sim -\infty$ 为根轨迹段。

(6) 分离点 d。

由公式(4-18)得

$$\frac{1}{d+1} + \frac{1}{d+2} + \frac{1}{d} = 0$$

解之得 $\qquad d_1 = -0.42, d_2 = 1.58$

d_2 不在根轨迹段上,故舍弃。

(7) 分离角 θ_d。

$$\theta_d = \frac{(2k+1)\pi}{l} = \pm\pi/2$$

(8) 虚轴交点。

由开环传递函数得系统闭环特征方程为

$$s^3 + 3s^2 + 2s + K^* = 0$$

将 $s = j\omega$ 代入上式,解之得 $\omega = 0$ 及 $\pm\sqrt{2}$,相应地 K^* 为 0 及 6,折算成开环增益 K 为 0 及 3。故得系统根轨迹如图 4-2-9 所示。可以看出: $K > 3$ 时将有两条根轨迹移向根平面右侧,系统呈不稳定状态,响应振荡发散无法正常工作;参数 K 的稳定域为 $0 < K < 3$。

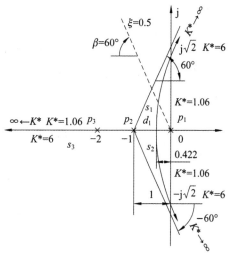

图 4-2-9 例 4-2-7 系统根轨迹图

利用前述 10 条基本法则,可由系统开环零、极点直接找出闭环极点(即闭环特征根)的分布,并且某些区段及特征点完全准确。当然,一些复数根轨迹段落只能按趋势概略绘出。尽管如此,根轨迹的获得为全面分析高阶系统的动态性能提供丰富的信息和重要依据。

4.3 参数根轨迹及非最小相位系统

4.3.1 参数根轨迹

我们知道,绘制根轨迹时的可变参数并非一定是开环放大系数,也可以是控制系统中的其他参数,如某个环节的时间常数。以非开环放大系数为可变参数绘制的根轨迹称为参数根轨迹,以区别于以开环放大系数 K 为可变参数绘制的一般根轨迹。

绘制参数根轨迹的规则与绘制一般根轨迹的完全相同,只是在绘制参数根轨迹之前需将控制系统的特征方程 $1+G(s)H(s)=0$ 进行等效交换,将其写成符合以非开环放大系数的待定参数 k' 为可变参数时绘制根轨迹的形式,即

$$k'\frac{P(s)}{Q(s)}=-1 \tag{4-29}$$

式中:$P(s)$ 及 $Q(s)$ 都是复变量 s 的多项式,其中 s 最高次项的系数为 1。$P(s)$、$Q(s)$ 必须满足方程

$$Q(s)+k'P(s)=1+G(s)H(s)=0$$

应注意,通过参数根轨迹和通过一般根轨迹一样,只能确定控制系统闭环极点的分布。至于闭环零点的分布,尚需根据对不同输出信号的闭环传递函数加以确定。

下面举例说明绘制参数根轨迹的方法。

【例 4-3-1】　控制系统的开环传递函数为

$$G(s)H(s)=\frac{K}{s(\tau s+1)(Ts+1)}$$

其中参数 K 及 T 均已给定,而参数 τ(时间常数)为待定。试绘制以待定参数 τ 为可变参数时的参数根轨迹。

该系统的特征方程式 $1+G(s)H(s)=0$ 时,有

$$s(\tau s+1)(Ts+1)+K=0$$

将上式等效地写成式(4-29)的形式,即

$$\tau\frac{s^2(Ts+1)}{Ts^2+s+K}=-1$$

最后,为了便于绘制根轨迹,将上式等号左边分子分母多项式中 s 最高次项的系数化成 1,得到

$$\tau\frac{s^2(s+\frac{1}{T})}{s^2+\frac{1}{T}s+\frac{K}{T}}=-1$$

即

$$\tau\frac{s^2(s-z_3)}{(s-p_1)(s-p_2)}=-1 \tag{4-30}$$

其中 $z_3=-\dfrac{1}{T}$,$p_1=-\dfrac{1}{2T}+j\sqrt{\dfrac{K}{T}-\left(\dfrac{1}{2T}\right)^2}$,$p_2=-\dfrac{1}{2T}-j\sqrt{\dfrac{K}{T}-\left(\dfrac{1}{2T}\right)^2}$。

从式(4-30)看到,该系统等效地具有两个有限开环极点,它们是 $p_1=-\dfrac{1}{2T}+$ $j\sqrt{\dfrac{K}{T}-\left(\dfrac{1}{2T}\right)^2}$ 和 $p_2=-\dfrac{1}{2T}-j\sqrt{\dfrac{K}{T}-\left(\dfrac{1}{2T}\right)^2}$,以及三个有限开环零点,它们是处于原点 $(0,j0)$ 的双重零点 $z_1=z_2=0$ 和一个负实零点 $z_3=-\dfrac{1}{T}$(见图 4-3-1(a))。

该系统的根轨迹按各项基本法则绘制后,如图 4-3-1(b)所示。必须加以说明的是,由于等效的开环零点数($m=3$)大于其开环极点数($n=2$),所以根轨迹中将有一个分支,它位于实轴上,起始于无限极点 $p_3=-\infty$,沿实轴终止于有限零点 $z_3=-\dfrac{1}{T}$。

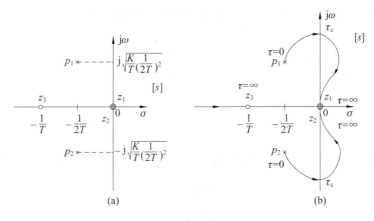

图 4-3-1　参数根轨迹图

由参数根轨迹与虚轴交点确定的待定参数 τ 值，便是待定参数 τ 的临界值 τ_0。在本例中，按第 8 条法则计算出的 τ_0 值为

$$\tau_0 = \frac{1}{KT - 1}$$

这说明，当待定参数 τ 的数值大于 τ_0 时，控制系统便不再稳定。因此，待定参数 τ 的取值范围是 $0 < \tau < \dfrac{1}{KT-1}$。

4.3.2　非最小相位系统的根轨迹

在 [s] 平面右半部中具有开环极点和（或）零点的控制系统称为非最小相位系统；反之，如果控制系统的所有开环极点和零点均位于 [s] 平面的左半部，则该系统称为最小相位系统。前面分析过的控制系统全部属于最小相位系统。"最小相位"这一术语，出自于这类系统在正弦输入信号作用下的相频特性。

下面举例说明非最小相位系统根轨迹图的绘制。

【**例 4-3-2**】　设控制系统的开环传递函数为

$$G(s)H(s) = \frac{k(s+1)}{s(s-1)(s^2+4s+16)}$$

在其开环极点 $p_1=0, p_2=1, p_{3,4}=-2\pm j\sqrt{3}$ 中，$p_2=1$ 位于 [s] 平面的右半部。根据上述定义，该系统是一个非最小相位系统。

按绘制根轨迹的一般法则，绘制该非最小相位系统的根轨迹的大致图形。

（1）按法则一，因为开环极点数 $n=4$，所以根轨迹共有四条分支（见图 4-3-2）。

（2）按法则三，当 $k=0$ 时根轨迹的四条分支始于四个开环极点 p_1、p_2、p_3、p_4，当 $k \to \infty$ 时，四条分支中的三条趋向于无穷远（$n-m=3$），一条趋向于有限开环零点 $z_1=-1$。

（3）按法则四，在实轴上根轨迹存在于 +1 与 0 及 -1 与 $-\infty$ 之间。

（4）按法则五，根轨迹的三条渐近线与实轴正方向的夹角分别是 $\dfrac{\pm 180°}{3}=\pm 60°$ 和 $\dfrac{540°}{3}=180°$，它们在负实轴上交点的坐标为

$$\sigma_0 = \frac{-2}{3}$$

（5）按法则六，根据式（4-16）计算根轨迹在开环复数极点 $p_{3,4} = -2 \pm j2\sqrt{3}$ 处的出射角 θ_{p3} 及 θ_{p4}，即

$$\theta_{p3} = \mp 180° + \angle(p_3 - z_1) - \angle(p_3 - p_1) - \angle(p_3 - p_2) - \angle(p_3 - p_4)$$
$$= \mp 180° + 106° - 120° - 130.5° - 90°$$
$$= -54.5°$$

及

$$\theta_{p4} = +54.5°$$

（6）按法则七，确定根轨迹从实轴分离，以及与实轴会合点的坐标。解方程有

$$\frac{\mathrm{d}}{\mathrm{d}s}\left[\frac{s(s-1)(s^2+4s+16)}{s+1}\right]_{s=\alpha} = 0$$

即

$$3\alpha^4 + 10\alpha^3 + 21\alpha^2 + 24\alpha - 16 = 0$$

共有四个根，分别是：$\alpha_1 = 0.46$、$\alpha_2 = -0.79+j2.16$、$\alpha_3 = -0.79-j2.16$、$\alpha_4 = -2.22$。其中，α_1、α_4 合题意，其他复数根不合题意，舍去。

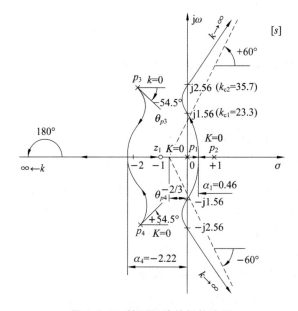

图 4-3-2　控制系统的根轨迹图

4.4　附加开环零、极点对系统性能的影响

4.4.1　附加开环零点对系统性能的影响

本节着重定性地分析附加开环零点对控制系统根轨迹形状的影响。也就是说，通过根轨迹形状的变化来说明开环附加零点对改进控制系统的稳定性以及其他性能的作用。

首先，看开环传递函数为

$$G(s)H(s) = \frac{K}{s^2(s+a)} \tag{4-31}$$

的控制系统，按根轨迹方法分析该系统的稳定性，并通过根轨迹形状的变化说明附加开环实数

零点的作用。

从式(4-31)看到,该系统具有三个开环极点,即 $p_1 = p_2 = 0$ 及 $p_3 = -a$(见图4-4-1)。按绘制根轨迹的基本规则,根据式(4-31)所示的开环传递函数绘制出的根轨迹图示于图4-4-1。从图4-4-1看到,该系统的三条根轨迹分支中的两条完全位于[s]平面的右半部。当参数 K 由 0→∞ 时,三个闭环极点中始终有两个处在[s]平面的右半部,所以该控制系统是不稳定的。也就是说,不论可变参数 K 取何值,这样的控制系统都不可能稳定工作。

假若在该系统的开环极点、零点分布中加进一个负实数零点 $-b$(见图4-4-2),则此刻的开环传递函数变为

$$G(s)H(s) = \frac{k(s+b)}{s^2(s+a)} \tag{4-32}$$

根据式(4-32)绘制的根轨迹图如图4-4-2所示。

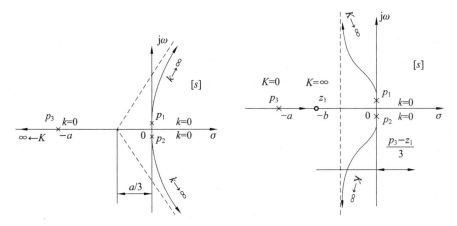

图 4-4-1　控制系统根轨迹图($\tau = 1$)　　　图 4-4-2　控制系统根轨迹图

从图4-4-2可见,由于在开环极点与开环零点中新增加了一个零点 $z_1 = -b$,从而使开环零点数由 0 变到 1($m = 1$),而开环极点数却没有变(即 $n = 3$),所以,根轨迹的渐近线由原来的三条(与实轴正方向的夹角分别为 ±60° 与 ±180°)变为两条(与实轴正方向的夹角变为 ±90°)。因为是把附加的负实数零点 z_1 配置在开环极点 $p_1(p_2)$ 与 p_3 之间,所以渐近线位于[s]平面的左半部,因此便决定了始于开环极点 p_1 与 p_2 的根轨迹分支将完全处在[s]平面的左半部。也就是说,在这种情况下,不论参数 k 在 0 至 ∞ 间取任何数值,控制系统都可能稳定地工作。

应当特别注意,附加负实数零点 z_1 在[s]平面上的位置选择要合适,否则便不能改进控制系统的稳定性。例如,若将负实数零点 z_1 配置在开环极点 p_3 与 $-\infty$ 之间(见图4-4-3),此刻,与实轴垂直的两条渐近线在实轴上的会合点的坐标值 σ_a 为

$$\sigma_a = \frac{p_3 - z_1}{2} > 0$$

因此,始于开环极点 p_1、p_2 的两条根轨迹分支,虽然将沿新的渐近线趋向无穷远,这在形式上不同于图4-4-1所示的情况,但由于新的渐近线仍处于[s]平面的右半部,这就决定了上述的两条根轨迹分支随着可变参数 K 的变化仍然不能脱离开[s]平面的右半部。因此,从控制系统的稳定性来看,这种情况和无附加零点时的情况无本质上的差别,系统都是不稳定系统。可见,如果附加零点的数值取得不恰当,就不能起到改善控制系统性能的作用。

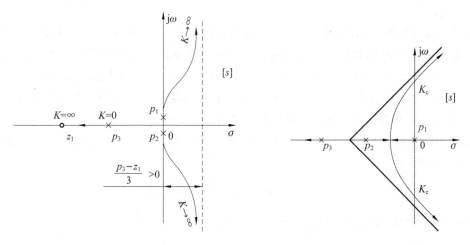

图 4-4-3　控制系统根轨迹图　　　　　图 4-4-4　控制系统根轨迹图

从上面的分析看出,如果在具有如式(4-31)所示开环传递函数的不稳定控制系统中适当地加进一个负实数零点 z_1,便有可能改善该控制系统的稳定性,使其由不稳定转变为稳定。

其次,看控制系统的开环极点全部沿负实轴分布的情况(见图 4-4-4)。在这种情况下简单的负实数附加零点对改善其稳定性将是很有效的。

从图 4-4-4 可知,当可变参数 K 的取值超过其临界值 K_o 时,该控制系统将变成不稳定系统。如果在该系统中补充一个负实数附加零点 z_1(见图 4-4-5),则系统的性能受到附加零点的影响而将有所改善。但需注意,由于附加零点相对于原有开环极点的分布位置不同,系统性能得以改善的效果也各不相同。关于这个问题,通过图 4-4-5 所示的三种情况加以说明。

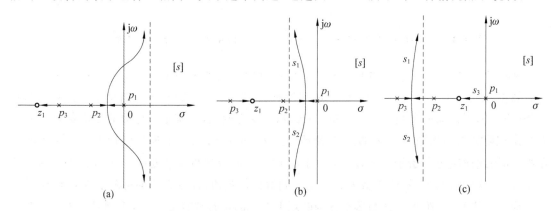

图 4-4-5　附加零点位置对系统性能的影响

图 4-4-5(a)表明,当附加开环零点 z_1 配置在负实轴上的 p_3 至 $-\infty$ 段时,系统性能将无大的改善,当可变参数的取值超过临界值时系统仍将不稳定。也就是说,此刻附加开环零点的作用是较弱的。图 4-4-5(b)表明,当附加开环零点位于负实极点 p_2 与 p_3 之间时,控制系统便不再因可变参数的取值不同而可能变成不稳定,即从理论上不论可变参数取多么大的数值,该系统都可以稳定地工作。从图 4-4-5(b)还可看出,当可变参数 $k=k_1(0 < k < \infty)$ 时,三个闭环极点中的两个共轭复数极点 s_1、s_2 距虚轴较近,而第三个实数极点 s_3 则远离虚轴。在这种情况下,系统可以近似地用一个二阶系统来逼近。图 4-4-5(c)表明,当附加开环零点 z_1 的位置选得再靠近虚轴,即介于开环极点 p_1 与 p_2 之间时,闭环极点中的一对共轭复数极点 s_1、s_2 离

开虚轴较远，而实数闭环极点 s_3 靠虚轴很近。此时该系统响应阶跃输入信号的过渡过程将具有较低的响应速度，从而过渡过程进行得比较迟缓，这在一般的随动系统设计中是不希望出现的。

从上面对图 4-4-5 所示三种根轨迹的分析来看，图(b)所示的方案是比较理想的。因为此刻系统的过渡过程具有适度的衰减振荡形式（例如取阻尼比 $\xi = 0.5 \sim 0.7$），它既可能保证过渡过程有较高的响应速度，因而不致使过渡过程时间 t_s 拖得过长，又有可能使过渡过程的超调不致过大。在设计一般随动系统时通常希望达到这种效果。

最后，看在控制系统的开环极点中有一对共轭复数极点 p_2、p_3 的情况。在这种情况下，如能恰当地选取负实数附加开环零点 z_1，系统性能也将得到不同程度的改善。关于这种情况的说明可见图 4-4-6 所示的根轨迹图。

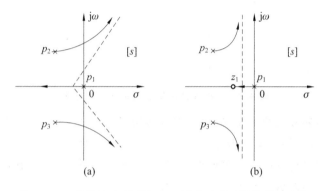

图 4-4-6　选取负实数附加开环零点改善系统性能示意图

通过上面对三种情况的定性分析来看，附加开环负实数零点的存在，将使系统的根轨迹图发生趋向于附加零点方向的变形，如果附加零点相对于原有开环极点的位置选配得恰当，那么控制系统的稳定性以及其他各方面的性能指标（如超调量 σ_p、过渡过程时间 t_s 等）都有可能得到显著的改善。因此，附加开环零点的作用，在设计控制系统时是不容忽视的。

4.4.2　附加开环极点对系统性能的影响

增加开环极点的作用，一般与增加开环零点的作用相反，但根据其位置的不同，在某些条件下，也能产生对系统有利的影响。现举例定性分析开环极点的变化对根轨迹及系统性能的影响。

设系统的开环传递函数为

$$G(s)H(s) = \frac{k}{s(s+2)}$$

它的根轨迹如图 4-4-7(a)所示。现增加一个开环极点 p_1，当它取不同值 -4、-2、0 时所得的根轨迹分别如图 4-4-7(b)、(c)、(d)所示。

从根轨迹的变化，可以看出增加开环极点将使系统的根轨迹向右弯曲和移动，这对系统的稳定性是不利的。原系统本是无条件稳定的，增加极点（见图 4-4-7(b)、(c)）时将使系统成为条件稳定的，而当 $p_1 = 0$ 时，系统就肯定不稳定了。由此可见，增加开环极点对系统稳定性的影响视极点位置的不同而异，极点离虚轴越远，影响就越小。

增加开环极点对系统暂态性能的影响，一般可认为与增加开环零点的情况相反，但在实际应用时，它的影响也因原系统的结构、所增加极点的位置等不同而异，另外还应考虑到增加开

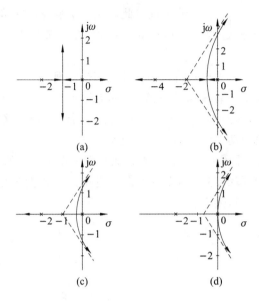

图 4-4-7　增加开环极点对根轨迹的影响

环极点也起到增加闭环极点的作用,故要根据具体情况分析。另外,增加开环极点对系统稳态性能可能起到改善作用,例如增加积分环节就可以提高稳态精度。

上述增加极点的分析也可用作对极点位置变化的分析。因为在实用上,往往采用零、极点对消以改变极点位置的方法来改善系统的性能。

4.4.3　增加一对开环零、极点对根轨迹及系统性能的影响

在系统的设计校正中,常采用增加一对开环零、极点的方法来改善系统的性能。这里仅就其一般影响来做分析,具体应用将视实际情况来定量计算确定。

设系统的开环传递函数为

$$G(s)H(s) = \frac{k}{s(s-p_2)(s-p_3)}$$

现增加一对零、极点,使开环传递函数改变为

$$G(s)H(s) = \frac{k(s-z_c)}{s(s-p_2)(s-p_3)(s-p_c)}$$

先设 $z_c > p_c$,即增加的零点比极点更靠近虚轴。此时,根据不同零点、极点位置情况,画出各根轨迹图,图 4-4-8(a)为原系统的根轨迹图,图 4-4-8(b)为 z_c 在 p_2 与 p_3 之间时的根轨迹图,图 4-4-8(c)为 z_c 在 p_1 与 p_2 之间时的根轨迹图。

从图上可以看出,增加一对 $z_c > p_c$ 的零、极点后,总的倾向是使根轨迹向左弯曲和移动,这有利于系统的稳定性(这是可以理解的,因此时零点更靠近虚轴,起的作用更强些)。但应注意到,在图 4-4-8(c)的情况时,将有一个闭环极点在 p_1 与 z_c 之间,它离虚轴最近,故将使系统的响应有非周期性倾向(当然,如果 z_c 很靠近原点,由于它也就是闭环零点,因此就可以和这个闭环极点的作用相互抵消)。至于增加一对零、极点对系统的暂态和稳态性能的影响,只要零、极点选择适当,是可以起到改善系统暂态和稳态性能的作用的。一般说来,可使 z_c 接近 p_2,而使 p_c 远离虚轴(这实际相当于将零、极点对消而改变原系统的极点位置),这时系统的性能就可能比较适当。

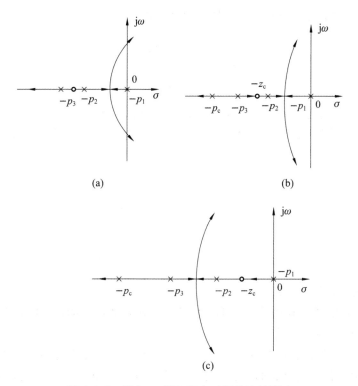

图 4-4-8 增加一对零、极点对根轨迹的影响

如果增加的开环零点、极点为 $z_c < p_c$ 的情况,即若极点比零点更靠近虚轴,则一般来说这将使根轨迹发生向右弯曲和移动,对系统的稳定是不利的,因而应用时要慎重。但若使零点、极点互相非常接近且离虚轴很近,它们将不会对根轨迹产生很大的影响,却常常能使系统的稳态精度得到提高。

上述分析是就一般性而论,对于具体系统则要作具体分析。对实际采用的增加或改变零、极点的方法,要作定量的计算,以便能满足系统的各种要求。

4.5 知 识 要 点

4.5.1 根轨迹定义

根轨迹是指闭环系统特征根随着开环增益变化的轨迹,即闭环极点随开环某一参数变化在复平面上所形成的曲线。通过根轨迹分析系统性能随开环增益变化的规律的方法称为根轨迹法。简单的增益调整可以将闭环极点移动到需要的位置,在对某些系统的设计过程中,可利用此法,将复杂问题转化为选择合适增益值的简单问题。

4.5.2 根轨迹的幅值条件和相角条件

根轨迹的幅值条件和相角条件分别为

$$|H(s)G(s)| = 1 \tag{4-33}$$

$$\angle H(s)G(s) = \pm 180°(2k+1) \qquad (k = 0,1,2,\cdots) \tag{4-34}$$

由于系统开环传递函数是组成系统前向通道和反馈通道各串联环节传递函数的乘积,所以在复数域内其分子和分母均可写为 s 的一次因式积的形式：

$$H(s)G(s) = \frac{K^* \prod\limits_{j=1}^{m}(s-z_j)}{\prod\limits_{i=1}^{n}(s-p_i)} \qquad (4-35)$$

式中：K^* 称为根轨迹增益；z_j 和 p_i 分别为系统的开环零点和极点。

将式（4-35）分别代入式（4-33）和式（4-34），得根轨迹的幅值条件和相角条件的具体表达式：

$$\frac{K^* \prod\limits_{j=1}^{m}(s-z_j)}{\prod\limits_{i=1}^{n}(s-p_i)} = 1$$

$$\sum_{j=1}^{m}\angle(s-z_j) - \sum_{i=1}^{n}\angle(s-p_i) = \pm 180°(2k+1), \quad k=0,1,2,\cdots$$

根轨迹幅相条件的两点说明：

① 根轨迹的幅值条件和相角条件都是由开环传递函数得出的，因此系统的开环传递函数是绘制闭环系统根轨迹的依据。

② 绘制根轨迹，主要是应用相角条件。在 $[s]$ 平面上，凡满足相角条件的点，一定存在某确定的 K，使幅值条件成立，因而满足相角条件的所有点构成的图形就是系统的根轨迹。因此，相角条件是决定闭环系统根轨迹的充分必要条件。幅值条件则用来确定根轨迹上某确定点所对应的系统参数的值，或确定在某确定的参数值下系统给的闭环极点。

4.5.3 绘制根轨迹

1. 根轨迹的绘制法则（见表 4-5-1）

表 4-5-1 绘制根轨迹的基本法则

法则	法则内涵
（1）根轨迹的条数	n 阶系统的特征方程为 n 次方程，有 n 个根。这 n 个根在复平面连续变化，形成 n 条根轨迹，所以根轨迹的条数等于系统阶数
（2）根轨迹的对称性	系统特征根不是实数就是成对的共轭复数，而共轭复数对称于实轴，所以由特征根形成的根轨迹必定对称于实轴
（3）根轨迹的起点	系统的 n 条根轨迹始于系统的 n 个开环极点。系统有 m 条根轨迹的终点为系统的 m 个开环零点
（4）实轴上的根轨迹	在实轴的某一段上存在根轨迹的条件为：在这一线段右侧的开环极点与开环零点的个数之和为奇数
（5）根轨迹的渐近线	如果开环零点个数 m 小于开环极点个数 n，则系统根轨迹增益 $K^* \to \infty$ 时，共有 $n-m$ 条根轨迹趋向无穷远处，它们的方位可由渐近线决定。 ① 根轨迹中 $n-m$ 条趋向无穷远处的分支的渐近线倾角 $$\varphi_a = \pm\frac{180°(2k+1)}{n-m} \quad k=0,1,2,\cdots,n-m-1$$ ② 根轨迹中 $n-m$ 条趋向无穷远处的分支的渐近线与实轴的交点坐标为 $(\sigma_a, j0)$， $$\sigma_a = \frac{\sum\limits_{i=1}^{n}p_i - \sum\limits_{j=1}^{m}z_j}{n-m}$$

续表

法则	法则内涵
(6) 确定根轨迹与虚轴的交点	将 $s = j\omega$ 带入特征方程，则有 $$1 + G(j\omega)H(j\omega) = 0$$ 将上式分解为实部和虚部两个方程。即 $$\begin{cases} \text{Re}[1 + G(j\omega)H(j\omega)] = 0 \\ \text{Im}[1 + G(j\omega)H(j\omega)] = 0 \end{cases}$$ 解上式，就可以求得根轨迹与虚轴的交点坐标 ω，以及此交点相对应的 K_g
(7) 根轨迹的起始角和终止角	所谓根轨迹的出射角（或入射角），指的是根轨迹离开开环复数极点处（或进入开环复数零点处）的切线方向与实轴正方向的夹角。出射角为 $$\theta_{p_r} = \pm 180°(2k+1) - \sum_{j=1, j \neq r}^{n} \arg(p_r - p_j) + \sum_{i=1}^{n} \arg(p_r - z_i)$$ 入射角为 $$\theta_{z_r} = \pm 180°(2k+1) + \sum_{j=1}^{n} \arg(z_r - p_j) - \sum_{i=1, i \neq r}^{m} \arg(z_r - z_i)$$
(8) 根轨迹上的分离点坐标	根轨迹上的分离点：当有两条或两条以上的根轨迹分支在 $[s]$ 平面上相遇又立即分开时，该相遇的点称为分离点。可见，分离点就是特征方程出现重根的点。分离点的坐标 d 可用下列方程之一解得 $$\frac{d}{ds}[G(s)H(s)] = 0, \quad \frac{dK^*}{ds} = 0$$ 其中 $$K^* = -\frac{\prod_{j=1}^{n}(s - p_j)}{\prod_{i=1}^{m}(s - z_i)}$$ $$\sum_{j=1}^{m} \frac{1}{d - z_j} = \sum_{i=1}^{n} \frac{1}{d - p_i}$$ 根据根轨迹的对称性法则，根轨迹的分离点一定在实轴上或以共轭形式成对出现在复平面上

2. 绘制根轨迹方法

（1）手工绘制法：直接利用开环传递函数求得系统的开环零点和极点来绘制闭环根轨迹。大致思路是，利用幅值条件找出可能的根轨迹并标出相应的增益值。因为在分析中包含了幅角和幅值的图解测量，所以当在纸面上绘制根轨迹草图时，必须将横坐标轴与纵坐标轴以相同的尺度进行等分。具体步骤为：

① 确定 $G(s)H(s)$ 的极点和零点在复平面上的位置。极点用"×"表示，零点用"○"表示。根轨迹各分支起始于开环极点，终止于开环零点（法则 3）。

② 根据位于实轴上的开环极点和零点确定实轴上的根轨迹。可在实轴上选择试验点，若此试验点右方的实数极点和零点总数为奇数，则该试验点位于根轨迹上；若开环极点和开环零点是单极点和单零点，则根轨迹及其分支沿实轴构成交替的线段（法则 4）。

③ 确定根轨迹渐近线。对于终止于零点为 $-\infty$ 的根轨迹，可确定其渐近线与实轴的交点坐标和夹角。通过表 4-5-1 中法则 5 计算可得。

④ 求出分离点和汇合点（法则 8）。分离点和汇合点对正确判断根轨迹的形状起重要作

用。如果根轨迹位于两相邻开环极点之间,则该段至少存在一个分离点;若根轨迹位于两相邻零点之间,则该段至少存在一个汇合点;如果根轨迹在一开环极点和零点之间,则该段或同时存在分离点和汇合点,或都不包括。

⑤ 确定根轨迹的出射角或入射角(法则7)。为了精确地画出根轨迹的各个部分,必须确定起始点和终止点附近的根轨迹方向。

⑥ 确定根轨迹与虚轴的交点(法则6)。在求出交点坐标的同时,也求出了此交点对应的增益值,应相应地标在图中。

⑦ 在复平面内的原点附近选取一系列试验点,画出根轨迹。根轨迹最重要的部分在虚轴和原点附近的区域内。对于该曲线部分,可选取试验点,根据幅角条件确定。

(2) 利用计算机应用软件如 MATLAB 绘制,常用函数和命令如下。

① 利用 pzmap 函数可求出开环系统零、极点,并作图。格式为:pzmap(num,den)。

② 利用 rlocus 命令可画出系统根轨迹图。格式为:rlocus(num,den)。

③ 利用 rlocfind 命令可计算根轨迹上给定一组极点所对应的增益。格式为:[k,p]=rlocfind(num,den)。

④ 利用 sgrid 命令可在已绘制的根轨迹图上绘制等阻尼系数和等自然频率栅格。格式为:sgrid。

⑤ conv 函数可直接将传递函数以因式积的形式列写出来。

4.5.4　利用根轨迹分析系统的性能

利用根轨迹图,了解系统闭环极点的分布情况,可分析系统很多性能,如图 4-5-1 所示。

① 确定增益取值范围。根据系统特征根随增益的变化规律,引入闭环极点,依据对系统性能的具体要求,确定增益的取值范围。

② 运动形式。如果根轨迹图中无闭环零点,且闭环极点皆为实数,则时间响应一定是单调的;如果闭环极点皆为复数,则系统时间响应为振荡的。

③ 稳定性分析。如闭环极点全部位于左半面,则系统是稳定的;反之,为不稳定的。还可利用根轨迹和虚轴的交点确定系统的临界稳定参数。根据在坐标原点处的开环极点数可确定系统为几次型,指定闭环极点的开环增益,根据稳态误差与结构参数之间的关系,还可确定系统的动态性能。

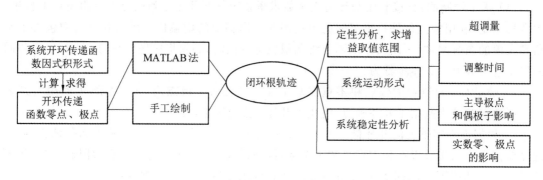

图 4-5-1　用根轨迹法分析系统性能

④ 超调量。主要取决于闭环复数主导极点的衰减率 $\dfrac{\xi}{\sqrt{1-\xi}}$,并与其他闭环零、极点接近

坐标原点的程度有关。

⑤ 调整时间。主要取决于闭环复数主极点的实部绝对值；若实数极点距虚轴最近，且附近没有零点，则调整时间主要取决于实数极点的模值。

⑥ 主导极点和偶极子的影响。凡实部比主导极点实部大 5 倍以上的其他闭环零、极点对系统的影响可忽略。远离原点的偶极子，其影响可忽略；接近原点的偶极子，其影响必须考虑。

⑦ 实数零、极点的影响。若除主导极点外，系统还有若干实数零、极点，则存在零点会减小系统阻尼，使响应加快，增加超调量；若存在极点则情况相反。零、极点的作用强弱与其接近原点的程度有关。

4.6　利用 MATLAB 语言绘制系统的根轨迹图

利用 MATLAB 语言绘制系统的根轨迹的命令：rlocus。

格式：rlocus(num,den)。

说明：rlocus 函数可以计算出单输入单输出系统的根轨迹，根轨迹可用于研究增益对系统极点分布的影响，从而提供系统时域和频域响应的分析。

【例 4-6-1】　某单位反馈系统，其开环系统传递函数为 $G(s)=\dfrac{K(s+3)}{s(s+2)(s^2+s+2)}$，绘制闭环系统的根轨迹。

解　可直接利用 rlocus 函数绘制根轨迹，如图 4-6-1 所示。

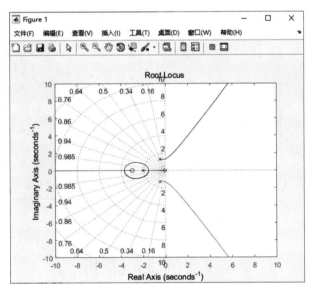

图 4-6-1　例 4-6-1 的根轨迹

MATLAB 程序为

```
num= [1,3];
den1= [1,2,0];
den2= [1,1,2];
den= conv(den1,den2)
rlocus(num,den)
v= [-10 10 -10 10];
axis(v)
grid
```

【例 4-6-2】 已知开环传递函数 $H(s)G(s) = \dfrac{K}{s^4 + 6s^3 + 36s^2 + 80s}$，绘制闭环系统的根轨迹。

解 MATLAB 程序如下：

```
den= [1 6 36 80 0]
num= [1]
rlocus(num,den)
```

根轨迹如图 4-6-2 所示。

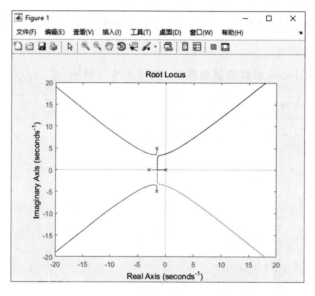

图 4-6-2　例 4-6-2 根轨迹

4.7 例 题 解 析

【例 4-7-1】 某闭环控制系统的开环传递函数为 $G(s)H(s) = K_s \dfrac{s+4}{s(s+2)(s+6.6)}$，在 $[s]$ 平面上取一试验点 $s_1 = -1.5 + j2.5$，检验该点是否为根轨迹上的点；如果是，确定该点相对应的 K_s 值。

解 系统的开环极点为 $-p_1 = 0$；$-p_2 = -2$；$-p_3 = -6.6$。

开环零点为 $-z_1 = -4$。

可在图 4-2-1 中将零点、极点和 s_1 标注出来。利用相角条件检验 s_1 是否为根轨迹上的点：

$$\angle(s_1+z_1)-\angle(s_1+p_1)-\angle(s_1+p_2)-\angle(s_1+p_3)$$
$$=\angle(-1.5+j2.5+4)-\angle(-1.5+j2.5)-\angle(-1.5+j2.5+2)$$
$$\quad-\angle(-1.5+j2.5+6.6)$$
$$=45°-120°-19°-26°$$
$$=-180°$$

满足相角条件，s_1 是根轨迹上的点。

由幅值条件求与 s_1 对应的开环增益：

$$K=\frac{|s_1+p_1||s_1+p_2||s_1+p_3|}{|s_1+z_1|}$$
$$=\frac{|-1.5+j2.5||-1.5+j2.5+2||-1.5+j2.5+6.6|}{|-1.5+j2.5+4|}$$
$$=\frac{2.9\times2.5\times5.7}{3.5}=11.81$$

【例 4-7-2】 某开环传递函数为 $G_K(s)=\dfrac{K}{s(s+1)(s+2)}$，求分离点和会合点。

解 本例题中 $N(s)=1$
$$D(s)=s(s+1)(s+2)=s^3+3s^2+2s$$
得 $$-(3s^2+6s+2)=0$$
解此方程 $$s_1=-0.423,s_2=-1.577$$
将 s_1、s_2 代入式(4-5)可得 $K_1=0.384,K_2=-0.384$。
所以 s_1 是分离点或会合点，而 s_2 不是。

【例 4-7-3】 求例 4-7-2 系统的根轨迹与虚轴的交点。

解 系统特征方程为
$$s^3+3s^2+2s+K=0$$
将 $s=j\omega$ 代入，得
$$(j\omega)^3+3(j\omega)^2+2(j\omega)+K=0$$
实部、虚部应分别相等，故有
$$3\omega^2-K=0$$
$$-\omega^3+2\omega=0$$

由第二式解出 $\omega=0,\pm\sqrt{2}$，其中：$\omega=0$ 为原点是根轨迹的起点，不用考虑；$\omega=\pm\sqrt{2}$ 为根轨迹与虚轴交点。

将 $\omega=\pm\sqrt{2}$ 代入到系统特征方程，求得交点处的开环增益为 $K=6$。

此例也可用劳斯判据求解。列劳斯表

s^3	1	2
s^2	3	K
s^1	$\dfrac{6-K}{3}$	0
s^0	K	0

对表中第 3 行的 K 进行调整，使得全行为 0，由此得 $K=6$。然后由第 2 行列辅助方程：

$3s^2 + 6 = 0$。求得 $s = \pm\sqrt{2}$，即根轨迹与虚轴交点坐标。

显然，两种方法所得结果相同。对于高阶系统用劳斯判据要简单一些。

【例 4-7-4】 如图 4-7-1 所示，绘制该系统的根轨迹。

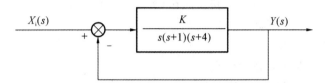

图 4-7-1　例 4-7-4 系统结构图

解 系统的开环传递函数为

$$G_K(s) = \frac{K}{s(s+1)(s+4)}$$

（1）系统有三个开环极点：$-p_0 = 0, -p_1 = -1, -p_2 = -4$。

（2）实轴上根轨迹区间为 $(-\infty, -4], [-1, 0]$。

（3）根轨迹渐近线的倾角为

$$\varphi = \pm\frac{180°(2k+1)}{n-m} = \pm 60°, \pm 180°$$

根轨迹渐近线与实轴的交点

$$-\sigma_a = \frac{(0-1-4)-0}{3} = -\frac{5}{3}$$

（4）求根轨迹的分离点和会合点

由题意可知

$$D(s)N'(s) = -D'(s)N(s) = 3s^2 + 10s + 4 = 0$$

解此方程得

$$s_1 = -0.467, \quad s_2 = -2.87 (s_2 \text{ 不在根轨迹上，舍去})$$

（5）根轨迹与虚轴的交点

系统特征方程为

$$s(s+1)(s+4) + K = 0$$

令 $s = j\omega$，得

$$(j\omega)(j\omega+1)(j\omega+4) + K = 0$$

亦即

$$4\omega - \omega^3 = 0, \quad K - 5\omega^2 = 0$$

解得

$$\omega_{1,2} = \pm 2, \quad K = 20$$

该系统根轨迹如图 4-7-2 所示。

【例 4-7-5】 已知系统的开环传递函数为 $G_K(s) = \dfrac{K}{s(s+4)(s^2+4s+20)}$，试绘制系统根轨迹。

解 （1）系统有三个开环极点（起点）：$-p_1 = 0, -p_2 = -4, -p_{3,4} = -2 \pm j4$。

（2）实轴上根轨迹区间为 $[-4, 0]$。

（3）根轨迹渐进线的倾角为

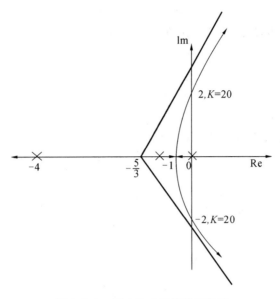

图 4-7-2 例 4-7-4 系统的根轨迹

$$\varphi = \pm \frac{180°(2k+1)}{n+m} = \pm 45°, \pm 135°$$

根轨迹渐近线与实轴的交点

$$-\sigma_a = -\frac{(0+4+2-j4+2+j4)}{4} = -2$$

（4）求根轨迹的分离点与会合点。

由题意可知：

$$N(s) = 1, D(s) = s(s+4)(s^2+4s+20)$$
$$N'(s) = 0, D'(s) = 4s^3+24s^2+72s+80$$

将以上各式代入下式：

$$D(s)N'(s) - D'(s)N(s) = 0$$

得

$$(s+2)(s^2+4s+10) = 0$$

解此方程得

$$s_1 = -2, s_{2,3} = -2 \pm j2.45$$

（5）根轨迹与虚轴的交点。

系统特征方程为

$$s(s+4)(s^2+4s+20) + K = 0$$

即

$$s^4 + 8s^3 + 36s^2 + 80s + K = 0$$

令 $s = j\omega$，得

$$(j\omega)^4 + 8(j\omega)^3 + 36(j\omega)^2 + 80(j\omega) + K = 0$$

亦即

$$\omega^4 - 36\omega^2 + K = 0, \quad 80\omega - 8\omega^3 = 0$$

解得

$$\omega_{1,2} = \pm 3.16, \quad K = 260$$

（6）求根轨迹在复数极点$-p_3$、$-p_4$处的出射角。

$$\theta_{p3} = 180° - [\angle(-p_2 + p_0) + \angle(-p_2 + p_1) + \angle(-p_2 + p_3)]$$
$$= 180° - [\angle(-2 + j4 + 0) + \angle(-2 + j4 + 4) + \angle(-2 + j4 + 2 + j4)]$$
$$= 180° - 116° - 64° - 90° = -90°$$

由对称性知$\theta_{p4} = 90°$。

根据计算结果绘制根轨迹如图 4-7-3 所示。

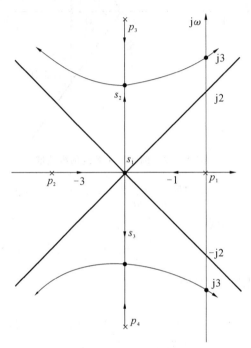

图 4-7-3　例 4-7-5 系统的根轨迹图

【**例 4-7-6**】　设反馈系统的开环传递函数为$G_K(s) = \dfrac{4}{s(s+a)}$，绘制系统以 a 为参量的根轨迹。

解　先求系统特征方程

$$1 + \frac{4}{s(s+a)} = 0$$

即

$$s^2 + as + 4 = (s^2 + 4) + as = 0$$

将等式左边的第一项除全式，得

$$1 + a\frac{s}{s^2 + 4} = 0$$

上式已将参量 a 演化到 K 的位置了。根据法则绘制参量 a 由零变化至无穷大的的根轨迹，如图 4-7-4 所示。

一般，对于可变参量为 a 的系统，首先将系统特征方程演化为下述形式：

$$P(s) + aQ(s) = 0$$

其中 $P(s)$ 和 $Q(s)$ 为 s 的常系数多项式，不含有参变量 a。再将全式除以第一项 $P(s)$ 得

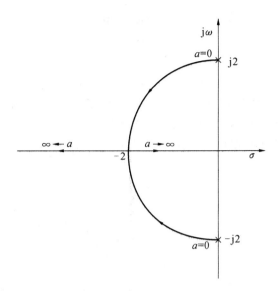

图 4-7-4　例 4-7-6 系统的参量根轨迹

$$1 + a\frac{Q(s)}{P(s)} = 0$$

上式已将 a 演化到 K 位置,此后即可运用法则绘制参量根轨迹。

【例 4-7-7】　系统开环传递函数为 $G_K(s) = \dfrac{K}{s(s+2)(s+4)}$,试确定阻尼比 $\xi = 0.5$ 时的主导极点和相应的 $\sigma\%$ 和 t_s 值。

解　绘制系统的根轨迹图。

（1）系统有三个开环极点：$-p_0 = 0, -p_1 = -2, -p_2 = -4$。

（2）实轴上根轨迹区间为 $(-\infty, -4)$ 和 $[-2, 0]$。

（3）求根轨迹的分离点和会合点。

由题意可知：

$$D(s)N'(s) - D'(s)N(s) = s(s+2)(s+4) = 3s^2 + 12s + 8 = 0$$

解此方程可得

$$s_1 = -0.84, s_2 = -3.16(s_2 \text{不在根轨迹上,舍去})$$

（4）根轨迹渐近线的倾角为

$$\varphi = \pm\frac{180°(2k+1)}{n-m} = \pm 60°, \pm 180°$$

根轨迹渐近线与实轴的交点为

$$-\sigma_a = \frac{(0-2-4)-0}{3} = -2$$

（5）求根轨迹与虚轴的交点。

由题意可知系统特征方程为

$$s(s+2)(s+4) + K = s^3 + 6s^2 + 8s + K = 0$$

令 $s = j\omega$,得

$$(j\omega)^3 + 6(j\omega)^2 + 8(j\omega) + K = 0$$

亦即

$$K - 6\omega^2 = 0$$
$$8\omega - \omega^3 = 0$$

解得

$$\omega = \pm 2.83, \quad K = 48$$

根据计算结果绘制根轨迹,如图 4-7-5 所示。稳定性分析:由根轨迹图可知,当 $K < 48$ 时,三个闭环极点均位于 s 平面的左半平面,系统才能稳定。

静态性能分析:由根轨迹图可知,坐标原点上有一个开环极点,因此,系统为 Ⅰ 型。阶跃信号输入时稳态误差为 0。

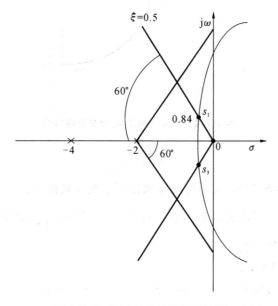

图 4-7-5　例 4-7-7 系统根轨迹图

动态性能分析:① 确定闭环极点,在此基础上确定主导极点。

由第 3 章知,高阶系统具有一对主导复数极点时,系统动态性能主要由这一对主导复数极点的阻尼系数 ξ 值决定。在根平面上,一对复数极点的阻尼系数 ξ 值与复数极点的张角 θ 的关系是:$\xi = \cos\theta$(θ 是等 ξ 线与负实轴方向的夹角)。

由 $\xi = \cos\theta = 0.5$,得 $\theta = 60°$。在图 4-7-5 中,作与负实轴夹角成 60° 的等 ξ 线,其与根轨迹的交点是 s_1。从图中量得 s_1 为

$$s_1 = -0.67 + j1.16$$

另一个闭环极点 s_2 是 s_1 的共轭复数

$$s_2 = -0.67 - j1.16$$

求与 s_1 和 s_2 对应的开环增益 K 的值:

$$K = \frac{\prod_{i=1}^{n} |s + p_i|}{\prod_{j=1}^{m} |s + z_j|} = |s_1||s_1 + 2||s_1 + 4| = 1.33 \times 1.77 \times 3.53 = 8.3$$

因此,闭环极点 s_1 和 s_2 所对应的系统特征方程为

$$s^3 + 6s^2 + 8s + 8.3 = 0$$

由方程的根与系数之间的关系可得如下计算公式:

$$s_1 + s_2 + s_3 = 6$$

故第三个闭环极点

$$s_3 = -(6 + s_1 + s_2) = -4.66$$

② 确定主导极点并计算 $\sigma\%$ 和 t_s。由于 s_3 与 s_1 的实部之比为 $\dfrac{4.66}{0.67} = 7$，由高阶时域分析的概念知：s_1 与 s_2 是主导极点，s_3 对动态过程的影响可以忽略不计，本系统可以当作二阶系统来分析。系统特征方程为

$$(s - s_1)(s - s_2) = (s + 0.67 - j1.16)(s + 0.67 + j1.16) = s^2 + 1.34s + 1.79 = 0$$

由第 3 章典型二阶系统分析可得

$$\xi = 0.5（题目给定）$$

$$\omega_n = \sqrt{1.79}\ \text{rad/s} = 1.34\ \text{rad/s}$$

$$\omega_d = \omega_n \sqrt{1 - \xi^2} = (1.34 \times \sqrt{1 - 0.5^2})\ \text{rad/s} = 1.16\ \text{rad/s}$$

动态响应性能指标为：$\sigma\% = e^{-\xi\pi/\sqrt{1-\xi^2}} \times 100\% = 16.3\%$；$t_s = \dfrac{3}{\xi\omega_n} = 4.5\ \text{s}$

【例 4-7-8】　单位反馈系统的开环传递函数为

$$G_K(s) = \frac{K^*}{(s + 3)(s^2 + 2s + 2)}$$

要求系统的性能：最大超调量 $\sigma\% \leqslant 25\%$，调节时间 $t_s \leqslant 10\ \text{s}$，试用根轨迹分析法选择 K^* 的值。

解　(1) 绘制根轨迹。

有三条根轨迹；起点为 -3，$-1 \pm j$；三条根轨迹均趋于无穷远处，渐近线有三条，它们与实轴的交点和夹角分别为

$$\begin{cases} \sigma_a = \dfrac{-3 - 1 + j - 1 - j}{3} = -\dfrac{5}{3} \\[2mm] \varphi_a = \dfrac{(2k+1)\pi}{3} = \pm\dfrac{\pi}{3},\ \pi \end{cases}$$

实轴上的根轨迹为 $(-\infty, -3]$；与虚轴有交点；系统闭环特征方程为

$$D(s) = s^3 + 5s^2 + 8s + 6 + K^* = 0$$

把 $s = j\omega$ 代入该特征方程，整理，令实部和虚部分别为零，有

$$\begin{cases} \text{Re}(D(j\omega)) = -5\omega^2 + 6 + K^* = 0 \\ \text{Im}(D(j\omega)) = -\omega^3 + 8\omega = 0 \end{cases}$$

解得

$$\begin{cases} \omega = \pm 2.83 \\ K^* = 34 \end{cases}$$

依绘制根轨迹的相关法则，系统的根轨迹如图 4-7-6 所示。

(2) 依性能要求，求 K^* 值。

考虑主导极点。由 $\sigma\% \leqslant 25\%$，利用二阶系统的性能公式，算出阻尼系数 $\xi \geqslant 0.4$，取 $\xi = 0.4$。由第 3 章，$\xi = \cos\theta$，求出阻尼角 $\theta = 66.4°$。

过 O 点，作等阻尼线 OA，与根轨迹的交点为 λ_1。由图量得

$$\lambda_1 = -0.7 + 1.6j$$

于是设第 3 个根为 λ_3，则系统的特征多项式为

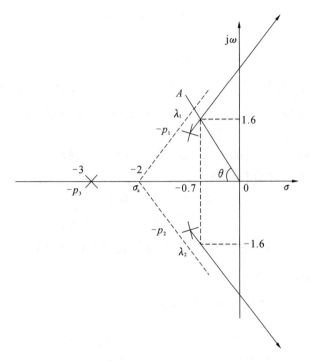

图 4-7-6　例 4-7-8 根轨迹图

$$(s-\lambda_1)(s-\lambda_2)(s-\lambda_3)=s^3+(1.4-\lambda_3)s^2+(3.05-1.4\lambda_3)-3.05\lambda_3$$
$$=s^3+5s^2+8s+6+K^*$$

比较等式两边系数,有

$$\lambda_3=-3.6,\ K^*=4.98\approx5$$

检验主导极点。由于 λ_1、λ_2 的实部 $-\xi\omega_n=-0.7$,而实数根 $\lambda_3=-3.6$,相距 5 倍以上,故 λ_1、λ_2 可视为主导极点。

检验调节时间。由

$$t_s=\frac{4}{\xi\omega_n}=\frac{4}{0.7}\ \text{s}=5.7\ \text{s}<10\ \text{s}$$

所以,当 $K^*=5$ 选取时,能满足性能要求。

习　　题

4-1　如何从根轨迹图分析闭环控制系统的性能?

4-2　设某反馈系统的开环传递函数为

$$G(s)=\frac{K(s+1)}{s^2(s+2)(s+4)}$$

绘制该系统的根轨迹图。

4-3　设某反馈系统的开环传递函数为

$$G(s)H(s)=\frac{K}{s(s+4)(s^2+4s+20)}$$

绘制该系统的根轨迹图。

4-4 设负反馈系统的开环传递函数为

$$G(s) = \frac{k}{s(s+4)(s^2+4s+20)}$$

试概略绘制该系统的根轨迹图。

4-5 设单位反馈系统的开环传递函数为

$$G(s) = \frac{K^*(s+1)}{s(s+4)(s^2+2s+2)}$$

根据已知法则,确定绘制根轨迹的有关数据。

4-6 已知单位负反馈为

$$G(s)H(s) = \frac{K_1}{s(s+1)(s+2)}$$

试画出根轨迹的大致图形。

4-7 设系统方框图如图所示,试求该系统根轨迹在实轴上的会合点。

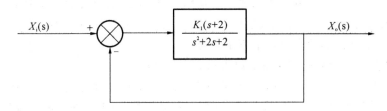

题 4-7 图

4-8 某反馈系统的方框图如图所示。试绘制 K 从 0 变到 ∞ 时该系统的根轨迹。

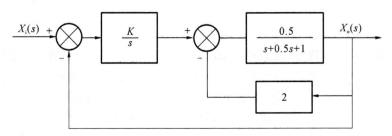

题 4-8 图

4-9 负反馈控制系统前向通道的传递函数和反馈通道的传递函数分别为

$$G(s) = \frac{K}{s^2(s+1)}, \quad H(s) = 1$$

(1) 试绘制系统的根轨迹图,判断系统的稳定性;

(2) 若 $H(s) = s+0.5, G(s)$ 不变,绘制系统的根轨迹,并判断系统的稳定性。

第5章　控制系统的频域分析

学习要点：掌握频率特性和对数频率特性、相对稳定性、相角裕度 γ 和增益裕度 K_g 的基本概念；熟悉典型环节及一般系统的频率特性及物理意义；掌握典型环节及系统频率特性的求取及其作图方法；掌握奈奎斯特稳定判据、伯德稳定判据以及控制系统的相对稳定性；掌握频率特性与系统时域响应之间的内在联系与分析方法。

5.1　频域特性的基本概念

时域分析法是在系统微分方程已建立的基础上，以拉氏变换为数学工具直接求出系统的时间响应，再根据时间响应表达式或响应曲线对系统的性能进行分析的方法。这种方法较为直接，也符合人们的习惯，但存在以下不足之处：

① 对于高阶或较为复杂的系统难以求解和定量分析。

② 当系统中某些元器件或环节的数学模型难以求出时，整个系统的分析将无法进行。

③ 系统的参数变化时，系统性能的变化难以直接判断，而需重新求解系统的时间响应，才能得到结果。

④ 系统的性能不满足技术要求时，无法方便地确定应如何调整系统的参数来获得预期结果。

⑤ 必须由闭环传递函数求系统的稳定性。

根轨迹分析法是一种快速、简洁而实用的图解分析法，它根据图形的变化趋势即可得到系统性能随某一参数变化的全部信息，从而可以通过调整系统的参数来获得预期结果，是一种非常实用的求取闭环特征方程根和定性分析系统性能的图解法，特别适合用于高阶系统的分析求解。但对于高频噪声问题、难以建立数学模型等问题仍然无能为力。

从工程应用的角度出发，需要一种不必求解微分方程就可以预示出系统的性能的方法。同时，这种方法还能指出应如何调整系统参数来得到预期的性能技术指标。频域分析法具有上述特点。它是20世纪30年代发展起来的一种经典工程实用方法，是一种利用频率特性进行控制系统分析和设计的图解法，可方便地用于控制工程中的系统分析与设计。其优点如下：

① 利用系统的开环传递函数求解闭环系统的稳定性，而不必求解闭环系统的特征根。

② 频域分析法具有明显的物理意义，可以用实验的方法确定系统的传递函数，对难以列写微分方程的元部件或系统来说，具有重要的实际意义。

③ 对于二阶系统，频域性能指标和时域性能指标具有一一对应的关系。对高阶系统存在可以满足工程要求的近似关系，使时域分析法的直接性和频域分析法的直观性有机地结合起来。

④ 可以方便地研究系统参数和结构的变化给系统性能指标带来的影响，为系统参数和结构的调整和设计提供了方便而实用的手段，同时可以设计出能有效抑制噪声的系统。

5.1.1　频率特性的定义

为了说明什么是频率特性，首先分析一个特例 RC 电路，如图 5-1-1 所示。设电路的输入、输出电压分别为 $u_r(t)$ 和 $u_c(t)$，电路的传递函数为

$$G(s) = \frac{U_c(s)}{U_r(s)} = \frac{1}{Ts + 1}$$

式中：T 为电路的时间常数，$T = RC$。

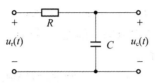

图 5-1-1　RC 网络电路

若给电路输入一个振幅为 X、频率为 ω 的正弦信号，即

$$u_r(t) = X\sin \omega t$$

当初始条件为 0 时，输出电压的拉氏变换为

$$U_c(s) = \frac{1}{Ts + 1}U_r(s) = \frac{1}{Ts + 1} \cdot \frac{X\omega}{s^2 + \omega^2} \tag{5-1}$$

对式（5-1）取拉氏反变换，得出输出时域解为

$$u_c(t) = \frac{XT\omega}{1 + T^2\omega^2}e^{-\frac{t}{T}} + \frac{X}{\sqrt{1 + T^2\omega^2}}\sin(\omega t - \arctan T\omega) \tag{5-2}$$

式（5-2）等号右端第一项是瞬态分量，第二项是稳态分量。当 $t \to \infty$ 时，第一项趋于 0，电路稳态输出为

$$u_{cs}(t) = \frac{X}{\sqrt{1 + T^2\omega^2}}\sin(\omega t - \arctan T\omega) = B\sin(\omega t + \varphi) \tag{5-3}$$

式中：B 为输出电压的振幅，$B = \dfrac{X}{\sqrt{1 + T^2\omega^2}}$；$\varphi$ 为 $u_c(t)$ 与 $u_r(t)$ 之间的相位差。

式（5-3）表明：RC 电路在正弦信号 $u_r(t)$ 作用下，过渡过程结束后，输出的稳态响应仍是一个与输入信号同频率的正弦信号，只是幅值变为输入正弦信号幅值的 $1/\sqrt{1 + T^2\omega^2}$ 倍，相位则滞后 $\arctan T\omega$。

上述结论具有普遍意义。事实上，一般线性系统（或元件）输入正弦信号 $x(t) = X\sin\omega t$ 的情况下，系统的稳态输出（即频率响应）$y(t) = Y\sin(\omega t + \varphi)$ 也一定是同频率的正弦信号，只是幅值和相角不一样。

如果对输出、输入正弦信号的幅值比 $A = Y/X$ 和相角差 φ 作进一步的研究，则不难发现，在系统结构参数给定的情况下，A 和 φ 仅仅是 ω 的函数，它们反映出线性系统在不同频率下的特性，分别称为幅频特性和相频特性，分别以 $A(\omega)$ 和 $\varphi(\omega)$ 表示。

由于输入、输出信号（稳态时）均为正弦函数，故可用电路理论的符号法将其表示为复数形式，即输入为 Xe^{j0}，输出为 $Ye^{j\varphi}$。则输出与输入的复数之比为

$$\frac{Ye^{j\varphi}}{Xe^{j0}} = \frac{Y}{X}e^{j\varphi} = A(\omega) \cdot e^{j\varphi(\omega)}$$

这正是系统（或元件）的幅频特性和相频特性。通常将幅频特性 $A(\omega)$ 和相频特性 $\varphi(\omega)$ 统称为

系统（或元件）的频率特性。

综上所述，可对频率特性定义如下：线性定常系统（或元件）的频率特性是零初始条件下稳态输出正弦信号与输入正弦信号的复数比，用 $G(j\omega)$ 表示，则有

$$G(j\omega) = A(\omega)e^{j\varphi(\omega)} = A(\omega)\angle\varphi(\omega) \tag{5-4}$$

频率特性描述了在不同频率下系统（或元件）传递正弦信号的能力。

除了用式(5-3)的指数型或幅角型形式描述以外，频率特性 $G(j\omega)$ 还可用实部和虚部形式来描述，即

$$G(j\omega) = P(\omega) + jQ(\omega)$$

式中：$P(\omega)$ 和 $Q(\omega)$ 分别为系统（或元件）的实频特性和虚频特性。

图 5-1-2 所示为频率特性 $G(j\omega)$ 在复平面上的表示，由图中的几何关系知，幅频、相频特性与实频、虚频特性之间的关系为

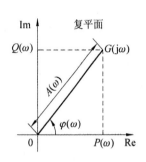

$$P(\omega) = A(\omega)\cos\varphi(\omega) \tag{5-5}$$

$$Q(\omega) = A(\omega)\sin\varphi(\omega) \tag{5-6}$$

$$A(\omega) = \sqrt{P^2(\omega) + Q^2(\omega)} \tag{5-7}$$

$$\varphi(\omega) = \arctan\frac{Q(\omega)}{P(\omega)} \tag{5-8}$$

图 5-1-2　$G(j\omega)$ 在复平面上的表示

5.1.2　频率特性和传递函数的关系

设系统的输入信号、输出信号分别为 $x_i(t)$ 和 $x_o(t)$，其拉氏变换分别为 $X_i(s)$ 和 $X_o(s)$，系统的传递函数可以表示为

$$G(s) = \frac{X_o(s)}{X_i(s)} = \frac{M(s)}{(s+p_1)(s+p_2)\cdots(s+p_n)} \tag{5-9}$$

式中：$M(s)$ 表示 $G(s)$ 的分子多项式，$-p_1, -p_2, \cdots, -p_n$ 为系统传递函数的极点。为方便讨论并且不失一般性，设所有极点都是互不相同的实数。

在正弦信号 $x_i(t) = X\sin\omega t$ 作用下，由式(5-9)可得输出信号的拉氏变换为

$$X_o(s) = \frac{M(\omega)}{(s+p_1)(s+p_2)\cdots(s+p_n)} \cdot \frac{X_i\omega}{(s+j\omega)(s-j\omega)}$$

$$= \frac{C_1}{s+p_1} + \frac{C_2}{s+p_2} + \cdots + \frac{C_n}{s+p_n} + \frac{C_a}{s+j\omega} + \frac{C_{-a}}{s-j\omega} \tag{5-10}$$

式中：$C_1, C_2, \cdots, C_n, C_a, C_{-a}$ 均为待定系数。对式(5-10)求拉氏反变换，可得输出为

$$x_o(t) = C_1 e^{-p_1 t} + C_2 e^{-p_2 t} + \cdots C_n e^{-p_n t} + C_a e^{j\omega} + C_{-a} e^{-j\omega} \tag{5-11}$$

假设系统稳定，当 $t \to \infty$ 时，式(5-10)右端除了最后两项外，其余各项都将衰减至 0。所以 $x_o(t)$ 的稳态分量为

$$x_{os}(t) = \lim_{t \to \infty} x_o(t) = C_a e^{j\omega} + C_{-a} e^{-j\omega} \tag{5-12}$$

其中，系数 C_a 和 C_{-a} 可计算如下

$$C_a = G(s)\frac{X_i\omega}{(s+j\omega)(s-j\omega)}(s+j\omega)\bigg|_{s=-j\omega} = -\frac{G(-j\omega)X_i}{2j} \tag{5-13}$$

$$C_{-a} = G(s)\frac{X_i\omega}{(s+j\omega)(s-j\omega)}(s-j\omega)\bigg|_{s=j\omega} = \frac{G(j\omega)X_i}{2j} \tag{5-14}$$

$G(j\omega)$ 是复数，可写为

$$G(j\omega) = |G(j\omega)| \cdot e^{j\angle G(j\omega)} = A(\omega) \cdot e^{j\varphi(\omega)} \qquad (5\text{-}15)$$

$G(j\omega)$ 与 $G(-j\omega)$ 共轭，故有：

$$G(-j\omega) = A(\omega) \cdot e^{-j\varphi(\omega)} \qquad (5\text{-}16)$$

将式(5-15)、式(5-16)分别代入式(5-13)、式(5-14)，得：

$$C_a = -\frac{X_i}{2j} A(\omega) e^{-j\varphi(\omega)}$$

$$C_{-a} = \frac{X_i}{2j} A(\omega) e^{j\varphi(\omega)}$$

再将 C_a、C_{-a} 代入式(5-12)，则有：

$$x_{os} = A(\omega) X_i \frac{e^{j[\omega t + \varphi(\omega)]} - e^{j[\omega t - \varphi(\omega)]}}{2j}$$

$$= A(\omega) X_i \sin[\omega t + \varphi(\omega)] = Y \sin[\omega t + \varphi(\omega)] \qquad (5\text{-}17)$$

根据频率特性的定义，由式(5-17)可直接写出线性系统的幅频特性和相频特性，即

$$\frac{Y}{X} = A(\omega) = |G(j\omega)| \qquad (5\text{-}18)$$

$$\omega t + \varphi(\omega) - \omega t = \varphi(\omega) = \angle G(j\omega) \qquad (5\text{-}19)$$

从式(5-18)、式(5-19)可以看出频率特性和传递函数的关系为

$$G(j\omega) = G(s)\big|_{s=j\omega} \qquad (5\text{-}20)$$

即传递函数的复变量 s 用 $j\omega$ 代替后，就相应变为频率特性。频率特性和前几章介绍过的微分方程、传递函数一样，都能表征系统的运动规律。所以，频率特性也是描述线性控制系统的数学模型之一。

5.1.3　频率特性的图形表示方法

微分方程、传递函数和频率特性都是描述系统动态性能的数学模型，但仅仅根据它们的解析式来分析和设计系统往往是比较困难的。频率特性可以用图形表示，根据系统的频率特性图能够对系统的性能作出相当明确的判断，并可找出改善系统性能的途径，从而建立一套分析和设计系统的图解分析方法，这就是控制理论中的频率特性法，也称频域分析法。

由于用频率法分析、设计控制系统时，不是从频率特性的函数表达式出发，而是将频率特性绘制成一些曲线，借助这些曲线对系统进行图解分析，因此，必须熟悉频率特性的各种图形表示方法和图解运算过程。这里以图 5-1-1 所示的 RC 电路为例，介绍控制工程中常见的四种频率特性图(见表 5-1-1)，其中第 2、3 种频率特性图在实际中应用最为广泛。

表 5-1-1　常用频率特性曲线及其坐标

序号	名　　称	图形常用名	坐　标　系
1	幅频特性曲线 相频特性曲线	频率特性图	直角坐标系
2	幅相频率特性曲线	奈奎斯特(Nyquist)图、极坐标图	极坐标系
3	对数幅频特性曲线 对数相频特性曲线	伯德(Bode)图、对数坐标图	半对数坐标系
4	对数幅相频率特性曲线	尼柯尔斯(Nichols)图、对数幅相图	对数幅相坐标系

1. 频率特性图

频率特性图包括幅频特性曲线和相频特性曲线。幅频特性描述频率特性幅值$|G(\mathrm{j}\omega)|$随ω的变化规律;相频特性描述频率特性相角$\angle G(\mathrm{j}\omega)$随$\omega$的变化规律。图 5-1-1 电路的频率特性如图 5-1-3 所示。

2. Nyquist 图

Nyquist 图又称极坐标图或幅相频率特性曲线,在复平面上以极坐标的形式表示。设系统的频率特性为

$$G(\mathrm{j}\omega) = A(\omega) \cdot e^{\mathrm{j}\varphi(\omega)}$$

对于某个特定频率ω_i下的$G(\mathrm{j}\omega_i)$,可以在复平面上用一个向量表示,向量的长度为$A(\omega_i)$,相角为$\varphi(\omega_i)$。当$\omega=0\rightarrow\infty$变化时,向量$G(\mathrm{j}\omega)$的端点在复平面$G$上描绘出来的轨迹就是幅相频率特性曲线。通常把$\omega$作为参变量标在曲线相应点的旁边,并用箭头表示$\omega$增大时特性曲线的走向。

图 5-1-4 中的实线就是图 5-1-1 所示电路的幅相频率特性曲线。

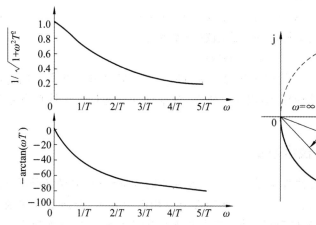 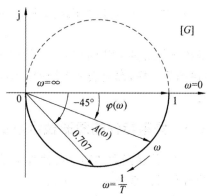

图 5-1-3　RC 电路的频率特性曲线　　　　图 5-1-4　RC 电路的幅相频率特性

3. Bode 图

Bode 图又称对数坐标图或对数频率特性曲线。它由对数幅频特性曲线和对数相频特性曲线两条曲线所组成,是频率法中应用最广泛的一组图线。Bode 图是在半对数坐标纸上绘制出来的。横坐标采用对数刻度,纵坐标采用线性的均匀刻度。

在 Bode 图中,对数幅频特性曲线是$G(\mathrm{j}\omega)$的对数值$20\lg|G(\mathrm{j}\omega)|$和频率$\omega$的关系曲线;对数相频特性曲线则是$G(\mathrm{j}\omega)$的相角$\varphi(\omega)$和频率$\omega$的关系曲线。在绘制 Bode 图时,为了作图和读数方便,常将两种曲线画在半对数坐标纸上,采用同一横坐标作为频率轴,横坐标虽采用对数分度,但以ω的实际值标定,单位为 rad/s 或 s^{-1}。

画 Bode 图时,必须掌握对数刻度的概念。尽管在ω坐标轴上标明的数值是实际的ω值,但坐标轴上的距离却是按ω值的常用对数$\lg\omega$来标记刻度的。坐标轴上任何两点ω_1和ω_2(设$\omega_2>\omega_1$)之间的距离为$\lg\omega_2-\lg\omega_1$,而不是$\omega_2-\omega_1$。横坐标轴上若两对频率间距离相同,则其比值相等。

频率ω每变化 10 倍称为一个十倍频程,记作 dec。每个 dec 沿横坐标走过的间隔为一个单位长度,如图 5-1-5 所示。由于横坐标按ω的对数分度,故对ω而言是不均匀的,但对$\lg\omega$

来说却是均匀的线性刻度。

对数幅频特性将 $A(\omega)$ 取常用对数,并乘上 20 倍,使其变成对数幅值 $L(\omega)$ 作为纵坐标值。$L(\omega)=20\lg A(\omega)$ 称为对数幅值,单位是 dB(分贝)。幅值 $A(\omega)$ 每增大 10 倍,对数幅值 $L(\omega)$ 就增加 20 dB。由于纵坐标 $L(\omega)$ 已作过对数转换,故纵坐标的分贝值是线性刻度的。

对数相频特性的纵坐标为相角 $\varphi(\omega)$,单位是度(°),采用线性刻度。

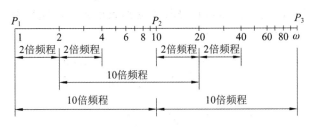

图 5-1-5　对数分度

图 5-1-1 所示电路的对数频率特性曲线如图 5-1-6 所示。

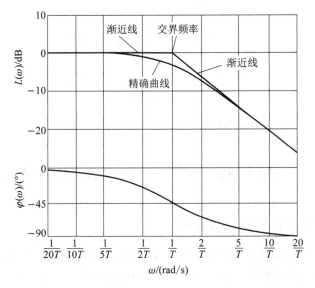

图 5-1-6　$1/(j\omega T+1)$ 的对数频率特性曲线

采用 Bode 图的优点较多,主要表现在以下几个方面:

① 横坐标采用对数刻度,将低频段相对展宽了(低频段频率特性曲线的形状对于控制系统性能的研究具有较重要的意义),而将高频段相对压缩了。可以在较宽的频段范围中研究系统的频率特性。

② 对数可将乘除运算变成加减运算。当绘制由多个环节串联而成的系统的 Bode 图时,只要将各环节 Bode 图的纵坐标相加减即可,从而简化了画图的过程。

③ 在 Bode 图上,所有典型环节的对数幅频特性曲线乃至系统的对数幅频特性曲线均可用分段直线近似表示。这种近似具有相当的精确度。若对分段直线进行修正,即可得到精确的特性曲线。

④ 若将实验所得的频率特性数据整理并用分段直线画出对数频率特性,很容易写出实验对象的频率特性表达式或传递函数。

4. Nichols 图

Nichols 图又称对数幅相特性曲线。

对数幅相特性曲线是由对数幅频特性曲线和对数相频特性曲线合并而成的曲线。对数幅相坐标的横轴为相角 $\varphi(\omega)$，纵轴为对数幅频值 $L(\omega) = 20\lg A(\omega)$，单位是 dB。横坐标和纵坐标均是线性刻度。图 5-1-1 所示电路的对数幅相特性如图 5-1-7 所示。

采用对数幅相特性可以利用 Nichols 图线方便地求得系统的闭环频率特性及其有关的特性参数，用以评估系统的性能。

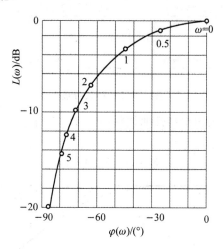

图 5-1-7　$1/(j\omega T+1)$ 的 Nichols 图

5.2　典型环节及一般系统的频率特性

5.2.1　开环系统的典型环节分解

虽然控制系统中有许多不同结构和不同性质的元件，但按它们的动态特性或传递函数的共性进行分类，却可以归纳为若干种类型，称它们为典型环节。一般系统的开环传递函数很容易分解为如下形式：

$$G(s) = \frac{b_m(s-z_1)(s-z_2)\cdots(s-z_m)}{a_n(s-p_1)(s-p_2)\cdots(s-p_n)}$$

式中：$z_1, z_2, \cdots, z_m$ 为 $G(s)$ 的零点；$p_1, p_2, \cdots, p_n$ 为 $G(s)$ 的极点。由于上式中的系数均为实数，所以 $G(s)$ 的零点和极点为实数或共轭复数。对于共轭复数的零点和极点所组成的因子合并成二次因式，二次因式的系数均为实数。这时，上式可表示为

$$G(s) = \frac{K\prod_{i=1}^{\mu}(T_i s + 1)\prod_{i=1}^{\eta}(T_i^2 s^2 + 2\xi_i T_i s + 1)}{s^v\prod_{j=1}^{\rho}(T_j s + 1)\prod_{j=1}^{\sigma}(T_j^2 s^2 + 2\xi_j T_j s + 1)}$$

通常，线性定常连续系统的开环传递函数均可分解成七种简单因子的乘积，其中的每一种因子所构成的传递函数表示一种运动特性，我们把这七种简单因子所构成的传递函数或其所对应的微分方程称为典型环节。

这七种典型环节是：

（1）比例环节，其传递函数为 $G(s)=K$。

（2）惯性环节，其传递函数为 $G(s)=\dfrac{1}{\tau s+1}$。

（3）积分环节，其传递函数为 $G(s)=\dfrac{1}{s}$。

（4）微分环节，其传递函数为 $G(s)=s$。

（5）一阶微分环节，其传递函数为 $G(s)=\tau s+1$。

（6）二阶振荡环节，其传递函数为

$$G(s)=\frac{1}{T^2 s^2+2\xi Ts+1}\quad\text{或}\quad\frac{\omega_n^2}{s^2+2\xi\omega_n s+\omega_n^2}$$

（7）二阶微分环节，其传递函数为 $G(s)=T^2 s^2+2\xi Ts+1$。

5.2.2　典型环节的频率特性

既然控制系统通常可以等效为由若干个简单环节组成，系统的频率特性也是由典型环节的频率特性组成的，那么，掌握典型环节的频率特性，对于复杂系统的分析是至关重要的。

1. 比例环节

比例环节的传递函数为常数 K，$G(s)=K$，其频率特性为

$$G(j\omega)=K \tag{5-21}$$

显然，实频特性恒为 K，虚频特性恒为 0；幅频特性 $|G(j\omega)=K|$，相频特性 $\angle G(j\omega)=0°$；可见，比例环节的 Nyquist 图为实轴上的一定点，其坐标为 $(K,j0)$，如图 5-2-1(a) 所示。

对数幅频特性和相频特性为

$$\begin{cases} L(\omega)=20\lg K \\ \varphi(\omega)=0 \end{cases} \tag{5-22}$$

比例环节的对数幅频特性曲线是一条水平线，分贝数为 $20\lg K$；K 值大小变化使曲线上下移动，如图 5-2-1(b) 所示。

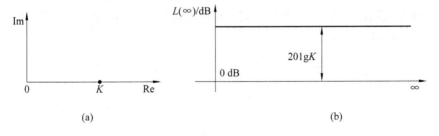

图 5-2-1　比例环节的频率特性图

比例环节的幅、相频率特性与 ω 无关；输出量振幅永远是输入量振幅的 K 倍，且相位永远相同。

2. 惯性环节

惯性环节的传递函数为 $G(s)=\dfrac{1}{1+\tau s}$，其频率特性为

$$G(j\omega)=\frac{1}{1+j\tau\omega}$$

幅频特性和相频特性如下：

$$A(\omega) = \frac{1}{\sqrt{1+\omega^2\tau^2}} \qquad \varphi(\omega) = -\tan^{-1}\tau\omega$$

用实频和虚频特性表示为 $G(\mathrm{j}\omega) = P(\omega) + \mathrm{j}Q(\omega)$，式中 $P(\omega) = \dfrac{1}{1+\omega^2\tau^2}$，$Q(\omega) = -\dfrac{\omega\tau}{1+\tau^2\omega^2}$。

显然有下式成立：

$$\left[P(\omega) - \frac{1}{2}\right]^2 + Q^2(\omega) = \left(\frac{1}{2}\right)^2$$

上式表示，惯性环节的 Nyquist 图是复数平面上圆心为 $\left(\dfrac{1}{2}, 0\right)$、半径为 $\dfrac{1}{2}$ 的圆（见图 5-2-2）。下半圆对应 $0 \leqslant \omega \leqslant \infty$，上半圆对应 $-\infty \leqslant \omega \leqslant 0$。

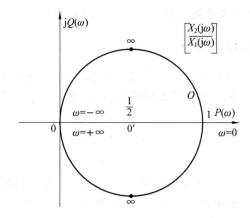

图 5-2-2　惯性环节 Nyquist 图

惯性环节的对数幅频特性

$$L(\omega) = 20\lg A(\omega) = -20\lg\sqrt{1+\omega^2\tau^2}$$

本章第 1 节中提及的 RC 电路就是一个惯性环节，其对数频率特性曲线如图 5-1-6 所示。图中两条渐近线相交处对应的频率称为交界频率，惯性环节的交界频率 $\omega_\mathrm{T} = 1/\tau$。如前所述，对数幅频特性曲线用渐近线近似，在交界频率有最大误差 -3 dB。必要时，可以用图 5-2-3 所示的误差修正曲线进行修正。

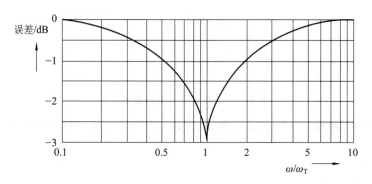

图 5-2-3　误差修正曲线

惯性环节在低频端（$\omega \to 0$）时，输出振幅等于输入振幅，输出相位紧跟输入相位，即此时信号全部通过；随着 ω 增加，输出振幅越来越小（衰减），相位越来越滞后；到高频端（$\omega \to \infty$）时输出振幅衰减至 0，即高频信号被完全滤掉。因此，惯性环节本质上就是一个低通滤波器。

3. 积分环节

积分环节的传递函数为 $G(s)=\dfrac{1}{s}$，其频率特性为

$$G(\mathrm{j}\omega)=\frac{1}{\mathrm{j}\omega}=\frac{1}{\omega}\mathrm{e}^{-\mathrm{j}\frac{\pi}{2}}$$

可见，积分环节的幅频特性与角频率 ω 成反比，而相频特性恒为 $-\pi/2$。因此，积分环节的 Nyquist 图是一条与负虚轴重合的直线，由无穷远指向原点，相位总是 $-90°$，如图 5-2-4(a)所示。

积分环节的对数幅频特性和相频特性分别为

$$\begin{cases} L(\omega)=-20\lg\omega \\ \varphi(\omega)=-90° \end{cases}$$

其响应的 Bode 图如图 5-2-4(b)所示，对数幅频特性曲线是一条斜率为 -20 dB/dec 的直线，在 $\omega=1\ \mathrm{s}^{-1}$ 时，$L(\omega)=0$。相频特性曲线是一条平行于横坐标的直线，其纵坐标是 $-\pi/2$。

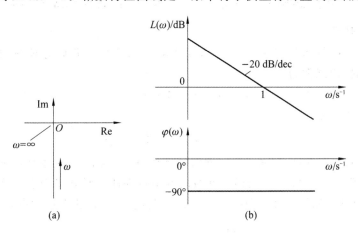

图 5-2-4　积分环节的频率特性图

可见，积分环节在低频($\omega\to0$)时输出振幅很大，高频($\omega\to\infty$)时输出振幅为 0；输出相位总是滞后输入 $90°$。

4. 微分环节

微分环节的传递函数为 $G(s)=s$。微分环节的幅频特性和相频特性的表达式为

$$\begin{cases} A(\omega)=\omega \\ \varphi(\omega)=\dfrac{\pi}{2} \end{cases}$$

其 Nyquist 图如图 5-2-5 所示，显然 ω 由 0 变化到 ∞ 时，其幅值由 0 变化到 ∞，而相角始终为 $+90°$。

微分环节的对数幅频特性和相频特性表达式为

$$\begin{cases} L(\omega)=20\lg\omega \\ \varphi(\omega)=\dfrac{\pi}{2} \end{cases}$$

其相应的 Bode 图如图 5-2-6 所示，由图可见，其对数幅频特性曲线为一条斜率为 $+20$ dB/dec 的直线，此线通过 $\omega=1$，$L(\omega)=0$ dB 的点。相频特性曲线是一条平行于横轴的直线，其纵坐标为 $\pi/2$。

积分环节和微分环节的传递函数互为倒数，它们的对数幅频特性曲线和相频特性曲线则

关于横轴对称。

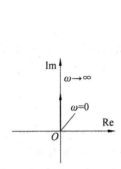

图 5-2-5　微分环节的 Nyquist 图　　　　图 5-2-6　微分环节的 Bode 图

5. 一阶微分环节

理想微分环节的传递函数为 $G(s)=s$，而实际应用的是一阶微分环节和二阶微分环节。一阶微分环节的传递函数为

$$G(s) = 1 + \tau s$$

其频率特性表达式为

$$G(j\omega) = 1 + j\tau\omega = \sqrt{1 + \omega^2\tau^2}\, e^{j\varphi(\omega)}$$

其中，相频特性表达式 $\varphi(\omega) = \tan^{-1}\omega\tau$。理想微分环节的 Nyquist 轨迹与正虚轴重合，由原点指向无穷远点，相位总是 90°。一阶微分环节的频率特性曲线是复平面上一条垂直于横轴，并经过点 (1,j0) 的直线，如图 5-2-7 所示。当 ω 由 0 变化到 ∞ 时，相频特性由 0 变化到 $\pi/2$。

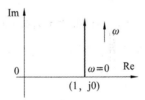

图 5-2-7　一阶微分环节的 Nyquist 图

微分环节的对数频率特性为

$$\begin{cases} L(\omega) = 20\lg\sqrt{1 + \omega^2\tau^2} \\ \varphi(\omega) = \tan^{-1}\omega \end{cases}$$

其 Bode 图如图 5-2-8 所示，交界频率为 $\omega_1 = 1/\tau$，在交界频率处，相移为 $\pi/4$。

6. 二阶微分环节

二阶微分环节的传递函数为

$$G(s) = 1 + 2\xi\tau s + \tau^2 s^2$$

频率特性表达式为

$$G(j\omega) = 1 - \tau^2\omega^2 + j2\xi\tau\omega$$

当 $\omega = 0$ 时，相移为 0；当 $\omega = \infty$ 时，相移为 π。其 Nyquist 轨迹如图 5-2-9 所示。

其对数频率特性表达式为

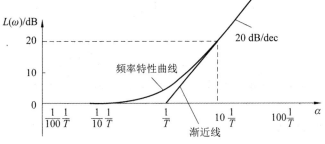

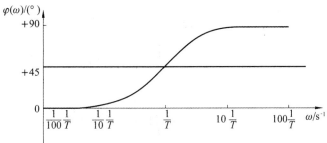

图 5-2-8　一阶微分环节的 Bode 图

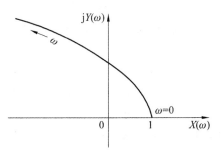

图 5-2-9　二阶微分环节的 Nyquist 图

$$\begin{cases} L(\omega) = 20\log\sqrt{(1-\omega^2\tau^2)^2 + (2\xi\omega\tau)^2} \\ \varphi(\omega) = \tan^{-1}\left(\dfrac{2\xi\omega\tau}{1-\omega^2\tau^2}\right) \end{cases}$$

其 Bode 图如图 5-2-10 所示。

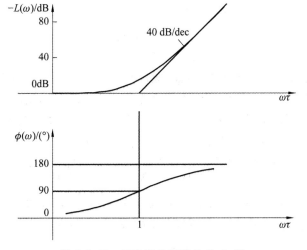

图 5-2-10　二阶微分环节的 Bode 图

7. 振荡环节

振荡环节的传递函数为

$$G(s) = \frac{1}{\tau^2 s^2 + 2\xi\tau s + 1} = \frac{\omega_n}{s^2 + 2\xi\omega_n s + \omega_n^2}$$

其中,$\omega_n = 1/\tau$ 是自然振荡角频率。从第 3 章的讨论我们知道,当 $0 < \xi < 1$ 时,上式表示振荡环节,为欠阻尼振荡。

振荡环节的频率特性表达式为

$$G(j\omega) = \frac{1}{1 + j2\xi\tau\omega - \tau^2\omega^2} = A(\omega)e^{j\varphi(\omega)}$$

$$\begin{cases} A(\omega) = \dfrac{1}{\sqrt{(1-\omega^2\tau^2)^2 + (2\xi\tau\omega)^2}} \\[3mm] \varphi(\omega) = -\tan^{-1}\left(\dfrac{2\xi\tau\omega}{1-\omega^2\tau^2}\right) \end{cases}$$

振荡环节的幅频特性和相频特性跟阻尼比 ξ 有关。当 $\omega = \omega_n$ 时,

$$\begin{cases} A(\omega) = \dfrac{1}{2\xi} \\[3mm] \varphi(\omega) = -90° \end{cases}$$

因此,振荡环节的频率特性曲线与虚轴相交处的频率就是自由振荡频率 ω_n,阻尼比越小,对应于自由振荡的幅值就越大。

频率变化:$\omega = 0$　　　$(\lambda = 0)$　　　$|G(j\omega)| = 1$　　　$\angle G(j\omega) = 0°$

　　　$\omega = \omega_n$　　　$(\lambda = 1)$　　　$|G(j\omega)| = 1/2\xi$　　　$\angle G(j\omega) = -90°$

　　　$\omega = \infty$　　　$(\lambda = \infty)$　　　$|G(j\omega)| = 0$　　　$\angle G(j\omega) = -180°$

Nyquist 轨迹:在第三、四象限内的曲线,起点为 $(1, j0)$,终点为 $(0, j0)$,如图 5-2-11(a)所示。

对数幅频特性为

$$L(\omega) = 20\lg A(\omega) = -20\lg\sqrt{(1-\omega^2\tau^2)^2 + (2\xi\tau\omega)^2}$$

在 $\omega \ll \omega_n$ 的低频段,

$$L(\omega) \approx -20\lg 1 = 0$$

所以,在低频段,渐近线是一条和横轴重合的直线。

在 $\omega \gg \omega_n$ 的高频段,

$$L(\omega) \approx -40\lg\tau\omega$$

渐近线是一条斜率为 $-40\ \text{dB/dec}$ 的直线。

综合上面的分析得到振荡环节的对数幅频特性曲线的渐近线,如图 5-2-11(b)所示。

另一方面,取不同的 ξ 值,经精确计算得到如图 5-2-12 所示的振荡环节的 Bode 图。可见,在交界频率附近,对数幅频特性与渐近线之间有一定误差,误差的大小和阻尼比 ξ 有关,ξ 越小,误差越大。振荡环节的误差修正曲线如图 5-2-13 所示。

从振荡环节的 Nyquist 轨迹可看出,ξ 取值不同,Nyquist 曲线的形状也不同,ξ 值越大,曲线范围就越小。

振荡环节的固有频率 ω_n 就是 Nyquist 曲线与虚轴之交点,此时幅值 $|G(j\omega)| = 1/2\xi$。

系统谐振频率 ω_r:使 $|G(j\omega)|$ 出现峰值的频率。值得注意的是,当 $\xi < 0.707$ 时,系统频率特性值出现峰值。

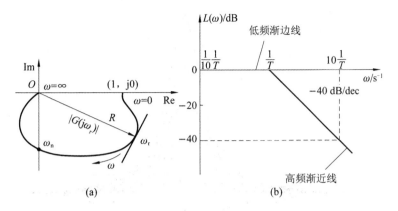

图 5-2-11 振荡环节渐进对数幅频特性图

$$\frac{\partial \mid G(\mathrm{j}\omega)\mid}{\partial \omega}=0, \quad \omega_\mathrm{r}=\omega_\mathrm{n}\sqrt{1-2\xi^2} \quad \left(\xi<\frac{\sqrt{2}}{2}\right)$$

$$\mid G(\mathrm{j}\omega_\mathrm{r})\mid=\frac{1}{2\xi\sqrt{1-\xi^2}}, \quad \angle G(\mathrm{j}\omega_\mathrm{r})=-\arctan\frac{\sqrt{1-2\xi^2}}{\xi}$$

对于欠阻尼振荡,谐振频率总小于有阻尼固有频率,即 $\omega_\mathrm{r}<\omega_\mathrm{d}$。

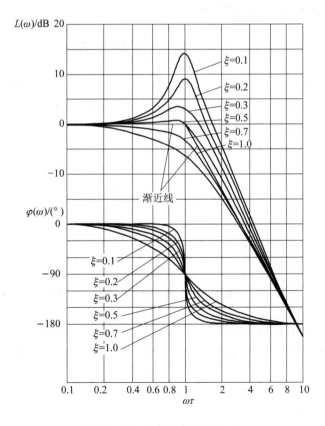

图 5-2-12 振荡环节的 Bode 图

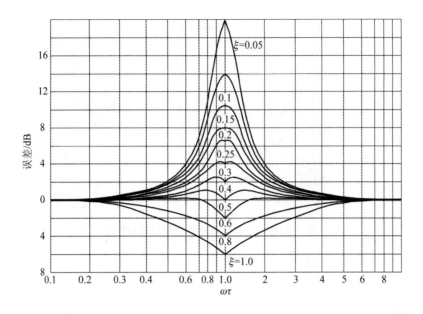

图 5-2-13　振荡环节的误差修正曲线

5.2.3　不稳定环节的频率特性

以不稳定惯性环节 $G(s)=1/(Ts-1)$ 为例,相应的频率特性为

$$G(\mathrm{j}\omega) = 1/(\mathrm{j}\omega T - 1)$$

注意到在图 5-2-14 中,向量 $\mathrm{j}\omega T-1$ 在 ω 由 $0\rightarrow\infty$ 变化时,其幅值由 1 变化到 ∞,而相角由 180° 变化到 90°,因此不稳定惯性环节的幅值由 1 变化到 0,相角由 $-180°$ 变化到 $-90°$,不稳定惯性环节的幅相曲线如图 5-2-15 所示。

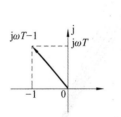

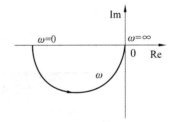

图 5-2-14　$\mathrm{j}\omega T-1$ 向量图　　　　图 5-2-15　不稳定惯性环节的幅相曲线

不稳定惯性环节的对数幅频特性是 $-20\lg\sqrt{1+(\omega T)^2}$ 相频,特性是 $-(\pi-\arctan\omega T)$,不稳定惯性环节和惯性环节的对数幅频特性曲线相同,而相频特性曲线却对称于 $-90°$ 水平线,如图 5-2-16 所示。

由类似分析可知,不稳定振荡环节的幅频特性曲线和其对应的振荡环节的幅频特性曲线相同,而相频特性曲线则对称于 $-180°$ 线。其幅相曲线和对数频率特性曲线如图 5-2-17 所示。

不稳定一阶微分环节的幅频特性曲线和其对应的一阶微分环节的幅频特性曲线相同,而相频特性曲线对称于 90° 线,不稳定二阶微分环节的幅频特性曲线和其对应的二阶微分环节

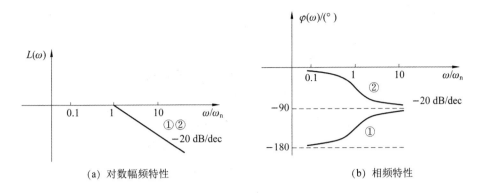

(a) 对数幅频特性　　　　　　　　　　(b) 相频特性

图 5-2-16　不稳定惯性环节和惯性环节的 Bode 图
① 不稳定惯性环节；② 惯性环节

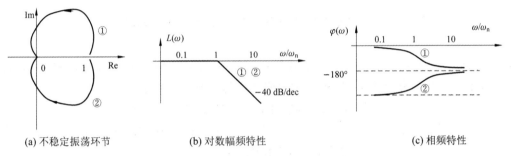

(a) 不稳定振荡环节　　　　(b) 对数幅频特性　　　　(c) 相频特性

图 5-2-17　不稳定振荡环节、振荡环节的幅相曲线 Bode 图
① 不稳定振荡环节；② 振荡环节

的幅频特性曲线相同，而相频特性曲线对称于 180°线，如图 5-2-18 和图 5-2-19 所示。

　　不稳定环节对数幅频特性曲线的精确化方法，和对应环节对数幅频特性曲线的精确化方法完全一样。

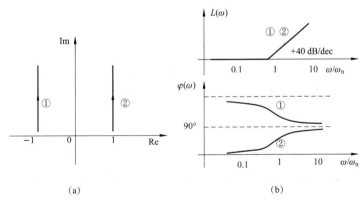

(a)　　　　　　　　　　　　　　(b)

图 5-2-18　不稳定一阶微分环节、一阶微分环节的幅相曲线和 Bode 图
① 不稳定一阶微分环节；② 一阶微分环节

5.2.4　一般系统 Nyquist 图的绘制

　　一般的控制系统总是由若干典型环节组成，其频率特性的求解可以通过这些典型环节的频率特性的运算进行简化。

　　绘制准确的 Nyquist 图是比较麻烦的，一般可借助计算机以一定的频率间隔逐点计算 G

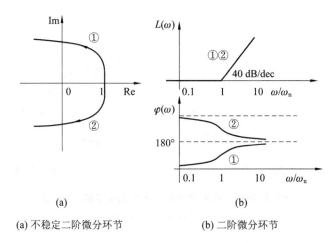

(a)　　　　　　　　　　　　　(b)

(a) 不稳定二阶微分环节　　　　　(b) 二阶微分环节

图 5-2-19　不稳定二阶微分环节、二阶微分环节的幅相曲线和 Bode 图
① 不稳定二阶微分环节；② 二阶微分环节

(jω)的实部与虚部或幅值与相角，并描绘在极坐标图中。在一般情况下，可绘制概略的 Nyquist 曲线进行分析。绘制 Nyquist 的概略图形的一般步骤如下：

(1) 由 $G(jω)$ 求出其实频特性、虚频特性和幅频特性、相频特性的表达式；

(2) 求出若干特征点，如起点($ω=0$)、终点($ω=\infty$)、与实轴的交点($\mathrm{Im}[G(jω)]=0$)、与虚轴的交点($\mathrm{Re}[G(jω)]=0$)等，并标注在极坐标图上；

(3) 补充必要的几点，根据幅频、相频、时频、虚频特性的变化趋势以及 $G(jω)$ 所处的象限，作出 Nyquist 的概略图形。

根据一般系统的型次可判断系统 Nyquist 曲线的大致形状。设一般系统的传递函数的形式为

$$G(s) = \frac{K(\tau_1 s+1)(\tau_2 s+1) \cdots (\tau_m s+1)}{s^v(T_1 s+1)(T_2 s+1) \cdots (T_{n-v} s+1)} \qquad (n \geqslant m)$$

则系统的频率特性为

$$G(s) = \frac{K(\tau_1 jω+1)(\tau_2 jω+1) \cdots (\tau_m jω+1)}{s^v(T_1 jω+1)(T_2 jω+1) \cdots (T_{n-v} jω+1)} \qquad (n \geqslant m)$$

式中：n 为分母阶次，m 为分子阶次，一般 $m \leqslant n$；v 为系统的型次。

对于 0 型系统($v=0$)：

当 $ω=0$ 时，　　　　　　　　$|G(jω)|=K$，　$\angle G(jω)=0°$

当 $ω=\infty$ 时，　　　　　　$|G(jω)|=0$，　$\angle G(jω)=(m-n) \times 90°$

系统在低频端时，轨迹始于正实轴；在高频端时，轨迹取决于 $(m-n) \times 90°$ 由哪个象限趋于原点。

对于 Ⅰ 型系统($v=1$)：

当 $ω=0$ 时，　　　　　　　　$|G(jω)|=\infty$，　$\angle G(jω)=-90°$

当 $ω=\infty$ 时，　　　　　　$|G(jω)|=0$，　$\angle G(jω)=(m-n) \times 90°$

系统在低频端时，轨迹的渐近线与负虚轴平行(或重合)；在高频端时，轨迹趋于原点。

对于 Ⅱ 型系统($v=2$)：

当 $ω=0$ 时，　　　　　　　　$|G(jω)|=\infty$，　$\angle G(jω)=-180°$

当 $ω=\infty$ 时，　　　　　　$|G(jω)|=0$，　$\angle G(jω)=(m-n) \times 90°$

　　系统在低频端时，轨迹的渐近线与负实轴平行（或重合）；在高频端时，轨迹趋于原点。一般系统的 Nyquist 曲线的大致形状如图 5-2-20 所示。

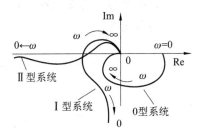

图 5-2-20　一般系统 Nyquist 曲线的大致形状

　　可见，无论 0 型、Ⅰ 型还是 Ⅱ 型系统，在低频端时幅值都很大，在高频端时幅值都趋于 0，Nyquist 曲线收敛。即控制系统总是具有低通滤波的性能。

　　【例 5-2-1】　已知系统的传递函数为

$$G(s) = \frac{K(T_1 s + 1)}{s(T_2 s + 1)} \quad (T_1 > T_2)$$

试绘制其 Nyquist 图。

　　解　系统的频率特性为

$$G(j\omega) = \frac{K(1 + jT_1\omega)}{j\omega(1 + jT_2\omega)}$$

$$|G(j\omega)| = \frac{K}{\omega}\frac{\sqrt{1 + T_1^2\omega^2}}{\sqrt{1 + T_2^2\omega^2}}, \quad \angle G(j\omega) = \arctan T_1\omega - 90° - \arctan T_2\omega \quad (T_1 > T_2)$$

当 $\omega = 0$ 时，　　$|G(j\omega)| = \infty$，　$\angle G(j\omega) = -90°$

当 $\omega \to \infty$ 时，　$|G(j\omega)| = 0$，　$\angle G(j\omega) = -90°$

$$G(j\omega) = \frac{K(1 + jT_1\omega)}{j\omega(1 + jT_2\omega)} = \frac{K(T_1 - T_2)}{1 + T_2^2\omega^2} - j\frac{K(1 + T_1 T_2\omega^2)}{\omega(1 + T_2^2\omega^2)}$$

$$G(j\omega) = \frac{K(1 + jT_1\omega)}{j\omega(1 + jT_2\omega)} = \frac{K(T_1 - T_2)}{1 + T_2^2\omega^2} - j\frac{K(1 + T_1 T_2\omega^2)}{\omega(1 + T_2^2\omega^2)}$$

$$\lim_{\omega \to 0}\mathrm{Re}[G(j\omega)] = \lim_{\omega \to 0}\frac{K(T_1 - T_2)}{1 + T_2^2\omega^2} = K(T_1 - T_2)$$

$$\lim_{\omega \to 0}\mathrm{Im}[G(j\omega)] = \lim_{\omega \to 0}\frac{-K(1 + T_1 T_2\omega^2)}{\omega(1 + T_2^2\omega^2)} = -\infty$$

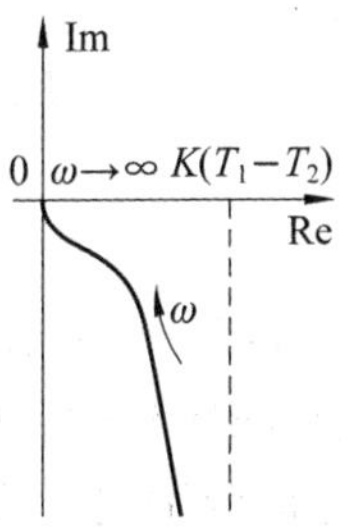

图 5-2-21　例 5-2-1 的 Nyquist 图

由此可画出系统的 Nyquist 图，如图 5-2-21 所示。

　　【例 5-2-2】　某单位反馈系统，其开环传递函数为

$$G(s) = \frac{K}{s(T_1 s + 1)(T_2 s + 1)(T_3 s + 1)}$$

试概略绘制系统的开环 Nyquist 图。

　　解　开环频率特性为

$$G(j\omega) = \frac{K}{j\omega(j\omega T_1 + 1)(j\omega T_2 + 1)(j\omega T_3 + 1)}$$

　　显然，$G(j0^+) = \infty$，$\angle G(j\omega) = \angle -90°$；$G(j\infty) = 0$，$G(j\omega) = \angle -360°$。也就是说，幅相曲线起于虚轴负方向，由 $-360°$ 方向终止于原点，如图 5-2-22 所示。若把频率特性表达式写成实部与虚部的形式，则

$$G(j\omega) = \frac{-K[\omega(T_1 + T_2 + T_3) - \omega^3 T_1 T_2 T_3]}{\omega(1 + \omega^2 T_1^2)(1 + \omega^2 T_2^2)(1 + \omega^2 T_3^2)} + j\frac{-K[1 - \omega^2(T_1 T_2 + T_2 T_3 + T_3 T_1)]}{\omega(1 + \omega^2 T_1^2)(1 + \omega^2 T_2^2)(1 + \omega^2 T_3^2)}$$

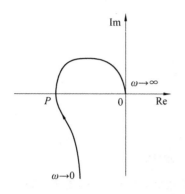

图 5-2-22　例 5-2-2 的 Nyquist 图

幅相曲线与负实轴有交点 P，为求交点的值，可令 $G(j\omega)$ 的虚部为零：

$$\frac{-K[1 - \omega^2(T_1 T_2 + T_2 T_3 + T_3 T_1)]}{\omega(1 + \omega^2 T_1^2)(1 + \omega^2 T_2^2)(1 + \omega^2 T_3^2)} = 0$$

解得

$$\omega_x = \frac{1}{\sqrt{T_1 T_2 + T_2 T_3 + T_3 T_1}}$$

再把 ω_x 代入 $G(j\omega)$ 可得

$$G(j\omega_x) = \frac{-K[(T_1 + T_2 + T_3) - \omega_x^2 T_1 T_2 T_3]}{(1 + \omega_x^2 T_1^2)(1 + \omega_x^2 T_2^2)(1 + \omega_x^2 T_3^2)}$$

ω_x 和 $G(j\omega)$ 即为幅相曲线与负实轴相交时所对应的频率以及交点的值。

5.2.5　一般系统 Bode 图的绘制

设开环系统由 n 个环节串联组成，系统频率特性为

$$\begin{aligned}
G(j\omega) &= G_1(j\omega)G_2(j\omega) \cdots G_n(j\omega) \\
&= A_1(\omega)e^{j\varphi_1(\omega)} \cdot A_2(\omega)e^{j\varphi_2(\omega)} \cdots A_n(\omega)e^{j\varphi_n(\omega)} \\
&= A(\omega)e^{j\varphi(\omega)}
\end{aligned}$$

式中　　　　　　　$A(\omega) = A_1(\omega) \cdot A_2(\omega) \cdots A_n(\omega)$

取对数后，有

$$\begin{aligned}
L(\omega) &= 20\lg A_1(\omega) + 20\lg A_2(\omega) + \cdots + 20\lg A_n(\omega) \\
&= L_1(\omega) + L_2(\omega) + \cdots + L_3(\omega) \\
\varphi(\omega) &= \varphi_1(\omega) + \varphi_2(\omega) + \cdots + \varphi_n(\omega)
\end{aligned}$$

$A_i(\omega)$ $(i=1,2,\cdots,n)$ 表示各典型环节的幅频特性，$L_i(\omega)$ 和 $\varphi_i(\omega)$ 分别表示各典型环节的对数幅频特性和相频特性。因此，只要能作出 $G(j\omega)$ 所包含的各典型环节的对数幅频和对数相频曲线，将它们分别进行代数相加，就可以求得整个开环系统的 Bode 图。实际上，在熟悉了对数幅频特性后，可以采用更为简捷的办法直接画出开环系统的 Bode 图，具体步骤如下：

(1) 将开环传递函数写成唯一标准形式，确定系统开环增益 K，把各典型环节的交界频率由小到大依次标在频率轴上。

(2) 绘制开环对数幅频特性的渐近线。由于系统低频段渐近线的频率特性为 $K/(j\omega)^v$，因此，低频段渐近线为过点 $(1, 20\lg K)$、斜率为 $-20v$ dB/dec 的直线（v 为积分环节数）。

(3) 随后沿频率增大的方向每遇到一个交界频率就改变一次斜率，其规律是：遇到惯性环节的交界频率，则斜率变化量为 -20 dB/dec；遇到一阶微分环节的交界频率，斜率变化量为 $+20$ dB/dec；遇到振荡环节的交界频率，斜率变化量为 -40 dB/dec 等。渐近线最后一段（高频段）的斜率为 $-20(n-m)$ dB/dec；其中 n、m 分别为 $G(s)$ 分母、分子的阶数。

(4) 如果需要，可按照各典型环节的误差曲线对相应段的渐近线进行修正，以得到精确的对数幅频特性曲线。

(5) 绘制相频特性曲线。分别绘出各典型环节的相频特性曲线，再沿频率增大的方向逐点叠加，最后将相加点连接成曲线。

下面通过实例说明开环系统 Bode 图的绘制过程。

【例 5-2-3】 绘制系统 $G(s) = \dfrac{K}{s^2(\tau s + 1)}$ 的 Bode 图。

解 $G(s)$ 可以化成以下形式：

$$G(s) = K\frac{1}{s} \cdot \frac{1}{s} \cdot \frac{1}{\tau s + 1}$$

所以该系统可以看作由比例环节、惯性环节和两个积分环节串联而成。利用各环节的 Bode 图，直接就可以画出系统的 Bode 图（见图 5-2-23）。由于几个环节中，只有惯性环节的交界频率 $\omega_1 = 1/\tau$，所以整个系统的对数幅频特性曲线也只有一个交界频率 $\omega_1 = 1/\tau$。而在交界频率处，相移为 $-225°$，等于各环节相移之和。

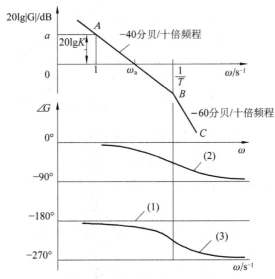

图 5-2-23 例 5-2-3 系统的 Bode 图

【例 5-2-4】 已知开环传递函数

$$G(s) = \frac{64(s+2)}{s(s+0.5)(s^2+3.2s+64)}$$

试绘制开环系统的 Bode 图。

解 首先将 $G(s)$ 化为标准形式：

$$G(s) = \frac{4(\frac{s}{2}+1)}{s(\frac{s}{0.5}+1)(\frac{s^2}{8^2}+0.4\times\frac{s}{8}+1)}$$

此系统由比例环节、积分环节、惯性环节、一阶微分环节和振荡环节共 5 个环节组成。

确定交界频率：

惯性环节交界频率 $\omega_1 = 1/T_1 = 0.5$

一阶复合微分环节交界频率 $\omega_2 = 1/T_2 = 2$

振荡环节交界频率 $\omega_3 = 1/T_3 = 8$

开环增益 $K = 4$，系统型别 $v = 1$，低频起始段由 $\dfrac{K}{s} = \dfrac{4}{s}$ 决定。

绘制 Bode 图的步骤如下（见图 5-2-24）。

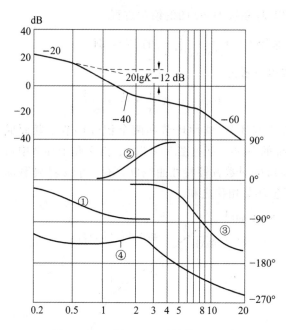

图 5-2-24 例 5-2-4 系统的 Bode 图

（1）过 $(1,20\lg K)$ 点作一条斜率为 -20 dB/dec 的直线，此即为低频段的渐近线。

（2）在 $\omega_1 = 0.5$ 处，将渐近线斜率由 -20 dB/dec 变为 -40 dB/dec，这是惯性环节作用的结果。

（3）在 $\omega_2 = 2$ 处，由于一阶微分环节的作用，渐近线斜率又增加 20 dB/dec，即由原来的 -40 dB/dec 变为 -20 dB/dec。

（4）在 $\omega_3 = 8$ 处，由于振荡环节的作用，渐近线斜率改变 -40 dB/dec，形成斜率为 -60 dB/dec 的线段。

（5）若有必要，可利用误差曲线来修正 Bode 图。

（6）对数相频特性：比例环节相角恒为零，积分环节相角恒为 $-90°$，惯性环节、一阶微分和振荡环节的对数相频特性曲线分别如图 5-2-24 中①、②、③所示，开环系统的对数相频特性曲线由叠加得到，如曲线④所示。

5.2.6 最小相位系统和非最小相位系统

从以上所举的例子可以看出，Bode 图中各典型环节的对数幅频特性曲线与相频特性曲线有一一对应的关系。如惯性环节，在 $\omega = 1/T$ 左右的对数幅频特性为 0 dB/dec 线和 -20 dB/dec 线，对应的相频特性为 $0°$ 和 $-90°$，而一阶微分环节则为 0 dB、20 dB/dec 和 $0°$，$90°$。对于振荡环节也有同样的结果。这是因为在开环传递函数中，不论是开环极点，还是开环零点，都位于左半 $[s]$ 平面，即开环系统传递函数不含右半 $[s]$ 平面的零、极点。

所谓最小相位系统，即指开环传递函数在 $[s]$ 右半平面无零、极点的系统，而在右半 $[s]$ 平面内只要有一个开环零点或开环极点的系统就称为非最小相位系统。如传递函数为

$$G(s) = \frac{1 - \tau s}{1 + Ts}, \quad G(s) = \frac{K(T_3 s - 1)}{(T_1 + 1)(T_2 + 2)}$$

的系统均为非最小相位系统。

【例 5-2-5】　已知系统的传递函数为 $G_1(s) = \dfrac{1+\tau s}{1+Ts}$ 和 $G_2(s) = \dfrac{1-\tau s}{1+Ts}$，试绘制系统的 Bode 图。

$G_1(s) = \dfrac{1+\tau s}{1+Ts}$ 为最小相位系统，而 $G_2(s) = \dfrac{1-\tau s}{1+Ts}$ 为非最小相位系统，但它们具有相同的幅频特性，即

$$A_1(\omega) = A_2(\omega) = \sqrt{\frac{1+(\omega\tau)^2}{1+(\omega T)^2}}$$

而相频特性分别为

$$\varphi_1(\omega) = \arctan \omega\tau - \arctan \omega T$$
$$\varphi_2(\omega) = - \arctan \omega\tau - \arctan \omega T$$

两个系统的 Bode 图如图 5-2-25 所示。

　　从以上例子分析可知，这两个系统虽然具有相同的对数幅频特性曲线，但相频特性曲线已经不再有对应关系了。而对具有相同幅频特性曲线的系统来说，最小相位系统具有最小的延迟相角。在工程中，延迟相角越大，对系统的稳定性越不利，因此要尽量减小延迟环节的影响和尽可能避免具有非最小相位特性的元器件。

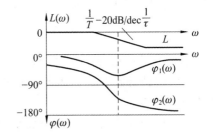

图 5-2-25　例 5-2-5 两个系统的 Bode 图

　　由于最小相位系统的幅频特性曲线与相频特性曲线有确定关系，所以在大多数情况下可不用绘制相频特性图，这使得用频率特性法分析、设计系统更简洁和方便。另一方面，如果系统为最小相位系统，那么只要已知系统的 Bode 图，就可较方便地求出系统的开环传递函数。

5.3　控制系统的频域稳定判据与相对稳定性

　　闭环控制系统稳定的充要条件是：闭环特征方程的根均具有负的实部，或者说，全部闭环极点都位于左半[s]平面。第 3 章介绍的利用闭环特征方程的系数判断系统稳定性的劳斯稳定判据，其特点是利用闭环信息来判断闭环系统的稳定性。这里要介绍的频域稳定判据则是利用系统的开环信息——开环频率特性 $G(\mathrm{j}\omega)$ 来判断闭环系统的稳定性的。

5.3.1　Nyquist 稳定判据

　　频域稳定判据是 Nyquist 于 1932 年提出的，它是频率分析法的重要内容。利用 Nyquist 稳定判据，不但可以判断系统是否稳定（绝对稳定性），也可以确定系统的稳定程度（相对稳定性）。此外，Nyquist 稳定判据还可以用于分析系统的动态性能以及指出改善系统性能指标的途径。因此，奈奎斯特稳定判据是一种重要而实用的稳定性判据，在工程上应用十分广泛。

1. 辅助函数

　　对于图 5-3-1 所示的控制系统，其开环传递函数为

$$G(s) = G_0(s)H(s) = \frac{M(s)}{N(s)} \tag{5-23}$$

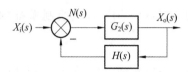

图 5-3-1　反馈控制系统方框图

相应的闭环传递函数为

$$\Phi(s) = \frac{G_0(s)}{1+G(s)} = \frac{G_0(s)}{1+\frac{M(s)}{N(s)}} = \frac{N(s)G_0(s)}{N(s)+M(s)} \quad (5\text{-}24)$$

式中：$M(s)$ 为开环传递函数的分子多项式，m 阶；$N(s)$ 为开环传递函数的分母多项式，n 阶，$n \geqslant m$。由式(5-23)、式(5-24)可见，$N(s)+M(s)$ 和 $N(s)$ 分别为闭环和开环特征方程。现将两者之比定义为辅助函数

$$F(s) = \frac{M(s)+N(s)}{M(s)} = 1 + G(s) \quad (5\text{-}25)$$

实际系统开环传递函数 $G(s)$ 分母阶数 n 总是大于或等于分子阶数 m，因此辅助函数的分子分母同阶，即其零点数与极点数相等。设 $-z_1, -z_2, \cdots, -z_n$ 和 $-p_1, -p_2, \cdots, -p_n$ 分别为其零点、极点，则辅助函数 $F(s)$ 可表示为

$$F(s) = \frac{(s+z_1)(s+z_2)\cdots(s+z_n)}{(s+p_1)(s+p_2)\cdots(s+p_n)} \quad (5\text{-}26)$$

综上所述可知，辅助函数 $F(s)$ 具有以下特点：

（1）辅助函数 $F(s)$ 是闭环特征多项式与开环特征多项式之比，其零点和极点分别为闭环极点和开环极点。

（2）$F(s)$ 的零点、极点的个数相同，均为 n 个。

（3）$F(s)$ 与开环传递函数 $G(s)$ 之间只相差常量 1。$F(s)=1+G(s)$ 的几何意义为：F 平面上的坐标原点就是 G 平面上的 $(-1, j0)$ 点。

2. 幅角定理

辅助函数 $F(s)$ 是复变量 s 的单值有理复变函数。由复变函数理论可知，如果函数 $F(s)$ 在 $[s]$ 平面上指定域内是非奇异的，那么对于此区域内的任一点 d，都可通过 $F(s)$ 的映射关系在 $F(s)$ 平面上找到一个相应的点 d'（称 d' 为 d 的像）；对于 $[s]$ 平面上的任意一条不通过 $F(s)$ 任何奇异点的封闭曲线 Γ，也可通过映射关系在 $F(s)$ 平面（以下称 $[F]$ 平面）上找到一条与它相对应的封闭曲线 Γ'（Γ' 称为 Γ 的像），如图 5-3-2 所示。

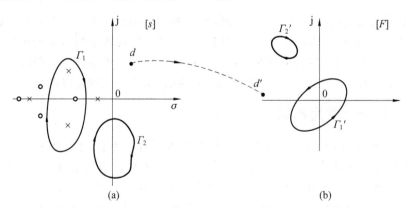

图 5-3-2　$[s]$ 平面与 $[F]$ 平面的映射关系

设 $[s]$ 平面上不通过 $F(s)$ 任何奇异点的某条封闭曲线 Γ 包围了 $F(s)$ 在 $[s]$ 平面上的 Z 个零点和 P 个极点。当 $[s]$ 以顺时针方向沿封闭曲线 Γ 移动一周时，则在 F 平面上对应封闭曲线 Γ 的像 Γ' 将以顺时针的方向围绕原点旋转 R 圈。R 与 Z、P 的关系为

$$R = Z - P \tag{5-27}$$

3. Nyquist 稳定判据

为了确定辅助函数 $F(s)$ 位于 $[s]$ 右半平面内的所有零点、极点数,现将封闭曲线 Γ 扩展到包含整个 $[s]$ 右半平面。为此,设计 Γ 曲线由以下线段所组成:

①正虚轴 $s = j\omega$:频率 ω 由 0^+ 变到 ∞。

②半径为无限大的右半圆 $s = Re^{j\theta}$:$R \rightarrow \infty$,θ 由 $\pi/2$ 变化到 $-\pi/2$。

③负虚轴 $s = j\omega$:频率 ω 由 $-\infty$ 变化到 0^-。

④如果开环传递函数 $G(s)$ 很有可能在原点处有极点,而幅角定理要求 Nyquist 路径不能经过 $F(s)$ 的奇点,为了在这种情况下应用 Nyquist 判据,将 Nyquist 路径略作修改,使其沿着半径为无穷小 $(r \rightarrow 0)$ 的右半圆绕过虚轴上的极点。例如当开环传递函数中有纯积分环节时,$[s]$ 平面原点处有极点,相应的 Nyquist 路径可以修改如图 5-3-2 所示。图中的小半圆绕过了位于坐标原点的极点,使 Nyquist 路径避开了极点,又包围了整个右半 $[s]$ 平面,Nyquist 稳定判据结论仍然适用。

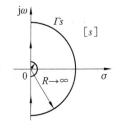

这样,以上线段组成的封闭曲线 Γ(称为 Nyquist 路径)就包含了整个右半 $[s]$ 平面,如图 5-3-3 所示。

图 5-3-3　封闭曲线 Γ

在 $[F]$ 平面上绘制与 Γ 相对应的像 Γ':当 s 沿虚轴变化时,由式(5-25)则有

$$F(j\omega) = 1 + G(j\omega) \tag{5-28}$$

式中:$G(j\omega)$ 为系统的开环频率特性。因而 Γ' 将由下面几段组成:

①和正虚轴对应的是辅助函数的频率特性曲线 $F(j\omega)$,相当于把 $G(j\omega)$ 曲线右移一个单位。

②和半径为无穷大的右半圆相对应的辅助函数 $F(s) \rightarrow 1$。由于开环传递函数的分母阶数高于分子阶数,当 $s \rightarrow \infty$ 时,$G(s) \rightarrow 0$,故有 $F(s) = 1 + G(s) \rightarrow 1$。

③和负虚轴相对应的是辅助函数频率特性曲线 $F(j\omega)$ 对称于实轴的镜像。

图 5-3-4 绘出了系统开环频率特性曲线 $G(j\omega)$。将曲线右移一个单位,并取镜像,则成为 $[F]$ 平面上的封闭曲线 Γ',如图 5-3-5 所示。图中用虚线表示镜像。

对于包含了整个 $[s]$ 右半平面的 Nyquist 路径,式(5-27)中的 Z 和 P 分别为闭环传递函数和开环传递函数在 $[s]$ 右半平面上的极点数,而 R 则是 $[F]$ 平面上 Γ' 曲线顺时针包围原点的圈数,也就是 $[G]$ 平面上系统开环幅相特性曲线及其镜像顺时针包围点 $(-1, j0)$ 的圈数。在实际系统分析过程中,一般只绘制开环幅相特性曲线,不绘制其镜像曲线,考虑到角度定义的方向性,有

$$R = -2N \tag{5-29}$$

式中:N 是开环幅相曲线 $G(j\omega)$(不包括其镜像)包围 G 平面 $(-1, j0)$ 点的圈数(逆时针为正,顺时针为负)。将式(5-29)代入式(5-27),可得 Nyquist 判据:

$$Z = P - 2N \tag{5-30}$$

式中:Z 是 $[s]$ 右半平面中闭环极点的个数,P 是 $[s]$ 右半平面中开环极点的个数,N 是 $[G]$ 平面上 $G(j\omega)$ 包围 $(-1, j0)$ 点的圈数(逆时针为正)。显然,只有当 $Z = P - 2N = 0$ 时,闭环系统才是稳定的。

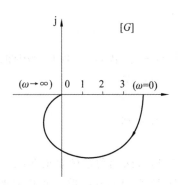

图 5-3-4　$G(j\omega)$ 特性曲线

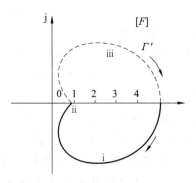

图 5-3-5　$[F]$ 平面上的封闭曲线

【例 5-3-1】 设系统开环传递函数为

$$G(s) = \frac{52}{(s+2)(s^2+2s+5)}$$

试用 Nyquist 判据判定闭环系统的稳定性。

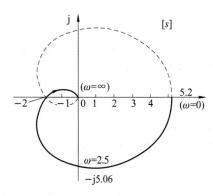

图 5-3-6　幅相特性曲线及其镜像

解　绘出系统的开环幅相特性曲线,如图 5-3-6 所示。当 $\omega=0$ 时,曲线起点在实轴上,$P(\omega)=5.2$。当 $\omega=\infty$ 时,终点在原点。当 $\omega=2.5$ 时曲线和负虚轴相交,交点为 $-j5.06$。当 $\omega=3$ 时,曲线和负实轴相交,交点为 -2.0,见图中实线部分。

在右半 $[s]$ 平面上,系统的开环极点数为 0。开环频率特性 $G(j\omega)$ 随着 ω 从 0 变化到 $+\infty$ 时,顺时针方向围绕 $(-1,j0)$ 点一圈,即 $N=-1$。用式(5-30)可求得闭环系统在右半 $[s]$ 平面的极点数为

$$Z = P - 2N = 0 - 2 \times (-1) = 2$$

所以闭环系统不稳定。

利用 Nyquist 判据还可以讨论开环增益 K 对闭环系统稳定性的影响。当 K 值变化时,幅频特性成比例变化,而相频特性不受影响。因此,就图 5-3-6 而论,当频率 $\omega=3$ 时,曲线与负实轴正好相交在 $(-2,j0)$ 点,若 K 缩小一半,取 $K=2.6$ 时,曲线恰好通过 $(-1,j0)$ 点,这是临界稳定状态;当 $K<2.6$ 时,幅相曲线 $G(j\omega)$ 将从 $(-1,j0)$ 点的右方穿过负实轴,不再包围 $(-1,j0)$ 点,这时闭环系统是稳定的。

【例 5-3-2】 系统结构图如图 5-3-7 所示,试判断系统的稳定性并讨论 K 值对系统稳定性的影响。

解　系统是一个非最小相角系统,开环不稳定。开环传递函数在右半 $[s]$ 平面上有一个极点,$p=1$。幅相特性曲线如图 5-3-8 所示。当 $\omega=0$ 时,曲线从负实轴 $(-K,j0)$ 点出发;当 $\omega=\infty$ 时,曲线以 $-90°$ 趋于坐标原点;幅相特性曲线包围点 $(-1,j0)$ 的圈数 N 与 K 值有关。图 5-3-8 绘出了 $K>1$ 和 $K<1$ 时的两条频率特性曲线,可见:当 $K>1$ 时,曲线逆时针包围了 $(-1,j0)$ 点的 1/2 圈,即 $N=1/2$,此时 $Z=P-2N=1-2\times(1/2)=0$,故闭环系统稳定;当 $K<1$ 时,曲线不包围点 $(-1,j0)$,即 $N=0$,此时 $Z=P-2N=1-2\times0=1$,有一个闭环极点在右半 s 平面,故系统不稳定。

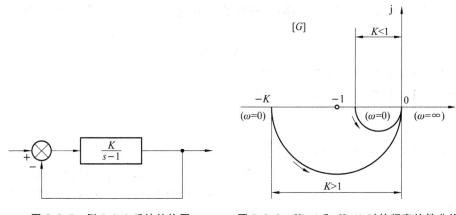

图 5-3-7　例 5-3-2 系统结构图　　　　图 5-3-8　$K>1$ 和 $K<1$ 时的频率特性曲线

5.3.2　Bode 稳定判据

实际上,系统的频域分析设计通常是在 Bode 图上进行的。将 Nyquist 稳定判据引申到 Bode 图上,以 Bode 图的形式表现出来,就成为对数稳定判据。在 Bode 图上运用 Nyquist 判据的关键在于如何确定 $G(j\omega)$ 包围点 $(-1,j0)$ 的圈数 N。

系统开环频率特性的 Nyquist 图与 Bode 图存在一定的对应关系,如图 5-3-9 所示。

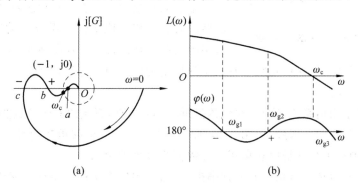

图 5-3-9　Nyquist 图与 Bode 图的对应关系

(1) Nyquist 图上,$|G(j\omega)|=1$ 的单位圆与 Bode 图上的 0 dB 线相对应。单位圆外部对应于 $L(\omega)>0$,单位圆内部对应于 $L(\omega)<0$。

(2) Nyquist 图上的负实轴对应于 Bode 图上 $\varphi(\omega)=-180°$ 线。

在 Nyquist 图中,如果开环幅相曲线在点 $(-1,j0)$ 以左穿过负实轴,称为“穿越”。若沿 ω 增加方向,曲线自上而下(相位增加)穿过 $(-1,j0)$ 点以左的负实轴,则称为正穿越;反之曲线自下而上(相位减小)穿过 $(-1,j0)$ 点以左的负实轴,则称为负穿越。如果沿 ω 增加方向,幅相曲线自点 $(-1,j0)$ 以左负实轴开始向下或向上,则分别称为半次正穿越或半次负穿越,如图 5-3-9(a)所示。

在 Bode 图上,对应 $L(\omega)>0$ 的频段内沿 ω 增加方向,对数相频特性曲线自下而上(相角增加)穿过 $-180°$ 线称为正穿越;反之,曲线自上而下(相角减小)穿过 $-180°$ 线为负穿越。同样,若沿 ω 增加方向,对数相频曲线自 $-180°$ 线开始向上或向下,分别称为半次正穿越或半次负穿越,如图 5-3-9(b)所示。

在 Nyquist 图上,正穿越一次,对应于幅相曲线逆时针包围 $(-1,j0)$ 点一圈,而负穿越一

次,对应于顺时针包围点$(-1,j0)$一圈,因此幅相曲线包围$(-1,j0)$点的次数等于正、负穿越次数之差。即

$$N = N_+ - N_-$$

式中:N_+为正穿越次数;N_-为负穿越次数。

【**例 5-3-3**】 控制系统的开环传递函数为

$$G(s) = \frac{K}{s^2(Ts+1)}$$

试用对数频率稳定判据判断系统的稳定性。

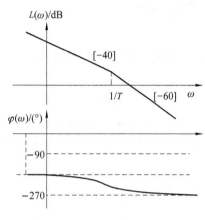

图 5-3-10 例 5-3-3 系统 Bode 图

解 系统的开环对数频率特性曲线如图 5-3-10 所示。由于$G(s)$有两个积分环节,故在对数相频曲线ω趋于 0 处,补画了 0°到$-180°$的虚线,作为对数相频曲线的一部分。显见$N=N_+-N_-=-1$,根据$G(s)$的表达式可知,$P=0$,所以,$Z=P-2N=2$,说明闭环系统是不稳定的,有 2 个闭环极点位于$[s]$平面右半部。

5.3.3 控制系统的相对稳定性

控制系统稳定与否属于绝对稳定性的范畴。而对一个稳定的系统而言,还有一个稳定的程度,即相对稳定性的概念。相对稳定性与系统的动态性能指标有着密切的关系。在设计一个控制系统时,不仅要求它必须是绝对稳定的,而且还应保证系统具有一定的稳定程度。只有这样,系统才能不致因参数变化而性能变差甚至不稳定。

对于一个最小相角系统,$G(j\omega)$曲线越靠近$(-1,j0)$点,系统阶跃响应的振荡就越强烈,系统的相对稳定性就越差。因此,可用$G(j\omega)$曲线对$(-1,j0)$点的接近程度来表示系统的相对稳定性。通常,这种接近程度是以相角裕度和幅值裕度来表示的。

相角裕度和幅值裕度是系统开环频率指标,它与闭环系统的动态性能密切相关。

1. 相角裕度

相角裕度是指幅频特性$G(j\omega)$的幅值$A(\omega)=|G(j\omega)|=1$时的向量与负实轴的夹角,常用希腊字母γ表示。

在$[G]$平面上画出以原点为圆心的单位圆,见图 5-3-11。幅频特性曲线与单位圆相交,交点处的频率ω_c称为截止频率,此时有$A(\omega_c)=1$。按相角裕度的定义

$$\gamma = \varphi(\omega_c) - (-180°) = 180° + \varphi(\omega_c) \tag{5-31}$$

由于$L(\omega_c)=20\lg A(\omega_c)=20\lg 1=0$,故在 Bode 图中,相角余度表现为$L(\omega)=0$ dB 处的相角$\varphi(\omega_c)$与$-180°$水平线之间的角度差,如图 5-3-12 所示。上述两图中的γ均为正值。

2. 幅值裕度

$G(j\omega)$曲线与负实轴交点处的频率ω_g称为相角交界频率,此时幅相特性曲线的幅值为$A(\omega_g)$,如图 5-3-11 所示。幅值裕度是指点$(-1,j0)$的幅值 1 与$A(\omega_g)$之比,常用h表示,即

$$h = \frac{1}{A(\omega_g)}$$

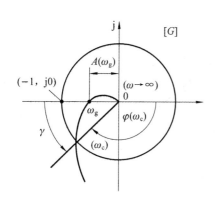

图 5-3-11　相角裕度和幅值裕度的定义

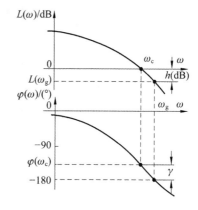

图 5-3-12　稳定裕度在 Bode 图上的表示

在对数坐标图上

$$20\lg h = -20\lg A(\omega_g) = -L(\omega_g)$$

即 h 的分贝值等于 $L(\omega_g)$ 与 0 dB 之间的距离（0 dB 下为正）。

相角裕度的物理意义在于：稳定系统在穿越频率 ω_c 处若相角再滞后 γ 角度，则系统处于临界状态；若相角滞后大于 γ，系统将变得不稳定。

幅值裕度的物理意义在于：稳定系统的开环增益再增大 h 倍，则 $\omega=\omega_g$ 处的幅值 $A(\omega_g)$ 等于 1，曲线正好通过 $(-1, j0)$ 点，系统处于临界稳定状态；若开环增益增大 h 倍以上，系统将变得不稳定。

对于最小相角系统，要使系统稳定，要求相角裕度 $\gamma>0°$，幅值裕度 $h>1$。为保证系统具有一定的相对稳定性，稳定裕度不能太小。在工程设计中，一般取 $\gamma=30°\sim 60°$，$h\geqslant 2$ 对应 $20\lg h\geqslant 6$ dB。

3. 稳定裕度的计算

根据式 (5-31)，要计算相角裕度 γ，首先要知道截止频率 ω_c。求 ω_c 较方便的方法是先由 $G(s)$ 绘制 $L(\omega)$ 曲线，由 $L(\omega)$ 与 0 dB 线的交点确定 ω_c。而求幅值裕度 h 首先要知道相角交界频率 ω_g，对于阶数不太高的系统，直接解三角方程 $\angle G(j\omega_g)=-180°$ 是求 ω_g 较方便的方法。通常是将 $G(j\omega)$ 写成虚部加实部形式，令虚部为零而解得 ω_g。

【例 5-3-4】　某单位反馈系统的开环传递函数为

$$G(s)=\frac{K_0}{s(s+1)(s+5)}$$

试求 $K_0=10$ 时系统的相角裕度和幅值裕度。

解　对开环传递函数进行标准化

$$G(s)=\frac{K_0/5}{s(s+1)(\frac{1}{5}s+1)} \qquad \begin{cases} K=K_0/5 \\ v=1 \end{cases}$$

绘制开环增益 $K=K_0/5=2$ 时的 $L(\omega)$ 曲线如图 5-3-13 所示。当 $K=2$ 时

$$A(\omega_c)=\frac{2}{\omega_c\sqrt{\omega_c^2+1^2}\sqrt{(\frac{\omega_c}{5})^2+1^2}}=1\approx\frac{2}{\omega_c\sqrt{\omega_c^2}\sqrt{1^2}}=\frac{2}{\omega_c^2} \qquad (0<\omega_c<2)$$

所以

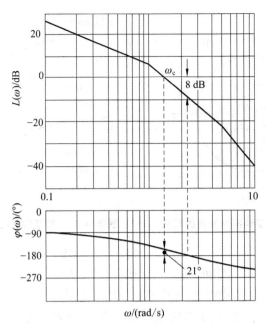

图 5-3-13　$K=2$ 时的 $L(\omega)$ 曲线

$$\omega_c = \sqrt{2}$$

$$\gamma_1 = 180° + \angle G(j\omega_c)$$

$$= 180° - 90° - \arctan \omega_c - \arctan \frac{\omega_c}{5}$$

$$= 90° - 54.7° - 15.8° = 19.5°$$

又由　　　　　$180° + \angle G(j\omega_g) = 180° - 90° - \arctan \omega_g - \arctan(\omega_g/5) = 0$

有　　　　　　　　$\arctan \omega_g + \arctan(\omega_g/5) = 90°$

等式两边取正切：　　$\left[\dfrac{\omega_g + \dfrac{\omega_g}{5}}{1 - \dfrac{\omega_g^2}{5}}\right] = \tan 90° = \infty$

得 $1 - \omega_g^2/5 = 0$，即 $\omega_g = \sqrt{5} = 2.236$。所以

$$h_1 = \frac{1}{|A(\omega_g)|} = \frac{\omega_g \sqrt{\omega_g^2 + 1} \sqrt{(\frac{\omega_g}{5})^2 + 1}}{2} = 2.793 = 8.9 \text{ dB}$$

在实际工程设计中，只要绘出 $L(\omega)$ 曲线，直接在图上近似地读数即可，不需太多计算。

5.4　频率性能指标

本节介绍在频域分析时要用到的一些频率性能指标。频域性能指标是反映系统性能的某些频率特性参量，其与系统的频率特性曲线上的某些特征点相对应，如图 5-4-1 所示。

1. 零频幅值

零频幅值 $A(0)$ 表示当频率（ω）接近于零时，系统输出的幅值与输入的幅值之比。在频率极低时，对单位反馈系统而言，若输出幅值能完全准确地反映输入幅值，则 $A(0) = 1$。$A(0)$ 越接近于 1,表明系统的稳态误差越小。因此 $A(0)$ 的数值与 1 的接近程度,反映了系统的稳态精度。

2. 复现频率 ω_M 与复现带宽 $0 \sim \omega_M$

若规定以 Δ 作为反映低频输入信号的允许误差,则复现频率 ω_M 就是幅值特性值与零频幅值 $A(0)$ 的差第一次达到 Δ 时的频率值。当频率超过 ω_M 时,输出就不能"复现"输入,所以 $0 \sim \omega_M$ 表征复现低频输入信号的频带宽度,称为复现带宽。

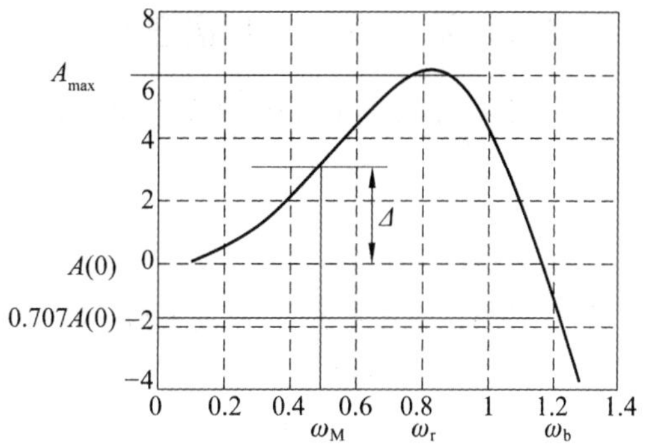

图 5-4-1 频率性能指标

3. 谐振频率 ω_r 和谐振峰值 M_r

对于二阶系统

$$|G(j\omega)| = \cfrac{1}{\sqrt{(1-\cfrac{\omega^2}{\omega_n^2})^2 + (2\xi\cfrac{\omega}{\omega_n})^2}}$$

令

$$g(\omega) = (1-\frac{\omega^2}{\omega_n^2})^2 + (2\xi\frac{\omega}{\omega_n})^2$$

$$\frac{\mathrm{d}}{\mathrm{d}t}g(\omega) = 2(1-\frac{\omega^2}{\omega_n^2})(-2\frac{\omega}{\omega_n^2}) + 2(2\xi\frac{\omega}{\omega_n})2\xi\frac{1}{\omega_n} = 0$$

或

$$g(\omega) = \left[\frac{\omega^2 - \omega_n^2(1-2\xi^2)}{\omega_n^2}\right]^2 + 4\xi^2(1-\xi^2)$$

当谐振频率 $\omega = \omega_r = \omega_n\sqrt{1-2\xi^2}\ (0 \leqslant \xi \leqslant \frac{\sqrt{2}}{2})$ 时,$g(\omega)$ 有最小值,$|G(j\omega)|$ 有最大值 $|G(j\omega)|$ 的最大值称为谐振峰值,用 M_r 表示,有

$$M_r = \frac{1}{2\xi\sqrt{1-\xi^2}}, \quad 0 \leqslant \xi \leqslant \frac{\sqrt{2}}{2} \approx 0.707$$

M_r 反映了系统的相对平稳性。一般来说,M_r 越大,系统阶跃响应的超调量也越大,这就意味着系统的平稳性较差。在二阶系统中,一般希望选取 M_r 小于 1.4,这时对应的阶跃响应的超调量将小于 25%,系统有较满意的过渡过程。

谐振频率 ω_r 在一定程度上反映了系统瞬态响应的速度。ω_r 值越大,则瞬态响应越快。

4. 截止频率 ω_b 和截止带宽 $0 \sim \omega_b$

一般规定,当幅频特性 $A(\omega)$ 的数值由零频幅值 $A(0)$ 下降 3 dB 时的频率,也就是 $A(\omega)$ 由 $A(0)$ 下降到 $0.707A(0)$ 时的频率为系统的截止频率 ω_b。频率范围 $0 \sim \omega_b$ 称为系统的截止带宽或简称带宽。

当系统工作频率超过截止频率 ω_b 后,输出就急剧衰减,跟不上输入,形成系统响应的截止状态。

5.5 利用 MATLAB 语言分析频域特性

可以用 MATLAB 语言分析系统的频率特性。

5.5.1 用 MATLAB 语言作

求连续系统的极坐标图的程序为

```
num= [bₘ bₘ₋₁… b₀];
den= [aₙ aₙ₋₁… a₀];
nyquist(num,den)
```

MATLAB 系统提供了函数 nyquist( )来绘制系统的极坐标图。此极坐标图为 ω 从 $-\infty$ 到 $+\infty$ 变化的闭合曲线,它是由 ω 由 $-\infty\rightarrow0$ 及 ω 由 $0\rightarrow+\infty$ 的两部分构成的。

```
[re,im,w]- nyquist(num,den,w)
[re,im,w]= nyquist (sys,w)nyquist (num,den,w)
nyquist(sys,w)
```

【例 5-5-1】 绘制二阶系统 $G(s)=\dfrac{2s^2+5s+1}{s^2+2s+3}$ 的 Nyquist 曲线。

解 MATLAB 程序如下:

```
num= [2,5,1];
den= [1,2,3];
nyquist(num,den)
grid
```

程序执行结果如图 5-5-1 所示。

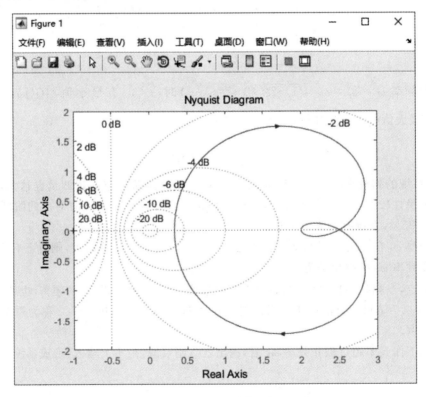

图 5-5-1 二阶系统 $G(s)=\dfrac{2s^2+5s+1}{s^2+2s+3}$ Nyquist 曲线

5.5.2 用 MATLAB 语言作 Bode 图

绘制连续系统的 Bode 图的 MATLAB 程序为

```
num= [b_m b_{m-1}⋯ b_0];
den= [a_n a_{n-1}⋯ a_0];
bode(num,den)
```

【例 5-5-2】 求 $H(s)G(s)=\dfrac{8\left(\dfrac{s}{10}+1\right)}{\left(\dfrac{s}{2}+1\right)\left(\dfrac{s}{4}+1\right)}=\dfrac{8s+80}{s^2+6s+8}$ 的 Bode 图。

解 MATLAB 程序如下：

```
num= [8 10];
den= [1 6 8];
bode(num,den)
```

如果希望画频率为 $0.01\sim1000$ rad/s 时的 Bode 图，可输入下列命令：

```
w= logspace(-2,3,100)
bode(num,den,w)
```

该命令在对应频率 0.01 rad/s 和 1000 rad/s 产生 100 个在对数刻度上等距离的点。结果如图 5-5-2 所示。

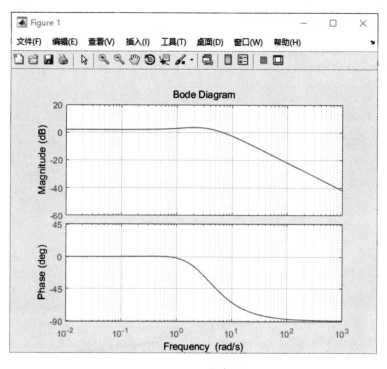

图 5-5-2 $H(s)G(s)=\dfrac{8s+80}{s^2+6s+8}$ 的 Bode 图

【例 5-5-3】 求典型二阶系统

$$G(s)=\frac{\omega_n^2}{s^2+2\xi\omega_n s+\omega_n^2}$$

试绘制出当 $\omega_n=6,\xi$ 分别为 $0.1,0.2,\cdots,1.0$ 时的 Bode 图。

解　MATLAB 程序为

```
wn= 6;
kosi= [0.1:0.1:1.0];
w= logspace(- 1,1,100);
figure(1)
num= [wn.^2];
for kos= kosi
  den= [1 2* kos* wn wn.^2];
  [mag,pha,wl]= bode(num,den,w);
  subplot(2,1,1);hold on
  semilogx(wl,mag);
  subplot(2,1,2);hold on
  semilogx(wl,pha);
end
subplot(2,1,1);grid on
title('Bode Plot');
xlabel('Frequency(rad/sec)');
ylabel('Gain dB');
subplot(2,1,2);grid on
xlabel('Frequency(rad/sec)');
ylabel('Phase deg');
hold off
```

结果如图 5-5-3 所示。

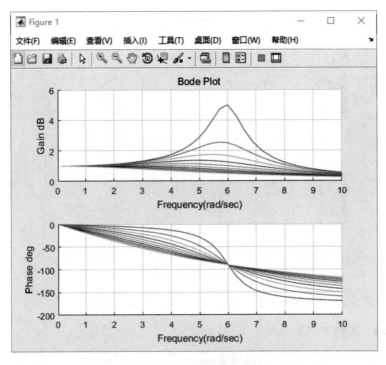

图 5-5-3　不同 ξ 的二阶振荡系统的 Bode 图

5.5.3　Nichols 图

绘制连续系统的 Nichols 图的 MATLAB 程序为

```
num= [b_m b_{m-1} ... b_0];
den= [a_n a_{n-1} ... a_0];
nichols(num,den)
```

【例 5-5-4】　求 $G(s)=\dfrac{2}{s(0.3s+1)(s+1)}$ 的 Nichols 图。

解　$G(s)=\dfrac{2}{s(0.3s+1)(s+1)}=\dfrac{1}{0.3s^3+1.3s^2+s}$，然后输入相应的参数，

MATLAB 程序如下：

```
num= [2];
den= [0.3 1.3 1 0];
nichols(num,den)
grid
```

结果如图 5-5-4 所示。

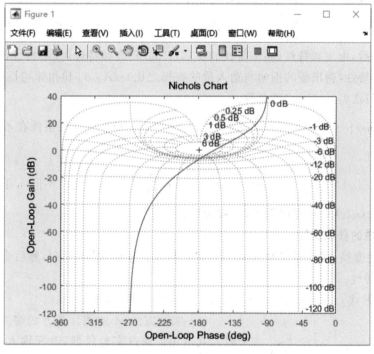

图 5-5-4　$G(s)=\dfrac{2}{s(0.3s+1)(s+1)}$ 的 Nichols 图

5.6　知 识 要 点

5.6.1　频域特性的基本概念

1.频域分析法的特点

控制系统分析的时域法和频域法仅数学语言表达不同,不影响对系统本身物理过程的分

析。时域法侧重于计算分析，频域法侧重于作图分析，工程上更偏向频域法。

频域分析法的物理意义较直观。当系统无法用计算分析法建立传递函数时，可用频域法求出频率特性，进而导出其传递函数；对于用计算法建立的传递函数，也可通过实验求出频率特性，验证原传递函数的正确性。但是，频域分析法仅适用于线性定常系统。

2. 频率响应

系统对正弦（或余弦）信号的稳态响应称为频率响应。当输入 $x_i(t) = X\sin\omega t$ 时，其输出包括瞬态响应和稳态响应两部分。瞬态响应为非正弦函数，且 $t\to\infty$ 时，瞬态响应为零；稳态响应是与输入信号同频率的正弦波，但振幅和相位发生变化。频率响应仅是时间响应的特例，频率响应在频域内反映系统的动态特性。

$$\lim_{t\to\infty} x_o(t) = X|G(j\omega)|\sin[\omega t + \angle G(j\omega)] = x_o(\omega)\sin[\omega t + \varphi(\omega)]$$

由于工程上绝大多数的周期信号可用 Fourier 变换展开成叠加的离散谐波信号，非周期信号可用 Fourier 变换展开成叠加的连续谐波信号，因此，频域分析时用正弦信号作为输入是合理的。

3. 频率特性 $G(j\omega)$

频域中，系统输出量与输入量之比称为频率特性。

$$G(j\omega) = G(s)\Big|_{s=j\omega} = \frac{x_o(s)}{x_i(s)}\Big|_{s=j\omega} = P(\omega) + jQ(\omega) = |G(j\omega)|e^{j\varphi(\omega)} = A(\omega)\angle\varphi(\omega)$$

$G(j\omega)$ 是复数，由实频特性（频率特性的实部）$P(\omega)$ 和虚频特性（频率特性的虚部）$Q(\omega)$ 构成，或者为幅频特性（输出量的振幅与输入量的振幅之比）$|G(j\omega)|$ 和相频特性（输出量的相位与输入量的相位之差）$\angle G(j\omega)$ 的总称。

显然，$|G(j\omega)| = A(\omega)e^{j\varphi(\omega)} = \dfrac{X|G(j\omega)|}{X} = \sqrt{P^2(\omega) + Q^2(\omega)}$ 反映系统在不同 ω 下幅值衰减或增大的特性。

$\angle G(j\omega) = \varphi(\omega) = [\omega t + \angle G(\omega)] - \omega t = \arctan\dfrac{Q(\omega)}{P(\omega)}$ 反映系统在不同 ω 下频率特性的幅角变化。规定 $\varphi(\omega)$ 逆时针方向为正，一般为负值。

4. 频率特性的获取途径

(1) 拉氏逆变换：在复域求取 $X_o(s)$ 后，进行拉氏逆变换求得 $x_o(t)$，然后令 $t\to\infty$，即可获得系统的频率特性。

(2) 用 $j\omega$ 替代 s：在复域求取 $G(s)$ 后，用 $j\omega$ 替代 s 即可获得 $G(j\omega)$。

(3) 实验方法：不能用计算方法建立系统数学模型时尤其适用。通过实验仪器，改变输入信号频率 ω，测出相应输出的幅值和相位，画出 $X_o(\omega)/X_i(\omega)$ 随 ω 变化的曲线，即获得幅频特性；画出 $\varphi(\omega)$ 随 ω 变化的曲线，即获得相频特性。

基于拉氏变换和 Fourier 变换，系统数学模型的微分方程、传递函数和频率特性 3 种表达形式可相互转换，如图 5-6-1 所示。

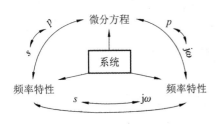

图 5-6-1　系统数学模型的转换

5. 频率特性的图示法

频率特性可以在极坐标下表示，也可在对数坐标下表示。对应的频率特性图分别称为极坐标图（Nyquist 图）和对数坐标图（Bode 图）。

极坐标图：当 ω 由 $0 \rightarrow \infty$ 时，$G(\mathrm{j}\omega)$ 矢量的端点在 $[G(\mathrm{j}\omega)]$ 复平面上所形成的轨迹。$G(\mathrm{j}\omega)$ 矢量在实轴上的投影即为实频特性，在虚轴上投影即为虚频特性；$G(\mathrm{j}\omega)$ 矢量的模为幅频特性，$G(\mathrm{j}\omega)$ 矢量的相角为相频特性。所以，在极坐标图既可表示实频和虚频特性，也反映幅频和相频特性。

对数坐标图：将频率特性用对数表示且将幅、相频率特性分开画。因此，Bode 图是对数幅频特性图和对数相频特性图的统称。

对数幅频特性图的纵坐标为线性分度 $20\lg|G(\mathrm{j}\omega)|$，单位是分贝（dB）；对数相频特性图的纵坐标为 $\angle G(\mathrm{j}\omega)$，单位是度（°）。对数幅频特性图和对数相频特性图的横坐标都是对数分度 $\lg\omega$，单位是 rad/s 或 s^{-1}。

对数频率特性主要有如下优点：

（1）将复杂的系统串联环节的幅值相乘运算转换为相加运算，可大大简化计算过程。

（2）扩展低频段，压缩高频段。系统主要性能表现在低频区，低频扩展便于分析变化细节，而在高频段只需要知道系统的变化趋势。

（3）绘制简单。对数频率特性曲线是建立在渐近近似的基础上，将各环节幅值渐近线进行累加，即可获得整个系统的 Bode 图。

5.6.2　典型环节和一般系统的频率特性

1. 典型环节的频率特性

控制系统通常可以等效为由若干简单环节组成，系统的频率特性由典型环节的频率特性组成。典型环节的矢量特性与对数特性、Nyquist 轨迹与 Bode 轨迹、系统的幅相输入/输出特性汇总于表 5-6-1。

表 5-6-1　典型环节的频率特性

环节	Nyquist 图		Bode 图		结论
	矢量特性	轨迹	对数特性	渐近线	
比例环节	$G(\mathrm{j}\omega)=K$ $\|G(\mathrm{j}\omega)\|=K$ $\angle G(\mathrm{j}\omega)=0°$ $P(\omega)=K$ $Q(\omega)=0$	与实轴重合的直线	$20\lg$ $\|G(\mathrm{j}\omega)\|=20\lg K$ $\angle G(\mathrm{j}\omega)=0°$	幅：一条水平线 相：与 0°线重合	幅相频率特性与 ω 无关；输出量振幅永远是输入量振幅的 K 倍，相位相同

环节	Nyquist 图		Bode 图		结论
	矢量特性	轨迹	对数特性	渐近线	
积分环节	$G(j\omega)=1/j\omega$ $\|G(j\omega)\|=1/\omega$ $\angle G(j\omega)=-90°$ $P(\omega)=0$ $Q(\omega)=-1/\omega$	 与负虚轴重合，由无穷远点指向原点，相位总是 $-90°$	$20\lg\|G(j\omega)\|=$ $-20\lg\omega$ $\angle G(j\omega)=-90°$	 幅：过点 $(1,0)$，斜率为 -20 dB/dec 的直线 相：过点 $(0,-90°)$，平行于横轴的直线	低频时输出振幅很大，高频时输出振幅为 0；输出相位总是滞后于输入 $90°$
微分环节	$G(j\omega)=j\omega$ $\|G(j\omega)\|=\omega$ $\angle G(j\omega)=90°$ $P(\omega)=0$ $Q(\omega)=\omega$	 与正虚轴重合，由原点指向无穷远点，相位总是 $90°$	$20\lg$ $\|G(j\omega)\|=20\lg\omega$ $\angle G(j\omega)=90°$	 幅：过 $(1,0)$，斜率为 20 dB/dec 的直线。 相：过 $(0,+90°)$ 平行于横轴的直线	低频时输出振幅为 0，高频输出振幅很大；输出相位总是超前于输入 $90°$
惯性环节	$\|G(j\omega)\|=\dfrac{k}{Hj\omega T}$ $\|G(j\omega)\|$ $=\dfrac{k}{\sqrt{1+\omega^2 T^2}}$ $\|G(j\omega)\|$ $=\dfrac{k}{\sqrt{1+\omega^2 T^2}}$ $<G(j\omega)=\arctan\omega T$ $P(\omega)=\dfrac{k}{1+\omega^2 T^2}$ $Q(\omega)=\dfrac{k\omega T}{1+\omega^2 T^2}$	 四象限内的一半圆	$20\lg\|G(j\omega)\|$ $=20\lg\omega_T-$ $20\lg\sqrt{\omega_T^2+\omega^2}$ $\angle G(j\omega)=$ $-\arctan\dfrac{\omega}{\omega_T}$	 幅：低频渐近线与 0 dB 线重合，止于 $(\omega_T,0)$；高频渐近线斜率 -20 dB/dec，始于 $(\omega_T,0)$。 相：对称于点 $(\omega_T,-45°)$，低频段输出与输入的相位相同，高频段输出相位滞后于输入 $90°$	低频时输出振幅等于输入振幅，输出相位紧跟输入相位；随 ω 增加，输出振幅衰减，相位滞后；高频时输出振幅衰减至 0

环节	Nyquist 图		Bode 图		结论
	矢量特性	轨迹	对数特性	渐近线	
一阶微分环节	$G(j\omega)=K$ $\|G(j\omega)\|$ $=\sqrt{1+\omega^2 T^2}$ $\angle G(j\omega)=\arctan\omega T$ $P(\omega)=1$ $Q(\omega)=\omega T$	始于正实轴$(1,j0)$,且平行于虚轴在第一象限内的直线	$20\lg\|G(j\omega)\|$ $=\lg\sqrt{\omega_T^2+\omega^2}$ $-20\lg_T$ $\angle G(j\omega)=\arctan\dfrac{\omega}{\omega_T}$	幅:低频渐近线与 0 dB 线重合,止于$(\omega_T,0)$;高频渐近线斜率 20 dB/dec,始于$(\omega_T,0)$。相:对称于点$(\omega_T,45°)$,低频段输出与输入的相位相同,高频段输出相位滞后于输入90°	高、低频信号都能全部通过,频率越高,增益越大,相位越超前
振荡环节	$G(j\omega)=$ $\dfrac{\omega_n^2}{-\omega^2+j2\xi\omega_n\omega+\omega_n^2}$ $\|G(j\omega)\|=$ $\dfrac{1}{\sqrt{(1-\lambda^2)^2+4\xi^2\lambda^2}}$ $\angle G(j\omega)=$ $-\arctan\dfrac{2\xi\lambda}{1-\lambda^2}$ $\lambda=\dfrac{\omega}{\omega_n}$	在三、四象限内的曲线,起点$(1,j0)$,终点$(0,j0)$。	$20\lg\|G(j\omega)\|=$ $-20\lg$ $\sqrt{(1-\lambda^2)^2+4\xi^2\lambda^2}$ $\angle G(j\omega)=$ $-\arctan\dfrac{2\xi\lambda}{1-\lambda^2}$	幅:低频渐近线与 0 dB 线重合,止于$(\omega_n,0)$;高频渐近线为一直线,斜率-40 dB/dec,始于$(\omega_n,0)$。相:对称于点$(\omega_T,-90°)$,低频段输出与输入的相位相同,高频段输出相位滞后于输入$-180°$	ξ 取值不同,图形形状也不同

续表

环节	Nyquist 图		Bode 图		结论
	矢量特性	轨迹	对数特性	渐近线	
延时环节	$G(j\omega) = e^{-j\tau\omega}$ $\|G(j\omega)\| = 1$ $\angle G(j\omega) = -\tau\omega$	单位圆	$20\lg\|G(j\omega)\| = 0$ $\angle G(j\omega) = -\tau\omega$	幅：0 dB 线 相：曲线	信号全部通过，相位随频率增加而延迟

惯性环节本质上就是一个低通滤波器。

振荡环节的 ξ 取不同的值，Nyquist 曲线形状也不同，ξ 值越大，曲线范围就越小。当 $\xi \leqslant 0.707$ 时，系统频率特性出现谐振频率 $\omega_r = \omega_n\sqrt{1-2\xi^2}$ 和谐振峰值 $M_r = 1/2\xi\sqrt{1-\xi^2}$。系统固有频率 ω_n 就是 Nyquist 曲线与虚轴之交点，此时幅值 $\|G(j\omega)\| = 1/2\xi$。Bode 图的渐近线与精确曲线之间存在误差，最大误差出现在交界频率 ω_T 附近。

2. 一般系统的 Nyquist 图和 Bode 图

(1) 绘制准确的 Nyquist 图比较麻烦，可借助计算机以一定频率间隔逐点计算 $G(j\omega)$ 的实部与虚部或幅值与相角，并描绘在极坐标图中。一般情况下，根据系统的型次可判断系统 Nyquist 曲线的大致形状。

系统频率特性

$$G(j\omega) = \frac{K(1+j\omega\tau_1)(1+j\omega\tau_2)\cdots(1+j\omega\tau_m)}{s^v\,(j\omega)(1+j\omega T_1)(1+j\omega T_2)\cdots(1+j\omega T_{n-v})}$$

0 型系统（$v=0$），系统低频端轨迹始于正实轴，高频端轨迹取决于 $(m-n)\times 90°$ 由哪个象限趋于原点。

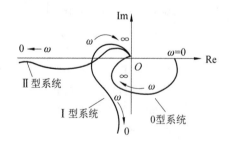

I 型系统（$v=1$），系统低频端轨迹的渐近线与负虚轴平行（或重合），高频端轨迹趋于原点。

II 型系统（$v=2$），系统低频端轨迹的渐近线与负实轴平行（或重合），高频端轨迹趋于原点。一般系统的 Nyquist 曲线的大致形状如图 5-6-2 所示。

无论 0、I、II 型系统，低频端幅值都很大，高频端都收敛趋于 0，即控制系统总是具有低通滤波的性能。

图 5-6-2　一般系统 Nyquist 曲线的大致形状

(2) 一般系统 Bode 图可由各环节 Bode 图叠加。

① 关于一般系统的对数幅频特性。

a. 找出各环节的交界频率 ω_T：积分和微分环节 $\omega_T = 1$；惯性和导前环节 $\omega_T = 1/T$；振荡环节 $\omega_T = \omega_n$。b. 用渐近线分别作出各环节的对数幅频特性图：积分环节在 ω_T 作斜率为 -20

dB/dec 的直线;微分环节在 ω_T 作斜率为 $+20$ dB/dec 的直线。对惯性/导前/振荡环节,在 $(\omega_T,0)$ 左边作与 0 dB 重合直线,在 $(\omega_T,0)$ 右边作 -20 dB/dec(惯性环节)或 $+20$ dB/dec(导前环节)或 -40 dB/dec(振荡环节)。c.按误差修正曲线对各渐近线进行修正,得出各环节精确曲线。d.按 ω_T 由小到大顺序,将各段曲线叠加,获得整个系统对数幅频特性曲线。e.若系统有比例环节 K,则将曲线提升(K_{f1})或下降低(K_{p1})20 lg$K$dB。

② 关于一般系统的对数相频特性。

a.分别作各环节的对数相频特性曲线:对积分环节作过 $-90°$ 的水平线;对微分环节作过 $+90°$ 的水平线;对惯性环节作在 $0\sim-90°$ 变化的反对数曲线,对称于 $(\omega_T,-45°)$;对导前环节作在 $0\sim90°$ 变化的反对数曲线,对称于 $(\omega_T,+45°)$;对振荡环节作在 $0\sim-180°$ 变化的反对数曲线,对称于 $(\omega_T,-90°)$。b.将各环节对数相频特性曲线叠加,得系统的对数相频特性曲线。c.若系统有延时环节,则相频特性上须加上 $-\tau\omega$。

5.6.3 频率特性的性能指标

频率特性的性能指标如图 5-6-3 所示。

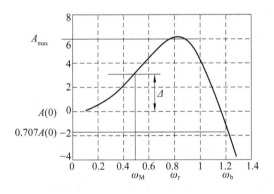

图 5-6-3 频率特性的性能指标

(1)零频幅值 $A(0)$:当频率 ω 接近于零时,系统输出的幅值与输入的幅值之比。$A(0)$ 的数值与 1 的接近程度,反映系统的稳态精度。

(2)复现频率 ω_M 与复现带宽 $0\sim\omega_M$:若规定 Δ 为反映低频输入信号的允许误差,则复现频率 ω_M 就是幅值特性值与零频幅值 $A(0)$ 的差第一次达到 Δ 时的频率值。当频率超过 ω_M,输出就不能"复现"输入,所以 $0\sim\omega_M$ 表征复现低频输入信号的频带宽度,称为复现带宽。

(3)谐振频率 ω_r 和谐振峰值 M_r:对二阶系统,当谐振频率 $\omega_r=\omega_n\sqrt{1-2\xi^2}\ (0\leqslant\xi\leqslant\frac{\sqrt{2}}{2})$ 时,$|G(j\omega)|$ 有谐振峰值 $M_r=\dfrac{1}{2\xi\sqrt{1-\xi^2}}$。$M_r$ 反映系统的相对平稳性,M_r 越大,系统阶跃响应的超调量也越大,意味着系统的平稳性较差。谐振频率 ω_r 在一定程度上反映了系统瞬态响应的速度,ω_r 值越大,则瞬态响应越快。

(4)截止频率 ω_b 和截止带宽 $0\sim\omega_b$:一般规定当幅频特性 $A(\omega)$ 的数值由零频幅值 $A(0)$ 下降 3 dB 时的频率,即 $A(\omega)$ 由 $A(0)$ 下降到 $0.707A(0)$ 时的频率为系统的截止频率 ω_b。频率范围 $0\sim\omega_b$ 称为系统的截止带宽或简称带宽。当系统工作频率超过截止频率 ω_b 后,输出急剧衰减,跟不上输入,形成系统响应的截止状态。

5.6.4　控制系统的频域稳定性

1. Nyquist 和 Bode 绝对稳定性判据

闭环控制系统稳定的充要条件是其特征方程的所有根（即闭环极点）都具有负实部，即所有闭环极点位于 $[s]$ 平面的左半部。在频域利用 Nyquist 和 Bode 稳定判据，不仅可以根据系统的开环特性来判断系统的稳定性，还可以确定系统的相对稳定性。

Nyquist 判据：闭环控制系统稳定的充要条件是：当 ω 从 $-\infty$ 到 $+\infty$ 时，系统的开环频率特性 $G(j\omega)H(j\omega)$ 按逆时针方向包围 $(-1, j0)$ 点 P 周，P 为位于 $[s]$ 平面右半部分的开环极点数目。特别地，若开环系统稳定，则 $G(s)H(s)$ 位于 s 平面右半部分的极点数为零，所以闭环系统稳定的充要条件是，系统的开环频率特性 $G(j\omega)H(j\omega)$ 不包围 $(-1, j0)$ 点。

Bode 判据：闭环系统稳定的充要条件：在开环对数频率特性 $20\lg|G(j\omega)H(j\omega)|$ 不为负值的所有频段内，对数相频特性 $\varphi(\omega)$ 的正穿越次数与负穿越次数之差为 $P/2$，P 是开环传递函数在 $[s]$ 平面右半部分的极点数。

2. 系统的相对稳定性

由绝对稳定性只能判断出系统属于稳定、不稳定或临界稳定，还不能满足设计要求，应进一步知道稳定或不稳定的程度，即稳定或不稳定离临界稳定还有多远，才能正确评价系统稳定性能的优劣，此即相对稳定性。

1) 极坐标和对数坐标的对应关系

（1）极坐标的单位圆 ↔ 对数坐标的零分贝线（幅频特性），相当于 $|GH| = 1 \leftrightarrow 20\lg|GH| = 0$ dB。

（2）极坐标的负实轴 ↔ 对数坐标的 $-180°$ 水平线（相频特性），原因：负实轴上的每一点的幅角都等于 $-180°$。

（3）极坐标的开环轨迹与单位圆的交点 $c \leftrightarrow$ 对数坐标的幅频特性与零分贝线的交点。交点 c 处的频率 ω_c 称为剪切频率、幅值穿越频率、幅值交界频率。

（4）极坐标的开环轨迹与负实轴的交点 $g \leftrightarrow$ 对数坐标的相频特性与 $-180°$ 水平线的交点。交点 g 处的频率 ω_g 称为相位穿越频率、相位交界频率。

2) 系统相对稳定性的度量指标

控制系统的开环频率特性 $G(j\omega)H(j\omega)$ 与 $(-1, j0)$ 点的接近程度表征了闭环系统的稳定程度，即系统的相对稳定性。$G(j\omega)H(j\omega)$ 离开 $(-1, j0)$ 点越远，其对应的闭环系统的稳定程度越高；反之，$G(j\omega)H(j\omega)$ 越靠近 $(-1, j0)$ 点，则闭环系统的稳定程度便越低。

幅值裕度 h 和相角裕度 γ 是衡量系统相对稳定性的两个指标。

（1）幅值裕度 h：在相频特性等于 $-180°$ 的频率 ω_g 处，开环幅频特性 $G(j\omega)H(j\omega)$ 的倒数称为系统的增益裕度。

$$h = \frac{1}{|G(j\omega_g)H(j\omega_g)|}$$

h 也可用分贝形式表示。在 Bode 图上，h 表示在相频特性等于 $-180°$ 的频率 ω_g 处，开环对数幅频特性曲线和横轴的距离 $[0 - L(\omega)]$。

$$20\lg h = -20\lg A(\omega_g) = -L(\omega_g)$$

若 $|G(j\omega_g)H(j\omega_g)| < 1$，$h > 1$，即 h（dB）> 0，则系统具有正幅值裕度；若 $|G(j\omega_g)H(j\omega_g)| > 1$，$h < 1$，即 h(dB)< 0，则系统具有负幅值裕度，如图 5-6-4 所示。h 实际上

是系统由稳定(或不稳定)到达临界稳定点时,其开环传递函数 $G(\mathrm{j}\omega)H(\mathrm{j}\omega)$ 在 ω_g 处的幅值 $|G(\mathrm{j}\omega_\mathrm{g})H(\mathrm{j}\omega_\mathrm{g})|$ 需扩大或缩小的倍数。一阶、二阶系统幅值裕度为无穷大,其原因是其开环轨迹与 $[GH]$ 平面的负实轴交于原点,即 $1/h=0$。

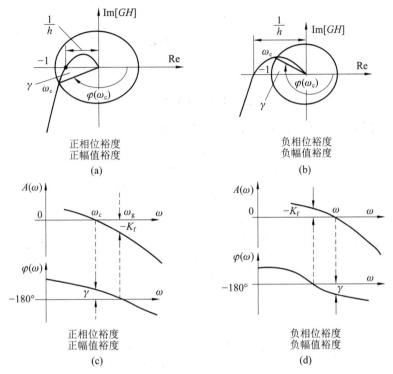

图 5-6-4　幅值裕度 h 和相位裕度 γ

(2) 相角裕度 γ:在穿越频率 ω_c 处,使系统达到稳定的临界状态需要附加的相移量(超前或滞后),称为相角裕度。

$$\gamma = \varphi(\omega_\mathrm{c}) - (-180°) = 180° + \varphi(\omega_\mathrm{c})$$

若 $\gamma>0$ 称正相位裕度(正稳定性储备),γ 必在 Bode 相位图横轴(−180°线)以上,在 Nyquist 图负实轴以下(第三象限);

若 $\gamma<0$ 称负相位裕度(负稳定性储备),γ 必在 Bode 相位图横轴(−180°线)以下,在 Nyquist 图负实轴以上(第二象限)。

需要说明的是,K_g、γ 作为设计指标,对于最小相位系统而言,只有 K_g、γ 都为正时,闭环系统才稳定;K_g、γ 都为负时,闭环系统不稳定。为确定系统相对稳定性,必须同时考虑 K_g 和 γ。工程上,为使系统满意的稳定性储备,一般要求

$$K_\mathrm{g}(\mathrm{dB}) > 6 \text{ dB}, \quad \gamma = 30° \sim 60°$$

其中,$\gamma=30°\sim60°$ 即 $\angle G(\mathrm{j}\omega_\mathrm{c})H(\mathrm{j}\omega_\mathrm{c})=-150°\sim-120°$。

5.7　例题解析

【例 5-7-1】 某单位反馈系统的开环传递函数渐近线如图 5-7-1 所示。(1)写出系统的开环传递函数;(2)判断系统的稳定性;(3)确定系统阶跃响应的性能指标 M_p、t_s;(4)若将幅频特性曲线向右平移 10 倍频程,求时域指标 M_p 和 t_s。

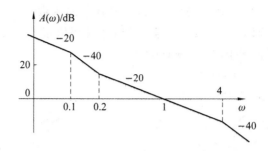

图 5-7-1　例 5-7-1 图

解　(1) 由图 5-7-1 可写出系统的开环传递函数

$$G(s) = \frac{K(\frac{s}{0.2}+1)}{s(\frac{s}{0.1}+1)(\frac{s}{4}+1)}$$

$$|G(j\omega_c)| = \frac{K\sqrt{(\frac{\omega_c}{0.2})^2+1}}{\omega_c\sqrt{(\frac{\omega_c}{0.1})^2+1}\cdot\sqrt{(\frac{\omega_c}{4})^2+1}} = \frac{5K}{10} = 1 \qquad \text{且 } \omega_c = 1$$

则　　　　　　　　　　　　　　　　$K = 2$

故

$$G(s) = \frac{2(\frac{s}{0.2}+1)}{s(\frac{s}{0.1}+1)(\frac{s}{4}+1)} = \frac{2(5s+1)}{s(10s+1)(0.25s+1)}$$

(2) 系统的相位裕度

$$\gamma = 180° + \varphi(\omega_c) = 180° - 90° - \arctan10\omega_c - \arctan0.25\omega_c + \arctan5\omega_c$$
$$= 90° - 84.3° - 14° + 78.7° = 70.4° > 0$$

所以,闭环系统稳定。

(3)　　　　　　　　$M_p = 0.16 + 0.4(\frac{1}{\sin\gamma} - 1) = 0.1846$

$$t_s = \frac{\pi}{\omega_c}\left[2 + 1.5(\frac{1}{\sin\gamma} - 1) + 2.5(\frac{1}{\sin\gamma} - 1)\right] = 6.6 \text{ s}$$

(4) 当幅频特性曲线向右平移 10 倍频程时,γ 不变而 ω_c 增大 10 倍,所以

$$M_p = 18.46\%, \quad t_s = 0.66 \text{ s}$$

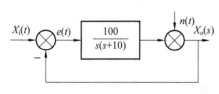

图 5-7-2　例 5-7-2 图

【例 5-7-2】 某系统如图 5-7-2 所示。已知:$x_i(t) = 1(t)$,$n(t) = 0.1\sin10t \cdot 1(t)$,试求:(1)稳态输出响应 $x_{oss}(t)$;(2)稳态误差响应 $e_{ss}(t)$。

解　不难判断出该系统是渐近稳定的,则正弦输入的系统响应稳态分量一定是同频率的正弦量。

(1) $x_i(t)$ 单独作用时

$$x_{ossx_i}(t) = 1 \quad (t \to \infty)$$

$n(t)$ 单独作用时

$$X_{on}(s) = \frac{1}{1 + \frac{100}{s(s+10)}} N(s) = \frac{s(s+10)}{s^2 + 10s + 100} N(s)$$

$$x_{ossn}(t) = 0.1 \left| \frac{j\omega(j\omega + 10)}{(j\omega)^2 + 10(j\omega) + 100} \right|_{\omega = 10} \sin\left\{ \omega t + \angle\left[\frac{j\omega(j\omega + 10)}{(j\omega)^2 + 10(j\omega) + 100} \right] \right\}$$

$$= 0.141 \sin(10t + 45°) \quad (t \to \infty)$$

$x_i(t)$ 与 $n(t)$ 共同作用时的稳态输出响应

$$x_{oss}(t) = 1 + 0.141 \sin(10t + 45°) \quad (t \to \infty)$$

（2）稳态误差响应 $e_{ss}(t)$

$$e_{ss}(t) = 1 - x_{oss}(t) = -1.41 \sin(10t + 45°) \quad (t \to \infty)$$

【例 5-7-3】　某单位负反馈最小相位系统，其开环传递函数为

$$G(s) = \frac{K}{s(s+a)}$$

当 $x_i(t) = 3\cos 3t$ 时，从示波器中观测到输出和输入的振幅相等，输出在相位上落后于输入90°。（1）确定参数 K、a；（2）若 $x_i(t) = 3\cos\omega t$，确定当 ω 为何值时，稳态输出 $x_o(t)$ 的振幅最大，并算出此最大幅值。

解　（1）该系统的闭环传递函数为

$$G_B(s) = \frac{K}{s^2 + as + K} = \frac{\omega_n^2}{s^2 + 2\xi\omega_n s + \omega_n^2}$$

则 $\omega_n = \sqrt{K}$，$\xi = \frac{a}{2\sqrt{K}}$。

对于无零点的二阶系统，当 $\omega = \omega_n$ 时输出落后于输入90°。故

$$\omega_n = \omega = 3, \quad K = \omega_n^2 = 9, \quad \xi = \frac{a}{6}$$

据 $A(\omega_n) = A(3) = \frac{1}{2\xi} = 1$，得 $\xi = 0.5$，$a = 3$。

（2）当 $\omega = \omega_r$ 时，系统处于谐振状态，$M = M_r$。

谐振频率

$$\omega_r = \omega_n \sqrt{1 - 2\xi^2} = \frac{3}{2}\sqrt{2}$$

谐振峰值

$$M_r = \frac{1}{2\xi\sqrt{1 - \xi^2}} = \frac{2}{3}\sqrt{3}$$

【例 5-7-4】　某单位负反馈系统，其开环传递函数为

$$G(s)H(s) = \frac{K e^{-\tau s}}{s}$$

式中：$K > 0$，$\tau = 2$，试大致画出 Nyquist 图，并确定使系统渐近稳定的 K 的取值范围。

解　系统开环频率特性

$$G(j\omega)H(j\omega) = \frac{K e^{-j2\omega}}{j\omega}$$

幅频特性 $\qquad\qquad\qquad\qquad\qquad A(\omega) = \frac{K}{\omega}$

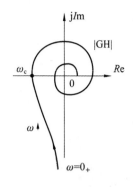

相频特性　　　　　　　$\varphi(\omega) = -\dfrac{\pi}{2} - 2\omega$

令 $\varphi(\omega_g) = -\dfrac{\pi}{2} - 2\omega_g = -\pi$，得 Nyquist 曲线与负实轴第一个

相交点频率 $\omega_g = \dfrac{\pi}{4}$，与负实轴第一个相交点幅值 $A(\omega_g) = \dfrac{K}{\omega_g} = \dfrac{4K}{\pi}$，

画出的 Nyquist 图大致形状如图 5-7-3 所示。令 $-\dfrac{4K}{\pi} = -1$，得使

系统临界稳定的 $K = \dfrac{\pi}{4}$，使系统渐近稳定的 K 取值范围为 $0 <$

图 5-7-3　例 5-7-4 图　　　$K < \dfrac{\pi}{4}$。

【例 5-7-5】　某最小相位单位负反馈系统，其频率特性如图 5-7-4 所示。（1）试确定开环传递函数；（2）计算闭环系统的 ω_n 和 ξ。

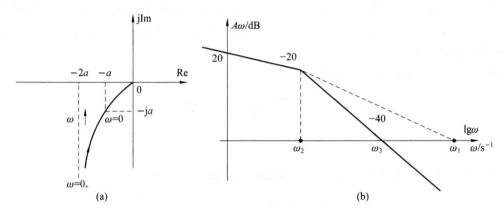

图 5-7-4　例 5-7-5 图

解　（1）由图 5-7-4(b) 知

$$G(s) = \frac{\omega_1}{s\left(\dfrac{s}{\omega_2} + 1\right)}, \quad \omega_3 = \sqrt{\omega_1 \omega_2}$$

$$G(\mathrm{j}\omega) = -\frac{\dfrac{\omega_1}{\omega_2}\omega}{\omega\left(1 + \dfrac{\omega^2}{\omega_2^2}\right)} - \mathrm{j}\,\frac{\omega_1}{\omega\left(1 + \dfrac{\omega^2}{\omega_2^2}\right)}$$

当 $\omega = 2$ 时，有 $\mathrm{Re}[G(\mathrm{j}\omega)] = \mathrm{Im}[G(\mathrm{j}\omega)]$，得 $\omega_2 = 2$。

由图 5-7-4(a) 中渐近线与负实轴的交点，得出 $-\dfrac{\omega_1}{\omega_2} = -2a$，即 $\omega_1 = 4a$。

而 $\omega_3 = \sqrt{\omega_1 \omega_2} = 2\sqrt{2a}$，将 ω_1、ω_2、ω_3 代入 $G(s)$ 中，可得 $G(s) = \dfrac{8a}{s(s+2)}$。

（2）由 $2\xi\omega_n = 2$，得 $\xi\omega_n = 1$，而 $\omega_n = \sqrt{8a}$，故 $\xi = \dfrac{1}{\sqrt{8a}} = \dfrac{\sqrt{2a}}{4a}$。

【例 5-7-6】　单位反馈系统的闭环对数幅频特性分段渐近线如图 5-7-5 所示，现要求系统具有 30° 的相位裕度，试计算开环增益应增大多少倍。

解　由图可得系统的闭环传递函数为

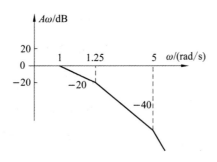

图 5-7-5　例 5-7-6 图

$$G_B(s) = \frac{1}{(s+1)(\frac{s}{1.25}+1)(\frac{s}{5}+1)} = \frac{6.25}{(s+1)(s+1.25)(s+5)}$$

因此系统的开环传递函数为

$$G(s) = \frac{G_B(s)}{1-G_B(s)} = \frac{0.5}{s(\frac{s}{2.825}+1)(\frac{s}{4.425}+1)}$$

相位裕度为

$$\gamma = 180° + \varphi(\omega_c) = 180° - 90° - \arctan\frac{1}{2.825}\omega_c - \arctan\frac{1}{4.425}\omega_c$$

因为 $\gamma = 30°$，解得 $\omega_c = 2.015$。

以交界频率划分频段范围，按 $\dfrac{j\omega}{\omega_i}+1 \approx \begin{cases} 1 & (\omega \leqslant \omega_i) \\ \dfrac{j\omega}{\omega_i} & (\omega > \omega_i) \end{cases}$，用解析法求 $G(j\omega)$ 中有关环节的截

止频率，有

$$A(\omega) = \begin{cases} 20\lg\dfrac{0.5}{\omega}K & (\omega < 2.825) \\[2mm] 20\lg\dfrac{1.4125}{\omega^2}K & (2.825 \leqslant \omega < 4.425) \\[2mm] 20\lg\dfrac{6.25}{\omega^3}K & (\omega \geqslant 4.425) \end{cases}$$

因为 $\omega_c = 2.015 < 2.825$，所以 $\dfrac{0.5}{\omega_c}K = 1$，得

$$K = 4.03$$

即系统的开环增益应增大 4.03 倍。

【例 5-7-7】　某最小相位系统的对数幅频渐近线如图 5-7-6 所示。图中虚线为对应的振荡环节及二阶微分环节的修正曲线。试:(1) 确定系统开环传递函数 $G(s)H(s)$;(2) 确定闭环系统的稳定性;(3) 写出各段渐近线方程。

解　(1)由 Bode 图可知, $G(s)H(s)$ 具有如下形式:

$$G(s)H(s) = \frac{K\left[\left(\dfrac{s}{\omega_2}\right)^2 + 2\xi\left(\dfrac{s}{\omega_2}\right) + 1\right]}{s^2\left[\left(\dfrac{s}{\omega_1}\right)^2 + 2\xi\left(\dfrac{s}{\omega_1}\right) + 1\right]}$$

由 $80\lg\dfrac{3}{\omega_1} = 20$，得 $\omega_1 = 1.69$;由 $40\lg\dfrac{\sqrt{K}}{\omega_1} = 20$，得 $K = 28.6$。

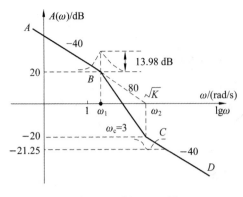

图 5-7-6　例 5-7-7 图

由 $-80\lg\dfrac{\omega_2}{\omega_c}=-20$，得 $\omega_2=5.33$；由 $20\lg\dfrac{1}{2\xi}=13.98$，得 $\xi=0.1$。

由 $20\lg\dfrac{1}{2\xi\sqrt{1-\xi^2}}=1.25$，得 $\xi=0.5$。

将 K、ω_1、ω_2、ξ 代入式 $G(s)H(s)$ 中，可得

$$G(s)H(s)=\frac{28.6[0.0352s^2+0.188s+1]}{s^2[0.350s^2+0.118s+1]}$$

（2）稳定性。该系统满足利用相角裕度 γ 判定系统稳定性的充分必要条件，将参数代入相角裕度公式 $\gamma=180°+\varphi(\omega_c)$ 中，可得

$$\gamma=180°-180°-\arctan\frac{2\xi\tau\omega_c}{1-(\tau\omega_c)}-\arctan\frac{2\xi T\omega_c}{1-(T\omega_c)}=-130°<0°$$

则系统发散不稳定。

（3）渐近线特性各段表达式如下：

$$A_{AB}=20\lg\frac{K}{\omega^2}=20\lg K-40\lg\omega\quad(0\leqslant\omega<1.69)$$

$$A_{BC}=20\lg\left(\frac{K}{\omega^2}\cdot\frac{\omega_1^2}{\omega^2}\right)=20\lg K\omega_1^2-80\lg\omega\quad(1.69\leqslant\omega<5.33)$$

$$A_{CD}=20\lg\left(\frac{K}{\omega^2}\cdot\frac{\omega_1^2}{\omega^2}\cdot\frac{\omega^2}{\omega_2^2}\right)=20\lg\frac{K\omega_1^2}{\omega_2^2}-40\lg\omega\quad(5.33\leqslant\omega<\infty)$$

【例 5-7-8】　单位反馈最小相位系统，其开环频率特性 Bode 图如图 5-7-7 所示。试求：（1）系统开环传递函数 $G(s)$；（2）截止频率 ω_c 及相角裕度 γ；（3）阶跃响应的动态性能指标 M_s 和 $t_s(\Delta=0.05)$；（4）当 $x_i(t)=2t+4$ 时的稳态误差。

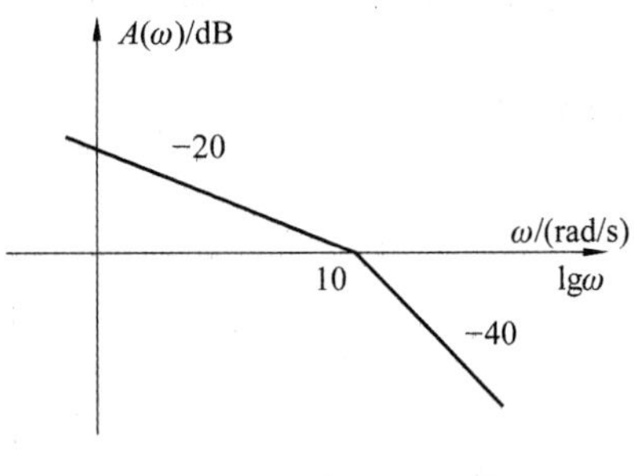

解　（1）由系统开环频率特性 Bode 图可得系统开环传递函数：

$$G(s)=\frac{K}{s(Ts+1)}=\frac{10}{s(0.1s+1)}$$

（2）令 $\left|\dfrac{10}{j\omega_c(1+j0.1\omega_c)}\right|=1$，得截止频率 $\omega_c=7.86$ rad/s

相角裕度　　　　$\gamma=180°-90°-\arctan0.1\omega_c=51.8°$

（3）由 $G(s)=\dfrac{100}{s(s+10)}=\dfrac{\omega_n^2}{s(s+2\xi\omega_n)}$，得

$$\omega_n=10\ \text{rad/s},\quad\xi=0.5$$

故阶跃响应的动态性能指标

$$M_p=e^{-\frac{\pi\xi}{\sqrt{1-\xi^2}}}\times100\%=16.3\%$$

$$t_s(\Delta=0.05)=\frac{3}{\xi\omega_n}=0.6\ \text{s}$$

（4）系统的静态误差系数

$$K_v=\lim_{s\to0}sG(s)=10\ \text{rad/s}$$

图 5-7-7　例 5-7-8 图

稳态误差

$$e_{ss} = \frac{2}{K_v} = 0.2$$

【例 5-7-9】　设最小相位系统的结构如图 5-7-8（a）所示，$G(s)G_c(s)$ 的 Bode 图如图 5-7-8（b）所示。试：（1）求出传递函数 $G(s)G_c(s)$；（2）计算相角裕度 γ 并指出系统的稳定性。

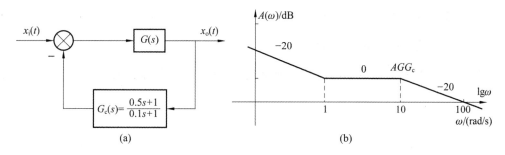

图 5-7-8　例 5-7-9 图

解　（1）由图 5-7-8（b）知

$$G(s)G_c(s) = K\frac{\tau s + 1}{s(Ts + 1)} = 10\frac{s + 1}{s(0.1s + 1)}$$

故

$$G(s) = \frac{G(s)G_c(s)}{G_c(s)} = \frac{10(s + 1)}{s(0.1s + 1)} \cdot \frac{0.1s + 1}{0.5s + 1} = \frac{10(s + 1)}{s(0.5s + 1)}$$

（2）令 $\dfrac{10\omega_c}{\omega_c \cdot 0.1\omega_c} = 1$，得穿越频率 $\omega_c = 100$ rad/s。

相角裕度

$$\gamma = 180° - 90° + \arctan\omega_c - \arctan 0.1\omega_c = 95.1°$$

故系统渐近稳定。

【例 5-7-10】　某闭环系统的开环传递函数为

$$G(s)H(s) = \frac{K}{s(s^2 + s + 100)}$$

试求当 $K_g = 10$ dB 时的开环放大系数 K。

解　利用解析法求解

系统的开环幅频特性

$$|G(j\omega)H(j\omega)| = \frac{K}{\omega\sqrt{(100 - \omega^2)^2 + \omega^2}}$$

相频特性

$$\angle[G(j\omega)H(j\omega)] = -90° - \arctan\frac{\omega}{100 - \omega^2}$$

令 $\angle[G(j\omega_g)H(j\omega_g)] = -180°$，得 $\omega_g = 10$ rad/s。

而

$$\frac{1}{K_g} = |G(j\omega_g)H(j\omega_g)| = \frac{K}{10\sqrt{(100 - \omega_g^2)^2 + \omega_g^2}} = \frac{K}{100}$$

由 $K_g = 20\lg K_g = 20\lg\dfrac{100}{K} = 10$，得 $K = 31.6$。

故系统开环放大系数

$$K = \frac{k}{100} = 0.316$$

习　题

5-1　已知放大器的传递函数 $G(s)=\dfrac{K}{Ts+1}$，并测得 $\omega=1(\text{rad/s})$、幅频 $|G|=12/\sqrt{2}$、相频 $\angle G=\pi/4$。试求放大系数 K 及时间常数 T。

5-2　设单位反馈控制系统的开环传递函数 $G(s)=\dfrac{10}{s+1}$，试求闭环系统在下列输入信号作用下的稳态响应。

(1) $x_i(t)=\sin(t+30°)$；

(2) $x_i(t)=2\cos(2t-45°)$。

5-3　系统单位阶跃响应

$$h(t) = 1 - 1.8\mathrm{e}^{-4t} + 0.8^{-9t} \quad (t \geqslant 0)$$

试求系统的频率特性表达式。

5-4　画出下列传递函数对应的对数幅频渐近曲线和相频曲线：

(1) $G(s)=\dfrac{2}{(2s+1)(8s+1)}$；

(2) $G(s)=\dfrac{50}{s^2(s^2+s+1)(6s+1)}$；

(3) $G(s)=\dfrac{10(s+0.2)}{s^2(s+0.1)}$；

(4) $G(s)=\dfrac{8(s+0.1)}{s(s^2+s+1)(s^2+4s+25)}$。

5-5　测得一些元部件的对数幅频渐近曲线如图所示，试写出对应的传递函数 $G(s)$。

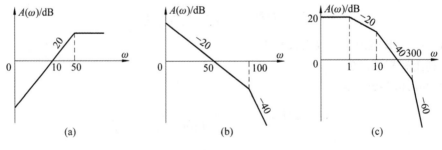

题 5-5 图

5-6　已知某控制系统如题图所示，试计算系统的开环穿越频率和相位裕度。

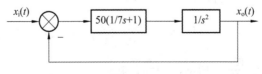

题 5-6 图

5-7　设单位反馈控制系统的开环传递函数分别为

(1) $G(s) = \dfrac{\tau s + 1}{s^2}$;

(2) $G(s) = \dfrac{K}{(0.01s+1)^3}$。

试确定使系统相角裕度 γ 等于45°的 τ 及 K 值。

5-8　负反馈系统的开环传递函数

$$G(s) = \dfrac{K}{s(0.01s^2 + 0.01s + 1)}$$

试求系统幅值裕度为 20 dB 的 K 值,并求对应的相位裕度。

5-9　已知非最小相位系统的开环传递函数为 $G(s)H(s) = \dfrac{K(s-1)}{s(s+1)}$,试由频率稳定性判据判断闭环系统的稳定性。

第6章 控制系统的校正

学习要点：掌握控制系统校正的基本概念和系统设计与校正的一般原则；了解控制系统时频性能指标及相互关系；熟悉各种校正方式和校正装置，掌握相位超前校正，相位滞后校正和相位超前-滞后校正的设计分析方法和步骤；熟悉反馈校正、前馈校正的校正方式；掌握根轨迹校正的设计方法。

6.1 控制系统校正概述

6.1.1 校正的概念

控制原理研究的内容有两方面：一方面，已知控制系统的结构和参数，研究和分析其静、动态性能，此过程称为系统分析，本书的第3章～第5章就是采用不同的方法进行系统分析；另一方面，在被控对象已知的前提下，根据实际生产中对系统提出的各项性能要求，设计一个系统或改善原有系统，使系统静、动态性能满足实际需要，称此过程为系统校正。所谓校正，就是在工程实际中，根据对系统提出的性能指标要求，选择具有合适的结构和参数的控制器，使之与被控对象组成的系统满足实际性能指标的要求。

在工程实践中，控制系统一般包含两大部分：一是在系统设计计算过程中实际上不可能变化的部分，如执行机构、功率放大器和检测装置等，称为不可变部分或系统的固有部分；另一部分的设计计算参数则有较大的选择范围，如放大器、校正装置，称为可变部分。通常，不可变部分的选择不仅受性能指标的约束，而且也受限于其本身尺寸、质量、能源、成本等因素。因此，所选择的不可变部分一般并不能完全满足性能指标的要求。在这种情况下，引入某种起校正作用的子系统即所谓的校正装置，以补偿不可变部分在性能指标方面的不足。

引入校正装置将使系统的传递函数发生变化，导致系统的零点和极点重新分布。适当地增加零点和极点，可使系统满足规定的要求，以实现对系统进行校正的目的。引入校正环节的实质是改变系统的零点和极点分布，即改变系统的频率特性。

系统校正问题实际上是最优设计问题，即当输入已知时，确定系统结构和参数，使得输出尽可能符合给定的最佳要求。系统优化问题不像系统分析那样，在给定系统和已知输入的情况下，通过求解系统的输出来研究系统本身的有关问题，此时，系统的输出具有单一性和确定性。而系统优化时，能够全面满足性能指标的系统并不是唯一确定的。在工程实践中，选择校正方案时，既要考虑保证良好的控制性能，又要顾及工艺性、经济性，以及使用寿命、体积、重量等因素，以便从多种方案中选取最优方案。

6.1.2 校正的方法

校正的方法很多，按照校正装置在系统中的位置，以及它和系统不可变部分的连接方式的不同，通常可分为四种：串联校正、反馈校正、前馈校正和复合校正。

1. 串联校正

串联校正的校正装置串联在系统固有部分的前向通道中,如图 6-1-1 所示。

按校正装置的性质,串联校正可分为相位超前校正、相位滞后校正和相位超前-滞后校正三种形式。为了减少校正装置的输出功率,降低系统功率损耗和成本,串联校正装置一般安装在前向通道的前端、系统误差测量点之后、放大器之前的位置。串联校正的特点是结构简单,易于实现,但需附加放大器,且对系统参数变化比较敏感。

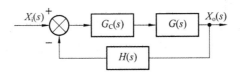

图 6-1-1　串联校正

2. 并联校正

并联校正包括反馈校正和前馈校正。

1）反馈校正

反馈校正是指校正装置 $G_C(s)$ 接在系统的局部反馈通道中,与系统的不可变部分或不可变部分中的一部分构成反馈连接的方式,如图 6-1-2 所示。

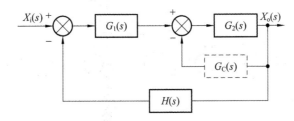

图 6-1-2　反馈校正

由于反馈校正信号是从高功率点传向低功率点,故不需加放大器。反馈校正的特点是不仅能改善系统性能,且对于系统参数波动及非线性因素对系统性能的影响有一定的抑制作用,但其结构比较复杂,实现相对困难。

2）前馈校正

前馈校正又称顺馈校正,是在系统主反馈回路之外,由输入经校正装置直接校正系统的方式。按输入信号性质和校正装置位置的不同通常分两种:一种是校正装置接在系统给定输入信号之后、主反馈回路作用点之前的前向通道上,如图 6-1-3(a)所示,其作用是对给定值进行整形和滤波;另一种是校正装置接在系统可测扰动信号和误差作用点之间,对扰动信号进行测量、变换后接入系统,如图 6-1-3(b)所示,其作用是对扰动影响进行直接补偿。

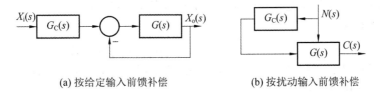

(a) 按给定输入前馈补偿　　　　　　　　(b) 按扰动输入前馈补偿

图 6-1-3　前馈校正

前馈校正可以单独作用于开环控制系统之外,是基于开环补偿的方式来提高系统的精度的,但最终不能检查控制的精度是否达到设计要求。其最主要的优点是及时迅速地克服主要扰动对被控参数的影响,对于其他次要扰动,利用反馈控制予以克服,即构成复合控制系统,使控制系统在稳态时能准确地使被控量控制在给定值上。

3. 复合校正

复合校正是在反馈控制回路中,加入前馈校正通路,组成一个有机整体,构成复杂控制系统以改善系统性能,如图 6-1-4 所示。其中图 6-1-4(a)为按给定补偿的复合校正系统,图 6-1-4(b)为按扰动补偿的复合校正系统。

复合校正系统充分利用开环前馈控制与反馈控制两者的优点,解决了系统静态与动态性能方面,以及对扰动的抑制与对给定的跟随两方面的矛盾,极大地改善了系统的性能。但系统结构复杂,实现比较困难。

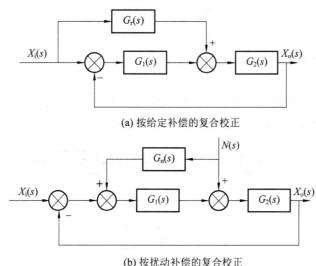

(a) 按给定补偿的复合校正

(b) 按扰动补偿的复合校正

图 6-1-4　复合校正

6.1.3　校正装置

校正装置根据其本身是否有电源,可分为无源校正装置和有源校正装置。

1. 无源校正装置

无源校正装置通常是由电阻和电容组成的二端口装置,图 6-1-5 是几种典型的无源校正装置的电路图。根据校正装置对频率特性的影响,又分为相位滞后校正装置、相位超前校正装置和相位滞后-相位超前校正装置。

无源校正装置线路简单、组合方便、无需外供电源,但本身没有增益,只有衰减,且输入阻抗低,输出阻抗高,因此在应用时要增设放大器或隔离放大器。

2. 有源校正装置

有源校正装置是由运算放大器组成的调节器。图 6-1-6 是两种典型的有源校正装置的电路图。有源校正装置本身有增益,且输入阻抗高,输出阻抗低,所以目前较多采用有源校正装置。其缺点是需另供电源。

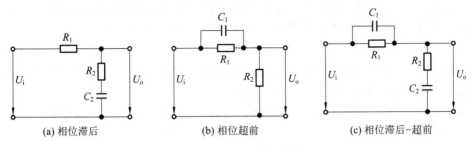

(a) 相位滞后　　　　　　　(b) 相位超前　　　　　　(c) 相位滞后–超前

图 6-1-5　无源校正装置

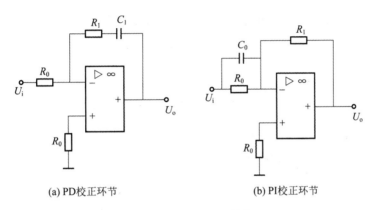

(a) PD校正环节　　　　　　　　　　(b) PI校正环节

图 6-1-6　有源校正装置

6.2　控制系统的设计指标与一般原则

6.2.1　控制系统时频性能指标及误差准则

1. 时域性能指标

时域性能指标包括瞬态性能指标和稳态性能指标。

（1）瞬态性能指标，一般是在单位阶跃输入下，反映输出过渡过程特性的一些参数，实质上是由瞬态响应所决定的，它主要包括：上升时间 t_r、峰值时间 t_p、最大超调量 M_p、调整时间 t_s。

（2）稳态性能指标，反映系统的稳态精度，用来描述系统在过渡过程结束后，实际输出与期望输出之间的偏差，常用稳态误差表征。

2. 频域性能指标

频域性能指标包括开环频域指标和闭环频域指标。

（1）开环频域指标，主要包括相位裕度 γ、幅值裕度 K_g、穿越频率 ω_c。

（2）闭环频域指标，主要包括复现频率 ω_M 及复现带宽 $0 \sim \omega_M$、谐振频率 ω_r 及谐振峰值 M_r、截止频率 ω_b 及截止带宽 $0 \sim \omega_b$。

3. 误差准则

误差准则（综合性能指标）是系统性能的综合测度。它们是系统的期望输出与其实际输出之差的某个函数的积分。因为这些积分是系统参数的函数，因此，当系统的参数取最优时，综合性能指标将取最优值,从而可以通过选择适当参数得到综合性能指标为最优的系统。目前使用的综合性能指标有多种,此处简单介绍三种。

1)误差积分性能指标

理想系统对于阶跃输入的输出,也应是阶跃函数。实际的输出 $x_o(t)$ 与理想输出 $x_o^*(t)$ 总存在误差,系统设计时应使误差 $e(t)$ 尽可能小。

图 6-2-1(a)为系统在单位阶跃下无超调的过渡过程,图 6-2-1(b)为其误差曲线。在没有超调的情况下,误差 $e(t)$ 是单调减少的。因此系统的综合性能指标可以取为

$$I = \int_0^\infty e(t)\,\mathrm{d}t$$

式中:误差 $e(t) = x_o^*(t) - x_o(t)$,由于误差 $e(t)$ 的拉氏变换为

$$E_1(s) = \int_0^\infty e(t)\mathrm{e}^{-st}\mathrm{d}t$$

有

$$I = \lim_{s\to 0}\int_0^\infty e(t)\mathrm{e}^{-st}\mathrm{d}t = \lim_{s\to 0}E_1(s) \tag{6-1}$$

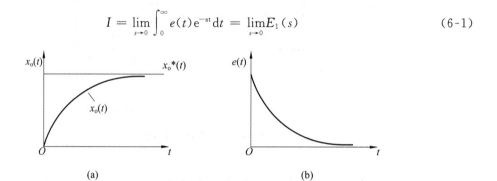

图 6-2-1 阶跃输入下的响应曲线及误差

只要系统在阶跃输入下的过渡过程无超调,就可以根据式(6-1)计算其 I 值,并根据此式计算出使 I 值最小的系统参数。

2)误差平方积分性能指标

若给系统以单位阶跃输入后,系统响应过程有振荡,则常取误差平方的积分为系统的综合性能指标,即

$$I = \int_0^\infty e^2(t)\,\mathrm{d}t \tag{6-2}$$

由于积分号中含有误差的平方项,正负误差不会相互抵消,这是与式(6-1)有根本区别的地方。而且,式(6-2)中的积分上限可以由足够大的时间 T 来代替,因此求解性能最优系统就可以转化为求解式(6-2)的极小值。

因为式(6-2)中等号右侧的积分项往往可以采用分析或实验的方法获得,所以,在实际运用中,误差平方积分性能指标在评价系统性能优劣时被广泛采用。

图 6-2-2 中:图(a)中细实线表示希望的阶跃输出,粗实线表示实际输出;图(b)表示误差曲线;图(c)表示误差平方曲线;图(d)为式(6-2)表示的误差平方积分曲线。

误差平方积分性能指标的最大特点是:重视大的误差,忽略小的误差。因为较大的误差其平方也较大或者更大,对性能指标 I 的影响显著;而较小的误差,其平方更小,对性能指标 I 的影响轻微甚至可以忽略。所以根据误差平方积分性能指标设计的系统,能使大的误差迅速减小,但系统也容易产生振荡。

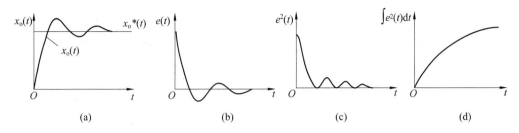

图 6-2-2　阶跃输入下的响应曲线、误差及其平方积分曲线

3）广义误差平方积分性能指标

广义误差平方积分性能由下式定义

$$I = \int_0^\infty \left[e^2(t) + \alpha \dot{e}^2(t) \right] \mathrm{d}t \tag{6-3}$$

式中：α 为给定的加权系数，$\dot{e}(t)$ 为误差变化率。

在此误差准则下，最优系统为使此性能指标 I 取极小值的系统。此指标的特点是既不允许大的动态误差长期存在，也不允许大的误差变化率长期存在。因此，按此准则设计的系统，其过渡过程较短而且平稳。

6.2.2　频域性能指标与时域性能指标的关系

在工程实践中有时用开环频率特性来设计控制系统，有时用闭环频率特性来设计控制系统。当用开环频率特性来设计系统时，常采用的动态指标有相位裕度 γ 和穿越频率 ω_c。用闭环频率特性设计系统时，常采用的动态指标有谐振峰值 M_r 及谐振频率 ω_r。这些指标在很大程度上能表征系统的动态品质。其中相位裕度 γ 和谐振峰值 M_r 反映了系统过渡过程的平稳性，与时域指标超调量 M_p 相对应；穿越频率 ω_c 和谐振频率 ω_r 则反映了系统响应的快速性，与时域指标调整时间 t_s 相对应。

下面，针对一阶、二阶系统，通过其开环频率特性来研究闭环系统的动态性能。

1. 一阶系统

对于一阶系统，其传递函数的标准形式为

$$G(s) = \frac{1}{Ts + 1}$$

其闭环结构传递函数方框图见图 6-2-3(a)，其单位阶跃时间响应曲线如图 6-2-3(b)所示，图 6-2-3(c)、(d)所示分别为其开环对数幅频特性和闭环对数幅频特性曲线。

从图 6-2-3(c)可以看出，一阶系统的穿越频率 ω_c 等于开环增益 K，也就是积分时间常数的倒数 $1/T$。从图 6-2-3(d)中可以看出，闭环对数幅频特性曲线的交界频率为 $1/T$。另外，当 ω 为 $1/T$ 时，闭环频率特性的幅值为 0.707，即频率为零时幅值的 0.707 倍，故这一点的频率值也是一阶系统的闭环截止频率 ω_b。因此，一阶系统的时域指标 t_s 可以用开环指标 ω_c 或闭环指标 ω_b 来表示如下：

$$t_s = 3T = \frac{3}{\omega_c} = \frac{3}{\omega_b} \quad (\Delta = \pm 0.05) \tag{6-4}$$

因此，开环穿越频率 ω_c 或闭环截止频率 ω_b 可以反映系统过渡过程时间的长短，即反映了系统响应的快速性。

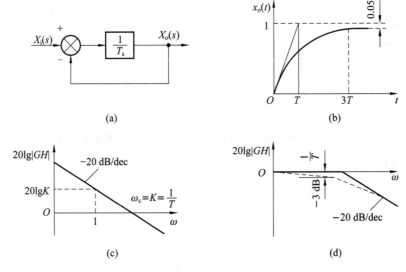

图 6-2-3　一阶惯性环节

2. 二阶系统

一般的,假设二阶系统的开环传递函数为

$$G(s)H(s) = \frac{K}{s(Ts+1)}$$

记 $\omega_n = \sqrt{\dfrac{K}{T}}$,$\xi = \dfrac{1}{2\sqrt{TK}}$,则有

$$G(s)H(s) = \frac{\omega_n^2}{s(s+2\xi\omega_n)}$$

1) 开环频域指标与时域指标的关系

开环对数幅频特性曲线如图 6-2-4 所示。其中,交界频率 $\omega_1 = \dfrac{1}{T}$,斜率为 $-20\ \text{dB/dec}$ 的直线或其延长线与 0 dB 线的交点频率 $\omega_2 = K$。根据图中关系,有如下方程:

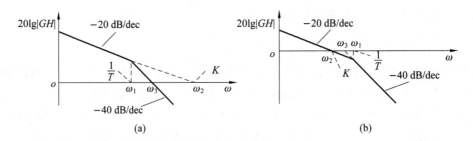

图 6-2-4　二阶系统开环 Bode 图

$$20\lg\frac{\omega_2}{\omega_1} = 40\lg\frac{\omega_3}{\omega_1}$$

进而,可得

$$\omega_3 = \sqrt{\omega_1\omega_2} = \sqrt{\frac{K}{T}} = \omega_n \tag{6-5}$$

即图中斜率为 $-40\ \text{dB/dec}$ 的直线或其延长线与 0 dB 线的交点频率 $\omega_3 = \omega_n$,它恰是 ω_1 与 ω_2

的几何中心。由此可见,根据对数幅频特性曲线就可以确定系统参数。

再来看性能指标与系统参数之间的关系。

(1) 穿越频率 ω_c。

ω_c 是指系统开环 Nyquist 曲线与单位圆交点的频率,也就是输入与输出幅值相等时的频率,即

$$\left| \frac{\omega_n^2}{j\omega_c(j\omega_c + 2\xi\omega_n)} \right| = 1$$

也即

$$\frac{\omega_n^2}{\omega_c \sqrt{\omega_c^2 + (2\xi\omega_n)^2}} = 1$$

两边平方,整理后,得

$$\left(\frac{\omega_c}{\omega_n} \right) - 4\xi^2 \left(\frac{\omega_c}{\omega_n} \right) - 1 = 0$$

解得

$$\frac{\omega_c}{\omega_n} = \sqrt{\sqrt{1 + 4\xi^4} + 2\xi^2}$$

即

$$\omega_c = \omega_n \sqrt{\sqrt{1 + 4\xi^4} + 2\xi^2} \tag{6-6}$$

(2) 相位裕度 γ。

根据相位裕度 γ 的定义:当 $\omega = \omega_c$ 时,相频特性 $\angle GH$ 距 $-180°$ 线的相位差值。轨迹图上与单位圆交点的频率,即输入与输出幅值相等时的频率:

$$\gamma = 180° - 90° - \arctan \frac{\omega_c}{2\xi\omega_n} = \arctan \frac{2\xi\omega_n}{\omega_c} \tag{6-7}$$

根据式(6-7),可得

$$\gamma = \arctan \frac{2\xi}{\sqrt{\sqrt{1 + 4\xi^4} + 2\xi^2}}$$

由于二阶系统的超调量 M_p 和相位裕度 γ 都仅由阻尼比 ξ 决定,因此 γ 的大小反映了系统动态过程的平稳性。而阻尼比 ξ 与超调量 M_p 之间的函数关系为超越函数,常用曲线来反映,在第 3 章介绍系统的时间响应时已经论述过,在此不再赘述。从式(6-7)可知,相位裕度 γ 和阻尼比 ξ 同向变化。为了使二阶系统在过渡过程中不至振荡得太厉害,以致调整时间过长,一般希望 $0.4 \leqslant \xi \leqslant 0.8$,$45° \leqslant \gamma \leqslant 70°$。

二阶系统的调整时间

$$t_s = \frac{3}{\xi\omega_n} \quad (\Delta = 0.05) \tag{6-8}$$

将式(6-6)代入式(6-8),可得

$$t_s = \frac{3}{\xi\omega_c} \sqrt{\sqrt{1 + 4\xi^4} + 2\xi^2}$$

显然,当阻尼比 ξ 一定时,t_s 与 ω_c 成反比,即 ω_c 越大,t_s 越小;反之,ω_c 越小,t_s 越大。因此,穿越频率 ω_c 的大小反映了系统过渡过程的快慢。

2) 闭环频域指标与时域指标的关系

在第 5 章系统的频率特性分析中,我们已经知道二阶系统的闭环频率特性可用下式表示:

$$G(\mathrm{j}\omega) = \frac{\omega_\mathrm{n}^2}{(\omega_\mathrm{n}^2 - \omega^2) + 2\mathrm{j}\xi\omega_\mathrm{n}\omega}$$

其幅频特性为

$$|G(\mathrm{j}\omega)| = \frac{\omega_\mathrm{n}^2}{\sqrt{(\omega_\mathrm{n}^2 - \omega^2)^2 + (2\mathrm{j}\xi\omega_\mathrm{n}\omega)^2}}$$

系统发生谐振时,幅频特性达到最大值,故其值可通过极值条件求得。满足极值条件的频率即为谐振频率 ω_r,且

$$\omega_\mathrm{r} = \omega_\mathrm{n}\sqrt{1 - 2\xi^2} \tag{6-9}$$

从式(6-9)可以看出,只有当 $\xi < 0.707$ 时,ω_r 才为实数。而 $\xi > 0.707$ 时,系统闭环频率无峰值。当 ξ 一定时,调节时间 t_s 与谐振频率 ω_r 成反比。因此,谐振频率 ω_r 的大小反映了系统响应的快速性。

二阶系统的闭环频率特性可用下式表示:

$$M_\mathrm{r} = \frac{1}{2\xi\sqrt{1 - \xi^2}}$$

可见,谐振峰值 M_r 只和阻尼比 ξ 有关,它反映了系统超调的大小,即系统过渡过程的平稳性。

控制系统中最直接的性能指标是时域指标。但频域分析法涉及的一些重要特征值如开环频率特性中的相位裕度、增益裕度;闭环频率特性中的谐振峰值、频带宽度和谐振频率等与控制系统的瞬态响应存在着一定关系。标准二阶系统的时域和频域性能指标都只与系统特征参数 ω_n 和 ξ 有关,消去中间变量后系统时频指标之间具有确切关联性,可从不同分析域反映系统动态性能。

(1)谐振频率乘调整时间与谐振峰值。

谐振频率 ω_r 和调整时间 t_s 都取决于系统特征参数 ω_n 和 ξ,联立求解消去中间变量 ω_n,获得 ω_r 与 t_s 之间的直接关联性:

$$\omega_\mathrm{r} t_\mathrm{s} = \frac{1}{\xi}\sqrt{1 - 2\xi^2}\ln\frac{1}{\Delta\sqrt{1 - \xi^2}} \tag{6-10}$$

由式(6-10)可知,$\omega_\mathrm{r} t_\mathrm{s}$ 仅与 ξ 有关,对给定阻尼比,调整时间与系统的谐振频率成反比,即谐振频率高的系统,其反应速度快,谐振频率低的系统则反应速度慢。谐振频率和调整时间的乘积与谐振峰值的关系为

$$\omega_\mathrm{r} t_\mathrm{s} = \sqrt{\frac{2\sqrt{M_\mathrm{r}^2 - 1}}{M_\mathrm{r} - \sqrt{M_\mathrm{r}^2 - 1}}\ln\frac{\sqrt{2M_\mathrm{r}^2}}{\Delta\sqrt{M_\mathrm{r} + \sqrt{M_\mathrm{r}^2 - 1}}}}$$

(2)截止频率乘调整时间与阻尼比的关联为

$$\omega_\mathrm{b} t_\mathrm{s} = \frac{1}{\xi}\sqrt{1 - 2\xi^2 + \sqrt{4\xi^4 - 4\xi^2 + 2}}\ln\frac{1}{\Delta\sqrt{1 - \xi^2}}$$

给定 ξ 后,系统频宽 ω_b 与调整时间 t_s 成反比。即控制系统的频宽越大,则该系统对输入信号作出反应的快速性越好。

(3)截止频率乘调整时间与谐振峰值。

ω_b 和 t_s 也都取决于特征参数 ω_n 和 ξ,联立求解获得 ω_b 与 t_s 的直接关联性:

$$\omega_\mathrm{b} t_\mathrm{s} = \frac{1}{\xi}\sqrt{1 - 2\xi^2 + \sqrt{4\xi^4 - 4\xi^2 + 2}}\ln\frac{1}{\Delta\sqrt{1 - \xi^2}} \tag{6-11}$$

从式(6-11)可知,当阻尼比 ξ 给定后,控制系统的频宽 ω_b 与调整时间成反比。即控制系统的频宽越大,则该系统反应输入信号的快速性便越好。这充分证明,频宽是表征控制系统的反应速度的重要指标。截止频率乘调整时间与谐振峰值的关联:

$$\omega_b t_s = \sqrt{\frac{2\sqrt{M_r^2-1}+\sqrt{2M_r^2-1}}{M_r-\sqrt{M_r^2-1}}\ln\frac{\sqrt{2M_r}}{\sqrt[4]{M_r^2+\sqrt{M_r^2-1}}}}$$

利用上述方法也可推导出频率指标 ω_r、ω_b、M_r 与时域指标 t_r、t_p 的关联。

(4) 谐振峰值与最大超调量。

频域相对谐振峰值 M_r 与时域最大超调量 M_p 具有确切关联性:

$$M_p = \exp(-\pi\sqrt{\frac{M_r-\sqrt{M_r^2-1}}{M_r+\sqrt{M_r^2-1}}})\times100\%$$

M_r 和 M_p 均由控制系统的阻尼比 ξ 所确定,均随 ξ 的减小而增大。当 $\xi>0.4$ 时,M_r 和 M_p 存在相近的关系,对于很小的 ξ 值,M_r 将变得很大,M_p 的值却不会超过 1。对某一控制系统来说,在时域中 M_p 大,反映到频域里 M_r 也大,反之亦然。因此,M_r 是度量控制系统振荡程度的一项频域指标,M_r 值表征了系统的相对稳定性。一般而言,M_r 越大,系统阶跃响应的超调量也越大,意味着系统的平稳性较差。在二阶系统设计中,希望选取 $M_r<1.4$,因为这时阶跃响应的最大超调量 $M_p<25\%$,系统有较满意的过渡过程。

二阶系统的时域和频域动态性能指标反映了系统瞬态过程的性能参数,各指标间存在一定关联性和制约性,实际系统调节时,快速性和平稳性两大性能要求之间往往存在矛盾,可根据系统用途,通过调节实际系统的内部参数影响其振荡频率和阻尼系数,折中改善系统快速性和平稳性。

与二阶系统不同,高阶系统频率响应与时间响应指标之间不存在确定的解析关系,因为附加的一些极点和(或)零点可以改变标准二阶系统中的阶跃瞬态响应与频率响应的关系。但实际的高阶系统一般都设计成具有一对共轭复数闭环主导极点。如果高阶系统的频率响应由一对共轭复数闭环极点支配,则标准二阶系统的时频性能指标关系可以近似推广到高阶系统。工程设计中常通过一些经验公式建立频率响应指标和时域响应的主要指标的关系,这在用频率法分析和设计控制系统时是很有用的。

6.2.3　控制系统校正的一般原则

系统的开环传递函数和具有单位反馈的闭环传递函数之间有一一对应关系,而且决定闭环系统稳定性的特征方程又完全取决于开环传递函数,在工程上,对控制系统的校正习惯于用频率法进行综合,特别是广泛应用 Bode 图进行设计,因为控制系统各组成元件的性能与作用表现在 Bode 图上比较直观、易于作图,再者是有些系统或元件的微分方程不易导出,仅可通过试验求得频率特性曲线作为系统综合与校正的依据。

如前所述,控制系统的静态误差取决于系统开环频率特性的增益和系统类型。控制系统的稳定性、动态品质取决于开环频率特性曲线的形状和位置。因此对系统性能指标的要求,可以归结为对系统开环频率特性的要求。

在低频区($\omega=1$ rad/s 附近的频率范围)的开环对数频率特性 $L(\omega)$ 曲线,决定着系统稳态误差的大小,为使控制系统以足够小的误差跟踪输入,希望在低频区提供足够高的增益,如若根据稳态误差的要求已经确定了系统的无差度 λ 和开环增益 K,则希望特性 $L(\omega)$ 的低频渐近线或它的延长线必须在 $\omega = 1$ 处高于或等于 $20\lg K$。

在中频区(穿越频率 ω_c 附近的频率范围)、开环频率特性 $L(\omega)$ 的形状决定着系统的稳定性及动态品质，ω_c 的大小决定着系统的快速性。为使控制系统具有足够的稳定储备($\gamma = 40°$ ~60°)，$L(\omega)$ 曲线的斜率应当限制在 $-20\ dB/dec$(因为若以 $-40\ dB/dec$ 的斜率穿越横轴，其相频特性已接近 $-180°$，一般已无多少稳定储备)。考虑到稳定储备(包括相角储备和幅值储备)的要求和增益的变动，$-20\ dB/dec$ 的斜率应在穿越频率 ω_c 处上下延长足够的频程。中频渐近线的长度取决于 $h = \dfrac{\omega_x}{\omega_1}$(见图 6-2-5)。对图 6-2-5 所示这种开环幅频特性具有 $-40\ dB/dec$——$-20\ dB/dec$——$-40\ dB/dec$ 的形式(简称 2-1-2 型)渐近特性的典型系统，可根据谐振峰值按下式求取 h(证明从略)：

$$h = \frac{M_r + 1}{M_r - 1}$$

可见，为获得满意的动态特性，令 $M_r \leqslant 1.4$，则 $h > 6$，h 增大，稳定性增加，但 h 过大会降低系统抗高频干扰的能力，给技术上的实现带来困难。

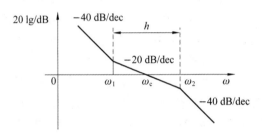

图 6-2-5　理想的中频段特性

在高频区(高于穿越频率 ω_c 的频率范围)，开环 $L(\omega)$ 曲线的形状决定着系统抗干扰的能力，为减小高频噪声的影响，需要在高频区内 $L(\omega)$ 曲线尽快衰减。

利用频域法对系统进行综合与校正，实际上就是根据控制系统的性能指标来调节系统开环增益或选择校正装置，对系统的开环 Bode 图进行整形。

6.2.4　系统设计的基本方法

经典控制论中的设计方法采用的是设计-校正法，它是根据系统的输入、输出以及系统的传递函数，按照要求的性能指标，设计一个控制系统，然后检查设计出来的系统是否满足全部性能指标的要求，若不能满足，则应通过调整参数或调整结构的方法重新设计，直至控制系统满足全部性能指标为止。这种方法是建立在试探的基础上，设计者的知识与经验在设计过程中起重要作用。一个有经验的设计人员，不需进行很多次校正，就能设计出满意的系统来。根据设计校正的途径不同，系统设计的基本方法通常又可分为分析法和综合法。

1. 分析法

这种方法是根据设计要求和原有(根据控制系统的用途，事先已初步选定的)系统特性，依靠分析和经验，首先选择一种校正装置加入系统，然后计算校正后系统的品质指标，如能满足要求，则可确定校正装置的结构与参数，否则重选校正装置，重复计算，直到满足设计指标为止，这种方法简单，但只适用于综合、典型的校正装置，并且设计进程与设计经验密切相关。

2. 综合法

这种方法是首先根据设计指标，求取能够满足设计指标的开环对数频率特性，即希望的对数幅频特性,将希望的特性和原有的特性相比较,便可得到校正装置的幅频特性,然后校验校正后系统的相角储备,若满足要求,则可确定校正装置的结构与参数,否则重新调整参数或结构,直到满足设计指标为止。这种方法只适用于最小相位系统,因其幅值和相角间有确定的关系,故按幅频特性的形状就能确定系统的性能。

在此应当注意:①不论是采用哪种动态设计方法,往往都应辅之以物理系统实验,并根据实验的结果进一步修改,完善设计,直至满足设计要求,才能设计定型。②能够满足设计要求的控制系统不是唯一的,即能够设计出多种能满足给定的性能指标的系统。这就需要对多种系统各方面的性能、成本、体积、重量等诸因素进行综合考虑,以寻求最优方案。

6.3　串　联　校　正

本节讨论控制系统串联校正方案的设计,重点介绍如何在 Bode 图上利用分析法校正系统,同时也介绍一种比较简便易行的综合设计方法。

一个需校正的控制系统,大约有如下几种类型。

(1) 系统是稳定的,动态响应也好,但稳态精度超差。因此需要提高低频增益,又要在Bode 图上保持中频特性不变,如图 6-3-1(a)所示。

(2) 系统具有足够的稳态精度,但稳定性或动态品质不好,反映在 Bode 图上,需要改善中频特性,见图 6-3-1(b)。

(3) 系统是稳定的,但稳态精度和动态品质都不好,反映在 Bode 图上,需要改善其低频和中频特性,见图 6-3-1(c)。

对应上述三种情况,可以采用三种基本校正方法:滞后校正、超前校正和滞后-超前校正。

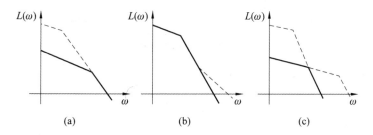

图 6-3-1　需要校正的系统类型

6.3.1　滞后校正

滞后校正使输出相位滞后于输入相位,对控制信号产生相移作用。滞后校正适用于系统的动态品质好但稳态精度差的场合,以增大开环增益而又不使动态品质受影响;也适用于系统的稳态精度差且稳定性也不好,但对快速性要求不高的场合,以增大开环增益且不会造成中频区特性衰减,改善系统稳态精度和稳定性。

1. 滞后校正网络

滞后校正装置通常有无源滞后网络和有源滞后网络两种。

1) 无源滞后网络

无源滞后网络由无源阻容元件组成。如图 6-3-2(a)所示,它的传递函数为

$$G_C(s) = \frac{U_c(s)}{U_r(s)} = \frac{R_2 C s + 1}{(R_1 + R_2) C s + 1}$$

令 $T = R_1 C, \alpha = \dfrac{R_1 + R_2}{R_2} > 1$，则上式可写成

$$G_C(s) = \frac{Ts + 1}{\alpha Ts + 1} = \frac{1}{\alpha} \frac{s + \dfrac{1}{T}}{s + \dfrac{1}{\alpha T}} \tag{6-12a}$$

其相角是

$$\varphi(\omega) = \arctan \omega T - \arctan \omega \alpha T \tag{6-12b}$$

滞后环节的 Bode 图见图 6-3-2(b)，由图可知，其角频率分别为

$$\omega_1 = \frac{1}{\alpha T}$$

$$\omega_2 = \frac{1}{T}$$

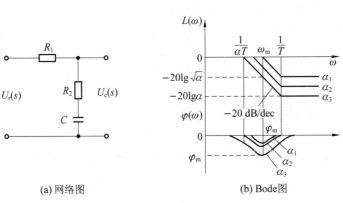

(a) 网络图　　　　　　　　　　　　(b) Bode图

图 6-3-2　无源滞后网络

由式(6-12b)可见，φ 为负值，并随 α 变化。令

$$\frac{\partial \varphi}{\partial \omega} = 0$$

将式(6-12)代入可解得

$$\omega_m = \frac{1}{T\sqrt{\alpha}} = \sqrt{\omega_1 \omega_2} \tag{6-13}$$

即当 $\omega = \omega_m$ 时，相角滞后最大，其值为

$$\varphi_m = \arctan T\omega_m - \arctan \alpha T\omega_m$$
$$= - \arcsin \frac{\alpha - 1}{\alpha + 1} \tag{6-14}$$

最大滞后相角 φ_m 和 α 的关系见图 6-3-3。

由图 6-3-2(b)可见，滞后环节是一个低通滤波器。当 $\omega < \dfrac{1}{\alpha T}$ 时，$L_c(\omega) \approx 1$，信号不衰减；当 $\omega > \dfrac{1}{T}$ 时，$L_c(\omega) \approx \dfrac{1}{\alpha} < 1$，信号衰减。我们正是利用滞后环节的这一特性来校正系统的。

例如，对一个如图 6-3-4 所示的稳态精度不好的系统，引入滞后校正网络，适当选取网络参数 τ、α，使 $\dfrac{1}{T}$、$\dfrac{1}{\alpha T}$ 向左远离穿越频率 ω_c，以使开环系统在 ω_c 附近的相角不受影响。由于引入

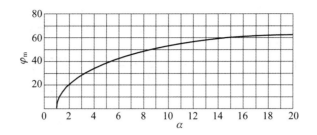

图 6-3-3　φ_m 和 α 的关系

滞后网络而引起的开环幅频特性在 ω_c 附近降低,可以通过提高开环增益 $20\lg\alpha$ dB 的办法来进行补偿。结果使系统在穿越频率处的稳定裕度保持不变,但此时的开环增益提高了 $20\lg\alpha$ dB(见图 6-3-4 中的虚线部分),从而降低了稳态误差。α 越大,误差降低越多,但考虑实现的可能性,α 的最大取值为 $\alpha_m = 20$,通常取 $\alpha = 10$。

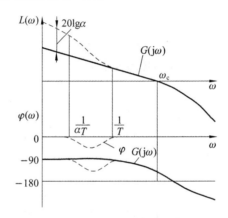

图 6-3-4　滞后环节的影响

同样,对一个满足稳态幅度指标,但稳定性不好的系统,引入滞后校正环节,可以保持开环增益不变而使剪切频率 ω_0 减小,以改善系统的稳定性,但此时系统的响应将变慢。

采用无源滞后网络,因其本身没有增益,只有衰减,并且输入阻抗较低,输出阻抗又较高,在实际应用中往往要增设放大器或隔离放大器。无源滞后网络多用在简单的伺服系统中。

2)有源滞后网络

有源滞后网络由一个高增益的运算放大器加上反馈网络组成,其增益和校正环节的其他参数可随意调整,故有源滞后网络适用于对调整要求比较高的场合。为分析有源滞后网络的特性,首先推导运算放大器的传递函数。

(1)运算放大器的传递函数　运算放大器的一般形式如图 6-3-5 所示。它有同相(+)和反相(-)两个输入端,组成反馈线路时常用反相输入。其输入电流 $I_r(s)$、反馈回路电流 $I_t(s)$ 和流入放大器的电流 $I_c(s)$ 间存在下述关系:

$$I_r(s) = I_t(s) + I_c(s)$$

因放大器输入阻抗很高,故有

$$I_c(s) \approx 0$$

因此

$$I_r(s) = I_t(s)$$

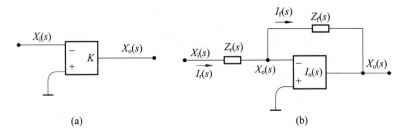

图 6-3-5　运算放大器线路及等效图

又

$$I_r(s) = \frac{U_t(s) - X_t(s)}{Z_r(s)}$$

$$I_t(s) = \frac{X_t(s) - C(s)}{Z_t(s)}$$

考虑放大器增益的作用,有

$$U_c(s) = - K X_c(s)$$

将上述四式联立,消去 $X_t(s)$ 得放大器的传递函数为

$$G_c(s) = \frac{U_c(s)}{U_r(s)} = - \frac{K \dfrac{Z_t(s)}{Z_r(s) + Z_t(s)}}{1 + K \dfrac{Z_r(s)}{Z_r(s) + Z_t(s)}}$$

因运算放大器的增益很高,故有

$$G_c(s) = - \frac{Z_t(s)}{Z_r(s)} \tag{6-15}$$

由式(6-15)可见,反相输入运算放大器的传递函数等于反馈阻抗 $Z_t(s)$ 与输入阻抗 $Z_r(s)$ 之比,符号为负。只要改变反馈阻抗 $Z_t(s)$ 和输入阻抗 $Z_r(s)$,就可得到不同的传递函数,以组成各种校正环节。

（2）比例-积分元件　比例-积分元件（P、I 调节器）如图 6-3-6(a)所示。

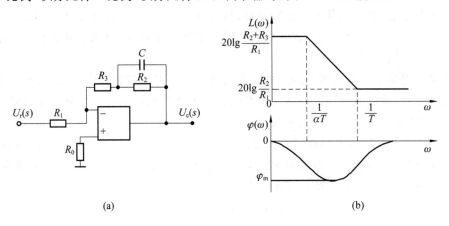

图 6-3-6　比例-积分元件

由图可知,输入阻抗

$$Z_r(s) = R_1$$

反馈阻抗

$$Z_t(s) = R_2 + \frac{\dfrac{R_3}{Cs}}{R_3 + Cs}$$

根据式(6-15)可得

$$\begin{aligned}
G_c(s) &= \frac{U_c(s)}{U_r(s)} \\
&= -\frac{Z_t(s)}{Z_r(s)} \\
&= -\frac{R_2 + R_3}{R_1} \frac{\dfrac{R_2 R_3}{R_2 + R_3} Cs + 1}{R_3 Cs + 1} \\
&= -K \frac{Ts + 1}{\alpha Ts + 1}
\end{aligned} \qquad (6\text{-}16)$$

式中：$K = \dfrac{R_2 + R_3}{R_1}$；$T = \dfrac{R_2 R_3}{R_2 + R_3} C$；$\alpha = \dfrac{R_2 + R_3}{R_2} > 1$。

比较式(6-11)、式(6-16)可知，二者的动态部分完全相同，其 Bode 图 6-3-6(b)和无源滞后网络的 Bode 图 6-3-2(b)相似，所不同的是比例-积分元件有增益。

图中 R_0 为平衡电阻，一般取 $R_0 = R_1$。

2. 滞后校正的设计

滞后校正的设计可用分析法进行，亦可用综合法进行，下面分别加以介绍。

1)利用分析法确定校正装置

下面举例说明滞后校正的步骤。

【例 6-3-1】 设有一单位反馈系统，系统的开环传递函数为 $G(s) = \dfrac{K}{s(s+1)(0.5s+1)}$，要求校正后系统的进度误差系数 $K_v = 5 \ \text{s}^{-1}$，相位裕度 $\gamma > 40°$，增益裕度不低于 10 dB。

解 ① 确定开环增益 K_n，以满足稳态误差的要求。因此

$$K_v = \lim_{s \to 0} sG(s) = \lim_{s \to 0} \frac{sK}{s(s+1)(0.5s+1)} = K = 5$$

即

$$K = 5 \ \text{s}^{-1}$$

② 利用已确定的增益，画出未校正系统的 Bode 图，即 $G(j\omega) = \dfrac{5}{j\omega(j\omega+1)(0.5j\omega+1)}$ 的 Bode 图，如图 6-3-7 所示。由图可求得 $\gamma = -20°$，说明系统不稳定。

③ 因系统不稳定，需选择新的穿越频率 ω_c。在新的 ω_c 上，开环传递函数的相位裕度应等于给定的相位裕度再加上 5°~12°。增加 5°~12°，是为了补偿滞后网络引起的相角滞后。为使校正网络引起的相角滞后在新穿越频率 ω_c 处的影响足够小，故交界频率 $\omega = \dfrac{1}{T}$ 应选在低于新的穿越频率 ω_c 一倍到十倍频程处。在本例中，给定的相角裕度 $\gamma = 40°$，再加上 5°~12°。以补偿滞后网络引起的相角变化。因与 40°相角裕度相应的频率是 0.7 s^{-1}，所以新的穿越频率应选择在这一数值附近。为防止滞后网络时间常数过大，选择交界频率 $\omega = \dfrac{1}{T}$ 在 0.1 s^{-1} 上，因这一交界频率位于新的穿越频率以下不太远的地方，所以滞后网络引起的相位滞后量可能较大，故在给定的相位裕度上增加12°，因此需要的相位裕度变为52°。从未校正系统的开环相

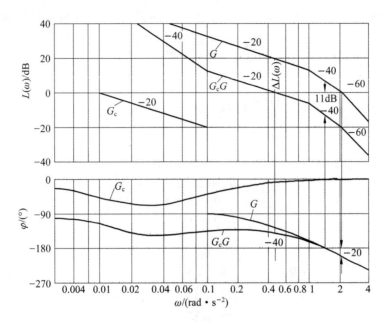

图 6-3-7　系统的 Bode 图

G—未校正系统；G_c—校正装置；G_cG—已校正系统

频特性可知，在 $\omega = 0.5\ \mathrm{s}^{-1}$ 附近的相角为 $-128°$（即相位裕度为 $52°$），故新的穿越频率选为 $\omega_c = 0.5\ \mathrm{s}^{-1}$。

④ 确定使幅频特性曲线在新穿越频率处下降到 0 dB 所必需的衰减量 $\Delta L(\omega_c) = -20\lg\alpha$。在本例中，由特性曲线查得 $\Delta L(\omega_c) = -20$ dB，因此

$$20\lg\alpha = -20$$

$$\alpha = 10$$

故另一个交界频率

$$\omega_T = \frac{1}{\alpha T} = \frac{1}{10 \times 10}\ \mathrm{s}^{-1} = 0.01\ \mathrm{s}^{-1}$$

⑤ 确定校正后系统的开环传递函数。在本例中，校正网络的传递函数为

$$G_c(s) = \frac{1}{\alpha}\frac{s + \dfrac{1}{T}}{s + \dfrac{1}{\alpha T}} = \frac{1}{10}\frac{s + 0.1}{s + 0.01}$$

校正后系统的开环传递函数为

$$G_c(s)G(s) = \frac{5(10s + 1)}{s(100s + 1)(s + 1)(0.5s + 1)}$$

已校正系统的开环 Bode 图表示在图 6-3-7 上，由图可见，在高频段校正网络引起的相角滞后可以忽略，校正后系统的相角储备约为 $40°$。速度误差系数为 $5\ \mathrm{s}^{-1}$，增益裕度 K 为 11 dB，满足设计指标的要求。

应当指出，在本例中把一个不稳定的系统校正为一个稳定的系统，开环穿越频率由 $2.1\ \mathrm{s}^{-1}$ 降低为 $0.5\ \mathrm{s}^{-1}$，说明系统的频带变窄，因此响应速度降低了。但是，若未校正系统已具有满意的相位储备 γ 和穿越频率 ω_c，则只要选择滞后网络的交界频率 $\omega_T = \dfrac{1}{T}$ 远离穿越频率

ω_c,就会既提高低频增益、改善稳态精度又不影响控制系统的动态品质。

⑥ 确定校正装置的参数。在本例中,若选用无源滞后网络作为校正装置(见图 6-3-2),则根据式(6-11)可计算出校正装置的参数。取 $C_2 = 100\ \mu\text{F}$,则

$$R_2 = \frac{T}{C_2} = \frac{10}{100 \times 10^{-6}}\ \text{k}\Omega = 100\ \text{k}\Omega$$

$$R_1 = R_2(\alpha - 1) = 900\ \text{k}\Omega$$

2)利用综合法确定校正装置

除用分析法设计系统外,还可用综合法设计系统。

对采用串联校正装置的控制系统,其方框图见图 6-3-8。其中 $G_p(s)$ 是系统固有部分(已知部分)的传递函数,$G_c(s)$ 是要求的校正装置传递函数,故校正后系统(即希望的系统)开环传递函数为

$$G(s) = G_p(s) \cdot G_c(s)$$

以对数幅频特性表示,则有

$$L(\omega) = L_v(\omega) + L_c(\omega)$$

或

$$L_c(\omega) = L(\omega) - L_v(\omega) \tag{6-17}$$

式(6-17)表明,校正装置的对数幅频特性 $L_c(\omega)$ 等于希望的对数幅频特性 $L(\omega)$(可按给定性能指标绘制)和系统固有的对数幅频特性 $L_v(\omega)$ 之差。

如前所述,为使系统具有足够的稳定性,系统开环对数幅频特性在穿越频率 ω_c 处的斜率应为 $-20\ \text{dB/dec}$,简化以 -1 斜率代表。同时系统的稳定储备还与中频线的长度有关,即与 $h = \frac{\omega_1}{\omega_2}$ 有关(见图 6-3-9),h 越大,则系统的稳定性越好。下面推证系统最大相角储备 γ_m 与 h 的关系。

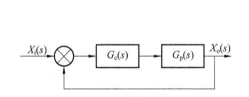

图 6-3-8 具有串联校正的系统方框图

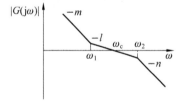

图 6-3-9 典型系统的幅频特性

在图 6-3-9 中,设 ω_c 附近幅频特性渐近线的斜率变化为 $-m \to -l \to -n$,则其传递函数的形式为

$$G(s) = \frac{K}{s^m \left(1 + \dfrac{s}{\omega_1}\right)^{1-m} \left(1 + \dfrac{s}{\omega_2}\right)^{n-1}} \tag{6-18}$$

在穿越频率 ω_c 处的相角为

$$G(j\omega_c) = -m\frac{\pi}{2} - (1-m)\arctan\frac{\omega_0}{\omega_1} - (n-1)\arctan\frac{\omega_0}{\omega_2}$$

相角储备

$$\gamma = \pi + G(j\omega_0) = \pi - m\frac{\pi}{2} - (1-m)\arctan\frac{\omega_0}{\omega_1} - (n-1)\arctan\frac{\omega_0}{\omega_2} \tag{6-19}$$

当 $\omega_2 \gg \omega_0$ 时，

$$\arctan \frac{\omega_0}{\omega_2} \approx \frac{\omega_0}{\omega_2} \qquad (6\text{-}20)$$

当 $\omega_0 \gg \omega_1$ 时，

$$\arctan \frac{\omega_0}{\omega_1} = \frac{\pi}{2} - \arctan \frac{\omega_1}{\omega_0} \approx \frac{\pi}{2} - \frac{\omega_1}{\omega_0} \qquad (6\text{-}21)$$

将式(6-20)、式(6-21)代入式(6-19)得

$$\gamma = \pi - m\frac{\pi}{2} + (m-1)\left(\frac{\pi}{2} - \frac{\omega_1}{\omega_0}\right) - (n-1)\frac{\omega_0}{\omega_2} \qquad (6\text{-}22)$$

对式(6-22)求导

$$\frac{\partial \gamma}{\partial \omega_0} = 0$$

得

$$(m-1)\frac{\omega_1}{\omega_0^2} - (n-1)\frac{1}{\omega_2} = 0$$

$$\omega_0 = \sqrt{\frac{(m-1)\omega_1\omega_2}{n-1}} \qquad (6\text{-}23)$$

此时相角储备最大。

在实际系统中，m 与 n 的取值一般有两种情况：

① $m = n = 2$（即在 ω_0 附近渐近线斜率变化为 $-2 \rightarrow -1 \rightarrow -2$），代入式(6-23)得

$$\omega_0 = \sqrt{\omega_1\omega_2} \qquad (6\text{-}24)$$

将式(6-24)代入式(6-22)得最大相角储备为

$$\gamma_m = \frac{\pi}{2} - \frac{2}{\sqrt{h}} \qquad (6\text{-}25)$$

由式(6-25)作 γ_m-h 曲线，如图 6-3-10(a)所示，由图可见，相角储备随中频线长度参数 h 增加而增大。

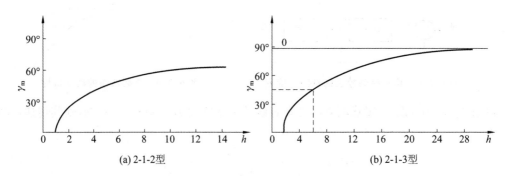

图 6-3-10　最大相角储备 γ_m 与 h 之关系

② $m = 2$ 和 $n = 3$（即在 ω_0 附近渐近线斜率变化为 $-2 \rightarrow -1 \rightarrow -3$），代入式(6-23)得

$$\omega_c = \sqrt{\frac{\omega_1\omega_2}{2}} \qquad (6\text{-}26)$$

将式(6-26)代入式(6-22)得最大相角储备 γ_m：

$$\gamma_{\mathrm{m}} = \frac{\pi}{2} - 2\sqrt{\frac{2}{h}} \tag{6-27}$$

按式(6-27)作 γ_{m}-h 曲线,如图 6-3-10(b)所示。

式(6-25)、式(6-27)皆为在一定假设条件下获得的,故图 6-3-10 并非严格的关系曲线。但它定性地说明了 γ_{m} 随 h 增加而变化的趋势。在设计中初选 h 值时,可以取 $h \geqslant \dfrac{M_{\mathrm{r}}+1}{M_{\mathrm{r}}-1}$(式中谐振峰值 M_{r} 全面描述了系统的相对稳定性)。

下面举例介绍一种比较简单易行的综合设计法。

【**例 6-3-2**】 已知单位反馈系统的开环传递函数为

$$G_{\mathrm{K}}(s) = \frac{h}{s(1+\frac{s}{10})(1+\frac{s}{100})}$$

要求采用滞后校正以使系统速度误差系数 $K_{\mathrm{v}}=250\ \mathrm{s}^{-1}$,相角储备 $\gamma=45°$。

解 ① 按稳态误差(或误差系数)及已知的系统传递函数,未校正系统的开环对数幅频特性 $L_{\mathrm{p}}(\omega)$。在图 6-3-11 中(该图采用双对数坐标系,仅是纵坐标直接标注放大系数以取代对应的分贝数而已,对数幅频特性曲线的形状和在半对数坐标系中完全一样),过点 $A(\omega=1,K_{\mathrm{v}}=250)$ 作斜率为 -1 的斜线,再根据 $\dfrac{1}{1+\frac{s}{10}}$ 和 $\dfrac{1}{1+\frac{s}{100}}$ 在 B 点和 C 点分别作 -2 及 -3 斜率的斜线,曲线 $NABC$ 即为未校正系统的开环对数幅频特性曲线 $L_{\mathrm{v}}(\omega)$。由此可见,在未校正系统的穿越频率 ω_{c}(在图中幅值 $|G_{\mathrm{p}}(\mathrm{j}\omega)|=1$ 处)附近的曲线斜率为 -2,故不能满足稳定性要求。

② 根据给定的设计指标,作校正后系统开环对数幅频特性 $L_{\mathrm{c}}(\omega)$。

设校正后系统幅频特性曲线在穿越频率 ω_{c} 附近的斜率变化为 $-2 \rightarrow -1 \rightarrow -2$。按式(6-24)取穿越频率为

$$\omega_0 = \sqrt{\omega_1 \omega_2}$$

此时相角储备最大。根据要求的相角储备 $\gamma=45°$,初取 $h=10,\omega_2=10\ \mathrm{s}^{-1}$,则:

$$\omega_0 = \sqrt{\omega_2 \omega_1} = \frac{\omega_2}{\sqrt{h}} = 3.16\ \mathrm{s}^{-1}$$

过点 $(\omega_c,0)$ 作斜率为 -1 的斜线,交过点 $(\omega_2,0)(\omega_2=10\ \mathrm{s}^{-1})$ 及点 $(\omega_1,0)(\omega_1=\frac{\omega_2}{h}=1\ \mathrm{s}^{-1})$ 的垂线于 L、M 两点,过点 L 仍作斜率为 -2 的斜线 LF 交 AB 于点 F,点 F 的横坐标 $\omega_F=0.013\ \mathrm{s}^{-1}$。曲线 $NFLME$ 即为校正后系统的对数幅频特性曲线 $L(\omega)$。

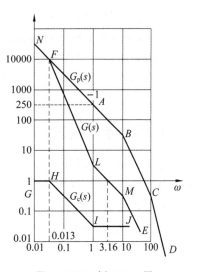

图 6-3-11　例 6-3-1 图

③ 按式(6-17)求校正环节的对数幅频特性。在本例中,在对数坐标图 6-3-11 中将已校正系统的渐近线($NFLME$)斜率分段减去未校正系统的渐近线($NFABCD$)斜率,即得所求校正装置的对数幅频特性曲线 $GHIL$ 的斜率,从而确定曲线 $GHIL$。由此可以写出校正装置的传递函数 $G_{\mathrm{c}}(s)$ 为

$$G_c(s) = \frac{1+s}{(1+\dfrac{s}{0.013})}$$

④ 求校正后系统的开环传递函数 $G(s)$，校验稳定储备。在本例中，校正后系统的开环传递函数为

$$G(s) = G_c(s)G_F(s)$$

$$= \frac{250(1+s)}{s(1+\dfrac{s}{0.013})(1+\dfrac{s}{10})(1+\dfrac{s}{100})}$$

据上式求校正后系统的相角储备 γ 为

$$\gamma = \pi + \arctan 3.16 - \frac{\pi}{2} - \arctan \frac{3.16}{0.013} - \arctan \frac{3.16}{10} - \arctan \frac{3.16}{100}$$

$$\approx 52° > [45°]$$

可知校正后系统相角储备比要求的45°大一些。这样还可以重新选取参数，如选 $\omega_2 = 10, h = 7$。重复上述步骤，直至满意为止。

通过上述分析计算可知：

① 滞后校正装置实际上为一种低通滤波器，滞后校正使低频信号具有较高的增益，从而降低了稳态误差，同时又降低了较高临界频率范围内的增益，对频率较高的信号表现出显著的衰减特性，这就可能防止不稳定现象的出现。必须指出，在滞后校正中，利用的是滞后网络在高频段的衰减特性，而不是网络的相位滞后特性。因为从图 6-3-11 看出，相角滞后特性并不能提高原有系统的相角储备。

② 因滞后网络的高频衰减作用，系统的穿越频率移到了低频点，在该点的相位储备增加了，但系统频宽降低，响应变慢。

③ 因滞后校正装置对输入信号有积分作用，其作用近似一个比例＋积分控制器，故滞后校正有降低系统稳定性的趋向，为消除这种不利影响，网络的时间常数 T 应当比系统的最大时间常数还要大，以将滞后校正装置在穿越频率处造成的相角滞后控制在几度（如 5°～10°）之内。

6.3.2　超前校正

超前校正的作用和滞后校正的作用相反，主要是产生足够大的超前角，以补偿原有系统过大的相角滞后，从而提高系统的稳定性或者改善系统的动态品质。

1. 超前校正网络

1) 无源超前网络

无源超前网络见图 6-3-12(a)，其传递函数为

$$G_c(s) = \frac{U_c(s)}{U_r(s)} = \frac{R_2}{R_1+R_2} \frac{R_1C_1s+1}{\dfrac{R_2}{R_1+R_2}R_1C_1s+1}$$

$$= \frac{1}{\alpha} \frac{Ts+1}{\dfrac{Ts}{\alpha}+1} \tag{6-28}$$

式中

$$T = C_1R_1$$

$$\alpha = \frac{R_1 + R_2}{R_2} > 1$$

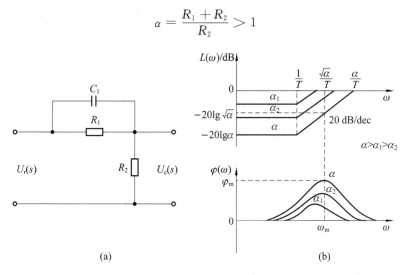

(a)   (b)

图 6-3-12 相位超前网络

超前网络的相角是

$$\varphi = \arctan T\omega - \arctan \frac{T}{\alpha}\omega \tag{6-29}$$

超前网络的 Bode 图见图 6-3-12(b)，由图可见其交界频率分别为：$\omega_1 = \frac{1}{T}$；$\omega_2 = \frac{\alpha}{T}$。低频（$\omega < \frac{1}{T}$）时，幅值衰减。高频（$\omega > \frac{\sqrt{\alpha}}{T}$）时，幅值为 1。相位角 φ 为正值，并且随 α 的增加而增加。令

$$\frac{\partial \varphi}{\partial \omega} = 0$$

则由式(6-29)得

$$\omega_{\mathrm{m}} = \frac{\sqrt{\alpha}}{T} = \sqrt{\omega_1 \omega_2} \tag{6-30}$$

即最大相位超前角 φ_{m} 对应的频率 ω_{m} 是在两个交界频率的几何中点，见图 6-3-12(b)。将式(6-30)代入式(6-29)得最大相位超前角：

$$\varphi_{\mathrm{m}} = \arcsin \frac{\alpha - 1}{\alpha + 1} \tag{6-31}$$

超前校正提供一个相角超前量，可以使系统频带加宽，从而改善系统动态响应性能。图 6-3-13 中曲线 I 表示一个临界稳定的系统，为使系统稳定，引入相位超前校正装置，如图中虚线所示，其参数 α 和 T 可以这样选择：使未校正系统 I 的穿越频率位于交界频率 $\omega_1 = \frac{1}{T}$ 和 $\omega_2 = \frac{\alpha}{T}$ 之间。这就提高了穿越频率附近的相频特性，使新的穿越频率 ω_{c} 处的总相位角具有给定的相角储备 γ。同时 ω_0 增大，系统动态品质得到改善。

采用超前网络时要注意 α 值不能选得太大，应限制在 20 以内，通常取 10～15，因 α 越大，相角超前越大。从图 6-3-12 可见，超前校正环节实际为一高通滤波器，会加强高频噪声的响应，同时 $\frac{1}{\alpha}$ 是一个衰减量，从式(6-28)可知，α 越大，幅值衰减越大，因此，为不降低低频增益，保证稳态精度，需要提高回路增益或附加放大环节作为补偿。

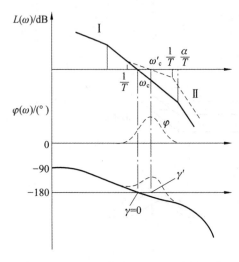

图 6-3-13　相位超前校正对系统的影响

2）有源超前网络（PD 调节器）

有源超前网络见图 6-3-14(a)，对这种反馈网络，其传递函数推导如下。

根据克希荷夫定律：$I_1(s)=I_2(s)$，$I_3(s)=I_4(s)+I_2(s)$，因此

$$\frac{U_r(s)-U_R(s)}{Z_1(s)}=\frac{U_B(s)-U_F(s)}{Z_2(s)}$$

$$\frac{U_F(s)-U_c(s)}{Z_3(s)}=\frac{-U_F(s)}{Z_4(s)}+\frac{U_B(s)-U_F(s)}{Z_2(s)}$$

因 $U_c(s)=-KU_B(s)$，K 很大，而 $U_c(s)$ 有限，故 $U_B(s)\approx0$ 的点称为虚地点，代入上两式联立可求得

$$\frac{U_c(s)}{U_r(s)}=-\left\{\frac{Z_2(s)[Z_3(s)+Z_4(s)]}{Z_1(s)Z_4(s)}+\frac{Z_0(s)}{Z_1(s)}\right\}$$

$$(6-32)$$

式中的阻抗分别为 $Z_1(s)=R_1$，$Z_2(s)=R_2$，$Z_3(s)=R_3$，$Z_4(s)=R_4+\dfrac{1}{C_2s}$。代入式（6-32）得

$$\frac{U_c(s)}{U_r(s)}=-K\frac{Ts+1}{\dfrac{Ts}{\alpha}+1} \tag{6-33}$$

式中

$$K=\frac{R_2+R_3}{R_1}，T=\left(\frac{R_2R_3}{R_2+R_3}+R_4\right)C_2，\alpha=\frac{1}{R_4}\left(R_4+\frac{R_2R_3}{R_2+R_3}\right)>1$$

比较式（6-32）、式（6-33）知二者动态部分相同，Bode 图相似，所不同的是有源网络的增益更大。

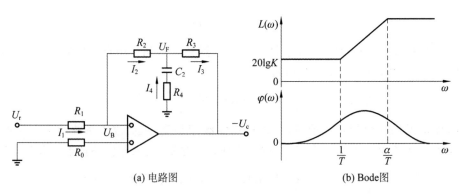

(a) 电路图　　　　　　　　　(b) Bode 图

图 6-3-14　有源超前网络

2. 超前校正装置的设计

1）利用分析法设计超前校正装置

下面举例说明超前校正的设计步骤。

【例 6-3-3】　设有一单位反馈的控制系统，其开环传递函数为 $G(s)=\dfrac{4K}{s(s+2)}$，若要使系统的速度误差系数 $K_v=20\ \mathrm{s}^{-1}$，相位储备不小于 $50°$，增益裕度不小于 10 dB。试求校正

装置。

解　① 根据对速度误差系数的要求,确定开环增益

$$K_{\text{v}} = \lim_{s \to 0} sG(s) = \lim_{s \to 0} \frac{s \cdot 4K}{s(s+2)} = 2K = 20$$

即

$$K = 10$$

② 利用已确定的增益,计算未校正系统的相角储备,系统的开环传递函数为

$$G_{\text{K}}(s) = \frac{40}{s(s+2)} = \frac{20}{s(0.5s+1)}$$

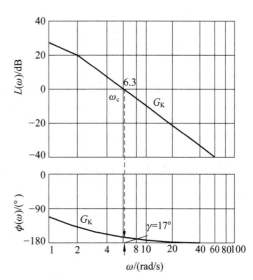

图 6-3-15　系统的 Bode 图

其 Bode 图如图 6-3-15 所示,由图可见,系统的相角储备和增益储备分别为17°和+∞ dB。相角储备为17°意味着系统存在严重振荡。

③ 确定在系统上需要增加的超前角。为满足稳定性要求,系统需要增加的超前角为 $\varphi = 50°$ $-17° = 33°$,在不减小 K 的条件下,为获得50°的相角储备,必须引入超前校正装置。

应当指出,加入相位超前校正将会使增益穿越频率 ω_{c} 右移,从而造成 $G_{\text{K}}(\text{j}\omega)$ 的相角滞后增加,为补偿这一因素的影响,再增加 5° 相角超前量。于是系统需增加的相角超前量为38°,即需超前校正装置提供的最大相位超前量为 φ_{m} $= 38°$。

④ 根据 φ_{m} 确定衰减系数 α 和新的穿越频率 ω_0。由式(6-31)得

$$38° = \arcsin \frac{\alpha - 1}{\alpha + 1}$$

即

$$\alpha = \frac{1 + \sin 38°}{1 - \sin 38°} = 4.2$$

由式(6-30)求出最大相位超前角相应的频率 ω_{m}:

$$\omega_{\text{m}} = \frac{\sqrt{\alpha}}{T}$$

根据式(6-28),在 ω_{m} 处 $G_{\text{p}}(\text{j}\omega)$ 的振幅曲线变化量为

$$20\lg \left| \frac{1 + \text{j}T\omega}{1 + \text{j}\dfrac{T\omega}{\varepsilon}} \right|_{\omega = \frac{\sqrt{\alpha}}{T}} = 20\lg \left| \frac{1 + \text{j}\sqrt{\alpha}}{1 + \text{j}\dfrac{1}{\sqrt{\alpha}}} \right| = 20\lg \sqrt{\alpha}$$

$$= 20\lg \sqrt{4.2} = 6.2 \text{ dB}$$

由图 6-3-15 可知, $|G_{\text{k}}(\text{j}\omega)| = -6.2$ dB 相应于 $\omega = 9$ s⁻¹,故选择这一频率为新的穿越频率 ω_0。在这一效率上将可能产生最大相移 φ_{m}。

⑤ 确定超前网络的交界频率。根据式(6-30)知

$$\omega_0 = \omega_{\text{m}} = \frac{\sqrt{\alpha}}{T}$$

即

$$\frac{1}{T} = \frac{\omega_0}{\sqrt{\alpha}} = \frac{9}{\sqrt{4.2}} \text{ s}^{-1} = 4.39 \text{ s}^{-1}$$

$$\frac{\alpha}{T} = 4.2 \times 4.39 \text{ s}^{-1} = 18.4 \text{ s}^{-1}$$

因此相位超前网络为

$$\frac{s + 4.39}{s + 18.4} = \frac{0.238(0.228s + 1)}{0.054s + 1}$$

⑥ 引进增益为 α 的放大器或将现有放大器的增益增加 α 倍,以补偿超前网络造成的衰减。在本例中放大器增益可提高 $\alpha = 4.2$ 倍。若不增加放大器增益,给定的稳态指标就不能实现。所以由放大器和超前网络组成的校正装置传递函数变为

$$G_0(s) = 4.2 \times \frac{s + 4.39}{s + 18.4} = \frac{0.228s + 1}{0.054s + 1}$$

$G_0(j\omega)$ 的 Bode 图示于图 6-3-16,校正后系统的开环传递函数为

$$G(s) = G_0(s) \cdot G_k(s) = \frac{0.228s + 1}{0.054s} \frac{20}{s(0.5s + 1)}$$

图 6-3-16 中实线表示已校正系统的幅值和相角,可见超前校正装置使系统增益穿越频率从 8.3 rad/s 增加到 9 rad/s,说明系统响应加快。校正后系统的相位裕量和增益裕量分别为 50° 和 $+\infty$ dB,说明校正后的系统满足设计要求。

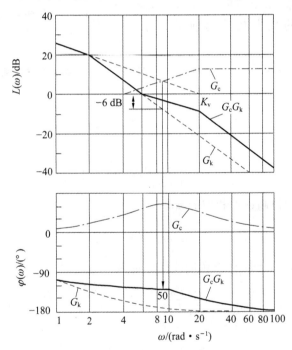

图 6-3-16　已校正系统的 Bode 图

⑦ 确定校正装置参数:借助式(6-28)可算出图 6-3-12(a)所示无源超前网络的参数。若取 $C_1 = 1 \ \mu\text{F}$,则

$$R_1 = \frac{T}{C_1} = \frac{0.228}{1 \times 10^{-6}} \ \Omega = 228 \ \text{k}\Omega$$

$$R_2 = \frac{R_1}{\alpha - 1} = \frac{228}{4.2 - 1} \text{ k}\Omega = 71 \text{ k}\Omega$$

设计到此告一段落。应当注意,如在增益穿越频率附近,$G_p(j\omega)$的相角减小很快,则无源超前网络就变得无效了,因随着穿越频率右移,无源超前网络很难产生足够大的相位超前。因为产生必要大的相位超前,必须有足够大的 α 值,但 α 值不应大于 20,最大相位超前角 φ_m 也不应大于60°,否则系统的增益值将要增加得过分大。如需60°以上的相位超前,可采用两个或两个以上的超前网络与隔离放大器串联在一起。当 $\alpha > 20$ 时,最好采用有源超前网络。

2)利用综合法设计超前校正装置

下面举例说明其设计步骤。

【例 6-3-4】 已知单位反馈系统的开环传递函数是

$$G_K(s) = \frac{K}{s(1 + \frac{s}{10})(1 + \frac{s}{200})}$$

试用超前校正使系统达到以下状态:

(1) 速度误差系数 $K_0 \geq 100$;

(2) 穿越频率 $\omega_c > 20 \text{ s}^{-1}$;

(3) 相角储备 $\gamma \geq 50°$。

解 (1)根据稳态误差要求绘制未校正系统的 Bode 图。在图 6-3-17 中的点 $A(\omega=1, K=100)$ 处作斜率为 -1 的斜线,再根据 $\frac{1}{1 + \frac{s}{10}}$ 和 $\frac{1}{1 + \frac{s}{200}}$ 在 B 和 C 点分别作斜率为 -2 和 -3 的斜线,曲线 $ABCD$ 即为未校正系统的幅频特性 $L_p(\omega)$ 曲线,由图可见,在穿越频率处曲线的斜率为 -2,故稳定性不满足要求。

(2)根据给定的性能指标,绘制校正后系统的幅频特性。本例要求 $\omega_c > 20 \text{ s}^{-1}$,而 $L_p(\omega)$ 在 $\omega > 20$ 处曲线斜率为 -3。若选 $\omega_2 = 200 \text{ s}^{-1}$,$h = 10$,则:$\omega_1 = \frac{\omega_2}{h} = 20$ s^{-1}。这样,在 ω_c 附近校正后系统的幅频特性曲线斜率变化为 $-2 \to -1 \to -3$。由式(6-24)可知,当 ω_c 为下式所决定的取值时,相角储备最大,即

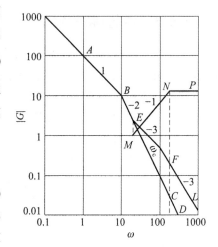

图 6-3-17　例 6-3-3 图

$$\omega_c = \sqrt{\frac{\omega_1 \omega_2}{2}} = \sqrt{\frac{20 \times 200}{2}} \text{ rad} \cdot \text{s}^{-1} \approx 45 \text{ rad} \cdot \text{s}^{-1}$$

过 $\omega_0 = 45 \text{ rad} \cdot \text{s}^{-1}$ 作斜率为 -1 的斜线,与 $\omega_2 = 200$ s^{-1} 的垂线及 BC 线分别交于点 F 和点 E,过点 F 作 -3 斜率的斜线 FL,曲线 $ABEFL$ 即为校正后系统的对数幅频特性 $L(\omega)$。

(3)按式(6-17)求校正装置的传递函数 $G_c(s)$,因为 $L_c(\omega) = L(\omega) - L_p(\omega)$,据此,逐段取校正后系统的幅频特性曲线 $ABEFL$ 和未校正系统的幅频特性曲线 $ABCD$ 斜率之差,即可求得校正环节的幅额特性 MNP,据此写出校正装置的传递函数为

$$G_c(s) = \frac{1 + \dfrac{s}{20}}{1 + \dfrac{s}{200}}$$

（4）校验性能指标。校正后系统的传递函数为

$$G(s) = G_c(s)G_p(s) = \frac{1 + \dfrac{s}{20}}{1 + \dfrac{s}{200}} \frac{100}{s(1 + \dfrac{s}{10})(1 + \dfrac{s}{200})}$$

$$= \frac{100(1 + \dfrac{s}{20})}{s(1 + \dfrac{s}{10})(1 + \dfrac{s}{200})^2}$$

相角储备

$$\gamma = \pi + \arctan(\frac{45}{20}) - \frac{\pi}{2} - \arctan(\frac{45}{10}) - 2\arctan(\frac{45}{200}) \approx 53° > 50°$$

校正后系统满足设计要求。

综上所述，超前校正的作用可简要归纳如下：

① 超前校正可以提高系统的相对稳定性，或者说在保证相对稳定性的基础上，可适当提高开环放大系数。

② 超前校正可以加快反应速度，因为随着穿越频率的增加，系统频带加宽。

③ 无源超前校正网络适用于已知系统在其穿超频率附近相位衰减不太大的场合，否则超前校正将难以奏效。当需要的最大超前角在60°以上时，可考虑两个或两个以上无源超前网络和隔离放大器串联使用，或采用有源超前网络。

6.3.3　滞后-超前校正

超前校正的作用在于提高系统的相对稳定性和响应的快速性，但对稳态性能改善不大。滞后校正可以大大改善稳态性能，但在一般情况下滞后校正会使系统响应速度稍有降低。如若系统的稳态精度和动态品质都不满足要求，可采用滞后-超前校正，滞后-超前校正可同时改善系统的稳态精度和动态品质。

1. 滞后-超前网络

1）无源滞后超前网络

无源滞后-超前网络见图 6-3-18(a)，其传递函数是

$$G_c(s) = \frac{U_c(s)}{U_r(s)} = \frac{(R_1 C_1 s + 1)(R_2 C_2 s + 1)}{(R_1 C_1 s + 1)(R_2 C_2 s + 1) + R_1 C_2 s}$$

$$= \frac{(T_1 s + 1)(T_2 s + 1)}{T_1 T_2 s^2 + (T_1 + \alpha T_2)s + 1} \tag{6-34}$$

式中：$T_1 = R_1 C_1$；$T_2 = R_2 C_2$；$\alpha = 1 + \dfrac{R_1}{R_2}$。

若 $T_2 \gg T_1$，又 $\alpha > 1$，则式(6-34)可近似写成：

$$G_c(s) = \frac{T_1 s + 1}{\dfrac{T_1}{\alpha}s + 1} \frac{T_2 s + 1}{\alpha T_2 s + 1} \tag{6-35}$$

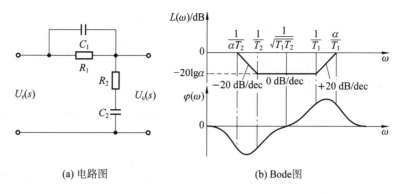

(a) 电路图　　　　　　　　(b) Bode图

图 6-3-18　无源滞后-超前网络

式(6-35)等号右边第一项表示超前网络,第二项表示滞后网络,其 Bode 图见图 6-3-18(b),由图可见,当 $\omega=\dfrac{1}{\sqrt{T_1 T_2}}$ 时,其相位角为零。故当 $\omega<\dfrac{1}{\sqrt{T_1 T_2}}$ 时,滞后-超前网络起相位滞后作用,当 $\omega>\dfrac{1}{\sqrt{T_1 T_2}}$ 时,滞后-超前网络起相位超前作用。

2）有源滞后-超前网络

有源滞后-超前网络即比例-积分-微分装置（又称 PID 调节器）,其电路图见图 6-3-19(a),由图可知其输入阻抗

$$Z_r(s) = \frac{R_1 \dfrac{1}{C_1 s}}{R_1 + \dfrac{1}{C_1 s}}$$

反馈阻抗

$$Z_f(s) = R_2 + \frac{1}{C_2 s}$$

传递函数

$$G_c(s) = -\frac{Z_f(s)}{Z_r(s)} = -\frac{(\tau_1 s + 1)(\tau_2 s + 1)}{Ts} \tag{6-36}$$

式中：$\tau_1 = R_1 C_1$；$\tau_2 = R_2 C_2$；$T = R_1 C_2$。

式(6-36)也可写成另一种形式

$$G_c(s) = -K\left(1 + \frac{1}{T_1 s} + T_D s\right) \tag{6-37}$$

式中：$K = \dfrac{\tau_1 + \tau_2}{T}$；$T_1 = \tau_1 + \tau_2$；$T_D = \dfrac{\tau_1 \tau_2}{\tau_1 + \tau_2}$。

比例-积分-微分装置的 Bode 图见图 6-3-19(b),由图可见,该装置特性和无源滞后-超前网络特性（见图 6-13-18(b)）相似。

2. 滞后-超前校正装置的设计

1）利用分析法确定滞后-超前校正装置

【**例 6-3-5**】　已知单位反馈系统的开环传递函数为

$$G_K(s) = \frac{K}{s(s+1)(s+2)}$$

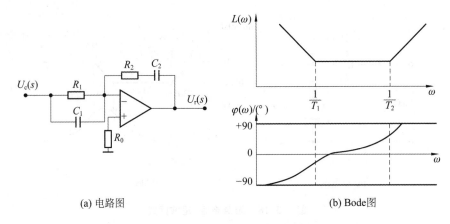

(a) 电路图   (b) Bode图

图 6-3-19   比例-积分-微分网络图

要求静态速度误差系数 $K_v = 10 \text{ s}^{-1}$，相位裕量等于50°，增益裕量不小于 10 dB。试设计滞后-超前校正装置。

解   （1）根据系统对速度误差系数的要求，则有

$$K_v = \lim_{s \to 0} sG_D(s) = \lim \frac{sK}{s(s+1)(s+2)} = 10 \text{ s}^{-1}$$

所以 $K = 20$

其 Bode 图见图 6-3-20，由图可见，$\gamma = -32°$，系统不稳定。

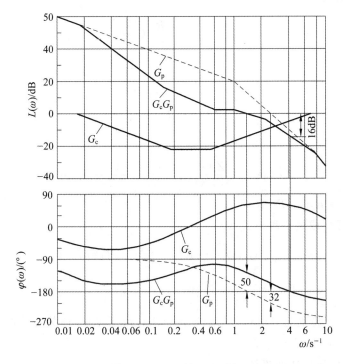

图 6-3-20   系统 Bode 图

G_p—未校正系统；G_c—校正装置；G_cG_p—已校正系统

（2）选择新的穿越频率。从 $L_p(\omega)$ 曲线可见，当 $\omega = 1.5 \text{ s}^{-1}$ 时，$\varphi(\omega) = -180°$，在这一频率处，提供50°相位超前角就可以满足设计要求，而采用滞后超前校正是完全可以做到的，故选择

新的穿越频率 $\omega_0 = 1.5\ \text{s}^{-1}$。

（3）确定滞后环节。为将滞后校正部分对校正后系统相角储备的影响控制在 $-5°$ 以内，取其一个交界频率（滞后网络的零点）在新穿越频率 ω_c 以下 10 倍频程处，即 $\omega_2 = \dfrac{\omega_0}{10} = 0.15\ \text{s}^{-1}$。考虑技术实现上的方便，取 $\alpha = 12$，则滞后网络的另一转角频率 $\omega_1 = \dfrac{\omega_2}{\alpha} = 0.0125\ \text{s}^{-1}$。因此滞后网络部分的传递函数是

$$\frac{s+0.15}{s+0.0125} = 12 \times \left(\frac{6.07s+1}{80s+1}\right)$$

滞后环节在频率为 ω_c 处造成的相角滞后为

$$\arctan\frac{\omega_0}{\omega_2} - \arctan\frac{\omega_0}{\omega_1} \approx \arctan\frac{1.5}{0.15} - \arctan\frac{1.5}{0.0125} \approx -5°$$

（4）确定超前环节。从图 6-3-20 可知，在新穿越频率 $\omega_0 = 1.5\ \text{s}^{-1}$ 处，$L_c(\omega) = 13\ \text{dB}$，若超前网络在此处产生 $-13\ \text{dB}$ 的增益，即可实现新穿越频率 $\omega_0 = 1.5\ \text{s}^{-1}$ 的要求。据此，通过点 $(-13\ \text{dB}, 1.5\ \text{s}^{-1})$ 可画一斜率 20 dB/dec 的斜线，该线与零分贝线和 $-20\lg\alpha \approx -22\ \text{dB}$ 线的交点，即为超前环节的交界频率，分别为 $\omega_3 = 0.6\ \text{s}^{-1}$，$\omega_4 = 7\ \text{s}^{-1}$。故超前网络的传递函数为

$$\frac{s+0.6}{s+7} = \frac{1}{12}\left(\frac{1.67s+1}{0.143s+1}\right)$$

超前网络在穿越频率 $\omega_c = 1.5\ \text{s}^{-1}$ 处造成的相位超前为

$$\arctan\frac{\omega_c}{\omega_3} - \arctan\frac{\omega_c}{\omega_4} = \arctan\frac{1.5}{0.6} - \arctan\frac{1.5}{7} \approx 56°$$

滞后网络与超前网络在 $\omega_0 = 1.5\ \text{s}^{-1}$ 处造成的总相角变化为

$$56° - 5° = 51°$$

满足设计要求，故确定滞后-超前网络的传递函数为

$$\begin{aligned} G_c(s) &= \left(\frac{s+0.15}{s+0.0125}\right)\left(\frac{s+0.6}{s+7}\right) \\ &= \left(\frac{6.67s+1}{80s+1}\right)\left(\frac{1.67s+1}{0.143s+1}\right) \end{aligned}$$

（5）校验性能指标。已校正系统的开环传递函数为

$$\begin{aligned} G(s) &= G_p(s)G_0(s) \\ &= \frac{20(s+0.15)(s+0.6)}{s(s+0.0125)(s+7)(s+1)(s+2)} \\ &= \frac{10(6.67s+1)(1.67s+1)}{s(80s+1)(0.143s+1)(s+1)(0.5s+1)} \end{aligned}$$

其 Bode 图见图 6-3-20，由图可见，$\gamma = 50°$，$K_0 = 60\ \text{dB}$，性能指标满足设计要求。

2）利用综合法设计滞后-超前校正装置

【例 6-3-6】 已知单位反馈控制系统的开环传递函数为

$$G_K(s) = \frac{K}{s\left(\frac{s}{10}+1\right)\left(\frac{s}{100}+1\right)}$$

试设计校正装置，要求：

（1）速度误差系数 $K_0 \geq 100\ \text{s}^{-1}$；

（2）相角储备 $\gamma \geqslant 50°$；

（3）在 $\omega \geqslant 300\ \mathrm{s}^{-1}$ 处输入信号幅值衰减到 $\dfrac{1}{100}$ 以下；

（4）穿越频率 $\omega_c \geqslant 15\ \mathrm{s}^{-1}$，并在 ω_c 之前不能出现 -3 斜率的衰减。

解　（1）按稳态误差系数的要求，画未校正系统的开环 Bode 图，过双对数坐标图中的点 $A(K=100, \omega=1)$ 作 $G_p(s)$ 的幅频图，见图 6-3-21 中的 $ABCD$ 线。由图可见，穿越频率附近曲线斜率为 -2，不能满足稳定性要求。考虑给定指标，采用滞后-超前校正。

（2）根据给定设计指标，选定已校正系统的开环 Bode 图。若在 $\omega=1\ \mathrm{s}^{-1}$ 处采取滞后校正，则校正后的系统在 ω_c 附近的斜率变化可以是 -2——1——3 型，这就可以满足在 ω_0 之前不出现的 -3 斜率，也可能在 $\omega>300\ \mathrm{s}^{-1}$ 时，输入信号衰减到了 $1/100$ 以下。

取滞后校正的交界频率 $\omega_1=1\ \mathrm{s}^{-1}$，$\omega_2=6.2\ \mathrm{s}^{-1}$，中频线长度参数 $h=14$，则

$$\omega_3 = h\omega_2 = 14 \times 6.2\ \mathrm{s}^{-1} = 86.8\ \mathrm{s}^{-1}$$

$$\omega_c = \sqrt{\frac{\omega_2 \omega_3}{2}} = \sqrt{\frac{6.2 \times 86.8}{2}}\ \mathrm{s}^{-1} = 16.4\ \mathrm{s}^{-1}$$

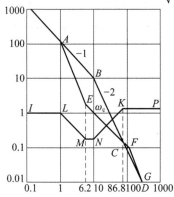

图 6-3-21　例 6-3-5 图

校正后系统的对数幅频特性如图 6-3-21 中的曲线 $AEFG$ 所示。

（3）根据式（6-35），求校正装置的传递函数。即在图 6-3-21 中，由已校正系统的幅频特性曲线 $AEFG$ 各段斜率，对应减去未校正系统的幅频特性曲线 $ABCD$ 各段斜率，从而求得校正装置的幅频特性曲线 $ILMNKP$。其相应的传递函数为

$$G_c(s) = \left(\frac{1+\dfrac{s}{6.2}}{1+s}\right)\left(\frac{1+\dfrac{s}{10}}{1+\dfrac{s}{86.8}}\right)$$

（4）校验。校正后系统的总传递函数是

$$G(s) = G_c(s)G_v(s)$$

$$= \frac{100\left(1+\dfrac{s}{6.2}\right)\left(1+\dfrac{s}{10}\right)}{s(1+s)\left(1+\dfrac{s}{10}\right)\left(1+\dfrac{s}{86.8}\right)\left(1+\dfrac{s}{100}\right)}$$

$$= \frac{100\left(1+\dfrac{s}{6.2}\right)}{s(1+s)\left(1+\dfrac{s}{86.8}\right)\left(1+\dfrac{s}{100}\right)}$$

相角储备

$$\gamma = \pi + \arctan\frac{16.4}{6.2} - \frac{\pi}{2} - \arctan 16.4 - \arctan\frac{16.4}{86.8} - \arctan\frac{16.4}{100} \approx 53° > 50°$$

从图 6-3-21 中可以估计：当 $\omega=300\ \mathrm{s}^{-1}$ 时，已校正系统的幅值已降至 0.01 以下。校核完毕。

6.4　反　馈　校　正

在工程中,除采用串联校正外,反馈校正也是常用的校正方案之一。反馈校正不光能收到和串联校正同样的效果,还能抑制为反馈所包围的环节参数波动对系统性能的影响,因此,当系统参数经常变化而又能取出适当的反馈信号时,一般来说,采用反馈校正是合适的。

6.4.1　反馈的作用

正确采用反馈校正,首先要了解反馈的功能。

1. 比例负反馈可以减弱所包围环节的惯性,扩展该环节的带宽,提高反应速度

例如,图 6-4-1 所示的系统,若 $G(s)$ 为惯性环节,即

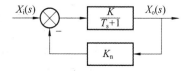

$$G(s) = \frac{K}{Ts + 1}$$

则

图 6-4-1　具有比例负反馈的系统

$$\frac{X_\text{o}(s)}{X_\text{i}(s)} = \frac{K}{Ts + 1 + KK_\text{n}} = \frac{K'}{T's + 1} \qquad (6\text{-}38)$$

式中

$$T' = \frac{1}{1 + KK_\text{n}}T, \quad K' = \frac{K}{1 + KK_\text{n}}$$

显然反馈后的时间常数 $T' < T$,惯性减小,同时反馈后的放大系数 K' 也减小($K' < K$),但这可通过提高其他环节(如放大环节)的增益来补偿。

如果图 6-4-1 中的 $G(s)$ 为振荡环节,即

$$G(s) = \frac{K}{T^2 s^2 + 2T\xi s + 1}$$

则

$$\begin{aligned}
\frac{X_\text{o}(s)}{X_\text{i}(s)} &= \frac{K}{T^2 s^2 + 2\xi Ts + 1 + KK_\text{n}} \\
&= \frac{K'}{T'^2 s^2 + 2\xi' T's + 1}
\end{aligned} \qquad (6\text{-}39)$$

式中:

$$K' = \frac{K}{1 + KK_\text{n}} \quad (K' < K)$$

$$T' = \frac{T}{\sqrt{1 + KK_\text{n}}} \quad (T' < T)$$

$$\xi' = \frac{\xi}{\sqrt{1 + KK_\text{n}}} \quad (\xi' < \xi)$$

同样,K'、T'、ξ' 都减小了,该环节的响应加快。

例如在电液伺服控制系统中,由伺服放大器输入伺服阀线圈的是电压 $U(s)$,内电压转变为线圈电流时,要考虑伺服阀线圈电阻 R_c 和电感 L_c 的作用,如图 6-4-2(a)所示。其输入电压和输出电流间的关系是

$$U_1(s) = I(s)(R_\text{c} + R + L_\text{c} s)$$

即

$$\frac{I(s)}{U_1(s)} = \frac{1}{R_c + R + L_c s} = \frac{K_1}{\dfrac{s}{\omega_0} + 1}$$

式中

$$\omega_0 = \frac{R_c + R}{L_c}, \quad K_1 = \frac{1}{R_c + R}$$

若 $R_c = \dfrac{220}{2}\ \Omega, L_c = \dfrac{0.4}{2}\ \mathrm{H}, R = 10\ \Omega$，则 $\omega_0 = 600\ \mathrm{s^{-1}}$。

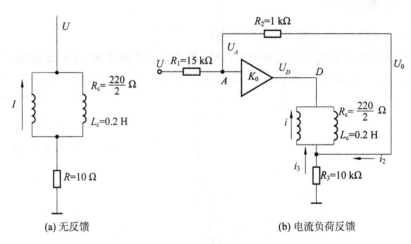

(a) 无反馈　　　　　　　　　　　　　　(b) 电流负荷反馈

图 6-4-2　电流负反馈

对多数控制系统来说，ω_0 太小，为增加响应速度，即增加 ω_0，可采用深度电流负反馈，如图 6-4-2(b) 所示，在图中 A 点，因运算放大器内阻很大，故可忽略流向放大器的电流。根据克希荷夫定律有

$$\frac{U_1(s) - U_A(s)}{R_1} = \frac{U_0(s)}{R_2}$$

即

$$U_1 - \frac{R_1}{R_2}U_0(s) = U_A(s) \tag{6-40}$$

运算放大器增益

$$K_0 = \frac{U_0(s)}{U_A(s)} \tag{6-41}$$

$U_A(s)$ 产生电流 $I(s)$

$$U_A = I(s)(L_0 s + R_0 + R_3)$$

$$\frac{I(s)}{U_A(s)} = \frac{K_1}{\dfrac{s}{\omega_0} + 1} \tag{6-42}$$

式中

$$\omega_0 = \frac{R_0 + R_3}{L_0}, \quad K_1 = \frac{1}{R_0 + R_3}$$

反馈电压 $U_0(s)$ 为

$$U_0(s) = I_3(s)R_3 \approx I(s)R_3 \tag{6-43}$$

根据式(6-40)至式(6-43)可画出图 6-4-3。图中,反馈系数 $K_f = \dfrac{R_1 R_3}{R_2}$,由图可求

$$\frac{I(s)}{U_1(s)} = \frac{\dfrac{K_f K_1}{1 + K_0 K_1 K_f}}{\dfrac{s}{(1 + K_0 K_1 K_f)\omega_0} + 1}$$

因为 $K_0 K_1 K_f \gg 1$,所以

$$\frac{I(s)}{U_1(s)} \approx \frac{1/K_0}{\dfrac{s}{\omega_0} + 1}$$

式中

$$\omega_0{}' = (1 + K_0 K_1 K_f)\omega_0 \approx K_0 K_1 K_f \omega_0 = K_0 \frac{1}{R_0 + R_3} \frac{R_1 R_3}{R_2} \omega_0$$

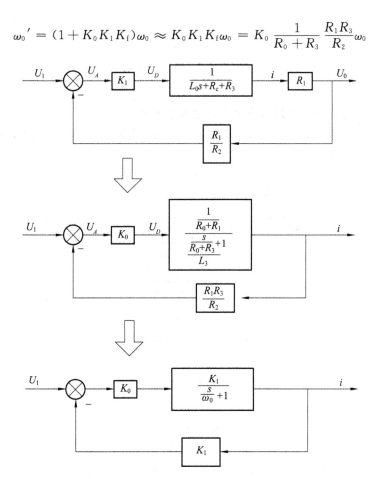

图 6-4-3 电流负反馈方框图

若 $K_0 = 100000, R_0 = \dfrac{220}{2}\ \Omega, R_1 = 15\ \text{k}\Omega, R_2 = 1\ \text{k}\Omega, R_3 = 10\ \Omega$

则

$$K_0 K_1 K_f = 125000$$

即

$$\omega_0{}' = 125000\omega_0 = (125000 \times 600)\ \text{s}^{-1} = 7.5 \times 10^7\ \text{s}^{-1}$$

由此可见,加上电流负反馈大大提高了伺服放大器的响应速度,使该环节的响应时间可以

忽略。

2. 负反馈可以减弱参数变化对控制系统的影响

对一个输入为 $X_i(s)$、输出为 $X_o(s)$、传递函数为 $G(s)$ 的开环系统,有

$$X_o(s) = G(s)X_i(s)$$

因 $G(s)$ 变化 $\Delta G(s)$ 引起的输出变化量为

$$\Delta X_o(s) = \Delta G(s)X_i(s)$$

对于开环传递函数为 $G(s)$ 的闭环系统,当存在 $\Delta G(s)$ 时,系统的输出为

$$X_o(s) + \Delta X_o(s) = \frac{G(s) + \Delta G(s)}{1 + [G(s) + \Delta G(s)]} \cdot X_i(s)$$

通常 $[1+G(s)] \gg \Delta G(s)$,所以有

$$\Delta X_o(s) \approx \frac{\Delta G(s)}{1 + G(s)} X_i(s)$$

即 $\Delta X_o(s)$ 较开环系统时约缩小 $1/(1+G(s))$。又因一般情况下 $1+G(s) \gg 1$,故负反馈能大大削弱参数变化的影响。

3. 负反馈可以消除系统中某些环节不希望有的特性

如图 6-4-4 所示系统,若环节 $G_2(s)$ 的特性是我们所不希望的,则加上局部反馈环节 $H_2(s)$,相应的频率特性为

$$\frac{Y(j\omega)}{X(j\omega)} = \frac{G_2(j\omega)}{1 + G_2(j\omega)H_2(j\omega)}$$

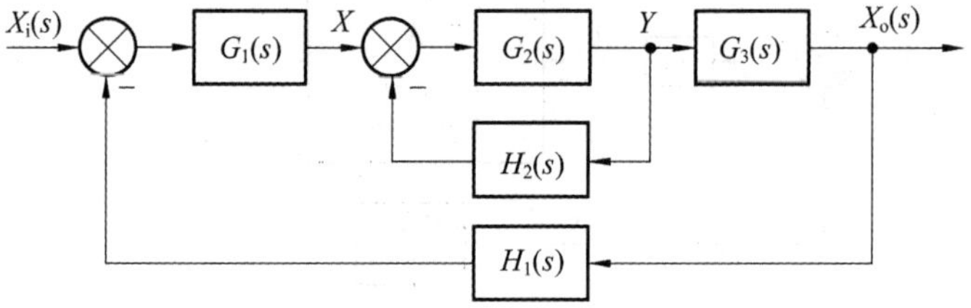

图 6-4-4　多环控制系统

如果

$$|G_2(j\omega)H_2(j\omega)| \gg 1 \tag{6-44}$$

则

$$\frac{Y(j\omega)}{X(j\omega)} \approx \frac{1}{H_2(j\omega)} \tag{6-45}$$

即,可以适当选取反馈通道的参数,用 $\dfrac{1}{H_2(s)}$ 取代不希望的特性 $G_2(s)$。

4. 反馈可能降低系统的无差度

为不降低系统的无差度,反馈通道中微分环节的个数应不小于前向通道中积分环节的个数。

对图 6-4-4 中的内环,设

$$G_2(s) = \frac{G_{20}(s)}{S^{\lambda_1}}$$

$$H_2(s) = S^{\lambda_2} H_{20}(s)$$

式中:$G_{20}(s)$ 中不含积分因子,$H_{20}(s)$ 中不含微分因子。则

$$\frac{Y(s)}{X(s)} = \frac{G_2(s)}{1 + G_2(s)H_2(s)} = \frac{G_{20}(s)}{S^{\lambda_1}} \frac{1}{1 + S^{\lambda_2 - \lambda_1} G_{20}(s)H_{20}(s)}$$

$$= \frac{G_{20}(s)}{S^{\lambda_2}[S^{\lambda_2 - \lambda_1} + G_{20}(s)H_{20}(s)]} \tag{6-46}$$

由式(6-46)可见,局部反馈回路的积分作用可能减弱。因为,当 $\lambda_1 > \lambda_2$ 时,若 $s \to 0$,则

$$\lim_{s \to 0} \left| \frac{Y(s)}{X(s)} \right| = \frac{1/H_{20}(0)}{S^{\lambda_2}} \tag{6-47}$$

故系统的无差度减小了。又当 $\lambda_1 \leqslant \lambda_2$ 时,若 $s \to 0$,则

$$\lim_{s \to 0} \left| \frac{Y(s)}{X(s)} \right| = \frac{1/G_{20}(0)}{S^{\lambda_1}} \tag{6-48}$$

为不降低系统的无差度,反馈通道的微分因子 L 不应小于前向通道的积分因子 λ_1。

5. 正反馈可以提高反馈回路的增益

对图 6-4-4 所示正反馈系统,其闭环放大系数为

$$\frac{C}{R} = \frac{K}{1 - KK_1} \tag{6-49}$$

若 $K_1 \approx K$,则闭环增益 $\dfrac{C}{R}$ 将远大于开环增益 K。

6.4.2 反馈校正装置的设计

下面举例说明反馈校正的设计步骤。

【**例 6-4-1**】 已知系统的方框图如图 6-4-5 所示,对系统的要求如下:

(1) 速度放大系数 $K_v = 200 \ \mathrm{s}^{-1}$;

(2) 相角储备 $\gamma \geqslant 45°$;

(3) 穿越频率 $\omega_c = 20 \ \mathrm{s}^{-1}$;

(4) 因结构上的要求,采用图 6-4-6 所示的局部反馈校正。

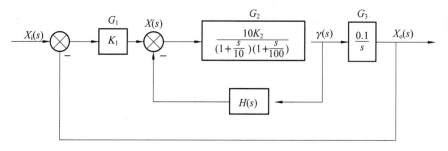

图 6-4-5 例 6-4-1 图

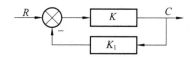

图 6-4-6 反馈系统

解 (1)根据稳态误差系数画未校正系统的开环频率特性。在双对数坐标图 6-4-7 上过点 $M(K_v = 200, \omega = 1)$ 作 $H(s) = 0$ 的开环对数幅频特性 $G_p(s)$ 曲线:

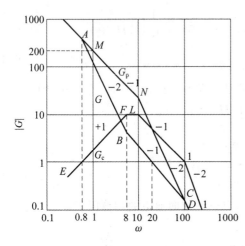

图 6-4-7　反馈校正 Bode 图

$$G_p(s) = \frac{K_1 K_2}{s(1+\frac{s}{10})(1+\frac{s}{100})} = G_1(s)G_2(s)G_3(s)$$

在图中 $G_p(s)$ 由线段 $MNCD$ 表示。

在穿越频率附近的曲线斜率为 -2，不满足稳定曲线要求，需校正。

（2）据设计要求作校正后系统的开环幅频特性曲线。由 $G_p(s)$ 曲线可知，在 $\omega = 100 \ \mathrm{s}^{-1}$ 处，曲线斜率变为 -3，取 $\omega_c = 20 \ \mathrm{s}^{-1}$，则校正后系统在穿越频率附近的斜率变化为 $-2 \rightarrow -1 \rightarrow -3$。若取 $\omega_2 = 100 \ \mathrm{s}^{-1}$，根据式（6-26）求

$$\omega_1 = 2\omega_c^2/\omega_2 = 8 \ \mathrm{s}^{-1}$$

中频线长 $h = \dfrac{\omega_2}{\omega_1} = \dfrac{100}{8} = 12.5$，稳定性足够好。

过 $\omega_0 = 20 \ \mathrm{s}^{-1}$ 作斜率为 -1 的斜线与垂线 $\omega_1 = 8 \ \mathrm{s}^{-1}$，$\omega_2 = 10 \ \mathrm{s}^{-1}$ 分别交于 B 点和 C 点，过 B 点作斜率为 -2 的斜线交垂线 $\omega = 0.8 \ \mathrm{s}^{-1}$ 于 A 点，曲线 $ABCD$ 即表示校正后系统的开环幅频特性 $G(s)$ 曲线，由图可知：

$$G(s) = \frac{200(1+\frac{s}{8})}{s(1+\frac{s}{0.8})(1+\frac{s}{100})^2}$$

（3）根据已求的 $G_p(s)$ 和 $G(s)$ 再求校正装置的传递函数 $H(s)$。局部反馈回路的闭环传递函数为

$$\frac{Y(s)}{X(s)} = \frac{G_2(s)}{1+G_2(s)H(s)}$$

校正后系统的开环传递函数为

$$G(s) = \frac{G_1(s)G_2(s)G_3(s)}{1+G_2(s)H(s)} \tag{6-50}$$

当 $|G_2(s)H(s)| > 1$ 时，式（6-50）可近似简化为

$$G(s) \approx \frac{G_1(s)G_2(s)G_3(s)}{G_2(s)H(s)} = \frac{G_p(s)}{G_2(s)H(s)} \tag{6-51}$$

当 $|G_2(s)H(s)| < 1$ 时，则有

$$G(s) \approx G_1(s)G_2(s)G_3(s) \tag{6-52}$$

显然上述分段简化处理有些粗略，主要是在 $|G_2(s)H(s)| = 1$ 及其附近的频率上不够精确，但是，一般说来这些频率与穿越频率 ω_c 在数值上相差甚远，所以在这些频率上特性的不准确对所设计系统的动态特性不会有明显的影响，因此从简化设计的角度考虑，本例的简化是可取的，也是目前工程中在这种问题上应用最广的一种方法。

当 $|G_2(s)H(s)| > 1$ 时，根据式（6-51）得局部反馈回路的开环传递函数为

$$G_2(s)H(s) = \frac{G_p(s)}{G(s)}$$

在对数幅频图上为

$$L_{G_2H}(\omega) = L_p(\omega) - L(\omega) \tag{6-53}$$

图 6-4-6 中为曲线 $MNCD$ 与 $ABCD$ 所代表的幅频特性之差 $EFLI$。

当 $|G_2(s)H(s)| < 1$ 时,根据式(6-44)知,反馈作用可以忽略,即局部反馈回路开环幅值越小,式(6-44)越正确。故在低频段内,为了与 $|G_2(s)H(s)| > 1$ 的部分具有相同的形式,以简化校正结构,将 $L_{G_2H}(\omega)$ 采用微分环节(图中对应 EF 延长线)来实现,在高频段内将 $L_{G_2H}(\omega)$ 采用斜率为 -2 的直线(图中为 IJ 线)表示。这样,$L_{G_2H}(\omega)$ 在图中便可表示为 $EFLIJ$。由图中可见,当 $\omega = 1$ 时,$L_{G_2H}(\omega)|_{\omega=1} = 1.2$,所以

$$G_2(s)H(s) = \frac{1.2s}{(1 + \frac{s}{8})(1 + \frac{s}{10})(1 + \frac{s}{100})} \tag{6-54a}$$

又从图 6-4-5 上可知

$$G_2(s)H(s) = \frac{10K_2}{(1 + \frac{s}{10})(1 + \frac{s}{100})}H(s) \tag{6-54b}$$

联立式(6-54a)和式(6-54b),得

$$\frac{10K_2}{(1 + \frac{s}{10})(1 + \frac{s}{100})}H(s) = \frac{1.2s}{(1 + \frac{s}{8})(1 + \frac{s}{10})(1 + \frac{s}{100})}$$

因此

$$H(s) = \frac{1.2s}{10K_2(1 + \frac{s}{8})}$$

令 $K_2 = 1$,则有

$$H(s) = \frac{0.12s}{1 + \frac{s}{8}}$$

$H(s)$ 即为所求校正装置的传递函数。

（4）校验。根据校正后系统的开环传递函数

$$G(s) = \frac{200(1 + \frac{s}{8})}{s(1 + \frac{s}{0.8})(1 + \frac{s}{100})^2}$$

又 $\omega_0 = 20 \text{ s}^{-1}$,可求得相角储备为

$$\gamma = \pi + \arctan\frac{20}{8} - \frac{\pi}{2} - \arctan\frac{20}{0.8} - 2\arctan\frac{20}{100}$$
$$\approx 48° > 45°$$

6.5 前 馈 校 正

前面所讨论的闭环反馈系统,控制作用是由偏差 $\varepsilon(t)$ 产生的,而 $E(s) = E_1(s)H(s)$,即闭环反馈系统是靠误差来减少误差的。因此,从理论上讲,误差是不可避免的。在高精度控制系统中,在保证系统稳定的同时,还要减小甚至消除系统误差和干扰的影响。为此,在反馈控制回路中加入前馈装置,组成一个复合校正系统。

前馈校正的特点是不依靠偏差而直接测量干扰,在干扰引起误差之前就对它进行近似补偿,及时消除干扰的影响。因此,对系统进行前馈补偿的前提是干扰可以测出。

下面以图 6-5-1 所示的单位反馈系统为例,说明前馈校正的方法和作用。

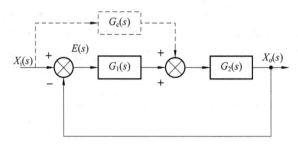

图 6-5-1　前馈校正

由于此系统为单位负反馈系统,系统的误差和偏差相同,且 $E(s) \neq 0$,若要使 $E(s) = 0$,则可在系统中加入前馈校正环节 $G_c(s)$,如图中虚线所示。加入校正环节后,系统输出为

$$X_o(s) = G_1(s)G_2(s)E(s) + G_c(s)G_2(s)R(s) = X_{o1}(s) + X_{o2}(s)$$

上式表明,前馈校正为开环补偿,相当于系统通过 $G_c(s)G_2(s)$ 增加了一个输出 $X_{o2}(s)$,以补偿原来的误差。增加前馈校正环节后,系统的等效闭环传递函数为

$$G(s) = \frac{X_o(s)}{X_i(s)} = \frac{G_1(s)G_2(s) + G_c(s)G_2(s)}{1 + G_1(s)G_2(s)}$$

当 $G_c(s) = 1/G_2(s)$ 时(称之为补偿条件),$G(s) = 1$,$X_o(s) = X_i(s)$,系统的输出在任何时刻都可以完全无误地复现输入,具有理想的时间响应特性,所以 $E(s) = 0$。这称为全补偿的前馈校正。

加入前馈校正后,系统的稳定性没有受到影响,因为系统特征方程仍然是 $1 + G_1(s)G_2(s) = 0$。这是因为前馈补偿为开环补偿,其传递路线没有参加到原闭环回路中去。

但在工程实际中,系统的传递函数较复杂,完全实现补偿条件较困难。

6.6　控制系统的根轨迹法校正

根轨迹法是对控制系统进行校正的基本方法之一,这种方法的优点是可以比较确切地知道闭环系统的极点,从而提供了关于暂态响应的基本信息。但是,确定了闭环零极点配置,并不能简单地求出暂态响应的性能指标;良好的闭环极点配置并不总能保证有良好的暂态响应,因此由根轨迹法主要是给出一般性的指导。通常为了获得良好的暂态响应性能,对高阶系统总是设计一对共轭复数闭环主导极点,此时暂态响应的性能指标可以近似用二阶系统的计算公式或相应的关系曲线来确定。

6.6.1　串联滞后校正

串联滞后校正是利用在 $[s]$ 平面的原点附近引入一对 $|p_c| \ll |z_c|$ 的负实数开环偶极子,通过这一对负实数开环偶极子来提高系统稳态误差系数的作用。它适用于调整开环根增益系数可以获得满意的暂态响应性能,但稳态响应性能不能满足要求的系统。

引入负实数开环偶极子后,开环增益 K 与根增益 K_r 之间的关系为

$$K = \frac{K_r \prod\limits_{i=1}^{m} z_i}{\prod\limits_{j=v+1}^{n} p_j} \frac{z_c}{p_c} \tag{6-55}$$

由于开环偶极子几乎不影响远离偶极子处的根轨迹,而开环偶极子附近的根轨迹将发生明显的变化,且必然会形成闭环偶极子,因此开环偶极子的引入几乎不影响系统的暂态响应性能。这样就能做到在几乎不影响系统暂态响应性能的条件下,提高系统的稳态响应性能。

原点附近的开环偶极子由相角滞后网络提供。为了达到提高稳态精度的目的,必须引入一个增益为 α 的放大器,包括放大器在内的滞后校正网络的传递函数为

$$G_c(s) = \frac{K_c}{\alpha} \frac{s + z_c}{s + p_c} \tag{6-56}$$

其中: $\alpha = \left| \dfrac{z_c}{p_c} \right|$ 为滞后校正网络的零极点比值; K_c 为放大器的增益,它约等于 α。

以上就是串联滞后校正的基本设计原理,据此拟定的设计步骤如下。

(1)绘制未校正系统的根轨迹图,根据给定的暂态响应性能指标,确定希望的闭环主导极点以及响应的开环根增益系数 K_r(这里通过调整开环根增益系数,可以获得希望的闭环主导极点)。

(2)计算未校正系统的稳态误差系数,确定为满足稳态响应性能指标,稳态误差系数应增大的倍数。

(3)选择如式(6-56)的滞后校正网络,确定其极点 $-p_c$ 和零点 $-z_c$,使得 $\alpha = \left| \dfrac{z_c}{p_c} \right|$ 等于或略大于稳态误差系数应增大的倍数,并使滞后网络的净幅角 $\delta = \angle(s_1 + p_c) - \angle(s_1 + z_c) \leqslant 5° \sim 10°$(最好在 $5°$ 以下,以确保根轨迹几乎不变),如图 6-6-1 所示。为此可选择 $-p_c = -0.01$ 或 $-z_c = -0.01$。其中 s_1 为希望的闭环主导极点。

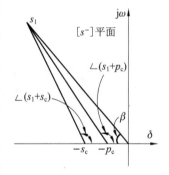

图 6-6-1　用于串联校正的一对负实数开环偶极子

(4)绘制已校正系统的根轨迹图,重新根据暂态响应性能指标在已校正系统的根轨迹图上确定希望的闭环主导极点和相应的根增益系数 K_r,以及其他的闭环极点、零点,校验希望的闭环主导极点是否仍然是主导极点,并确定放大器的增益比 K_c。

(5)校验已校正系统的性能指标是否满足要求,如不满足要求,应重新选择校正网络的极零点,重新进行设计,直到满足全部性能指标为止。

【例 6-6-1】　设单位反馈系统的开环传递函数为

$$G(s) = \frac{K_r}{s(s+4)(s+5)}$$

试作串联滞后校正设计,使已校正系统满足: $K_v \geqslant 16$ rad/s, $\sigma_p\% \leqslant 10\%$, $t_s \leqslant 3$ s。

解　(1)确定希望的闭环主导极点和开环根增益系数 K_r。

绘制未校正系统的根轨迹图,如图 6-6-2 所示。根据二阶系统暂态响应性能指标的计算公式或相应的关系曲线,由 $\sigma_p\% \leqslant 10\%$ 求出 $\xi \geqslant 0.6$;由 $t_s \leqslant 3$ s 求出 $\xi\omega_n \geqslant \dfrac{3}{t_s} = 1$。据此取 $\xi = 0.707$,从而确定 $s_{1,2} = -1.298 \pm j1.298$, $s_3 = -6.404$, $K_r = 21.586$,其中 $s_{1,2}$ 为希望的闭环主

导极点，它满足 $\xi \geqslant 0.6$ 和 $\xi\omega_n \geqslant 1$ 的要求。当 K_r 为 21.586 时，未校正系统的开环传递函数为

$$G(s) = \frac{21.586}{s(s+4)(s+5)}$$

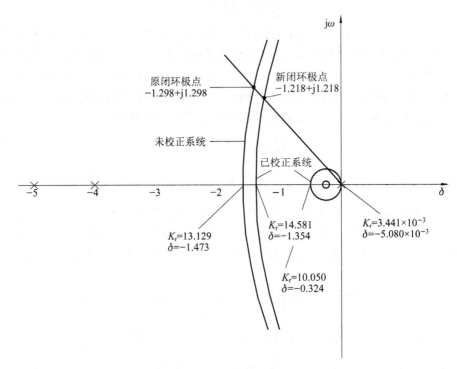

图 6-6-2 串联滞后校正系统的根轨迹图

（2）确定稳态误差系数应增大的倍数。

未校正系统的稳态误差系数为

$$K_v = K = \frac{K_r \prod\limits_{i=1}^{m} z_i}{\prod\limits_{i=v+1}^{n} p_i} = \frac{21.586 \times 1}{4 \times 5} \text{ rad/s} = 1.079 \text{ rad/s}$$

因此稳态误差系数应增大的倍数为 $\dfrac{16}{1.079} = 14.829$。

（3）确定滞后校正网络的极点、零点。

取 $\alpha = 15$，$-p_c = -0.01$，则 $-z_c = -0.15$。由此 $\delta = \angle(s_1 + p_c) - \angle(s_1 + s_c) = 3.287° < 5°$，故所选极零点合理，校正网络的传递函数为

$$G_c(s) = \frac{K_c}{15} \frac{s+0.15}{s+0.01}$$

（4）确定已校正系统的闭环极点、零点，校验希望的闭环主导极点是否仍是主导极点并确定放大器的增益 K_c。

已校正系统的传递函数为

$$G_c(s)G(s) = \frac{K_r(s+0.15)}{s(s+4)(s+5)(s+0.01)}$$

式中 $K_r = \dfrac{21.586K_c}{15}$ 为已校正系统的根增益，其根轨迹如图 6-6-2 所示。仍取 $\xi = 0.707$，求出

已校正系统的闭环极点为 $s_{1,2}=-1.218\pm j1.218$，$s_3=-6.402$ 和 $s_4=-0.174$；闭环零点为 $z_1=-0.15$；根轨迹增益系数为 $K_r=22.012$。可见闭环极点 $s_{1,2}$ 几乎不变，闭环极点 s_4 与闭环零点 z_1 构成闭环偶极子，因此 $s_{1,2}$ 仍然是闭环主导极点。

放大器的增益为

$$K_c=\frac{15K_r}{21.586}=\frac{15\times22.012}{21.586}=15.296$$

（5）校验已校正系统的性能指标。

稳态速度误差系数根据式（4-7）为

$$K_v=K=\frac{K_r\prod_{i=1}^{m}z_i}{\prod_{i=v+1}^{n}p_i}\cdot\frac{z_c}{p_c}=\frac{22.012\times0.15}{4\times5\times0.01}\ \mathrm{rad/s}=16.509\ \mathrm{rad/s}$$

峰值时间和最大超调量计算为

$$\begin{aligned}t_p&=\frac{1}{\omega_n\sqrt{1-\xi}}\Big(\pi-\sum_{i=1}^{m}\angle(s_1+z_i)+\sum_{j=3}^{n}\angle(s_1+s_j)\Big)\\&=\frac{\pi+0.219}{1.414\times1.218\sqrt{1-0.707^2}}\ \mathrm{s}=2.759\ \mathrm{s}\end{aligned}$$

$$\begin{aligned}\sigma_p\%&=\prod_{j=3}^{n}\left|\frac{s_j}{s_1+s_j}\right|\prod_{i=1}^{m}\left|\frac{s_1+z_i}{z_i}\right|\cdot\mathrm{e}^{-\xi\omega_n t_p}100\%\\&=1.183\times0.108\times10.799\mathrm{e}^{-1.218\times2.759}\times100\%=4.79\%\end{aligned}$$

调整时间为

$$t_s=\frac{3}{\xi\omega_n}=\frac{3}{1.218}\ \mathrm{s}=2.463\ \mathrm{s}$$

全部满足性能指标要求。

应该指出，由于闭环偶极子中的闭环极点在时间响应中产生了一个缓慢衰减的实指数分量，以及由于根轨迹略微向右所导致的闭环主导极点无阻尼自然频率的降低，已校正系统的暂态过程发展有所减慢，特别是前一个因素使得暂态过程的中期和后期发展明显更缓慢。因此，在满足设计要求的前提下，所引入的开环偶极子应尽可能离原点远一点。

6.6.2　串联超前校正

串联超前校正是利用了在系统开环传递函数中引入一对 $|p_c|>|z_c|$ 的负实数零极点使系统根轨迹向左偏移的作用，它适用于暂态响应性能不满足要求，稳态响应性能要求不高容易满足，或者虽然要求较高，但可以用其他方法满足的系统。

例如，对于开环增益为

$$K=\frac{K_r\prod_{i=1}^{m}(s+z_i)}{\prod_{j=1}^{n}(s+p_j)}\tag{6-57}$$

的未校正系统，其中包括 v 个 $p_j=0$ 的极点。假设根据暂态响应性能所确定的闭环主导极点 s_1、s_2 不在系统的根轨迹上，如图 6-6-3 所示，那么就无法通过调整开环根增益系数来获得满足暂态响应要求的闭环主导极点。

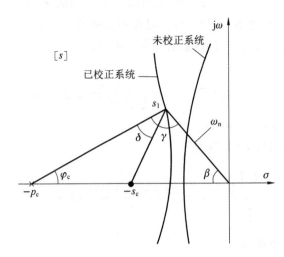

图 6-6-3　用于串联超前校正的一对实数零点、极点

此时未校正系统在 $s = s_1$ 时不会满足幅角条件,即

$$\left[\sum_{j=1}^{n} \varphi_j - \sum_{i=1}^{m} \alpha_i\right]_{s=s_1} \neq (2k+1)\pi \quad (k=0,\pm 1,\cdots) \tag{6-58}$$

式中

$$\varphi_j = \angle (s_1 + p_i)$$

$$\alpha_i = \angle (s_1 + z_i)$$

由于 s_1 在未校正根轨迹的左边,所以要使已校正系统的根轨迹通过 s_1,必须在系统的开环传递函数中引进一对 $|p_c| > |z_c|$ 的负实数零极点。如果引入的开环零极点恰使根轨迹通过 s_1,则幅角条件将得到满足,即在图 6-6-3 中有

$$\left[\sum_{j=1}^{n} \varphi_j - \sum_{i=1}^{m} \alpha_i\right]_{s=s_1} + \varphi_c - (\varphi_c + \delta) = (2k+1)\pi \quad (k=0,\pm 1,\cdots) \tag{6-59}$$

于是,使已校正系统的根轨迹通过希望闭环主导极点,应补充的幅角差额为

$$\delta = \left[\sum_{j=1}^{n} \varphi_j - \sum_{i=1}^{m} \alpha_i\right]_{s=s_1} - (2k+1)\pi \quad (k=0,\pm 1,\cdots) \tag{6-60}$$

补充这一差额的零点、极点可由超前校正网络提供,为了不降低稳态精度,应选用具有增益补偿放大器的超前校正网络,其传递函数为

$$G_c(s) = \alpha \frac{s+z_c}{s+p_c} \tag{6-61}$$

式中

$$\alpha = \left|\frac{p_c}{z_c}\right|$$

由式(6-57)和式(6-61)得已校正系统的开环传递函数为

$$G_c(s)G(s) = \frac{\alpha K_r \prod_{i=1}^{m}(s+z_i)}{\prod_{j=1}^{n}(s+p_j)} \frac{s+z_c}{s+p_c} \tag{6-62}$$

式中: αK_r 为已校正系统的开环根增益系数。

由幅值条件可得

$$\left| G_c(s)G(s) \right|_{s=s_1} = \frac{\alpha K_r \prod\limits_{i=1}^{m} |s_1+z_i|}{\prod\limits_{j=1}^{n} |s_1+p_j|} \frac{|s_1+z_c|}{|s_1+p_c|} = 1$$

即

$$\frac{|s_1+p_c|}{|s_1+z_c|} = \alpha\mu \tag{6-63}$$

式中

$$\mu = \frac{K_r \prod\limits_{i=1}^{m} |s_1+z_i|}{\prod\limits_{j=1}^{n} |s_1+p_j|} = \left| G(s) \right|_{s=s_1}$$

为开环传递函数 $G(s)$ 在 $s=s_1$ 时的幅值。根据正弦定理,由图 6-6-3 得

$$\left. \begin{aligned} \frac{|s_1+p_c|}{\sin\beta} &= \frac{|p_c|}{\sin\gamma} \\ \frac{|s_1+z_c|}{\sin\beta} &= \frac{|z_c|}{\sin(\gamma-\delta)} \end{aligned} \right\} \tag{6-64}$$

由式(6-63)、式(6-64)可得

$$\tan\gamma = \frac{\sin\delta}{\cos\delta-\mu} \tag{6-65}$$

同样由正弦定理还可得到

$$|p_c| = \frac{\omega_n \sin\gamma}{\sin\varphi_c} \tag{6-66}$$

和

$$|z_c| = \frac{\omega_n \sin(\gamma-\delta)}{\sin(\varphi_c+\delta)} \tag{6-67}$$

可见,由未校正系统的开环零点、极点,根轨迹增益系数及已确定的闭环主导极点,可根据式(6-65)至式(6-67)确定超前校正网络的零点、极点。

值得注意的几个问题:

① 已校正系统的稳态误差系数为

$$K = \frac{\alpha K_r \prod\limits_{i=1}^{m} z_i}{\prod\limits_{j=v+1}^{n} p_j} \frac{z_c}{p_c} = \frac{K_r \prod\limits_{i=1}^{m} z_i}{\prod\limits_{j=v+1}^{n} p_j} \tag{6-68}$$

即与未校正系统的稳态误差系数是相同的。这说明如果未校正系统的 K_r 满足稳态响应性能的要求,则已校正系统只要取 αK_r 作为开环根增益系数也一定满足要求。因此,在设计时可以根据制定的稳态误差系数,由未校正系统的开环零极点来确定应有的开环增益系数 K_r。

② 超前网络应提供的净幅角 δ 只取决于未校正系统的开环零极点配置和希望的闭环主导极点 s_1、s_2 的位置,与未校正系统的开环增益系数 K_r 无关;而角度 γ 不仅与上述诸因素有关,而且也与 K_r 有关。这说明,对于指定的闭环主导极点,角度 δ 是一定的,而角度 γ 则随着 K_r 的不同而不同。

③ 对于指定的闭环主导极点，K 即 K_r 愈大，γ 也愈大，同时，γ 必须满足关系式 $\gamma < 180° - \beta$（参见图 6-6-3）。显然，在 K 即 K_r 过大，导致 γ 也过大时，也可能破坏关系式 $\gamma < 180° - \beta$，说明此时不可能获得希望的闭环主导极点（实际上，即使关系式 $\gamma < 180° - \beta$ 成立，过大的 γ 也是不合适的。因为 γ 过大，$\alpha = \left| \dfrac{p_c}{z_c} \right|$ 也将过大）。

以上就是串联超前系统校正的基本设计原理，据此拟定的设计步骤如下。

（1）绘制未校正系统的根轨迹图，根据指定的暂态响应性能指标，确定希望的主导极点（这里通过调整开环根轨迹增益系数 K_r 不可能获得希望的闭环主导极点），按式（6-60）确定应补充的幅角差额 δ。

（2）根据指定的稳态误差系数，确定未校正系统应具有的开环根增益系数 K_r。

（3）根据已确定的 δ 和 K_r，确定如式（6-61）所示的超前校正网络的零点、极点（包括校验 $\gamma < 180° - \beta$ 是否成立）。

（4）绘制已校正系统的根轨迹图，取 αK_r 作为根增益系数，确定所有的闭环零点、极点，并校验希望的闭环主导极点是否仍然是主导极点。

（5）校验已校正系统的性能指标是否满足要求，如不满足，应重新选择希望的闭环主导极点，重新进行设计，直至全部性能指标得到满足为止。

【例 6-6-2】 设单位反馈系统的开环传递函数为

$$G(s) = \frac{K_r}{s(s+2)}$$

试作串联超前校正设计，使校正后的系统满足：

$$K_v \geqslant 15 \text{ rad/s}, \ \sigma_p\% \leqslant 27\%, \ t_s \leqslant 1.1 \text{ s}$$

解　（1）确定希望的闭环主导极点和应补充的幅角差额。

绘制未校正系统的根轨迹如图 6-6-4 所示。根据二阶系统暂态响应性能指标的计算公式或相应关系曲线，由 $\sigma_p\% \leqslant 27\%$，求出 $\xi \geqslant 0.385$；由 $t_s \leqslant 1.1$ s，求出 $\xi\omega_n \geqslant \dfrac{3}{t_s} = 2.73$。据此，再考虑到其他闭环零点、极点的影响，取 $\xi = 0.5, \xi\omega_n = 3 (\omega_n = 6)$，即闭环主导极点为 $s_{1,2} = -3 \pm j3\sqrt{3}$。应补充的幅角差额为

$$\delta = \left[\sum_{j=1}^{n} \varphi_j - \sum_{i=1}^{m} \alpha_i \right]_{s=s_1} - (2k+1)\pi$$
$$= 220.893° - 180° = 40.893°$$

（2）确定未校正系统的开环根增益系数。

因为校正前后系统的稳态误差系数是相同的，因此有

$$K_v = K = \frac{K_r \prod\limits_{i=1}^{m} z_i}{\prod\limits_{j=v+1}^{n} p_j} = \frac{K_r}{2} \geqslant 15 \text{ rad/s}$$

即

$$K_r \geqslant 30 \text{ rad/s}$$

取 $K_r = 30$ rad/s，于是未校正系统的传递函数为

$$G(s) = \frac{30}{s(s+2)}$$

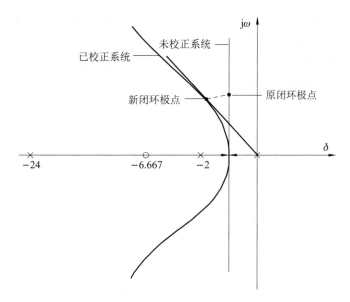

图 6-6-4　串联超前校正的根轨迹图

（3）确定超前校正网络的零点、极点。

$$\mu = \big|G(s)\big|_{s=s_1} = \frac{30}{|s_1| \cdot |s_1+2|} = \frac{30}{6 \times 5.29} = 0.945$$

相应的

$$\tan\gamma = \frac{\sin\delta}{\cos\delta - \mu} = \frac{\sin 40.893°}{\cos 40.893° - 0.945} = -3.463$$

因此 $\gamma = 106.102°$，因 $\beta = \cos^{-1} 0.5 = 60°$，所以 $\varphi_c = 13.898°$（因为 $\varphi_c > 0$，所以 $\gamma < 180° - \beta$ 成立）。

由式(6-66)和式(6-67)得

$$|p_c| = \frac{\omega_n \sin\gamma}{\sin\varphi_c} = \frac{6\sin 106.102°}{\sin 13.898°} = \frac{6 \times 0.961}{0.240} = 24$$

$$|z_c| = \frac{\omega_n \sin(\gamma - \delta)}{\sin(\varphi_c + \delta)} = \frac{6\sin 65.122°}{\sin 54.878°} = 6.655$$

则有

$$\alpha = \left|\frac{p_c}{z_c}\right| = \frac{24}{6.655} = 3.6$$

所以校正网络的传递函数为

$$G_c(s) = \alpha\frac{s+z_c}{s+p_c} = \frac{3.6(s+6.667)}{s+24}$$

其中补偿放大器的增益为 3.6。

（4）确定已校正系统的闭环零点、极点，并校验希望的闭环主导极点是否仍然是主导极点。

已校正系统的传递函数为

$$G_c(s)G(s) = \frac{108(s+6.667)}{s(s+2)(s+24)}$$

其根轨迹如图 6-6-4 所示。根据已校正系统的根增益系数 $\alpha K_r = 108$，求出闭环极点为 $s_{1,2} =$

$-3\pm j3\sqrt{3}$，$s_3=-20$，闭环零点为 $z_1=-6.667$，可见 $s_{1,2}$ 仍然是闭环主导极点。

（5）校验已校正系统的性能指标。

前面已经阐明，稳态响应性能指标一定满足要求，因此不必进行校验。

峰值时间和最大超调量分别为

$$t_p = \frac{1}{\omega_n\sqrt{1-\xi}}\left(\pi - \sum_{i=1}^{m}\angle(s_1+z_i) + \sum_{j=3}^{n}\angle(s_1+s_j)\right)$$
$$= \frac{1}{6\sqrt{1-0.5^2}}[\pi - 0.956 + 0.297]\ \text{s} = 0.478\ \text{s}$$

和

$$\sigma_p\% = \prod_{j=3}^{n}\left|\frac{s_j}{s_1+s_j}\right|\prod_{i=1}^{m}\left|\frac{s_1+z_i}{z_i}\right|\cdot e^{-\xi\omega_n t_p}100\%$$
$$= 1.125\times 0.954 e^{-0.5\times 6\times 0.478}\times 100\% = 25.58\%$$

调整时间为

$$t_s = \frac{3}{\xi\omega_n} = \frac{3}{3}\ \text{s} = 1\ \text{s}$$

满足全部性能指标要求。

由于超前校正总是使根轨迹向左偏移，从而总能获得阻尼系数或无阻尼自然频率很大的闭环主导极点，因此可以有效地提高系统的暂态响应速度，降低最大超调量。但是，超前校正设计并不总是成功的。在暂态响应性能或稳态响应性能要求较高，以致角度 γ 过大时，设计往往会失败。这时可采用二级甚至多级超前校正设计（暂态响应性能要求很高），或滞后-超前校正设计（暂态和稳态响应性能要求都较高）。

6.6.3　串联滞后-超前校正

由以上讨论可知，串联滞后校正是改善系统的稳态响应性能，串联超前校正主要是改善系统的暂态响应性能（也可以在一定程度上改善稳态响应性能，但不是主要作用）。串联滞后-超前校正正是利用两者的校正作用，达到同时改善稳态和暂态响应性能的目的。它适用于用超前校正可以满足暂态响应性能的要求，但稳态响应性能仍不能满足要求的系统。设计的基本思想是先用串联超前校正满足暂态响应性能，再用串联滞后校正满足稳态响应性能要求。据此拟定的设计步骤如下。

（1）根据指定的暂态响应性能指标，确定希望的闭环主导极点。

（2）根据指定的稳态误差系数确定开环增益系数 K_r，并在超前和滞后校正两部分之间进行增益系数的分配。

（3）根据暂态响应性能指标，确定超前校正部分的传递函数 $\alpha_d\dfrac{s+z_{cd}}{s+p_{cd}}$。

（4）根据稳态响应性能指标，确定滞后校正部分的传递函数 $\dfrac{K_c}{\alpha_i}\dfrac{s+z_{ci}}{s+p_{ci}}$。然后将超前和滞后校正部分合并，确定串联滞后-超前校正网络的传递函数 $\dfrac{K_c\alpha_d}{\alpha_i}\dfrac{(s+z_{cd})(s+z_{ci})}{(s+p_{cd})(s+p_{ci})}$。

（5）校验性能指标是否满足要求，如不满足，应改变增益系数的分配比例，或者改变超前或滞后网络的有关参数，重新进行设计，直至全部性能指标得到满足为止。

【例 6-6-3】　设单位反馈系统的开环传递函数为

$$G(s) = \frac{3.5}{s(s+0.5)}$$

其闭环极点 $s_{1,2} = -0.25 \pm j1.854$,阻尼系数 $\xi = 0.134$,无阻尼自然频率 $\omega_n = 1.871$ rad/s,稳态速度误差系数 $K_v = 7$ rad/s。试作串联滞后-超前校正设计,使校正后的系统满足:$s_{12} = 2.5 \pm j4.33$,$\xi = 0.5$,$\omega_n = 5$ rad/s,$K_v = 49$ rad/s。

解 (1)确定希望的闭环主导极点。

绘制未校正系统的根轨迹如图 6-6-5 所示,其闭环极点为 $s_{1,2} = -0.25 \pm j1.854$,希望的闭环主导极点为 $s_{1,2} = 2.5 \pm j4.33$。

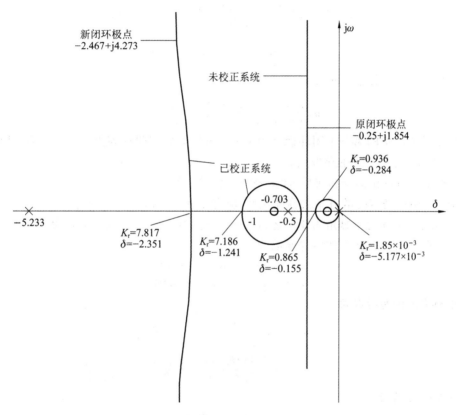

图 6-6-5 串联滞后超前校正的根轨迹图

(2)确定开环增益系数 K 及其分配比例。

未校正系统的 $K_v = 7$ rad/s,已校正系统要求的 $K_v = 49$ rad/s。分配给超前校正部分的增益系数为 1,分配给滞后校正部分的增益系数为 $\frac{49}{7} = 7$,这样便可获得 $K_v = 7 \times 1 \times \frac{49}{7}$ rad/s $= 49$ rad/s。

(3)确定超前校正部分的传递函数。

为了获得希望的闭环主导极点,应增补的幅角差额为

$$\delta_d = \left[\sum_{j=1}^{n} \varphi_j - \sum_{i=1}^{m} \alpha_i \right]_{s=s_1} - (2k+1)\pi$$
$$= 120° + 114.791° - 180° = 54.791°$$

由式(6-63)和式(6-65)得

$$\mu = \left| G(s) \right|_{s=s_1} = \frac{3.5}{\left| s_1 \right| \cdot \left| s_1 + 0.5 \right|} = \frac{3.5}{5 \times 4.77} = 0.147$$

和

$$\tan\gamma = \frac{\sin\delta_d}{\cos\delta_d - \mu} = \frac{\sin 54.791°}{\cos 54.791° - 0.147} = 1.902$$

因此 $\gamma = 62.254°, \varphi_c = 57.764°$。

又由式(6-66)、式(6-67)得

$$\left| p_{cd} \right| = \frac{\omega_n \sin\gamma}{\sin\varphi_c} = \frac{5\sin 62.254°}{\sin 57.746°} = \frac{5 \times 0.887}{0.846} = 5.242$$

$$\left| z_{cd} \right| = \frac{\omega_n \sin(\gamma - \delta_d)}{\sin(\varphi_c + \delta_d)} = \frac{5\sin 7.463°}{\sin 112.537°} = \frac{5 \times 0.13}{0.924} = 0.703$$

$$\alpha = \frac{\left| p_{cd} \right|}{\left| z_{cd} \right|} = \frac{5.233}{0.703} = 7.444$$

所以超前校正部分的传递函数为

$$\alpha_d \frac{s + z_{cd}}{s + p_{cd}} = \frac{7.442(s + 0.703)}{s + 5.233}$$

经超前校正后所产生的第三个闭环极点为 $s_3 = -0.733$，它与闭环零点 $z_1 = -0.703$ 构成闭环偶极子，因此 $s_{1,2}$ 仍为闭环主导极点。

(4) 确定滞后校正部分和滞后-超前网络的传递函数。

根据(2)中所确定的增益系数分配比例，应有 $\alpha_i = 7$。取 $\alpha_i = 7.2$，$-p_{ci} = -0.01$，于是 $z_{ci} = -0.072$，它所引进的净幅角为 $\delta_i = \angle(s_1 + p_{ci}) - \angle(s_1 + z_{ci}) = 0.62° < 3°$，故所选零、极点是适宜的。因此滞后校正部分的传递函数为

$$\frac{K_c}{\alpha_i} \frac{s + z_{ci}}{s + p_{ci}} = \frac{K_c}{7.2} \frac{s + 0.072}{s + 0.01}$$

整个校正网络的传递函数为

$$G_c(s) = \frac{K_c \alpha_d}{\alpha_i} \frac{(s + z_{cd})(s + z_{ci})}{(s + p_{cd})(s + p_{ci})}$$

$$= \frac{7.442 K_c}{7.2} \frac{(s + 0.703)(s + 0.072)}{(s + 5.233)(s + 0.01)}$$

已校正系统的传递函数为

$$G(s)G_c(s) = \frac{K_r(s + 0.703)(s + 0.072)}{s(s + 0.5)(s + 5.233)(s + 0.01)}$$

式中

$$K_r = \frac{3.5 \times 7.442 K_c}{7.2}$$

已校正系统的根轨迹如图 6-6-5 所示。仍取 $\xi = 0.5$，求出闭环极点为 $s_{1,2} = -2.467 \pm j4.273$ ($\omega_n = 4.934$)，$s_3 = -0.737$ 和 $s_4 = -0.0726$，闭环零点为 $z_1 = -0.703$ 和 $z_2 = -0.072$，已校正系统的根增益系数为 $K_r = 25.714$。这里 s_3 和 z_1、s_4 和 z_2 均构成闭环偶极子，所以 $s_{1,2}$ 仍为闭环主导极点。

根据 $K_r = 25.714$ 可以求出

$$K_c = \frac{7.2 K_r}{3.5 \times 7.442} = \frac{7.2 \times 25.714}{3.5 \times 7.442} = 7.108$$

这样滞后校正部分和滞后-超前校正网络的传递函数就完全确定了。校正网络可以采用有

源比例-微分-积分(PID)校正网络,也可以采用由无源网络和放大器所组成的 $\alpha_d \neq \alpha_i$ 的滞后-超前校正网络(超前校正网络、放大器和滞后校正网络的串联);在后一种情况下,放大器为超前和滞后校正部分所提供的增益分别为 $\alpha_d = 7.442$ 和 $K_c = 7.108$,即总增益为 $\alpha_d K_c = 52.897$。

(5) 校验已校正系统的性能指标。

已校正系统的根增益系数 K_r 被确定后,其传递函数就是已知的了。系统的稳态误差系数为

$$K_v = \frac{3.5K_c}{0.5} = \frac{3.5 \times 7.108}{0.5} \text{ s}^{-1} = 49.755 \text{ s}^{-1}$$

满足设计要求,$[s^-]$ 平面的性能指标也是满足的。根据前述的近似计算公式,还可求出暂态响应的性能指标为 $t_p = 0.734$ s,$\sigma_p\% = 17.35\%$,$t_s = 1.216$ s。

6.7　知 识 要 点

6.7.1　系统校正概述

1. 校正的概念

控制系统设计一般包含两部分:设计过程中的不可变部分(如执行机构、功率放大器和检测装置等)和计算参数有较大选择范围的可变部分(如放大器和校正装置)。不可变部分的选择受尺寸、质量、成本等因素及性能指标的约束,往往不能完全满足性能要求,引入校正装置以补偿不可变部分在性能指标方面的不足。

系统校正就是在系统中增加新的环节,以改善系统性能。引入校正环节的实质是改变系统的零点和极点分布,改变系统的频率特性,以达到改善系统性能的目标。

系统校正实际上是系统最优设计问题,系统优化时,能够全面满足性能指标的系统并不是唯一的。在工程实践中,既要考虑保证良好的控制性能,又要兼顾工艺性、经济性,以及使用寿命、体积、重量等因素,选取最优的系统校正方案。

2. 校正方式

(1) 串联校正:把校正装置 $G_c(s)$ 串联在系统固有部分的前向通道中,如图 6-7-1(a)所示。

按校正装置 $G_c(s)$ 的性质,串联校正可分为:增益调整、相位超前校正、相位滞后校正和相位滞后-超前校正四种形式。串联校正装置通常安装在前向通道中功率等级最低的位置上。

(2) 并联校正:并联校正包含反馈校正和前馈校正。校正装置与系统固有部分按反馈连接形成局部反馈回路,称为反馈校正,如图 6-7-1(b)所示。前馈校正是在反馈控制基础上,引入输入补偿构成的校正方式,如图 6-7-1(c)所示。

(3) 复合校正:复合校正是在反馈控制回路中,加入前馈校正通路,组成一个有机整体,即将串联(或反馈)校正和前馈校正结合在一起,构成复杂控制系统以改善系统性能。

3. 校正装置

校正装置根据本身是否有电源,可分为无源校正装置和有源校正装置。

无源校正装置线路简单、组合方便、无需外供电源,但本身没有增益,只有衰减;且输入阻抗低,输出阻抗高,在应用时要增设放大器或隔离放大器。根据无源校正装置对频率特性的影

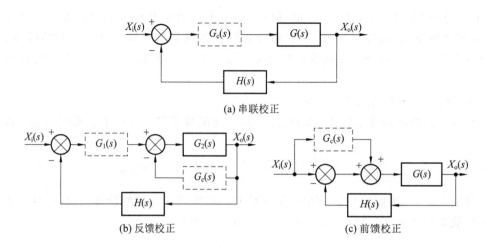

图 6-7-1　系统校正方式

响,分为相位滞后校正、相位超前校正和相位滞后-超前校正。

有源校正装置是由运算放大器组成的调节器。有源校正装置本身有增益,且输入阻抗高,输出阻抗低,缺点是需另供电源。

6.7.2　控制系统时频性能指标及转换关系

1. 时域性能指标

时域性能指标包括瞬态性能指标和稳态性能指标。

(1) 瞬态性能指标　系统的时域瞬态性能指标形式选择为二阶欠阻尼系统在单位阶跃输入下的单位阶跃响应,主要包括:上升时间 t_r、峰值时间 t_p、最大超调量 M_p、调整时间 t_s。

(2) 稳态性能指标　用来描述系统在过渡过程结束后,实际输出与期望输出之间的差值,常用稳态误差表征,反映系统的稳态精度。

2. 频域性能指标

频域性能指标包括开环频域指标和闭环频域指标。

(1) 开环频域指标　主要包括相位裕度 γ、幅值裕度 K_g、穿越频率 ω_c 等。

(2) 闭环频域指标　主要包括复现频率 ω_M 及复现带宽 $0\sim\omega_M$、谐振频率 ω_r 及谐振峰值 M_r、截止频率 ω_b 及截止带宽 $0\sim\omega_b$。

3. 误差准则

误差准则(综合性能指标)是系统性能的综合测度。综合性能指标是系统期望输出与其实际输出之差的某个函数的积分。系统参数取最优时,综合性能指标将取极值,从而可以通过选择适当参数得到综合性能指标为最优的系统。

(1) 误差积分性能指标　设误差 $e(t)=x_o^*(t)-x_o(t)$,则系统综合性能指标为

$$I = \int_0^\infty e(t)\mathrm{d}t$$

只要系统在阶跃输入下其过渡过程无超调,根据此式即可计算出使 I 值最小的系统参数。

(2) 误差平方积分性能指标　若给系统单位阶跃输入后其响应过程有振荡,则常取误差平方的积分为系统的综合性能指标

$$I = \int_0^\infty e^2(t)\mathrm{d}t$$

此指标的特点是：重视大误差，忽略小误差。因为较大的误差其平方也更大，对性能指标 I 的影响显著；较小的误差其平方更小，对性能指标 I 的影响轻微甚至可以忽略。根据误差平方积分性能指标设计的系统，能使大的误差迅速减小，但系统也容易产生振荡。

（3）广义误差平方积分性能指标　给定的加权系数 α，广义误差平方积分性能指标定义为

$$I = \int_0^\infty [e^2(t) + \alpha \dot{e}^2(t)] \mathrm{d}t$$

此指标的特点是既不允许大的动态误差长期存在，也不允许大的误差变化率长期存在。按此准则设计的系统，过渡过程较短而且平稳。

4. 时、频域性能指标的关联性

系统的时域和频域动态性能指标反映了系统瞬态过程的性能参数，各指标间存在一定关联性和制约性。

（1）谐振频率乘调整时间与阻尼比的关联：

$$\omega_r t_s = \frac{1}{\xi}\sqrt{1-2\xi^2}\ln\frac{1}{\Delta\sqrt{1-\xi^2}}$$

ω_r 乘 t_s 仅与 ξ 有关。对给定 ξ，t_s 与系统的 ω_r 成反比，即谐振频率高的系统，其反应速度快；反之则反应速度慢。

（2）谐振频率乘调整时间与谐振峰值的关联：

$$\omega_r t_s = \sqrt{\frac{2\sqrt{M_r^2-1}}{M_r-\sqrt{M_r^2-1}}\ln\frac{\sqrt{2M_r^2}}{\Delta\sqrt{M_r+\sqrt{M_r^2-1}}}}$$

（3）截止频率乘调整时间与谐振峰值的关联：

$$\omega_b t_s = \sqrt{\frac{2\sqrt{M_r^2-1}+\sqrt{2M_r^2-1}}{M_r-\sqrt{M_r^2-1}}\ln\frac{\sqrt{2M_r}}{\Delta\sqrt{M_r^2+\sqrt{M_r^2-1}}}}$$

（4）谐振峰值与最大超调量的关联：

$$M_p = \exp\left(-\pi\sqrt{\frac{M_r-\sqrt{M_r^2-1}}{M_r+\sqrt{M_r^2-1}}}\right)\times 100\%$$

M_r 和 M_p 均由阻尼比 ξ 所确定，均随 ξ 的减小而增大。系统在时域中 M_p 大，反映到频域里 M_r 也大，反之亦然。M_r 越大，系统阶跃响应的超调量也越大，系统的平稳性越差。

6.7.3　系统的无源校正

1. 一般原则

系统的开环传递函数和具有单位反馈的闭环传递函数之间有确切的对应关系，决定闭环系统稳定性的特征方程又完全取决于开环传递函数，因此用频率法进行设计时，通常在开环 Bode 图上进行。对系统性能指标的要求最终可归结为对系统开环频率特性的要求，因而系统设计与校正的实质就是对开环 Bode 图进行整形。校正的一般原则如下。

①　在低频段要有足够高的增益，用最小误差来跟踪输入，以保证系统稳态精度；

②　在中频段（增益穿越频率附近频段），对数幅频特性曲线穿过 0 dB 线的斜率在 −20 dB/dec 左右，以保证系统的稳定性；

③　在高频段，开环幅频特性曲线尽可能快地衰减，以减小高频噪声对系统的干扰。

2. 相位超前校正

单纯增加开环增益会提高开环穿越频率 ω_c，系统带宽 ω_b 增加，响应速度提高。同时带来的弊端是相位裕度 γ 减小，系统稳定性下降。如果预先在穿越频率 ω_c 及高于它的局部频率范围内使相位提前一些，即增大相位裕度 γ，这样，再增加增益就不会使稳定性不可接受。这就是相位超前校正的目的，相位超前校正既能提高系统的响应速度，又能保证系统的相对稳定性。

1）相位超前环节的频率特性

相位超前校正环节的传递函数为

$$G_c(s) = \frac{U_c(s)}{U_r(s)} = \alpha\,\frac{Ts + 1}{\alpha Ts + 1}$$

此环节为比例环节、一阶微分环节、惯性环节的串联。相位超前环节的频率特性为

$$G_c(j\omega) = \alpha\,\frac{jT\omega + 1}{j\alpha T\omega + 1}$$

相频特性

$$\varphi(\omega) = \arctan \omega T - \arctan \omega\alpha T > 0$$

可见，其相位超前。对数幅频特性

$$A(\omega) = 20\lg\alpha + 20\lg\sqrt{1 + (T\omega)^2} - 20\lg\sqrt{1 + (\alpha T\omega)^2}$$

相应的 Bode 图如图 6-7-2 所示。

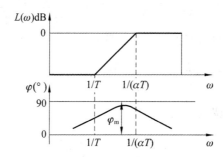

图 6-7-2　相位超前校正环节的 Bode 图

相位超前环节的相位角在频率 ω_m 时出现最大值 φ_m：

$$\omega_m = \frac{\sqrt{\alpha}}{T}$$

在 Bode 图上，有最大值 φ_m 的点正好是 $1/T$ 和 $1/(\alpha T)$ 的几何中心。此时，对应的最大相位角为

$$\varphi_m = \arcsin\frac{1 - \alpha}{1 + \alpha}$$

2）利用 Bode 图进行相位超前校正的步骤

（1）作出未校正系统的开环对数幅频特性 $A(\omega)$ 曲线和相频特性 $\varphi(\omega)$ 曲线，确定满足稳态性能要求的开环放大倍数 K 值，计算或由图获得校正前的穿越频率 ω_c 和相位稳定裕度 γ。

（2）计算需要补偿的超前相位角 φ_m 和衰减因子 α：令 $\varphi_m = \gamma' - \gamma + (5° \sim 12°)$，式中 $\gamma' - \gamma$ 为需要补偿的相位角，$5° \sim 12°$ 为增加的裕量角。

$$\alpha = \frac{1 + \sin\varphi_m}{1 - \sin\varphi_m}$$

（3）确定校正后系统的穿越频率 ω'_c：选择校正前系统的开环对数幅频特性幅值等于 $-10\lg\alpha$ 时的频率作为校正后系统的幅值穿越频率 ω'_c。如果对校正后系统的穿越频率 ω'_c 已经提出要求，则可以选择期望的 ω'_c 作为校正后的穿越频率。

（4）确定校正环节传递函数：校正装置的传递函数为

$$G_c(s) = \frac{1 + s/\omega_1}{1 + s/\omega_2}$$

其中，$\omega_1 = \dfrac{1}{\alpha T} = \dfrac{\omega'_c}{\sqrt{\alpha}}$，$\omega_2 = \dfrac{1}{T} = \sqrt{a}\omega'_c$。校正后系统的开环传递函数为 $G'(s) = G(s)G_c(s)$。

（5）校验性能指标及确定校正环节参数：由校正后系统的对数频率特性 $A'(\omega)$、$\varphi'(\omega)$ 校验系统的性能指标是否满足要求，若不满足，则要重复上述的步骤，直至满足要求为止。

3. 相位滞后校正

当控制系统具有良好的动态性能而稳态误差较大时，为减少稳态误差又不影响稳定性和响应速度，只需采用相位滞后校正加大低频段增益即可。

1）相位滞后环节的频率特性

相位滞后校正环节的传递函数为

$$G_c(s) = \frac{U_o(s)}{U_i(s)} = \frac{1}{\alpha} \frac{s + \dfrac{1}{T}}{s + \dfrac{1}{\alpha T}}$$

其频率特性

$$G_c(j\omega) = \frac{jT\omega + 1}{j\alpha T\omega + 1}$$

相频特性

$$\varphi(\omega) = \arctan T\omega - \arctan \alpha T\omega < 0$$

其相位滞后。对数幅频特性为

$$A(\omega) = 20\lg \sqrt{1 + (T\omega)^2} - 20\lg \sqrt{1 + (\alpha T\omega)^2}$$

其相位滞后环节的 Bode 图如图 6-7-3 所示。

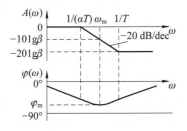

图 6-7-3　相位滞后环节的 Bode 图

相位滞后环节的相位角在频率 ω_m 时出现最大值 φ_m：

$$\omega_m = \frac{1}{T\sqrt{\alpha}}$$

在 Bode 图上，正好是 $1/(\alpha T)$ 和 $1/T$ 对数坐标的几何中心：

$$\varphi_m = \arcsin \frac{\alpha - 1}{\alpha + 1}$$

2）利用 Bode 图进行相位滞后校正的步骤

（1）作系统开环 Bode 图,计算开环增益 K,计算校正前系统相位裕度 γ;

（2）确定校正后剪切频率 ω'_c、校正环节 β 值和交界频率 $\omega_{T_1}=1/T$、$\omega_{T_2}=1/(\beta T)$;

（3）确定校正环节的传递函数及校正后的系统传递函数。

4. 相位滞后-超前校正

相位超前校正环节可增加频宽提高快速性,使稳定裕度加大改善平稳性,但增益损失而不利于稳态精度。滞后校正可提高平稳性及稳态精度,但降低了快速性。相位滞后-超前校正环节兼具超前环节和滞后环节的作用,可全面提高系统的控制性能。

1）相位滞后-超前环节的频率特性为

相位滞后-超前环节的传递函数

$$G_c(s) = \frac{U_c(s)}{U_r(s)} = \frac{(T_1 s + 1)(T_2 s + 1)}{(\frac{T_1}{\alpha}s + 1)(\alpha T_2 s + 1)}$$

频率特性为

$$G_c(j\omega) = \frac{jT_1\omega + 1}{j\frac{T_1}{\alpha}\omega + 1} \cdot \frac{jT_2\omega + 1}{jT_2\alpha\omega + 1}$$

相位滞后-超前校正环节的 Bode 图如图 6-7-4 所示。

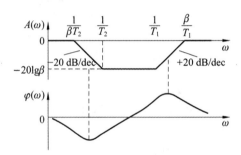

图 6-7-4 相位滞后-超前环节的 Bode 图

其交界频率 ω_T 分别为 $\frac{1}{\alpha T_2}$、$\frac{1}{T_2}$、$\frac{1}{T_1}$ 和 $\frac{\alpha}{T_1}$,滞后环节在前,超前环节在后,且高频段和低频段均无衰减。

2）利用 Bode 图进行相位滞后-超前校正的步骤

（1）根据稳态性能要求确定开环增益 K 值,求出待校正系统的 ω_c、γ、K_g。

（2）在待校正系统的对数幅频特性上,选择斜率从 -20 dB/dec 变为 -40 dB/dec 交界频率作为校正装置超前部分的交界频率。这种选法可以降低已校正系统阶次,且可保证中频区斜率为希望的 -20 dB/dec,并可占据较宽的频带。根据响应裕度的要求选择已校正系统的穿越频率 ω'_c 和校正装置的衰减因子 α。根据相位裕度的要求估算校正装置滞后部分的交界频率。

（3）验算性能指标,选择校正装置元件参数。

5. 反馈校正

在工程中当系统参数经常变化而又能取出适当的反馈信号时,采用反馈校正是合适的,而且还能消除系统不可变部分中被反馈所包围的那部分环节的参数波动对系统性能的影响。

反馈校正可分为硬反馈校正和软反馈校正。硬反馈校正装置的主体是比例环节 $G_c(s) =$

α(可能还含有小惯性环节),在系统的动态和稳态过程中都起反馈校正作用;软反馈校正装置的主体是微分环节 $G_c(s)=\alpha s$(可能还含有小惯性环节),只在系统的动态过程中起反馈校正作用,在稳态时反馈校正支路如同断路,不起作用。

反馈校正通过改变系统被包围环节的结构和参数,使系统的性能达到所要求的指标。

(1)对系统的比例环节进行局部反馈:对那些因为增益过大而影响系统性能的环节,采用硬反馈是一种有效的方法;采用软反馈可使动态过程变得平缓,对希望过渡过程平缓的系统,常采用软反馈。

(2)对系统的积分环节进行局部反馈:含有积分环节的单元被硬反馈包围后,积分环节变为惯性环节,有利于系统的稳定,但稳态性能变差;采用软反馈,校正后的传递函数为仍为积分环节,增益下降。

(3)对系统的惯性环节进行局部反馈:采用硬反馈,惯性环节时间常数和增益均下降,可以提高系统的稳定性和快速性。采用软反馈,校正后的传递函数仍为惯性环节,时间常数增加。可以消除系统固有部分中不希望有的特性,从而可以削弱被包围环节对系统性能的不利影响。

6. 前馈校正

在高精度控制系统中,在保证系统稳定的同时,还要减小甚至消除系统误差和干扰的影响。为此,可在反馈控制回路中加入前馈装置,组成一个复合校正系统。

前馈校正的特点是不依靠偏差而直接测量干扰,在干扰引起误差之前就对它进行近似补偿,及时消除干扰的影响。对系统进行前馈补偿的前提是干扰可以测出。

加入前馈校正后,系统的稳定性没有受到影响,因为系统特征方程不变。这是因为前馈补偿为开环补偿,其传递路线没有参加到原闭环回路中去。

在工程实际中,系统的传递函数较复杂,完全实现补偿条件较困难。

6.8 例 题 解 析

【例 6-8-1】 已知某单位反馈系统未校正时的开环传递函数 $G(s)$ 和校正装置 $G_c(s)$ 的对数幅频特性渐近线如图 6-8-1 所示,试写出校正后的传递函数,并画出校正后的对数幅频特性渐近线。

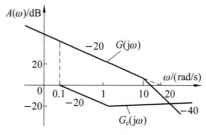

图 6-8-1 例 6-8-1 图

解 (1)根据已知系统开环传递函数的对数幅频特性曲线渐近线的形状,其低频渐近线斜率为 $-20\ \mathrm{dB/dec}$,系统为 Ⅰ 型系统,含有一个积分环节;在 $\omega=10\ \mathrm{rad/s}$ 处,渐近线斜率变为 $-40\ \mathrm{dB/dec}$,则系统含有惯性环节 $\dfrac{1}{0.1\mathrm{j}\omega+1}$。所以未校正系统的开环频率特性应该为

$$G(\mathrm{j}\omega)=\frac{K}{\mathrm{j}\omega(0.1\mathrm{j}\omega+1)}$$

根据图示条件,当 $\omega = 20$ rad/s 时,对数幅频特性

$$A(\omega) = 20\lg K - 20\lg 20 = 0, \quad K = 20$$

校正装置 $G_c(s)$ 的对数幅频特性曲线渐近线的低频段为 0 dB 线,说明校正装置无积分环节;在 $\omega = 0.1$ rad/s 处,渐近线斜率变为 -20 dB/dec,说明校正装置含有惯性环节 $\dfrac{1}{10j\omega + 1}$;在 $\omega = 1$ rad/s 处,渐近线斜率变为 0,说明校正装置含有一阶微分环节 $j\omega + 1$。故校正装置的频率特性为

$$G_c(j\omega) = \frac{j\omega + 1}{10j\omega + 1}$$

校正后系统的开环频率特性为

$$G(j\omega)G_c(j\omega) = \frac{20(j\omega + 1)}{j\omega(10j\omega + 1)(0.1j\omega + 1)}$$

(2) 该系统由下列典型环节组成。

放大环节:$K = 20$。

一阶积分环节:$\dfrac{1}{j\omega}$(Ⅰ型系统)。

惯性环节 1:$\dfrac{1}{10j\omega + 1}$,交界频率 $\omega_1 = 1/10 = 0.1$。

一阶微分环节:$j\omega + 1$,交界频率 $\omega_2 = 1$。

惯性环节 2:$\dfrac{1}{0.1j\omega + 1}$,交界频率 $\omega_3 = 1/0.1 = 10$。

按交界频率 ω_1、ω_2、ω_3 顺序作出各典型环节的 Bode 图并叠加,便得到图 6-8-2 所示的已校正系统的 Bode 图。

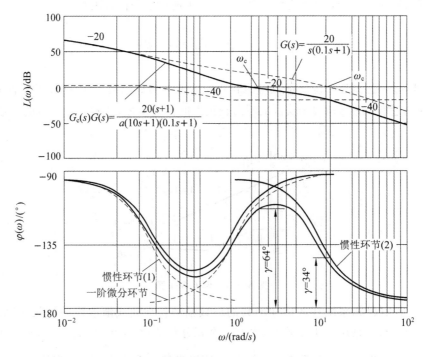

图 6-8-2　已校正系统的 Bode 图

【例 6-8-2】　某单位反馈系统的开环传递函数如下:

$$G(s) = \frac{400}{s^2(0.01s+1)}$$

假设采用三种校正方式进行校正,如图 6-8-3 所示,问 3 种校正特性中,哪一种方式使校正后的系统的稳定性最好。

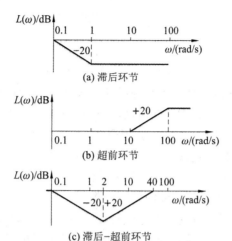

图 6-8-3　校正环节的 Bode 图

解　图(a)的校正曲线为滞后校正,有 2 个交界频率:$\omega_1 = 0.1$ rad/s,$\omega_2 = 1$ rad/s,传递函数为

$$G_{ca}(s) = \frac{s+1}{10s+1}$$

校正后的传递函数为

$$G(s)G_{ca}(s) = \frac{400(s+1)}{s^2(10s+1)(0.01s+1)}$$

图(b)的校正曲线为超前校正,有 2 个交界频率:$\omega_1 = 10$ rad/s,$\omega_2 = 100$ rad/s,传递函数为

$$G_{cb}(s) = \frac{0.1s+1}{0.01s+1}$$

校正后的传递函数为

$$G(s)G_{cb}(s) = \frac{400(0.1s+1)}{s^2(0.01s+1)^2}$$

图(c)的校正曲线为滞后-超前校正,有 3 个交界频率:$\omega_1 = 0.1$ rad/s,$\omega_2 = 2$ rad/s,根据相似原理求 ω_3。

因为 $\dfrac{-20}{\lg 10 - \lg 1} = \dfrac{-y}{\lg 2 - \lg 0.1}$,得

$$y = 20(\lg 2 + 1) \text{ dB} = 26 \text{ dB}$$

即

$$\frac{-20}{\lg 10 - \lg 1} = \frac{-26}{\lg \omega_3 - \lg 2}$$

得

$$\lg \omega_3 = \frac{26}{20} + \lg 2 = 1.6$$

求出

$$\omega_3 = 40 \text{ rad/s}$$

传递函数为

$$G_{cc}(s) = \frac{(0.5s+1)^2}{(10s+1)(0.02s+1)}$$

校正后的传递函数为

$$G(s)G_{cc}(s) = \frac{400(0.5s+1)^2}{s^2(10s+1)(0.025s+1)(0.01s+1)}$$

在同一个对数坐标上分别画出三种校正后的系统开环对数幅频特性和相频特性。可见,原系统开环传递函数 $G(s)$ 为 II 型系统并含有惯性环节,相位滞后严重。如用图(a)滞后特性来校正,无稳定裕量可言,系统不能稳定工作;如用图(b)超前特性来校正,可提高中频段的增益,扩展了频宽,同时由于存在相位超前,可提供一定的相位裕量,从图中可知,$\gamma_b \approx 36°$,$K_{gb} \approx 12$ dB;如用图(c)的滞后-超前特性来校正,稳定裕量较大,$\gamma_b \approx 40°$,$K_{gb} \approx 24$ dB,但带宽较窄。

【例 6-8-3】 某系统开环对数幅频特性曲线如图 6-8-4 所示,实线代表校正前系统的对数幅频特性,虚线代表校正后系统的对数幅频特性。(1)确定采用的是何种串联校正,并写出校正装置的传递函数 $G_c(s)$;(2)确定校正后系统临界稳定时的开环增益 K;(3)当开环增益 $K=1$ 时,求校正后系统的相位裕度 γ 和增益裕度 K_g。

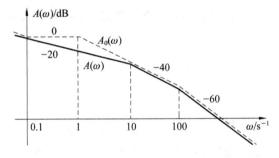

图 6-8-4 例 6-8-3 图

解 (1)由校正前后的对数幅频特性曲线可得校正装置的对数幅频特性 $A_c(\omega) = A(\omega) - A_0(\omega)$,可看出所采用的是串联滞后-超前校正,校正环节曲线如图 6-8-5 所示。

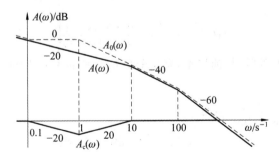

图 6-8-5 例 6-8-3 解图

由此可得校正装置的传递函数为

$$G_c(s) = \frac{(s+1)^2}{(\frac{s}{0.1}+1)(\frac{s}{10}+1)}$$

（2）校正后系统的开环传递函数为

$$G_k(s) = G_c(s)G(s) = \frac{(s+1)^2}{(\frac{s}{0.1}+1)(\frac{s}{10}+1)} \cdot \frac{K(\frac{s}{0.1}+1)}{s(s+1)^2(\frac{s}{100}+1)}$$

$$= \frac{K}{s(0.1s+1)(0.01s+1)}$$

闭环特征方程为

$$D(s) = s^3 + 110s^2 + 1000s + 1000K = 0$$

列 Routh 表

s^3	1	1000
s^2	110	$1000K$
s^1	$\dfrac{110000-1000K}{110}$	0
s^0	$1000K$	

若系统稳定,则 Routh 表中第一列元素全为正,可得

$$\begin{cases} 110000 - 1000K > 0 \\ 1000K > 0 \end{cases}$$

即

$$0 < K < 110$$

（3）当 $K=1$ 时,有

$$G_k(s) = \frac{1}{s(0.1s+1)(0.01s+1)}$$

令 $|G_k(j\omega_c)| = 1$,得 $\omega''_c = 1$,则

$$\gamma(\omega''_c) = 180° - 90° - \arctan 0.1\omega''_c - \arctan 0.01\omega''_c = 83.72°$$

由 $\varphi(\omega_g) = -90° - \arctan 0.1\omega_g - \arctan 0.01\omega_g = -180°$ 得

$$\arctan \frac{0.1\omega_g + 0.01\omega_g}{1 - 0.001\omega_g^2} = 90°$$

即

$$\omega_g = \sqrt{1000} = 31.6$$

故

$$K_g = \frac{1}{|G_k(j\omega_g)|} = 109.8$$

【例 6-8-4】 某单位负反馈控制系统的开环传递函数为 $G_0(s) = \dfrac{K_0}{s(T_0s+1)}$,其中,$K_0 = 200$ rad/s,$T_0 = 0.1$ s。试设计一个无源校正网络,使校正后的静态性能 $K_v \geqslant 200$ rad/s,动态系统 $\omega_c \geqslant 50$ rad/s,$\gamma \geqslant 45°$。

解 按静态要求 $K_v = 200$ 画出开环系统的 Bode 图,如图 6-8-6 所示。可见

$$\omega'_c = \sqrt{10 \times 200} = 44.7 < \omega_c = 50°$$

$$\gamma' = 180° - 90° - \arctan \frac{\omega'_c}{10} = 12.6 < \gamma$$

动态性能指标不满足要求,须采用超前校正,增大 ω_c、γ_c。

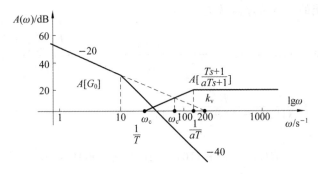

图 6-8-6　开环系统及超前校正 Bode 图

按动态要求采用无源超前网络串联校正

$$\varphi_m = \gamma - \gamma' + 5° = 37.4°$$

$$a = \frac{1 - \sin \varphi_m}{1 + \sin \varphi_m} = 0.244$$

由 $40\lg \frac{\omega_c}{\omega_c'} = 10\lg \frac{1}{a}$ 得

$$\omega_c = 63.6$$

$$\gamma' = 180° - 90° - \arctan \frac{\omega_c'}{10} + \varphi_m = 46.3°$$

ω_c，γ 满足动态设计要求。

$$\frac{1}{T} = \sqrt{a}\omega_c = 31.4; \frac{1}{aT} = \frac{1}{\sqrt{a}}\omega_c = 129; G_c(s) = K_A a \frac{Ts+1}{aTs+1}, K_A = 4.10$$

校正环节传递函数 $G_c(s) = \frac{Ts+1}{aTs+1}$ 的 Bode 图也画于图 6-8-6 上。

【**例 6-8-5**】　某单位负反馈系统，其控制对象为 $G_0(s) = \frac{K_0}{s(T_1 s+1)(T_2 s+1)}$，其中，$K_0 =$ 3 rad/s，$T_1 = 0.5$ s，$T_2 = 0.2$ s。试设计无源网络校正，使满足以下要求。（1）静态要求：当系统为最大角速度 2 r/min 输出时，输出位置允许误差 $e_{ss}^* < 2°$；（2）动态需求：5 rad/s$\leqslant \omega_c^* \leqslant$10 rad/s，$30° \leqslant \gamma^* \leqslant 60°$，$K_g \geqslant 60$ dB。

解　（1）按静态要求求 K。

$$K = K_c K_0 > \frac{\Omega}{e_{ss}} = \frac{2 \times 360°/60}{2°} = 6, \quad 取 K = 7.2。$$

$$\omega_c' = \sqrt{2 \times 7.2} = 3.79 < \omega_c^*$$

$$\gamma' = 180° - 90° - \arctan \frac{\omega_c'}{2} - \arctan \frac{\omega_c'}{5} = -9.34° << \gamma^*$$

ω_c'、γ' 均不满足动态要求，须采用超前校正。

（2）按动态要求设计无源超前网络校正。

由于取 $5 \leqslant \omega_c \leqslant 10$ 时，$A[G_0]$ 在 $\omega_c > 5$ 时的斜率为 -60 dB/dec，如图 6-8-7 所示，所以采用一个超前网络校正是不能奏效的，而需要采用双节超前校正，即采用 $a^2 (\frac{Ts+1}{aTs+1})^2$ 校正，且两节之间必须加放大器隔离。

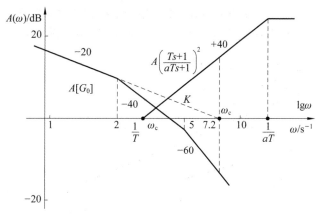

图 6-8-7 超前校正 Bode 图

试取 $a=0.18$，并取 $\omega_c=\omega_m$，由 $40\lg\dfrac{5}{\omega_c}+60\lg\dfrac{\omega_c}{5}=20\lg\dfrac{1}{a}$ 得 $\omega_c=7.36$。

而

$$\gamma=180°-90°-\arctan\dfrac{\omega_c}{2}-\arctan\dfrac{\omega_c}{5}+2\arcsin\dfrac{1-a}{1+a}=47.4°$$

当 $\omega=\omega_g$ 时，

$$\varphi(\omega_g)=-180°$$

可得

$$\omega_g=18.0$$

而

$$K_g=60\lg\dfrac{\omega_g}{\omega_c}-40\lg\dfrac{\omega_g}{\omega_c}=7.76\ \text{dB}>6\ \text{dB}$$

校正结果，动态性能指标完全满足要求。

校正环节传递函数

$$G_c(s)=k_{A1}k_{A2}a^2\left(\dfrac{Ts+1}{aTs+1}\right)^2$$

使 $k_{A1}=k_{A2}=k_A$，则 $k_A^2a^2=\dfrac{k}{k_0}$，$k_A=\sqrt{\dfrac{k}{k_0a^2}}=8.61$，并选 $\dfrac{1}{T}=\sqrt{a}\,\omega_c=3.12\ \text{rad/s}$，$\dfrac{1}{aT}=17.3$ rad/s。

【例 6-8-6】 某单位负反馈系统的开环传递函数为 $G_0(s)=\dfrac{K_0}{s(0.5s+1)(0.1s+1)}$ （K_0 大小可调）。试设计无源校正网络，使校正后性能指标满足：(1) $K_v^*\geqslant 10\,\dfrac{1}{s}$；(2) $1\,\dfrac{1}{s}\leqslant\omega_c^*\leqslant 2\,\dfrac{1}{s}$，$\gamma^*\geqslant 40°$，$K_g^*\geqslant 12$。

解 （1）首先调整 k_0 大小，使系统满足动态性能指标要求

由 $\gamma=180°-90°-\arctan 0.5\omega_c-\arctan 0.1\omega_c-6°=40°$，得

$$\arctan 0.5\omega_c-\arctan 0.1\omega_c=44°，由\ \dfrac{0.5\omega_c+0.1\omega_c}{1-(0.5\omega_c)(0.1\omega_c)}=\tan 44°$$

得

$$\omega_c=1.45$$

$K'_v = \omega_c = 1.45 < K_v^* = 10$ 不满足要求，须利用滞后校正抬高低频段。

（2）采用滞后校正，抬高低频段以增大 K_v。校正前后 Bode 图如图 6-8-8 所示。

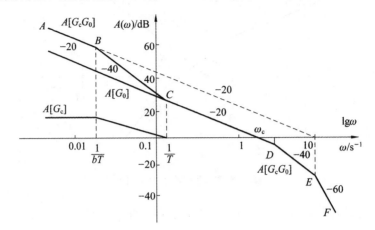

图 6-8-8　校正前后的 Bode 图

由图可见，需要抬高的分贝数 $20\lg b$，而 $b = \dfrac{K_v^*}{K'_v} = 6.90$，$20\lg b = 16.77$ dB。取 $\dfrac{1}{T} = 0.1\omega_c = 0.145$ s^{-1}，即 $T = 6.90$ s，而 $\dfrac{1}{bT} = \dfrac{1}{6.90 \times 6.90}$ s^{-1} $= 0.0210$ s^{-1}，即 $bT = 47.6$ s。校正后的 Bode 图为图中 $ABCDEF$ 线。

校正后的性能指标：

$$K_v = K_v^* = 10 \text{ s}^{-1}, \quad \omega_c = 1.45 \text{ s}^{-1}$$

$$\gamma = 180° - 90° - \arctan 0.5\omega_c - \arctan 0.1\omega_c - \arctan \frac{\omega_c}{0.0210} + \arctan \frac{\omega_c}{0.145} = 40.9°$$

当 $\omega = \omega_x$ 时，

$$A_x = -12, \quad 2 < \omega_x < 10$$

由 $-20\lg \dfrac{2}{1.45} - 40\lg \dfrac{\omega_x}{2} = -12$，得

$$\omega_x = 3.4$$

由 $\varphi(\omega_x) = -90° - \arctan \dfrac{\omega_x}{2} - \arctan \dfrac{\omega_x}{10} - \arctan \dfrac{\omega_x}{0.021} + \arctan \dfrac{\omega_x}{0.145}$

$$= -170° > -180°$$

得

$$K_g > 12 \text{ dB}$$

无源滞后校正传递函数

$$G_c(s) = \frac{Ts + 1}{bTs + 1} = \frac{6.90s + 1}{47.6s + 1}$$

【例 6-8-7】 某单位负反馈系统的开环传递函数为 $G_0(s) = \dfrac{K_0}{s(T_1 s + 1)(T_2 s + 1)}$ （K_0 大小可调），$T_1 = 1$ s，$T_2 = 0.1$ s。试设计无源校正网络，使校正后系统性能满足：（1）$K_v^* \geqslant 50$ $\dfrac{1}{s}$；（2）$3\dfrac{1}{s} \leqslant \omega_c^* \leqslant 5\dfrac{1}{s}$，$\gamma^* \geqslant 40°$。

解　采用单一超前校正或单一滞后校正，都不能实现校正后的性能指标要求，因此需要采

用超前-滞后校正。

（1）采用超前校正满足动态性能指标。

因 $\omega'_c = \sqrt{1 \times 5}$ s^{-1} = 2.24 s^{-1}；$\gamma' = 180° - 90° - \arctan \omega'_c - \arctan 0.1\omega'_c = 11.5°$，$\omega'_c$，$\gamma'$ 都小于期望值，可采用超前校正，提高 ω_c、γ。

设 $\omega_c = \omega_m$，取 $\alpha = 0.1$　由 $40\lg \dfrac{\omega_c}{\omega'_c} = 10\lg \dfrac{1}{\alpha}$，得

$$\omega_m = \omega_c = 3.98 \text{ s}^{-1}$$

而

$$\gamma = 180° - 90° - \arctan \omega_c - \arctan 0.1\omega_c + \arcsin \frac{1-\alpha}{1+\alpha} = 47.3°$$

$$\gamma > \gamma^* + 6° = 46°（滞后校正，会使 \gamma 减小，需留有裕量）$$

$$\frac{1}{T_1} = \sqrt{\alpha}\,\omega_m = 1.26, \frac{1}{\alpha T_1} = \frac{1}{\sqrt{\alpha}}\omega_m = 12.6$$

（2）采用滞后校正，使满足静态要求。

加入滞后校正，基本不影响 ω_c 的大小，只稍微减小 γ。取

$$\beta = \frac{1}{\alpha} = 10, \frac{1}{T_2} = 0.1\omega_c = 0.398 \text{ s}^{-1}, \frac{1}{\beta T_2} = 0.0398 \text{ s}^{-1}$$

校正后性能指标：

$$K_v = K_0 \beta = 50 = K_v^* \quad \omega_c = 3.98$$

$$3 \text{ s}^{-1} \leqslant \omega_c \leqslant 5 \text{ s}^{-1};$$

$$\gamma = 180° + \varphi(\omega_c) = 42.2° > \gamma^*$$

可知动态静态性能指标均满足设计指标。

校正前及采用超前-滞后的 Bode 图如图 6-8-9 所示。

校正装置的 $G_c(s)$ 及其无源校正网络实现如图 6-8-10 所示。

$$G_c(s) = K_A \left(\frac{T_1 s + 1}{\alpha T_1 s + 1} \right) \left(\frac{T_2 s + 1}{\beta T_2 s + 1} \right)$$

式中：$K_A = \dfrac{K_v^*}{K_0} = 5$。

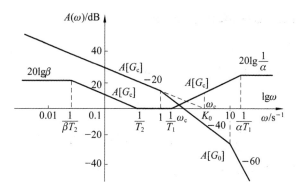
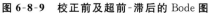

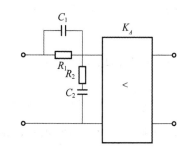

图 6-8-9　校正前及超前-滞后的 Bode 图　　　　图 6-8-10　超前-滞后校正环节网络图

图中：$K_A = 5$，$T_1 = R_1 C_1 = 0.794$ s，$T_2 = R_2 C_2 = 2.51$ s，$\alpha = 0.1$，$\beta = 10$。

【例 6-8-8】　某单位负反馈系统采用局部反馈如图 6-8-11 所示。

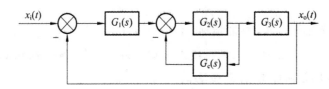

图 6-8-11　局部反馈校正框图

图中，$G_1(s) = \dfrac{K_1}{0.01s+1}$，$G_2(s) = \dfrac{12}{(0.1s+1)(0.02s+2)}$，$G_3(s) = \dfrac{0.0025}{s}$。试设计反馈校正装置 $G_c(s)$，使校正后系统满足 $K_v^* \geqslant 150\ \text{s}^{-1}$，$\sigma^* \% \leqslant 40\%$，$t_s^* \leqslant 1\ \text{s}$。

解　（1）系统固有部分频率特性及校正后系统频率特性的 Bode 图如图 6-8-12 所示。

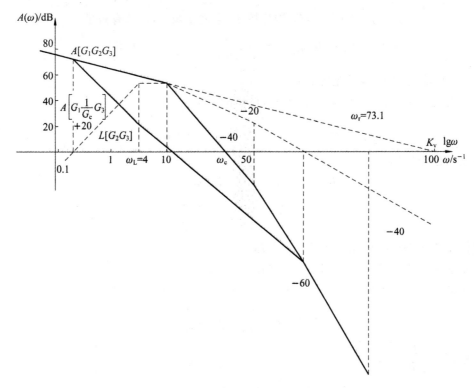

图 6-8-12　校正后系统频率特性的 Bode 图

由 $\sigma = 0.16 + 0.4(M_r - 1) = 0.4$，得 $M_r = 1.6$，所以

$$k = 2 + 1.5(M_r - 1) + 2.5(M_r - 1)^2 = 3.8$$

得 $\omega_c = \dfrac{k\pi}{t_s} = 11.9$，取 $\omega_c = 14\ \text{s}^{-1}$。

$$\omega_1 \leqslant \frac{M_r - 1}{M_r}\omega_c = 5.25\ \text{s}^{-1}，取\ \omega_1 = 4\ \text{s}^{-1}；\omega_r \geqslant \frac{M_r + 1}{M_r}\omega_c = 22.8\ \text{s}^{-1}，即\ \omega_r = 73.1\ \text{s}^{-1}。$$

（2）求取 $G_2(s)G_c(s)$ 的频率特性及校正环节 $G_c(s)$。

在校正频率范围内

$$A[G_2(s)G_c(s)] = A[G_1(s)G_2(s)G_3(s)] - A\left[G_1(s)\frac{1}{G_c(s)}G_3(s)\right]$$

在校正频率范围外，$A[G_2(s)G_c(s)]$ 取两边延长线，因此

$$G_c(s)G_2(s) = \frac{2.68s}{(0.25s+1)(0.1s+1)(0.02s+1)}$$

$$G_c(s) = \frac{G_c(s)G_2(s)}{G_2(s)} = \frac{0.223s}{0.25s+1}$$

校正后的性能指标 $K_v = 150 \text{ s}^{-1}$，$\omega_c = 14 \text{ s}^{-1}$，$\gamma = 180° + \varphi(\omega_c) = 45.9°$，$M_r = 1.39$，$k = 2.67$，$\sigma = 0.316$，$t_s = \dfrac{k\pi}{\omega_c} = 0.666 \text{ s}$。静态、动态满足性能要求。

$G_c(s)$ 采用有源校正网络实现，如图 6-8-13 所示。

$$G_c(s) = \frac{RC_0 s}{RCs+1}$$

令 $RC_0 = 0.223s$，$RC = 0.25s$。

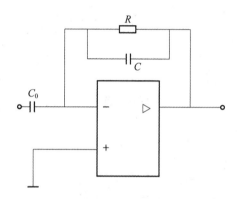

图 6-8-13　反馈校正环节的有源网络实现

习　　题

习题解答

6-1　什么是系统校正？系统校正有哪些类型？

6-2　PI 调节器调整系统的什么参数？使系统在结构上发生怎样的变化？它对系统的性能有什么影响？如何减小它对系统稳定性的影响？

6-3　PD 控制为什么又称为超前校正？它对系统的性能有什么影响？图示为某单位负反馈系统校正前、后的开环对数幅频特性曲线，比较系统校正前后的性能变化。

6-4　图示为某单位负反馈系统校正前、后的开环对数幅频特性曲线，写出系统校正前后的开环传递函数 $G_1(s)$ 和 $G_2(s)$。

6-5　试分别叙述利用比例负反馈和微分负反馈包围振荡环节起何作用。

6-6　若对图示的系统中的一个大惯性环节采用微分负反馈校正（软反馈），试分析它对系统性能的影响。

6-7　设图中 $K_1 = 0.2$，$K_2 = 1000$，$K_3 = 0.4$，$T = 0.8 \text{ s}$，$\beta = 0.01$。求：(1) 未设反馈校正时系统的动、静态性能；(2) 增设反馈校正时，再求系统的动、静态性能。

6-8　设单位反馈系统的开环传递函数为

$$G_K(s) = \frac{K}{s(s+1)}$$

试设计一串联超前校正装置，使系统满足如下指标：(1) 在单位斜坡输入下的稳态误差 $e_{ss} < 1/15$；(2) 截止频率 $\omega_c \geqslant 7.5 \text{ rad/s}$；(3) 相角裕度 $\gamma \geqslant 45°$。

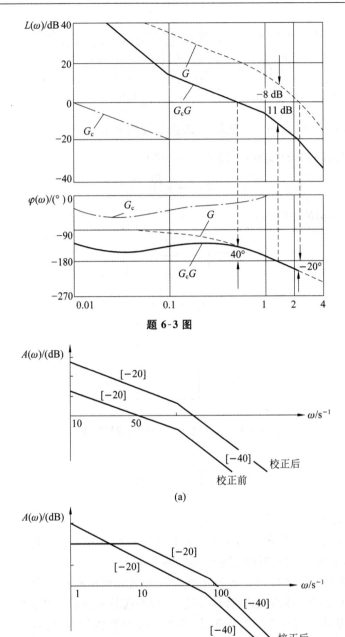

题 6-3 图

题 6-4 图

6-9　设单位反馈系统的开环传递函数为

$$G_{\mathrm{K}}(s) = \frac{K}{s(s+1)(0.25s+1)}$$

要求校正后系统的静态速度误差系数 $K_v \geqslant 5$ rad/s，相角裕度 $\gamma \geqslant 45°$，试设计串联滞后校正装置。

6-10　设单位反馈系统的开环传递函数为

$$G_{\mathrm{K}}(s) = \frac{40}{s(0.2s+1)(0.0625s+1)}$$

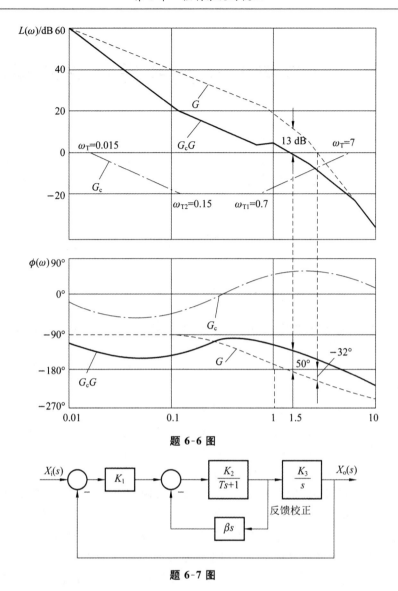

题 6-6 图

题 6-7 图

(1) 若要求校正后系统的相角裕度为 30°，幅值裕度为 10～12(dB)，试设计串联超前校正装置；

(2) 若要求校正后系统的相角裕度为 50°，幅值裕度为 30～40(dB)，试设计串联滞后校正装置。

6-11 设单位反馈系统的开环传递函数

$$G_K(s) = \frac{K}{s(s+1)(0.25s+1)}$$

要求校正后系统的静态速度误差系数 $K_v \geqslant 5$，截止频率 $\omega_c \geqslant 2 \text{ s}^{-1}$，相角裕度 $\gamma \geqslant 45°$，试设计串联校正装置。

6-12 设单位反馈系统的开环传递函数

$$G_K(s) = \frac{K}{s(s+3)(s+9)}$$

(1) 如果要求系统在单位阶跃输入作用下的超调量 $\sigma\% = 20\%$，试确定 K 值；

(2) 根据所求得的 K 值，求出系统在单位阶跃输入作用下的调节时间 t_s，以及静态速度误差系数 K_v。

第7章 机电控制系统的设计与应用实例

学习要点：了解控制系统在机电、过程装备等领域的基本设计要求，掌握机电控制系统的控制方案设计的基本方法，熟悉机电控制系统理论的各种元器件选择的基本原则，了解机电控制系统详细设计的设计思想，掌握机电控制系统的设计流程，并通过过程装备控制系统的典型案例了解控制系统在现代工业中的应用。

7.1 机电控制系统的方案设计

7.1.1 机电控制系统的基本设计要求

对于一个机电控制系统来说，首先要求系统是稳定的。在系统稳定的前提下，机电控制系统的设计要求，概括起来有以下几个方面。

(1) 对运动速度和运动加速度的要求，指控制对象应能达到的最大速度、最大加速度、最低速度以及在低速下运动的平稳性。

(2) 对动态性能的要求，主要包括以下三种类型的指标：一种是闭环控制系统在阶跃输入信号作用下，输出响应的最大超调量、过渡过程时间、振荡次数等；另一种指标是在正弦信号输入作用下，控制系统的通频带和振荡度等；第三种指标是提出控制系统的穿越频率、相角裕量和增益裕量。以上三种指标都可作为控制系统的动态性能指标。

(3) 对系统精度的要求，指当输入为零时，输出与输入之间的最大位置误差，亦可称为静态误差；输入为最大速度（恒速输入）时，输出与输入之间的位置误差，亦可称为速度误差；输入为最大等加速度时的位置误差，亦可称为加速度误差。另一种指标是提出在给定频带的正弦信号输入时，控制系统的最大允许误差。以上两种指标都可作为对控制系统的精度要求。

在扰动的作用下，控制系统也将产生误差。为此还需要分析在扰动作用下控制系统的误差。

(4) 对元件参数变化的敏感性要求，指控制系统本身各项元件参数的变化所引起的误差。通常如不提出要求，则应包含在控制系统精度和稳定性要求之内。但是在有些控制系统中，例如飞机自动驾驶仪系统，其对象（飞机）的参数会在大范围内变动（指飞行高度和飞行速度大范围变化的情况），这时必须分析控制系统对参数变化的灵敏度。

(5) 环境条件要求，指对环境的温度、湿度、腐蚀性和防爆性等的要求。

此外，在消耗功率、体积、重量、成本和美观装饰等方面的要求，在设计中也应予以考虑。

在设计控制系统之前，需要将上述要求和控制对象本身的物理参数汇集起来，作为设计的依据。

下面以某炮瞄雷达机电指挥仪的设计指标为例说明上述要求。这里控制系统输出轴的负载很小，惯量和力矩可以忽略不计，要求系统的运动性能为：

① 静态角度误差小于 $3'$；

② 最大角速度为 $50°/s$；

③ 最大角加速度为 $50°/s^2$；

④ 最大角速度误差 $6'$；

⑤ 最低平稳工作速度为 $0.1°/s$，此时应无明显的爬行现象。

在阶跃信号输入作用下，输出的过渡过程时间小于 0.36 s，超调量小于 30%，振荡次数小于 3 次。

环境温度范围为 $(-10～+55)℃$，提供的电源种类为直流 27 V，交流 400 Hz、115 V。

上述设计指标只是指出了与系统方案设计紧密相关的内容，有关系统的其他技术设计要求并未全部列出。需要指出的是，一个设计者不能见指标就照做，而要尽可能深入实际，了解设计指标是否合理。往往使用单位为了保险起见，把指标提高，使得提出的指标很难实现，或者要花费很大的代价才能实现。因此，从实际需要出发提出设计指标是很重要的，这一点只有设计者深入实际才能合理解决。

有了基本设计要求，设计者下一步要选择合适的控制方案和主要的元部件，以便合理地组成系统。

7.1.2　机电控制系统的控制方案设计

系统控制方案的选择要考虑许多方面的因素，如系统的性能指标要求，元件的经济性；工作的可靠性和使用寿命；操作和维护是否方便，亦称可操作性能和可维护性能。通常要经过反复比较，才能最后确定。

系统方案根据信号体制的不同，可以分为直流控制、交流控制、交直流混合控制和数字控制等不同方案；根据组成系统的回路和对系统的校正方式的不同，可以分为单回路和多回路的不同方案；根据系统工作方式的不同，可以分为线性控制和非线性控制等不同方案；根据对付外界信号带来对系统影响的补偿方式不同，可以分为前馈控制和补偿控制等。近年来，由于数字计算机的普及，连续控制和离散控制的混合系统无疑是一个重要的技术发展方向。

纯直流控制方案在结构上比较简单，容易实现。但是直流放大器的漂移较大，这种系统的精度较低，目前只用于精度要求低的场合。

纯交流控制方案如图 7-1-1 所示。这种控制方案结构简单，使用元件少，但系统精度难以提高。

图 7-1-1　纯交流控制方案

在上述纯交流系统中，测量元件输出的误差信号含有较大的剩余电压，这部分电压由正交分量和高次谐波所组成。当系统的增益较大时，剩余电压可使放大器饱和而堵塞控制信号的通道，使系统无法正常工作，因而这种方案限制了增益的提高，也就限制了控制系统精度的提高。另外，交流校正装置的实现比较困难，这给控制系统的调整带来困难。由于上述原因，目前纯交流方案应用也较少，通常应用在精度要求不高的地方，例如航海使用的电子罗盘，精度要求 $±0.5°$，就应用了纯交流控制方案。在要求较高的控制系统中，一般都采用交直流混合的控制方案。

交直流混合控制方案的方框图如图 7-1-2 所示。这种方案比纯交流方案增加了相敏检波和滤波环节。图 7-1-2 所示控制方案的执行电机为直流电机,若采用交流电机,则在功放前面还应加一级将直流电压变为交流电压的调制器。交直流混合方案采用相敏检波器,有效地抑制了零位的高次谐波和正交分量,同时采用直流校正装置也容易实现,使得控制系统的精度得到提高,因而得到广泛采用。在设计和调整中,要注意在交直流变换过程中,尽量少引进新的干扰成分和附加时间常数,在解调器中应注意滤波器参数的选择。

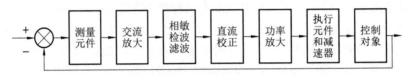

图 7-1-2 交直流混合控制方案

采用调相工作的角度随动系统方框图如图 7-1-3 所示。

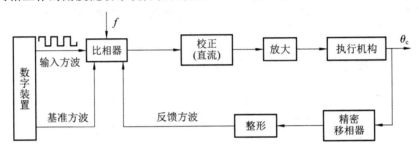

图 7-1-3 数字相位随动系统

系统的输入角由数字装置给出,它以输入方波对基准方波的相位表示。系统的输出角经测量元件(精密移相器)也变成方波电压的相角变化。这样输入和反馈的方波在比相器中进行相位比较,将相位差转换成直流电压,经校正后控制执行电机转动。

调相系统具有很强的抗干扰能力,和计算机连接很方便,采用计算机参与控制,可以使控制更灵活和具有更强的功能。

控制系统可由单回路、双回路和多回路构成。

单回路的控制系统如图 7-1-4 所示。图中 $G_0(s)$ 为固有特性,$G_c(s)$ 是串联校正装置。这类系统结构简单,容易实现,一般只能施加串联校正,其在性能上存在下列缺陷。

(1) 对系统参数变化比较敏感。如图 7-1-4 所示,系统开环特性 $G(s)=G_c(s)G_0(s)$ 都在前向通道内,因此 $G_c(s)$ 和 $G_0(s)$ 的参数变化将全部反映在闭环传递函数的变化中。

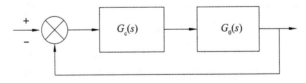

图 7-1-4 单回路控制系统

(2) 抑制干扰能力差。在存在干扰作用时,系统的方框图如图 7-1-5 所示。系统输出对干扰作用 $N_1(s)$ 和 $N_2(s)$ 的传递函数分别为

$$\frac{G(s)}{N_1(s)} = \frac{G_2(s)}{1+G_1(s)G_2(s)} = G_2(s)[1-W(s)]$$

$$\frac{G(s)}{N_2(s)} = \frac{1}{1+G_1(s)G_2(s)} = 1-W(s)$$

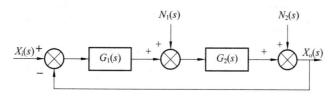

图 7-1-5　系统在扰动作用下的方框图

对于二阶系统,在一定频率范围内,$1-W(s)>l$,可见,系统对于扰动 $N_2(s)$,比没有反馈时要差。因此,单回路控制系统难于抑制干扰作用的影响。另外,在单回路系统中,如果系统的指标要求较高,系统的增益应当较大,则系统通过串联校正很可能难以实现,必须改变系统结构。由于上述原因,单回路控制系统只适用于被控对象比较简单,性能指标要求不很高的情况。

在要求较高的控制系统中,一般采用双回路和多回路的结构。

图 7-1-6 所示的双回路控制系统,系统对输入和干扰的传递函数分别为

$$\frac{X_o(s)}{X_i(s)} = \frac{G_1(s)G_{c1}(s)G_2(s)}{1+G_2(s)[G_{c1}(s)G_1(s)+G_{c2}(s)]}$$

$$\frac{X_o(s)}{N(s)} = \frac{G_2(s)}{1+G_2(s)[G_{c1}(s)G_1(s)+G_{c2}(s)]}$$

由上式看出,可以选择串联校正装置 $G_{c1}(s)$ 和并联校正装置 $G_{c2}(s)$ 来满足对 $X_i(s)$ 和 $N(s)$ 的指标要求。由于有了局部反馈,可以充分抑制 $N(s)$ 的干扰作用,而且当部件 $G_2(s)$ 的参数变化很大时,局部闭环可以削弱它的影响。一般局部闭环是引入速度反馈,控制系统引入速度反馈还可改善系统的低速性能和动态品质。

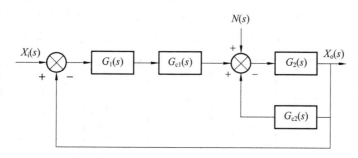

图 7-1-6　双回路控制系统方框图

选择局部闭环的原则如下:一方面要包围干扰作用点及参数变化较大的环节,同时又不要使局部闭环的阶次过高(一般不高于三阶)。

除了上述多回路的控制方案之外,还有按干扰控制的多回路控制方案,亦称复合控制方案。反馈控制是按照被控参数的偏差进行控制的,只有当被控参数发生变化时,才能形成偏差,从而才有控制作用。复合控制则是在偏差出现以前,就产生控制作用,它属于开环控制方式。其方框图如图 7-1-7 所示。

有时前馈控制又叫顺馈控制或开环补偿。引入前馈控制的目的之一是补偿系统在跟踪过程中产生的速度误差、加速度误差等。

补偿控制是对外界干扰进行补偿。当外界干扰可量测时,通过补偿网络,引入补偿信号可以抵消干扰作用对输出的影响。如果实现

$$N(s)G_4(s)G_3(s) = -N(s)$$

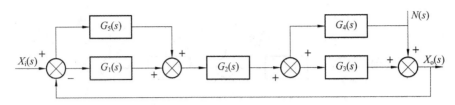

图 7-1-7　复合控制方框图

即

$$G_4(s) = -\frac{1}{G_3(s)}$$

时,则干扰 $N(s)$ 对系统的作用可得到完全的补偿,也称控制系统对干扰实现了完全的不变性。在实际系统中,由于干扰源较多,而且测量往往不准确,网络的构成也存在困难,因此完全补偿是不可能实现的,只能做到近似补偿,亦称近似不变性。

有时,为了达到系统的特殊要求,还可以选择非线性控制。例如用非线性反馈实现快速控制等。

此外,正确处理方案选择和元部件选择的关系也很重要。有时采用某一方案看起来显得简单,但对元部件要求很高。这时如果在方案上采取措施,则对元部件的要求可以降低。例如采用交流方案将对测量元件零位信号提出很高要求,改用交直流混合方案就很容易解决了。在选择方案时,要综合考虑到各方面因素,使控制系统的设计精度和成本都满足要求。

综上所述,在前面所举某炮瞄雷达机电指挥仪的小功率随动系统中,建议采用图 7-1-8 所示的方案,即采用交直流混合方案,双回路控制,并联校正方案,其中第一鉴相滤波器把交流转换为直流,再经调制恢复为交流,其目的就在于滤除零位电压中正交分量及高次谐波,为后面的交流放大做准备。系统要求低速平稳性高,故选择速度微分反馈来作为并联校正装置。系统中负载惯量可忽略,外界力矩干扰也可不计,因此不必引入其他补偿措施。

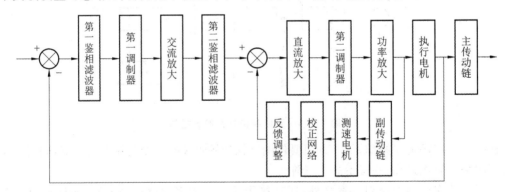

图 7-1-8　小功率随动系统控制方案

7.2　机电控制系统的元件选择

应当指出,机电控制系统的精度和快速性在很大程度上取决于测量元件、电子线路和执行元件的精度和时间常数。因此,在设计高质量的控制系统时,必须重视元部件的性能指标,正确选择相应的元部件,这是一个工程实际问题。

7.2.1　测量元件的选择

机电控制系统的准确度取决于对系统输出量测量的准确度。如前所述,虽然测量元件的固有误差(测量误差)只是系统的误差源之一,但其他原因造成的误差,如电机摩擦死区误差、速度跟踪误差、放大器漂移误差、外力干扰引起的误差等,都可在控制方案上采取相应的措施使其减小,唯有测量元件的固有误差,在原理上是不可克服的固有误差。因此,系统的精度只能低于测量元件的精度,即一个系统的精度主要取决于测量元件的精度。

除了精度要求以外,选用测量元件时,还必须考虑到实际工作的环境条件,即测量元件能否适应工作环境的要求。一般说来,精度愈高的元件对环境的要求也愈苛刻,因此,必须根据实际工作环境来选择元件。例如环境的温度、湿度、腐蚀性、冲击、震动、电磁场干扰等条件比较恶劣,则应选用相应的优质元件,以至对元件采取密封、防震、恒温等相应的保护和稳定措施,以保证长时间工作的可靠性。

衡量测量元件的性能指标如下:

(1)灵敏阈。指能够量测被测量的最小值。如果某种测角元件最小可以敏感到 $5'$,当被测角度在 $\pm 5'$ 范围内变化时,这种测量元件将没有信号输出。只有当被测角度超过这一阈值时,测量元件才有信号输出。灵敏阈是测量元件最重要的指标,它决定了测量元件的精度等级。测量元件的噪声水平、零位信号和漂移也将影响其灵敏阈,在选用时需要加以注意。

(2)测量范围。所选测量元件的测量范围必须大于系统的运动范围,即在系统的整个运动范围内,都应有测量信号输出。否则,当系统运动到不能测量的区域(亦称盲区)时,系统将变为不可控。

(3)线性度,亦称函数误差。指测量元件的实际输出值和理论输出值之间的最大相对误差,通常用百分数表示。

(4)反应速度。在多数情况下,测量元件的反应速度与系统的反应速度相比是很高的,测量元件的时间常数是小参数,可略去。但在某些情况下,在信号存在噪声需进行滤波被处理时,滤波器的时间常数将影响系统的反应速度。因此选择测量元件时也需加以考虑。

同时,在选择测量元件时还应综合考虑,设计系统对可靠性、经济性、寿命、环境条件以及体积、重量等其他方面的要求。

这里以调速系统测量装置的选择为例,说明机电控制系统测量元件选择的一般方法。

无论是调速系统或是稳速系统都需要测速反馈装置,该装置将系统输出角速度 Ω 测量出来并转换为对应的电压信号,反馈回去与输入信号进行比较,如图 7-2-1(a)所示。图 7-2-1(b)为调速系统的动态方框图,其中 K_1 代表输入电位计的转换系统。

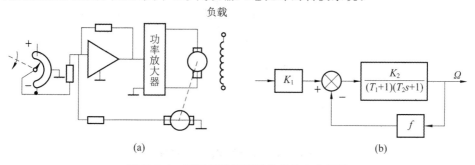

(a)　　　　　　　　　　　　　　　　　　(b)

图 7-2-1　调速系统原理图及其动态方框图

系统传递系数 K_2 为

$$K_2 = \lim_{s \to 0} \frac{\Omega(s)}{\Delta U(s)} = \frac{\Omega}{\Delta U} \quad (\text{rad/V} \cdot \text{s})$$

反馈系数 f 为测速发电机的比电势,即 $f = u_f / \Omega(\text{V} \cdot \text{s/rad})$。

系统的调速范围 $D = n_{\max} / n_{\min} = \Omega_{\max} / \Omega_{\min}$。当系统的机械特性是彼此平行的直线时,系统的速度降 $\Delta\Omega$ 保持常值。此时最低角速度 $\Omega_{\min}$(或最低转速 $n_{\min}$)可用静差率 $\delta = \Delta\Omega / \Omega_{0\min} = \Delta n / n_{0\min}$(式中 $\Omega_{0\min}$、$n_{0\min}$ 分别为最低空载角速度和转速)表示,即

$$\Omega_{\min} = \Delta\Omega \frac{1-\delta}{\delta} \quad (n_{\min} = \Delta n \cdot \frac{1-\delta}{\delta})$$

因此系统的调速范围等于

$$D = \frac{n_{\max}\delta}{\Delta n(1-\delta)} = \frac{\Omega_{\max}\delta}{\Delta\Omega(1-\delta)} \tag{7-1}$$

静差率 δ 是调速系统的一项技术指标。当系统机械特性刚度一定(即 $\Delta\Omega$ 一定)时,静差率 δ 越小,系统允许的调速范围 D 越小。要保证足够小的 δ,又要保证足够大的 D,只有增加系统机械特性的刚度,减小速度降 $\Delta\Omega$。

设图 7-2-1 系统开环的速度降为 $\Delta\Omega_K$,这是由执行电动机的特性、控制方式和控制线路所决定的,则闭环系统的速度降 $\Delta\Omega_B$ 为

$$\Delta\Omega_B = \frac{\Delta\Omega_K}{1+K_2 f} \tag{7-2}$$

显然,只要 $K_2 f$ 充分大,就可使速度降 $\Delta\Omega_B$ 大大减小,从而在保证足够小的静差率同时,使系统有足够大的调速范围。

电动机转速的测量,可以采用测速机或测速桥。测速机有直流和交流两种,应根据情况选用。测速机的优点是简单可靠,准确度高;缺点是机械结构复杂,即要增加一只电动机和相应的减速齿轮。对于小功率系统来说,也增加了系统的转动惯量。直流测速机有励磁式和永磁式两种。励磁式测速机线性度和准确度高,永磁式测速机虽然精度相对差一点,但体积小,信号纹波小,在小功率系统中作反馈元件比较合适。交流测速机输出交流电压,需要经过鉴相和滤波变成直流信号,才能送入系统。

由于测速机的特性并不完全是线性的,如直流测速发电机电刷与整流子之间有接触电压降 Δu,因此测速发电机的 $u_f = f(\Omega)$ 特性如图 7-2-2 所示。

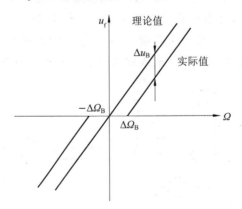

图 7-2-2　直流测速发电机特性

低速时由于它产生的电势很小,还不足达到 $2\Delta u$ 时,其输出为零,这就是图中特性具有"死区"的原因。Δu 的大小与电刷材料的性质、电刷的接触压力以及周围的环境条件均有关系。一般直流测速发电机的电刷要用铜-石墨材料,一对电刷造成的接触压降 $2\Delta u \approx 0.2 \sim 1.0$ V。用银-石墨电刷时,$2\Delta u = 0.2$ V;高灵敏度的直流测速发电机采用含铂铑的电刷,接触压降只有几毫伏至几十毫伏。根据测速发电机的比电势 f 和接触压降 Δu,可估算特性的不灵敏区,$\Omega_s = \Delta u / f$。

当测速发电机直接与执行电机轴相连,且与负载同轴,系统输出角速度小于或等于 Ω_s 时,则没有反馈电压 u_f 输出,系统如同开环运行。系统的开环转速降 $\Delta\Omega_k \gg \Delta\Omega_b$,使系统低速极不易平稳。要保证系统的平稳调速范围 D,选择测速发电机时,应使它的不灵敏区 $\Omega_s < \Omega_{min}$(系统需要的最低平稳角速度)。

交流测速发电机(指异步式测速发电机)也存在不灵敏区 Ω_s,这主要是因为存在剩余电压 Δu,即输入速度 $\Omega = 0$ 时,输出端 Δu 有几毫伏至几十毫伏。由于磁路的非均匀性和不对称,转子相对于定子的不同位置,Δu 的大小和相位均有变化,因此交流测速发电机的 $u_f = f(\Omega)$ 特性也不是线性的。另外,它的最高转速 n_{max} 还要受电源频率的限制,即 $n_{max} < \frac{1}{2} n_0$(或 $\Omega_{max} < \frac{\pi}{60} n_0$),这里同步转速 $n_0 = 60/p$(p 为测速发电机的极对数)。

测速桥也有交流和直流两种,直流测速桥如图 7-2-3 所示。

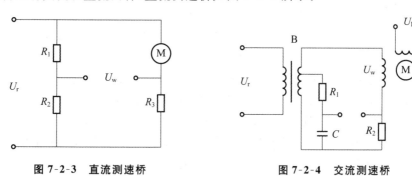

　　图 7-2-3　直流测速桥　　　　　　　　图 7-2-4　交流测速桥

当满足

$$\frac{R_1}{R_D} = \frac{R_2}{R_3}$$

时,输出电压为

$$U_w = \frac{R_3}{R_3 + R_D} \cdot C_g \cdot \Omega$$

式中:R_D 为电动机的电枢电阻(包括整流子接触电阻);Ω 为电机的转速;C_g 为电势常数。

由上式可见,使用桥式电路可以测量电动机的转速。当输出电压 U_w 接入放大器,而放大器的输入阻抗为无穷大时,输出电压 U_w 与电动机的转速成正比。使用测速桥可以省掉一只测速机。但是由于 R_D 实际上不是一个常数,整流子接触电阻是变化的,同时电枢电阻也因发热而变化,因此,利用测速桥不如测速机准确。另外,在电枢回路中需要串接一只电阻,除了额外消耗功率外,也增大了本身的机电时间常数。因此测速桥只能用于在要求较低的小功率系统中。

交流机的测速桥线路如图 7-2-4 所示。其中 B 为功率放大器的输出变压器。从它的副边引出一部分电压,相当于图 7-2-4 中 R_1 和 R_2 起移相的作用。图 7-2-4 中 R_2 的作用相当于图 7-2-3 中的 R_3。交流测速桥的输出电压,除了注意电压幅度外,尚需要照顾到相位的关系。在图 7-2-4 中，R_1 和 C 起移相的作用，适当选择参数，可获得与转速 Ω 成正比的电压 U_w。各元件的参数在预选后，应当用实验方法加以确定。对于要求更高的调速系统或稳速系统，可采用光电测速器和锁相技术。

测速反馈装置确定以后，f 成为已知。根据设计技术要求的 D、Ω_{max}、δ 值，由式（7-1）可算出需要的速度降 $\Delta\Omega_K$，代入式（7-2）可求出需要的增益 K_2 值，这是按稳态要求求出的 K_2。从系统动态指标考虑，系统需引入校正装置，一般需要的 K_2 值比以上稳态要求的要高一些。

放大系数 K_2 确定后，当系统输出达到最大速度 Ω_{max} 时，需要的最大输入信号 U_{rmax} 为

$$U_{rmax} = f\Omega_{max} + \frac{\Omega_{max}}{K_2}$$

因图 7-2-4(a) 电位计的最大输出电压就应等于 $\pm U_{rmax}$，则电位计的电源电压 $E \geqslant U_{rmax}$。

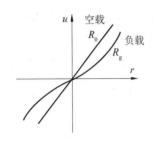

图 7-2-5　线性电位计由负载电阻影响造成非线性畸变

这里的输入电位计亦应作为调速系统测量装置的一部分，需要确定其内阻 R_0 和电位计功率 P_w。R_0 一般不宜大，因电位计输出端接有负载电阻 R_g，通常要求 R_g 是 R_0 的几十倍到上百倍，使线路输入输出特性尽量符合电位计自身的特性（通常都用线性电位计）。图 7-2-5 表示线性电位计阻值 R_0 与负载阻值 R_g 差别不大时的特性，这种负载引起的非线性效应，有时在某些可逆调速系统中是可取的。因为系统增益较大时线性特性很难使系统输出速度调到零，而图 7-2-5 所示非线性在中点附近容易形成一个"小死区"，系统输出速度比较容易调到零。

在反馈控制系统中，作为输入信号转换的电位计，一般选用线绕式电位计和导电塑料电位计，它们的精度比一般炭末电位计高，为实现转速的微调，可选用多圈电位计。

有的调速系统不用电位计输入信号，而采用别的装置，常遇到最大输入电压受到装置本身特性的限制，不能按上述步骤最后确定 U_{rmax}（通常实际的 U_{rmax} 比经计算需要的值小），则可通过调整反馈系数 f 和增益 K_2，使系统达到预定的指标。

7.2.2　执行电机的选择

1. 执行电机的分类

作为机电控制系统的执行元件，执行电机可采用电动机、液压泵和液压马达、气动设备、电磁离合器等，但用得最多的是电动机。

对执行电机的要求如下：

（1）满足负载运动的要求，即提供足够的力矩和功率，使负载达到要求的运动性能。

（2）能很快正反转，能快速启停，保证系统的快速运动。

（3）有较宽的调速范围。

（4）电机本身的功率消耗少，体积小，重量轻。

控制对象的要求是选择执行电机的依据。要正确选用执行电机，必须对负载的固有特性及运动性能加以分析。

电机的主要指标是功率。若电动机功率不足，满足不了负载的要求，将缩短系统的使用寿命，降低系统的可靠性，并可能导致事故。若选用电机功率过大，又使系统的体积和重量增加，并增加功率损耗，增加成本。除了功率外，执行电机输出的转矩、转速也是选择的指标。故选

择执行电机应包括确定电机类型和额定输入输出参数（如额定电压 U_e、额定电流 I_e、额定功率 P_e、额定转速 n_e 等），确定电机的控制方式，确定电机到负载之间传动装置的类型、速比、传动级数和速比分配，以及估算传动装置的转动惯量和传动效率。

可作控制系统执行元件的电机种类很多，常见的有直流他激电动机、直流串激电动机、两相异步电动机、三相异步电动机、滑差电机（或称转差离合器）、力矩电机和步进电机等。它们的特点分述如下。

1）直流他激电动机

直流他激电动机按控制方式分电枢控制和磁场控制两大类。其中前者易获得较平直的机械特性，如图 7-2-6 所示，有较宽的调速范围。执行元件功率从几百瓦至几十千瓦的各类系统中，均可找到其应用实例。

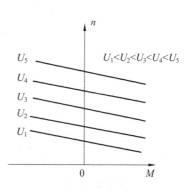

图 7-2-6　直流他激电动机电枢电压控制时的机械特性

直流他激电动机的磁场控制，又分电枢电压保持不变和电枢电流保持不变两种。电枢电压为常值时，磁场控制还有不同情况。功率在几百瓦以上的电动机，具有弱磁升速特性，见图 7-2-7(a)。电动机功率在几十瓦以内，且负载力矩 M_f 较大，负载特性处于机械特性汇交点的右边，如图 7-2-7(b) 所示。可以实现弱磁降速，激磁电流 I_j 近似与转速成正比，可用于可逆连续调速场合。它的控制功率小（与同功率电动机电枢控制相比），但调速范围和调节特性的线性度均远不如电枢控制。电枢电流保持不变的磁场控制，也只能用于几瓦至十几瓦的小功率电动机，它具有图 7-2-8 所示的机械特性，只有加较深的速度负反馈系统才可获得稳定的转速。在只有输出力矩（转速可以为零）的场合比较适用。

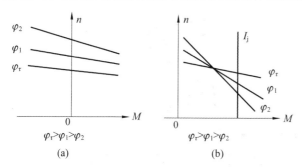

图 7-2-7　直流他激电动机电枢电压不变控制磁场时的机械特性

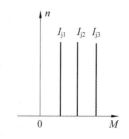

图 7-2-8　直流他激电动机电枢电流不变控制磁场时的机械特性

2）直流串激电动机

直流串激电动机的激磁绕组和电枢绕组串联，激磁电流 I_j 等于电枢电流 I_d，故电磁转矩比例于 I_d。直流串激电动机的启动转矩比较大，机械特性如图 7-2-9 所示。它不能空载运行。当负载特性为图 7-2-9 中斜线所示时，可获得近似线性的调节特性，但调速范围不及直流他激电动机电枢控制。它适用于需要大牵引力的场合。

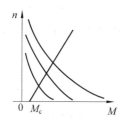

图 7-2-9　直流串激电动机的机械特性

3）两相异步电动机

两相异步电动机在几十瓦以内的小功率随动系统和

调速系统中较广泛应用。控制方式分幅值控制和相位控制,幅值控制易于实现因而应用广泛,相位控制的控制线路复杂且比较少见。图 7-2-10(a)为单相电源供电的两相异步电机幅值控制时的机械特性,图 7-2-10(b)是两相电源供电的机械特性。

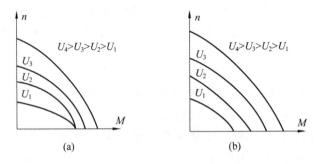

图 7-2-10　两相异步电机幅值控制机械特性

两相异步电机具有较宽的调速范围,本身摩擦力矩小,比较灵敏。具有杯型转子的两相异步机转动惯量小,因而快速响应特性好,常见于仪表随动系统中。

4)三相异步电机

三相异步电机控制方式有多种,如变频调速、串级调速、脉冲调速等。变频调速可获得比较平直的机械特性,调速范围比较宽但控制线路复杂。目前在工业中用得比较普遍的是利用可控硅实现变压调速和串级调速,后者只适用于线绕式转子的异步电机。变压调速和串级调速的机械特性分别如图 7-2-11(a)和图 7-2-11(b)所示。它们均在单向调速时采用,低速性能较差且调速范围不宽。

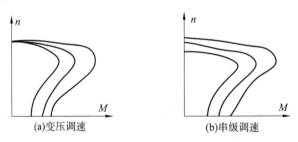

图 7-2-11　三相异步电机幅值控制机械特性

与同功率的直流电动机相比,三相异步电动机的体积小,重量轻,价格便宜,维护简单。在有市电的地方直接用三相交流电源比用直流电源方便。

5)滑差电机

滑差电机的主动部分由原动机带动做单向等速运转,用直流控制它的激磁,激磁电流大小可调节其从动部分的转速,从动部分带动负载追随主动部分,故只能单方向调速。它的机械特性如图 7-2-12 所示,调速范围不大,低速性能较差,但控制线路简单。

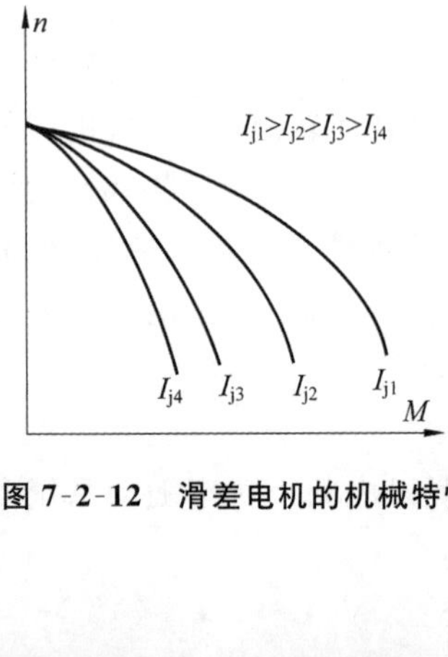

6)步进电机

按激磁方式分为永磁式、感应式和反应式。其中反应式结构简单,用得较为普遍。目前工业上多用于小功率场合,步进电机特别适合于增量控制,在机床进刀系统广泛采用。

图 7-2-12　滑差电机的机械特性

　　7）力矩电机

　　力矩电机分直流和交流两种。它在原理上与他激直流电机和两相异步电机一样,只是在结构和性能上有所不同,比较适合于低速调速系统,甚至可长期工作于堵转状态只输出力矩,因此它可以直接与控制对象相连而不需减速装置。

2. 执行电机的选择

　　进行控制系统稳态设计时除了确定电机的种类外,还要确定电机的具体型号、规格。同一种电机有长期运行、短期运行的差别;在封装方式上有开启式、防滴式、防爆式;安装形式有卧式、立式;绝缘等级方面分为 A、B、E、F、H 五级;允许的最高温度分别对应 105℃、120℃、130℃、155℃和 180℃。与之相应的电机过载能力也不同。总之,设计者应根据系统的技术要求、环境要求、经济性等方面因素综合考虑确定。

　　这里以高速执行电机及其传动装置为例,说明执行电机选择的一般方法。

　　一般高速电机作系统执行元件时,常需机械减速装置减速,才能与被控制对象相连。选择执行电机的同时,还要确定传动装置的速比、传动效率、传动装置本身的转动惯量,而上述参数的确定又与所选的电机参数有关,这就决定了选择电机只能是试选,然后加以校验。

　　1）初选电机

　　假设负载转矩包含摩擦转矩 M_c 和惯性力矩 M_j,电动机转子的转动惯量为 J_d,传动装置的速比为 i,传动效率为 $\eta = 1$。先忽略传动装置的转动惯量,当电机经减速器带动负载作等加速度 ε_m(最大角加速度)运动时,电动机轴上的总力矩为

$$M_d = \left(J_d + \frac{J_z}{i^2} \right) i \varepsilon_m + \frac{M_c}{i} \tag{7-3}$$

式中:J_z 为负载转动惯量。

　　适当选择 i,可以使 M_d 达到最小,令

$$\frac{\mathrm{d}M_d}{\mathrm{d}i} = J_d \varepsilon_m - \frac{J_z}{i^2} \cdot \varepsilon_m - \frac{M_c}{i^2} = 0$$

得最佳速比

$$i_0 = \sqrt{\frac{J_z \varepsilon_m + M_c}{J_d \varepsilon_m}} \tag{7-4}$$

若将 M_d 折算到负载轴上,得到负载轴上的力矩

$$M_z = i \cdot M_d \tag{7-5}$$

将式(7-4)代入式(7-3)、式(7-5)得

$$M_z = 2(M_c + J_z \varepsilon_m) \tag{7-6}$$

　　它表明当用最佳速比 i 时,电机转子的惯性转矩折算到负载轴上恰好等于负载转矩,而且总负载力矩最小,可获得最大角加速度。式(7-6)中,仅有 J_z、M_c、ε_m,而不含 J_d 和 i 等参数,它可作为初选电机的基本关系式。

　　例如某随动系统需要最大跟踪转速 Ω_{max},最大跟踪角加速度 ε_{max},被控对象转动惯量为 J_z,摩擦力矩为 M_c,可按式(7-6)计算总负载力矩 M_z,则初选电机的额定功率为

$$P_e \geqslant (0.8 \sim 1.1) \cdot M_z \cdot \Omega_{max} \tag{7-7}$$

有了额定功率,可根据电源电压、安装方式以及其他要求初选一个电机。

　　初选电机后,电机的额定参数 P_e、M_e、n_e、J_e 或飞轮转矩 GD^2 均为已知参数,以上述参数和负载的已知参数 Ω_{max} 为基础,可以进一步计算确定传动装置的速比 i 和效率 η。

最简单的方法是由下式确定速比

$$i = \alpha \cdot \frac{\pi \cdot n_e}{30 \Omega_{max}} \qquad (7\text{-}8)$$

α 的取值范围可以从以下几个方面考虑确定。当 $\alpha < 1$ 时,负载达到 Ω_{max},电机转速小于 n_e,考虑长期运行电机散热条件差,故取 $\alpha > 0.8$;当 $\alpha > 1$ 时,负载达 Ω_{max} 时,电机转速大于 n_e,考虑到异步电机转速不会超过空载转 $n_0 = (1.5 \sim 2) n_e$,直流电机转速亦不宜超过 $1.6 n_e$,故取 $\alpha < 1.5$。综合之,有

$$0.8 < \alpha < 1.5 \qquad (7\text{-}9)$$

一般取 $\alpha = 1$ 较为普通。

对于式(7-4),如果把传动效率 η 考虑进去则得到最佳速比条件为

$$i_{01} = \sqrt{\frac{M_c + J_z \varepsilon_{max}}{\eta J_d \varepsilon_{max}}} \qquad (7\text{-}10)$$

还可以从不同的观点来确定最佳速比,如果考虑在电机额定转矩下的负载角加速度

$$\varepsilon = \frac{i \eta M_e - M_c}{i^2 \eta J_d + J_z} \qquad (7\text{-}11)$$

对 i 求导数,并令其为零,得到以负载轴获得最大角加速度为条件的最佳速比

$$i_{02} = \frac{M_c}{\eta M_e} + \sqrt{\frac{M_c^{\,2}}{\eta^2 M_e^2} + \frac{J_z}{\eta J_d}} \qquad (7\text{-}12)$$

如果考虑电机可以承受短时过载,还可以用最大过载转矩 λM_e 代替 M_e。过载系数 λ 与电机的运行条件、环境条件以及允许过载时间长短有关。通常电机生产厂给出 λ 的值是在常温下,过载力矩持续时间 3 s 的条件下的一个统计数据。一般直流电机 $\lambda = 2.5 \sim 3$;F 级或 H 级的电机 $\lambda = 4 \sim 5$;三相异步电动机 $\lambda = 1.6 \sim 2.2$;两相异步机鼠笼转子式的 $\lambda = 1.8 \sim 2$;空芯杯转子式的 $\lambda \leqslant 1.4$。

2) 选择减速形式

传动装置的总速比确定以后,需要考虑用什么样的减速形式。用得较多的是齿轮和蜗轮蜗杆,后者可以获得较大的速比,但传动效率低。行星齿轮和谐波传动均有高效率和高速比的优点,但价格较前者高。

这里以齿轮传动为主,介绍传动比 i 的合理分配。在实际的结构和传动安排允许的情况下,对于随动系统来说,减少运动部分的转动惯量是提高系统动态性能的有效办法,确定减速器的速比及其分配应从降低减速器自身的转动惯量出发。对于导航仪表和指挥仪所用的小功率随动系统,各级齿轮的模数一致时,那么各级小齿轮的齿数取成一致,按对应模数所限制的最小齿数选取。对于中、大功率的随动系统,从电机到负载,齿轮模数逐步加大,各级小齿轮也按模数对应的最小齿来确定。先假定各级小齿轮的几何尺寸相同,材料也相同,转动惯量为 J_1,其余的齿轮也是厚度相同、材料相同的实芯圆体。减速器折算到电机轴上的转动惯量为 J_p。传动比大于 20 时,至少应选 3 级传动。

传动级数确定以后,再确定各级速比的最佳分配关系。整个传动装置确定后,可以估计其总的折算到第一级齿轮轴上的转动惯量 J_p 和总效率 η。在粗略估算时,可以取 $J_p = (0.1 \sim 0.3) J_d$。大功率系统取值小些,小功率系统取值大些。至于效率,可以按齿轮传动把各级效率相乘。

3) 验算执行电机

判断所选电机是否合适,通常从三个方面考虑:

① 验算带负载长期运行的发热与温升是否超过允许值。

② 验算电机能否承受系统短时过载。

③ 验算电机能否达到系统通频带的要求。

工程上通常采用验算电机的额定转矩或额定功率的办法来间接验算其发热和温升。

对于周期性的运动对象,可以用均方根力矩来验算。均方根力矩为

$$M_{dz} = \sqrt{\frac{1}{T}\int_0^T \left[M_d(t)\right]^2 dt} \qquad (7\text{-}13)$$

对于随动系统,没有长期运行的规律。而像龙门刨床则有明显的周期性,只要按力矩分段平方求和即可。没有明显长期运行规律的系统,可以用等效正弦运动的办法。如已知随动系统的最大角速度 Ω_{max}、最大角加速度 ε_{max},则等效正弦的频率和幅度可推导。

等效运动方程为

$$y(t) = A_{dr} \cdot \sin(\omega_{dr}t) \qquad (7\text{-}14)$$

其一阶、二阶导数分别为

$$\dot{y}(t) = A_{dr} \cdot \omega_{dr}\cos(\omega_{dr}t)$$

$$\ddot{y}(t) = -A_{dr} \cdot \omega_{dr}^2\sin(\omega_{dr}t)$$

根据已知给出的 Ω_m、ε_m 可得

$$\omega_{dr} = \varepsilon_m/\Omega_m, \quad A_{dr} = \Omega_m^2/\varepsilon_m$$

周期

$$T_{dr} = \frac{2\pi}{\omega_{dr}} = \frac{2\pi\Omega_m}{\varepsilon_m}$$

如果系统主要承受摩擦力矩和惯性力矩,它们分别为 M_c 和 $(J_d+J_p)i\varepsilon_m$、$J_x\varepsilon_m$。则电机轴输出的均方根力矩为

$$M_{dr} = \sqrt{\frac{1}{T}\int_0^T \left(\frac{M_c}{i\eta}\right)^2 dt + \frac{1}{T}\int_0^T \left(J_d + J_p + \frac{J_z}{i^2\eta}\right)^2 i^2\varepsilon_{max}^2 \sin^2\frac{2\pi}{T_{dr}}dt}$$

$$= \sqrt{\frac{M_c^2}{i^2\eta^2} + \frac{1}{2}\left(J_d + J_p + \frac{J_z}{i^2\eta}\right)^2 i^2\varepsilon_{max}^2} \quad (\text{N} \cdot \text{m}) \qquad (7\text{-}15)$$

电机所需功率为

$$P_{dr} = M_{dr} \cdot i\Omega_{max} \qquad (7\text{-}16)$$

初选电机的额定功率和额定力矩应满足

$$P_e \geqslant (0.8 \sim 1)P_{dr} \qquad (7\text{-}17)$$

$$M_e \geqslant (0.8 \sim 1)M_{dr} \qquad (7\text{-}18)$$

如不满足,需重选电机。P_e 和 M_e 不宜比 P_{dr} 和 M_{dr} 大太多。

过载能力的验算,以系统出现的短时超负荷作为验算条件。以跟踪目标的火炮随动系统为例,当系统以最大角加速度跟踪时,火炮又进行射击,这时除摩擦力矩、惯性力矩外,还有冲击力矩。雷达天线跟踪系统也会在最大跟踪加速度时遇到阵风,产生风阻力矩。这时,根据实际情况把系统的实际最大力矩 M_{max} 求出。例如,对于雷达天线遭遇风载的情况最大力矩为

$$M_{max} = \frac{M_c + M_f}{i \cdot \eta} + \left(J_d + J_p + \frac{J_z}{i^2\eta}\right) \cdot i\varepsilon_{max} \qquad (7\text{-}19)$$

式中:M_f 为风载力矩。

检验执行电机短时过载的条件是

$$\lambda M_e \geqslant M_{max} \qquad (7\text{-}20)$$

在验算时,要特别注意最大力矩持续时间,不能超过相应的过载系数 λ 所对应的持续时间。

根据系统对通频带的要求来验算所选电机,可以从技术指标要求中从阶跃信号的过渡过程时间 t_s 出发来估计其开环带宽。单位反馈系统的开环穿越频率 ω_c 可以近似认为

$$\omega_c = \frac{5 \sim 9}{t_s}$$

则对于等效正弦信号,对应 ω_c 点的最大角加速度为 $e_m \cdot \omega_c^2$,e_m 为最大误差。如果认为系统是短时过载,电机输出力矩为 λM_e,此时力矩平衡方程为

$$\lambda M_e = \frac{M_c}{i\eta} + (J_d + J_p + \frac{J_k}{i^2\eta}) \cdot i\varepsilon_k \tag{7-21}$$

只有当 $\varepsilon_k > e_m\omega_c^2$ 时,所选的电机才能满足通频带要求,即

$$\varepsilon_k = \frac{\lambda M_e - \frac{M_c}{i\eta}}{i(J_d + J_p + \frac{J_z}{i^2\eta})} > e_{max} \cdot \omega_c^2 \tag{7-22}$$

或者改写成

$$\omega_k = \sqrt{\frac{\lambda M_e - \frac{M_c}{i\eta}}{e_{max}i(J_d + J_p + \frac{J_z}{i^2\eta})}} > \omega_c \tag{7-23}$$

一般应保证 $\omega_k \geqslant 1.4\omega_c$。其中 ω_k 为系统开环通频带上限。若不满足 $\omega_k \geqslant 1.4\omega_c$,应重选电机,或者减小系统的线性范围,即应减小最大误差 e_{max};或者延长阶跃响应时间 t_s(或减小系统的通频带 ω_b),即减小 ω_c。这就降低了设计指标。一般还是重选电机,或重选速比。

调速系统一般没有最大误差的指标要求,但亦具有有限的线性范围,仍用 e_{max} 表示线性范围所决定的最大偏差信号,系统正常输出是角速度,当输出的角速度 ω_c 做正弦摆动时,对应的角加速度最大值应为 $e_{max} \cdot \omega_c$。由式(7-21)和需要的 $e_{max} \cdot \omega_c$,可得到系统开环通频带上限表达式

$$\omega_k = \frac{\lambda M_e - \frac{M_c}{i\eta}}{e_{max}i(J_d + J_p + \frac{J_z}{i^2\eta})} > \omega_c \tag{7-24}$$

值得注意的是:e_{max} 的量纲是(rad/s),如果调速系统的主反馈系数为 $F(V \cdot s/rad)$,最大误差信号是电压 ΔU,则:

$$e_{max} = \Delta U \cdot F$$

以上三步验算,是从三个不同的技术要求出发的,初选电机经全部验算合格才行,即需满足式(7-17)(或式(7-18))、式(7-20)和式(7-23)(或式(7-24))。其中任一项不满足都需考虑重选电机或速比。对一具体系统而言,稳态、动态的技术要求是不一致的。有的是稳态指标严格,多数是动态指标严格,验算电机时应针对实际情况不限于上述的顺序。

7.2.3　放大装置的选择

控制系统中的功率放大器形式是多种多样的。在大中功率系统中,广泛应用了直流发电机、交磁机、磁放大机、晶闸管放大器、液压放大器等。在中小功率系统中,晶体管功率放大器得到广泛应用,此外,也采用交磁机、晶闸管、磁放大器等。晶体管功率放大器具有体积小、无噪声、无惯性、使用方便等特点。

1. 对放大装置的基本要求

系统设计中,对放大装置有如下基本要求。

1) 放大装置的功率输出级必须与所选执行电机相匹配

功率放大器的作用是实现对控制信号的功率放大,它必须输出足够的功率来驱动执行电机,也就是要满足执行电机的电压、电流要求,同时,还要满足电机短时过载和超速运行以及突然反向制动的要求。如果执行电机是直流电机,在带负载运行情况下,一般说来,功率放大器的电压输出幅值应能达到电机额定电压,但考虑超载运行的需要,则最高电压应能达到电机额定电压的 1.2 倍。

由于在控制系统中,电机经常处于动态,因而功率放大器的输出电流不应只考虑电机的额定电流。一般中小型直流电机,启动电流是额定电流的 2.5～5 倍,因而功率放大器的输出电流必须是电机额定电流的 2.5～5 倍。如果是交流电机,由于其电流过载很小,故只需考虑电压有过载能力。

2) 放大装置功率输出级输出阻抗要小、效率要高

在执行元件是直流电机的情况下,放大器的输出阻抗是电枢回路总电阻的一部分。如果放大器的输出阻抗不能做得很小,则机电时间常数必然要加大,这就使得电机反应速度变慢。因此,应当尽量减小功率放大器的输出阻抗。一个有效的办法是引入电压负反馈,如图 7-2-13 所示。

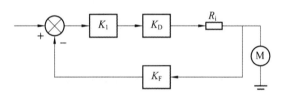

图 7-2-13　带电压负反馈功率放大器方框图

图中 K_1 为前置电压放大倍数;K_D 为功率放大器电压放大倍数;R_i 为功率放大器内阻;K_F 为电压负反馈系数。

在不加电压负反馈时,放大器的内阻为 R_i。引入电压负反馈后放大器的输出阻抗为

$$R'_i = \frac{R_i}{1 + K_1 K_D KF}$$

由此可见,只要加大电压负反馈的深度,就可以无限度地减小放大器的输出阻抗。但实际上,由于放大器存在惯性,电压负反馈过深,可能导致动态品质变坏。同时在有些情况下,也受到前级输入电压幅度的限制,使负反馈深度不能加得过大。因此,合适的负反馈深度可以减小输出阻抗,改善放大器的非线性,克服元件参数变化的影响,并改善动态品质。

当控制交流电机时,为了防止单相自转现象的发生,减小放大器的输出阻抗显得更加重要。根据电机原理,当功率放大器的输出阻抗大于从控制绕组看进去电机转子的等效电阻时,两相异步机即产生单相自转现象。此时,控制电压为零,但电机仍不停地转动。其机械特性如图 7-2-14 所示。

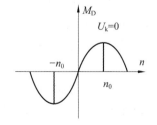

图 7-2-14　产生单相自转时异步机的机械特性

从机械特性图中可以看出,在 $(-n_0, n_0)$ 区间内,转速 n 增大,力矩 M 也增大,机械特性的斜率是正的。这时电机是一个不稳定的环节,曲线的原点 $(0, 0)$ 是一个不稳定的平衡

点。因而控制电压为零不能使电机停转,这给系统的校正带来了麻烦,使系统的静态和动态品质都不容易提高。所以,必须防止交流机与功率放大器连接起来的自转现象。在这种情况下,引入电压负反馈,减小功率放大器输出阻抗显得十分必要。

但是,在有些特定的情况下,功率放大器的输出阻抗要求愈大愈好,例如陀螺平台稳定回路的功率放大器就是这样。基础的运动是对系统的主要干扰源。基础的运动引起摩擦干扰力矩,并使平台框架轴上力矩电机定子和转子之间产生相对运动,在电框回路中产生感应电动势,相应在电枢和功放组成的回路将产生回路电流。在这里,功率放大器的输出阻抗则是愈大愈好。

3) 功率放大装置应有足够的线性范围

功率放大器是末级放大,最可能出现饱和。如图 7-2-15(a)所示,过早地出现饱和,将使功率放大器的等效内阻增大,输出特性变坏,等效时间常数增大。为了保证系统有足够的线性范围,功率放大器的输出特性应如图 7-2-15(b)所示。

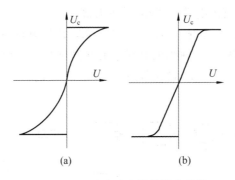

图 7-2-15 功率放大器的输出特性

4) 放大装置的通频带至少应是系统带宽的 5 倍以上

一般说来,功率放大器本身的频带应大大高于系统的频带,使其时间常数在系统中成为小参数,否则将使系统的阶数增高,影响系统的动态品质。

5) 放大装置的输入级要和测量元件的输出阻抗相匹配

放大装置的不灵敏区应比测量元件的失灵区要小。并且输入级的精度要高,还要进行温漂的核算。

6) 放大装置应根据不同的执行元件有相应保护措施

当系统执行电机为直流力矩电机或其他永磁式直流电机时,放大装置输出级应有限流保护,防止电流过载。

7) 放大装置提供一定的制动条件以提高系统效率

对电机功率在 500 W 以上,经常可逆运行的系统,要求放大装置输出级能提供电机发电制动条件,以提高整个系统的效率。

除以上 7 条基本要求外,还有一些共同性的要求,比如经济性、可靠性,便于调试、生产、维护和保养等。

2. 对放大装置的放大倍数确定及设计内容

通常确定放大装置的放大倍数可根据系统对静差和稳态跟踪误差的要求来进行。

1) 根据静差来确定放大倍数

设系统允许的静差为 e_j,测量元件的误差为 e_c,则其余的静差部分是其他的元件所产生的。按保守一点的设计,放大器应在$(e_j - e_c)/2$的信号输入下使输出达到电机的额定电压U_e。实际上,只需输出一个电压克服电机失灵区并能供给电机一定电压去克服负载中的摩擦力矩即可。故上述思想确定的放大倍数是总放大倍数的上限位,即

$$K_{\max} = \frac{2U_e}{e_j - e_c}$$

2）用等速跟踪误差e_v来确定放大倍数

设想系统以最大角速度跟踪输入,这时允许的等速跟踪误差为e_v。则放大装置应在误差信号e_v的输入下使输出达到电机额定电压U_e,这样就确定了放大倍数的下限值,即

$$K_{\min} = U_e / e_v$$

所设计的放大装置放大倍数应在$K_{\min}$到$K_{\max}$之间,并且能连续可调。

3）放大倍数与精度的提高

放大倍数的分配要从后向前逐级提高,精度也从后向前逐级提高,并在第一级放大器留有动态校正的余地。

4）查阅典型线路作为参考母型,进行具体设计

要注意放大器使用对象的差异,必要时加保护电路。常用的小功率直流放大器有互补推挽式、桥式以及脉冲调宽式(即 PWM);交流放大器有推挽式和互补推挽式。大功率电机的放大装置有晶闸管功放和电机扩大机等。它们与测量元件之间仍然要用集成运算放大器相连。这样不但能实现信息的传递,而且可方便地进行动态校正和综合。

5）电源的选择

在设计放大装置的同时,要把对电源(包括功率放大器所用的电源和信号放大所用的稳压电源)的形式(交、直流)、规格(电压、电流)以及精度确定下来,用于选择或设计电源。

7.3　机电控制系统的详细设计与实例

7.3.1　机电控制系统的设计理论概述

控制系统设计理论最早是在频域中进行,提出了 Nyquist 图、Bode 图及 Nichols 图等一些经典方法。这类方法的实质,是频域上的图解法。在控制系统设计中,重要的是时间响应而不是频率响应。由于系统时间响应与频率响应之间存在着密切的关系,而采用频域法设计简单、方便,故在工程上仍获广泛应用。在频域设计中,设计的技术指标要求通常是相位裕量、增量裕量、谐振峰值及带宽等指标。

经典设计法的特点,在于首先要确定控制系统的结构。通常的系统基本结构有两种形式:顺序控制结构和反馈控制结构。

经典设计法是试探法,其缺点是:开始它不能指明所设计的问题是否有解,尽管实际上可能是有解的。有时系统设计要求很高或相互矛盾,以致实际上没有任何现实的系统结构或控制器能满足这些要求。

1950 年爱文斯(Evans)提出在[s]平面上进行控制系统设计的根轨迹法。根轨迹法的主要优点是,无论是频域还是时域特性的信息都能够直接从零、极点在[s]平面上的分布中得到。知道了闭环零、极点,时域响应就不难用拉氏反变换求得,频率响应则可从 Bode 图上获得。根轨迹法设计基本上仍是试探法,它是靠修改根轨迹来获得满足设计要求的闭环零、极点分

布的。

　　维纳(Wiener)在 20 世纪 40 年代后期提出了性能指标的概念和控制系统的解析设计法。这种方法根据一组给定的性能指标,用完全解析的方法来完成设计,并能设计出对某种性能指标来说是最好的控制系统。解析设计法是消除试探法不确定性的最重要的设计方法之一,它使设计者第一次能够通过先建立设计指标,然后再用数学的解析方法做出完整的设计。设计者要考虑的问题仅是:① 该设计是否有解;② 这个解是否能具体实现。

　　与解析设计法发展同时,查克夏尔(Traxal)提出了配置零、极点的综合法。该法仍使用传统的设计指标,如误差系数、带宽、超调量以及上升时间等,而且输入信号是确定的。根据这些设计指标,先确定控制系统的闭环传递函数,然后再求相应的开环传递函数。这种方法与经典频域设计法相比,其优点是设计者一开始就能判断所给的一组设计指标是否协调,这将使试探的次数大大减小。

　　随着现代控制技术的飞速发展,近 20 年来,出现了一些新的控制理论和设计方法,利用了状态变量、状态方程、状态转移矩阵、极大值原理、李雅普诺夫法、梯度法、线性规划、动态规划等一系列经典控制系统设计法不常用的概念和方法。用现代控制理论设计的目标是获得最优控制系统,即设计的系统在预定的性能指标意义下是最优的。在最优控制系统设计中,用积分泛函性能指标代替了诸如超调量、调整时间、相位裕量及增益裕量等传统设计指标。但是,按最优控制理论设计的系统,只可能对一个特定的环境条件获得满意的性能。

　　由于经典的控制系统设计方法不仅是理解现代控制理论最优设计方法的前提和基础,而且也是大多数控制系统在设计过程中常用的基本方法,因此本节主要介绍经典的控制系统设计方法,而对现代控制理论的最优设计法不作介绍。

7.3.2　机电控制系统设计的基本流程

　　通常机电控制系统的设计流程如下。

1. 制定设计大纲

　　设计大纲是设计工作的纲领性文件,它规定了设计任务、设计程序、技术指标等,一般应包括以下几个方面的内容:

　　(1) 明确控制对象及其控制过程的工艺特点及要求;

　　(2) 限定控制系统的工作条件及环境;

　　(3) 关于控制方案的特殊要求;

　　(4) 控制系统的性能技术指标;

　　(5) 规定试验项目。

　　制定设计大纲是个反复过程,必须对要设计的控制系统的控制目标作深入反复的研究,使设计过程中尽可能不出现失误。对于控制系统的控制量所具有的物理意义,选取哪些量作为控制量最为合适等问题,都要在制定设计大纲的过程中考虑。

2. 设计步骤的确定

　　控制系统的设计问题是一个从理论设计到实践,再从实践到理论设计的多次反复过程,控制系统的设计一般有如下几个步骤。

　　1) 建立控制对象的数学模型

　　控制对象数学模型的建立,是设计控制系统的第一步,是前提。控制系统的数学模型是描述系统内部各物理量(或变量)之间关系的数学表达式。

建立控制对象数学模型的途径有两种：一是解析法，二是实验法。解析法（又称分析法）是根据对象的行为机理及服从的物理定律，利用数学解析方法推导出数学模型。实验法是根据对象运行过程中测得的有关数据（如输入、输出数据），利用模型辨识的方法估计出数学模型。

在简单的情况下或比较理想的状态下，利用解析法才可能得到可靠的数学模型，一般情况下是难以得到精确的数学模型的。利用辨识方法得到的模型是一个等效的模型，且模型建立的精度受到干扰的影响。因此，在建立对象数学模型时，应同时使用两种方法，兼取两者的优点，这样就可能为设计者提供较为理想的模型。

另外，对于数学模型的精度要求，应根据控制系统的要求、方案组成方式来确定。并不一定在所有情况下都要求极高精度的数学模型。

2）方案选择

首先应根据系统完成的任务和使用条件提出技术指标和有关设计数据作为控制系统设计方案选择的依据。其内容应包括：

① 控制系统的用途及使用范围；

② 负载情况；

③ 对所采用的控制元件的要求；

④ 系统的精度要求；

⑤ 对系统动态过程的要求；

⑥ 工作条件要求。

3）建立系统框图

在上述步骤基础上，将选定的元部件或设定的元部件，按选定的系统结构形式联系起来，构成系统框图。但这不是最终的系统结构图，因为还要考虑到增加校正装置、改变控制方式的可能。

4）静态计算

在控制系统方案初步确定后，就要首先进行静态计算。静态计算的主要任务是根据系统的稳态工作要求，选择测量元件、放大变换元件、执行元件的类型、参数。最后确定系统的放大系数及系统结构形式。静态计算中所要确定的参数不仅决定了静态特性，而且也将影响动态特性，因此应该兼顾两者的要求。

5）动态特性分析及校正装置的确定

在选定元件及确定系统框图后，即可进行动态分析，以判定系统是否稳定、稳定裕度是否足够大、过渡过程是否符合要求？经过分析计算后，若动态特性不满足要求时，就必须加入校正装置，用以改善系统动态特性。

系统的静态计算及动态分析有时需要反复交叉进行，直至满足要求为止。

6）改变控制方式

第 5 步得到的结果若不能满足或难以满足控制系统的全部要求时，应重新考虑外干扰、设定值等变化的测量和处理方法、与控制对象响应相关诸量的测量方法以及满足控制要求的可能控制方案，如采用干扰补偿、噪声滤波等措施。

7）实验与仿真

实验与仿真是验证设计正确性的手段。实验可在运行现场进行，也可采用仿真方式进行。

3. 基本设计

按上述步骤确定控制方案及受控对象数学模型之后，可开始进行基本设计。根据各元、部件的数学模型,按系统的组成方式,进行分析计算,称为基本设计。基本设计中重要的是元件选择及其特性确定和动态特性分析。

1)元件选择

(1)执行元件的选择　控制系统的执行元件是整个系统中的关键环节,执行元件在很大程度上决定了整个系统的结构形式。常用的执行元件有电动机、液压马达、气动执行元件等,选择不同的执行元件,系统的结构就有很大区别。选择执行元件的依据是负载状况。

(2)测量元件的选择　测量元件用以检测所需要的控制系统中的变量,例如电压、电流、机械位移等物理量。对测量元件的要求一般是:精度高,系统误差小;线性好,灵敏度高;摩擦力矩小、惯性小;抗干扰性强;功耗小。

(3)放大元件的选择　放大元件的作用是将测量元件给出的信号进行放大和变换,输出足够功率和符合其他要求的输出信号。放大元件形式很多,有电气的、机械的、液压的、气动的等。

如果测量元件给出的信号形式与放大器要求的信号形式不一致,还必须设计或选择适当的中间变换装置。

2)建立确定系统组成元、部件的数学模型

各元、部件数学模型是确定整个控制系统数学模型的基础。有的元、部件是选定的,可由生产单位给出。自行设计的元、部件数学模型可以由所设计的元、部件物理过程确定,也可采用实验数据的辨识方法确定。

3)动态计算

① 根据控制系统的组成方式,分析控制系统的稳定性。

② 计算控制系统在典型信号作用下的动态过程,判定其特性是否满足技术要求。

③ 校正装置的途径改变系统的结构,以满足设计技术要求。

④ 数字仿真。通过上述各项工作阶段后,应采用数字仿真形式,最后验证确定控制系统的特性,直至满足设计技术要求为止。

4. 工程化设计

基本设计只完成了确定控制系统组成方式,控制系统所必需的元、部件特性以及控制系统能够达到的静态特性、动态特性的数字结果及仿真结果。进一步的工作是实现这个系统,我们称实现这个系统的过程为工程化设计。

7.3.3　机电控制系统设计实例分析

模拟转台主要用于对三维空间运动体(如飞机、导弹、卫星、潜艇等)的稳定与控制进行半实物模拟实验研究,它是一种典型的电气伺服系统。下面以 ED 型模拟转台的航向伺服系统的设计为例,按方案选择、静态计算、动态分析与综合三个方面,来阐明控制系统设计的主要过程。

1. 方案选择

1)技术性能指标

根据实际需要,ED 型模拟转台的航向伺服系统的主要技术性能指标如下:

① 静态误差 $\psi_e \leqslant 10'$。

② 系统带宽 ω_h(或 f_b)$\geqslant 8$ Hz。

③ 最大工作角度 $\psi_m = \pm 100°$。

④ 最大工作角速度 $\dot{\psi}_m \geqslant 100°/s$。

⑤ 最大工作角加速度 $\ddot{\psi}_m \geqslant 600°/s^2$。

2）控制方案

根据 ED 型模拟转台的用途和对该技术系统的技术要求,确定采用电动、双回路的控制方案。在方案论证中,主要考虑以下几点:

① 系统的负载要求具有高速旋转运动的特性。

② 转台用于地面做模拟实验,对伺服系统的重量无特殊要求。

③ 系统要求有较大的功率增益和稳、准、快的响应特性。

④ 方案尽可能经济、简单。

ED 型模拟转台的航向伺服系统的控制方案的组成框图如图 7-3-1 所示。

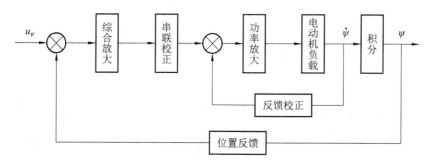

图 7-3-1　ED 型模拟转台的航向伺服系统方框图

2. 静态计算

1）负载的分析与计算

ED 型转台航向伺服系统的负载由两部分组成:转台航向框架、航向传动齿轮以及置于航向框架上的负荷。对这些负载,可以通过计算求得它们的转动惯量为

$$J_L = 4.557 \text{ kg} \cdot \text{m}^2$$

转台航向的实际运动情况是经常处于来回摆动的状态。因此,用等效正弦工作状态来描述其负载特性比较接近实际情况。这里,可用负载总转矩的最大值作为选择功率执行元件的依据。负载总转矩由负载惯性转矩和摩擦转矩组成,由于摩擦转矩相对于负载惯性转矩而言很小,可以忽略不计。因此负载总转矩最大值 $M_{L\sum m}$ 就近似等于负载惯性转矩最大值 M_{Lm},即

$$M_{L\sum max} = M_{Lm} = 47.72 \text{ N} \cdot \text{m} \tag{7-25}$$

2）执行元件的选择

ED 型模拟转台航向伺服系统作为一个典型的中小功率伺服系统,其执行元件可采用交流或直流电动机,或步进电动机。同样尺寸的电动机,一般是交流机产生的力矩要低于直流机,在同等功率的情况下,一般也是前者的时间常数大于后者。直流力矩电动机具有输出力矩大,转速低,可工作在连续堵转状态。步进电动机用于离散型伺服机构,将数字脉冲输入转换成模拟输出运动、它的特点是转子惯量低、无漂移、无累积定位误差等。此外,直流直线伺服电动机、直线步进电动机、直流感应电动机等直线微特电动机也获得了迅速开发和应用。

电动机的预选分为两步进行:

第一步,考虑功率,即电动机的功率必须大于负载的峰值功率。电动机预选时估算功率由下式确定:

$$P_d = k \frac{(M_c + J_c \varepsilon_{cmax}) n_{cmax}}{9555} \tag{7-26}$$

式中：M_c 为负载的静阻力矩（N·m）；J_c 为负载转动惯量（10 N·m²）；ε_{cmax} 为负载最大角加速度（1/s²）；n_{cmax} 为负载最大转速（r/min）；k 为考虑电动机、减速器参数应加大工况系数，一般取 $k=1.2\sim2$，对于较大功率系统可取到 2.5。

第二步，对预选的电动机进行过热验算和过载验算。

电动机不过热的条件为

$$M_N > M_{de} \tag{7-27}$$

$$P_N \geqslant P_{de} = \frac{M_{de} n_N}{9555} \tag{7-28}$$

式中：M_N 为电动机额定转矩；P_N 为电动机额定功率；n_N 为电动机额定转速；M_{de} 为作为在执行元件轴上的总力矩 M_Σ 的等效力矩。

电动机不过载的条件为

$$\frac{M_{\Sigma max}}{M_N} \leqslant \lambda_m \tag{7-29}$$

式中：$M_{\Sigma max}$ 为瞬时最大负载转矩；λ_m 为电动机过载系数。

ED 型转台航向伺服系统预选电动机的功率估算为

$$P_d = 2 \times \frac{4.557\ \text{N·m}^2 \times 600\ \text{s}^{-2}}{9555 \times 57.3} \times \frac{100 \times 60\ \text{r/min}}{360} \approx 0.166\ \text{kW}$$

据此，选用直流力矩电机 SYL-50 两台并联使用。SYL-50 的主要技术参数如下：

控制电压 30 V；

空载最大转速 140 r/min；

最大堵转力矩 4.9 N·m；

最大堵转力矩时峰值电流 2.8 A。

两台电机可提供的总功率为

$$P_t = 2 \times 2.8 \times 30 \times 10^{-3}\ \text{kW} = 0.168\ \text{kW}$$

因此 $P_t > P_d$，预选的电机满足负载的功率要求，预选可行。至于验算，待减速比选定后一并进行。

3）减速器速比选择

根据下式：

$$i_{12} \leqslant \frac{\Omega_d}{\Omega_{Lmax}} = \frac{140 \times 360}{60 \times 100} = 8.4 \tag{7-30}$$

取　　　　　　　　　　　　　　　　$l_{12} = 18$

式中：Ω_d 为电动机轴的最大角速度，Ω_{Lmax} 为电动机经减速器后，输出的最大角速度。

现做以下验算：

由选择的电动机的转子机构可以算得两台电动机并联的转动惯量

$$2J_d = 2 \times 0.1176\ \text{N·m}^2$$

假定传动效率 $\eta = 0.9$，静阻力矩 M_c 很小。计算作用在电动机轴上的总力矩为

$$M_\Sigma \approx (J_d + m \frac{J_c}{\eta i_{12}^2}) i_{12} \varepsilon_c = 4.8\ \text{N·m} \tag{7-31}$$

又由式（7-28）得：

$$P_{de} = \frac{0.489 \times 140}{975}\ \text{kW} = 0.070\ \text{kW}$$

而
$$P_{N} = 30 \times 2.8 \times 10^{3} \text{ kW} = 0.084 \text{ kW}$$
$$M_{N} = 4.9 \text{ N} \cdot \text{m}$$
所以
$$M_{N} > M_{de} = M_{\Sigma}$$
$$P_{N} > P_{de}$$

即所选的电动机满足不过热条件。

所选的电动机与速比，可给负载提供的最大角速度和最大角加速度为
$$\Omega_{Lm} = \frac{\Omega_{d}}{i_{12}} = \frac{140 \times 360°}{8 \times 60 \text{ s}} = 105°/\text{s} > \dot{\psi}_{m}$$
$$\varepsilon_{Lm} \approx \frac{M_{N}}{i_{12}\left(J_{d} + \dfrac{mJ_{c}}{2\eta i_{12}^{2}}\right)} = 613°/\text{s}^{2} > \ddot{\psi}_{m}$$

所选的电动机也能满足技术性能中关于最大角速度和最大角加速度的要求。

4）测量元件的选择

转台航向伺服系统的测量元件有两个：角度测量元件和角速度测量元件。它们的特性直接关系到系统的工作状态和精度。

（1）角度测量元件的选择　该系统除对静差有要求外，无其他特殊要求。故选线绕线性电位计作为角度测量元件。按技术条件的要求，没有合适的现成型号可供选用，只好根据要求特制，其主要技术参数如下。

工作角度量程：±100°。

梯度：0.05 V/(°)。

线性误差：0.01%。

位置反馈电位计的误差属于测量误差，是系统静态误差的重要组成部分。电位计的误差包括：电位计本身的误差，负载效应引起的误差，电位计供电电源电压波动引起的误差等。

由电位计线性度造成的误差为
$$\Delta\psi_{1} = 100° \times 0.01\% = 0.01° = 6'$$
为保证因电源电压波动引起的系统误差 $\Delta\psi_{2} \leqslant 0.5'$，要求电源应具有的精度为
$$\Delta V < \frac{0.5 \times 0.05}{60} = 0.04\%$$

为了提高电位计对角度测量的精度，在实际使用中一般将电位计接成桥式测量电路，如图7-3-2所示。

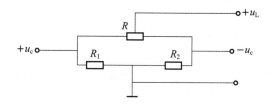

图 7-3-2　电位计的桥式测量电路

图中，R_{1}、R_{2} 为外接电阻，R 为电位计的总电阻，在应用中一般取：
$$R_{1} + R_{2} \leqslant R/5 \tag{7-32}$$

（2）角速度测量元件的选择　根据转台航向伺服系统的技术指标中关于最大角速度的要求，选择 CYD-6 型直流高灵敏度测速机作为角速度测量元件，其主要技术参数如下。

灵敏度：$0.105 \text{ V}/(°)/\text{s}$。

线性度：1%。

最大运行速度：$600°/\text{s}$。

考虑到负载要求的最大工作角速度低于测速机的最大运行速度，故在转台航向框架主轴到测速机轴之间设变速装置，变速比取为

$$i_{23} = 0.3 \tag{7-33}$$

由以上选择的电动机-减速器-负载和负载-升速器-测速机的结构如图 7-3-3 所示。

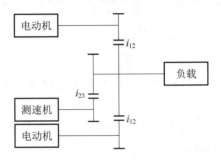

图 7-3-3　电动机-负载-测速机示意图

由所选择的测速机的结构可算得测速机转子的转动惯量 J_s 如下：

$$J_s = 0.1176 \text{ N} \cdot \text{m}^2$$

因此，负载、变速器、测速机以及电动机等折算到电动机轴上的总转动惯量为

$$J_0 = 2J_d + \frac{J_L}{i_{12}^2} + \frac{J_s}{i_{12}^2 i_{23}^2} = 0.968 \text{ N} \cdot \text{m}^2 \tag{7-34}$$

5）放大元件的选择

（1）放大器的放大倍数。

放大器的放大倍数应根据系统所允许的误差与负载要求来确定。考虑到在系统加入校正装置后会降低系统的增益，通常选取的放大器的放大倍数都要比计算值适当增大，如下式表示：

$$K_0 = \lambda \frac{u_0}{u_1} \tag{7-35}$$

式中：u_0 为放大器的负载所要求的额定电压；u_1 为放大器的输入端电压，即测量元件输出的信号电压；λ 为补偿系数，一般可取 $\lambda = 2 \sim 3$。

转台航向伺服系统的放大器按两部分考虑：功率放大器与前置放大器。

功率放大器的电压放大倍数选为

$$K_2 - \frac{u_1}{u_2} - \frac{30}{3} = 10$$

式中：u_1 为力矩电动机的控制电压；u_2 为功率放大器的前端综合口控制电压峰值。

力矩电动机的死区电压为 2 V（由说明书给出），设系统的静态误差分配给电动机死区的相应值为 $5'$。为了保证系统静态精度，前置放大器的放大倍数应为

$$K_1 \geqslant \frac{2}{\dfrac{5}{60} \times 10 \times 0.05} = 48 \tag{7-36}$$

取
$$K_1 = 60$$

（2）放大器的形式和特性。

转台航向伺服系统的功率放大器采用脉冲调宽型开关线路。该放大器具有功耗小、效率高、工作稳定可靠、速度快等优点，由调宽信号发生器、综合调宽电路、整形电路、逻辑变换电路和开关变换电路等部分构成，其结构和工作原理可参考有关功率器件方面的书籍。最终所选择的功率放大器的输入输出特性如图 7-3-4 所示。

（3）放大器各级放大系数的分配。

放大器各级放大系数的分配应考虑到以下两个方面：一方面应尽可能地使各串接的环节误差与干扰在系统输出端上所形成的分量不超过允许的限量，因此，应将越靠近前级的环节放大系数取得大。另一方面，力求使信号（包括干扰）增大时，各元件同时进入饱和区，或至少要使输出功率级首先进入饱和。设备串接环节的线性工作段为 a_1、a_2、a_3，它们的连接关系如图 7-3-5 所示。为使各级同时进入饱和，应满足：

$$a_1 = \frac{a_2}{K_1} = \frac{a_3}{K_1 K_2} \tag{7-37}$$

为使后级比前级先进入饱和，应满足：

$$a_1 > \frac{a_2}{K_1} > \frac{a_3}{K_1 K_2} \tag{7-38}$$

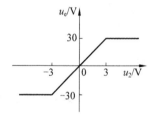

图 7-3-4　功率放大器输入-输出特性

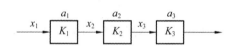

图 7-3-5　放大系数分配图

3. 动态分析与综合

1）未校正系统的性能分析

（1）电动机至负载环节的传递函数。

根据电动机至负载环节的微分方程可推得其传递函数为

$$\frac{\psi(s)}{u_d(s)} = \frac{K_\varphi}{i_{12} s (T_M s + 1)} \tag{7-39}$$

式中：ψ 为负载的航向转角；u_d 为电动机控制电压；K_φ 为电动机的速度常数；T_M 为电动机至负载的机电时间常数；i_{12} 为电动机至负载的传动比。

$$K_\psi = \frac{2\pi}{60 u_{dm}/n} = \frac{2\pi}{60 \times 30/140} = 0.49 \text{ s/V} \tag{7-40}$$

$$T_M = \frac{2\pi n J_0}{60 \times 2 M_N} = \frac{2\pi \times 140 \times 988}{60 \times 2 \times 50000} \text{ s} = 0.145 \text{ s} \tag{7-41}$$

$$i_{12} = 8$$

（2）未校正系统的框图及传递函数。

未校正系统的方框图如图 7-3-6 所示，系统的开环传递函数为

$$G(s) = \frac{K_1 K_2 K_\psi H_1 / i_{12}}{s(T_M s + 1)} - \frac{105}{s(0.145 s + 1)} \tag{7-42}$$

式中：K_1 为前置放大器的电压增益，$K_1 = 60$；K_2 为综合功率放大器的电压增益，$K_2 = 60$；H_1 为位置反馈电位计梯度，$H_1 = 0.05 \text{ V}/(°) = 2.865 \text{ V/rad}$。

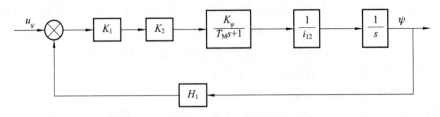

图 7-3-6　未校正系统的方框图

（3）未校正系统的性能分析。

未校正系统属于基本 Ⅰ 型系统，根据系统的开环传递函数可以得到系统的 Bode 图如图 7-3-7 所示。

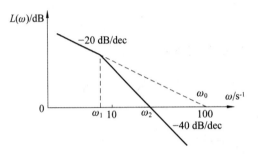

图 7-3-7　未校正系统的伯德图

图中，系统开环对数频率特性的交界频率 $\omega_1 = \dfrac{1}{T_M} = 6.9 \text{ s}^{-1}$，因此，可知系统的穿越频率为

$$\omega_0 = \omega_2 = 26.9 \text{ s}^{-1} \tag{7-43}$$

系统的带宽为

$$\omega_b = \frac{1.6\omega_c}{2\pi} = 6.85 \text{ Hz} \tag{7-44}$$

系统的无量纲增益为

$$\frac{\omega_0}{\omega_1} = 15.2 \gg 1 \tag{7-45}$$

因此，从未校正系统的 Bode 图和性能参数可知，未校正系统的阻尼过小，稳定裕度差，振荡严重。这种系统也达不到动态品质的要求。因此，必须加上校正环节进行校正。

2）角速度反馈校正

我们首先采用角速度反馈环节对系统的控制特性进行校正，速度反馈环节的框图如图 7-3-8 所示。

图 7-3-8 中，角速度测量元件的敏感度 $K_{js} = 0.105 \text{ V}/(°)\text{s}^{-1} = 6 \text{ V} \cdot \text{s/rad}$，变速比 $i_{23} = 0.3$。用速度反馈后，被其包围环节的时间常数与增益分别为

$$T'_M = \frac{0.145}{1 + 12.25\beta_2}$$

$$K'_\psi = \frac{0.6125}{1 + 12.25\beta_2}$$

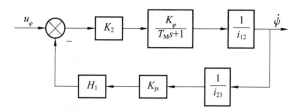

图 7-3-8　角速度反馈校正方框图

由于前置放大一般采用运算放大器，其最大输出 $|u_{\psi m}| = 12$ V，而当 $|u_c| = 3$ V 时，电机输出最大角速度 $\dot{\psi}_m = 100$ °/s，因此速度环节的反馈电压

$$u_{b2} = u_{\psi m} - u_c = 12 - 3 = 9$$

而

$$u_{b2} = \frac{1}{0.3} \times 6 \times \beta_{2m} \frac{100}{180/\pi} = 9$$

解得 β_2 可取的最大值 $\beta_{2m} = 0.26$。

考虑到使电机-负载环节的等效带宽尽可能展宽以增加反应速度，同时又使整个系统阻尼有所增大，故选取：

$$\beta_2 = 0.2$$

所以，速度反馈环节的闭环传递函数为

$$\frac{\psi(s)}{u_\psi(s)} = \frac{0.178}{0.042s + 1}$$

采用速度反馈校正后的系统框图如图 7-3-9 所示。

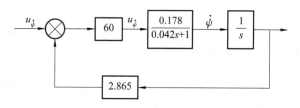

图 7-3-9　采用速度反馈校正后的系统方框图

此系统的开环传递函数为

$$G(s) = \frac{60 \times 0.178 \times 2.865}{s(0.042s + 1)}$$

$$= \frac{30.6}{s(0.042s + 1)}$$

由此绘 Bode 图（图 7-3-10 中的曲线①），得到穿越频率为

$$\omega_c = 26.5 \text{ s}^{-1}$$

相对应的带宽为

$$\omega_b = \frac{1.6 \times 26.5}{2\pi} = 6.75 \text{ Hz}$$

进一步可以算得此系统的闭环阻尼比及超调量为

$$\xi = 0.38$$

$$\sigma\% = 19.64\%$$

由此可见：采用速度反馈后，系统阻尼虽获改善，但仍偏小；系统频带也未达到设计的技术要求。所以，在采用速度反馈后，仍需采用串联校正。

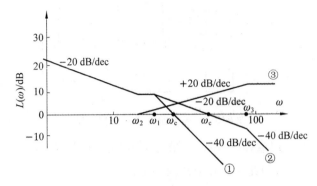

图 7-3-10　系统的 Bode 图

3）串联校正

（1）做期望频率特性。

① 中频段　根据设计性能指标中关于带宽的要求，期望特性的穿越频率 ω'_c 应为

$$2\pi\omega_b/1.6 = 2\pi \times 8/1.6 \ \text{s}^{-1} = 31.42 \ \text{s}^{-1}$$

取

$$\omega'_c = 35 \ \text{s}^{-1}$$

在系统的 Bode 图中，过 $\omega'_c = 35 \ \text{s}^{-1}$ 点绘一条斜率为 $-20 \ \text{dB/dec}$ 的直线，即为期望特性的中频段。

② 低频段　取系统原有部分特性曲线的低频段，即图 7-3-10 中曲线①的低频段，作为期望特性的低频段。

③ 低、中频段的连接　为了简便，选取曲线①的交界频率 ω_1 对应一个连接点。可以算得：在此频率上，期望特性与原有频率的差值为

$$\Delta L(\omega_1) = (-20\lg \frac{\omega_1}{\omega_c}) - (-20\lg \frac{\omega_1}{\omega_0}) = 1.42 \ \text{dB}$$

式中：ω_0 为曲线①的低频段延长线与 0 dB 线的交点。

因此，采用超前校正环节的第一个交界点 ω_2 应由下式确定：

$$\Delta L(\omega_1) = 20\lg \frac{\omega_1}{\omega_2}$$

解得

$$\omega_2 = 20.21 \ \text{s}^{-1}$$

ω_2 即为期望特性的低、中频段的另一个连接点。低、中频段连接的斜率为零。

④ 高频段　为简便，高频段斜率选为 $-40 \ \text{dB/dec}$。

⑤ 中、高频段的连接　考虑到限制域对高频段的限制，选 $\omega_3 = 90 \ \text{s}^{-1}$ 作为期望特性的连接点的横坐标。

绘制期望幅频特性，如图 7-3-10 中的曲线②所示。

（2）校正环节的特性　在图 7-3-10 中，将曲线②与曲线①相减，得到曲线③，这就是校正环节的对数幅频特性。与曲线③对应的传递函数为

$$\frac{\frac{1}{20}s + 1}{\frac{1}{90} + 1} = \frac{0.0495s + 1}{0.0111s + 1}$$

采用速度反馈与串联超前校正的系统开环传递函数为

$$G(s) = \frac{30.6(0.0495s+1)}{s(0.042s+1)(0.0111s+1)}$$

因此根据上面的设计,ED 型模拟转台航向伺服系统的结构与参数如图 7-3-11 所示。

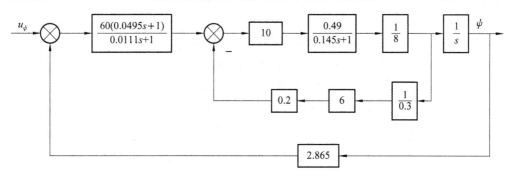

图 7-3-11　ED 型模拟转台航向伺服系统方框图

7.4　过程工业装备控制系统设计与应用

过程工业装备是机械控制系统应用的另一主要领域。这里以热交换器、单回路过程工业控制系统和流体输送设备等为例来进行说明。

7.4.1　热交换器温度反馈控制系统

1. 生产过程对系统设计要求

在氮肥生产过程中有一个变换工段,该工段将从煤气发生炉出来的一氧化碳同水蒸气的混合物转换生成合成氨的原料气,在转换过程中释放出大量的热量,使变换气体温度升高,变换气体在送至洗涤塔之前需要降温,而进变换炉的混合物需要升温,因此通常利用变换气体来加热一氧化碳与水蒸气的混合气体,这种冷、热介质的热量交换是通过热交换器来完成的。在许多工业生产过程中都用到热交换器设备,对热交换器设备的控制非常重要。

热交换器主要的被控制量是冷却介质出热交换器的温度。图 7-4-1 表示进、出热交换器的典型参数。其中加热介质是工厂生产过程中产生的废热热源(成品、半成品或废气、废液),为了节省能量,这部分热量要求最大限度地加以利用。所以通常不希望对其流量进行调节,而被加热介质的温度一般是通过调节被加热介质的流量来实现的。

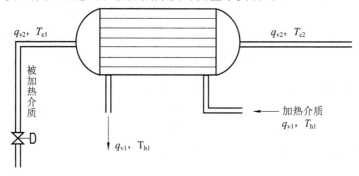

图 7-4-1　热交换器及其有关工艺参数

2. 系统组成

根据稳态时的热平衡关系,若不考虑散热损失,则加热介质释放的热量应该等于被加热介质吸收的热量,即

$$q_{v1} c_1 (T_{h1} - T_{h2}) = q_{v2} c_2 (T_{c2} - T_{c1}) \qquad (7-46)$$

式中:q_{v1}、q_{v2} 分别为加热介质与被加热介质的体积(或质量)流量,m³/s(或 kg/s);

c_1、c_2 分别为加热介质与被加热介质的平均比热容,kJ/(kg·K);

T_{h1}、T_{h2} 分别为加热介质进、出热交换器的温度,℃或 K;

T_{c1}、T_{c2} 分别为被加热介质进、出热交换器的温度,℃或 K。

由式(7-46)可以得到各个有关变量的静态前馈函数计算关系式

$$q_{v2} = \frac{c_1}{c_2}, \qquad \frac{T_{h1} - T_{h2}}{T_{c1} - T_{c2}} q_{v1} = K \frac{\Delta T_h}{\Delta T_c} q_{v1} \qquad (7-47)$$

式中:$K = \dfrac{c_1}{c_2}$。静态前馈函数的实施线路图如图 7-4-2 的虚线框中所示。当 T_{h1}、T_{h2}、T_{c1} 或 q_{v1} 中的任意一个变化量变化时,其变化都可以通过前馈函数部分及时调整流量 q_{v2},使这些变量的变化对控制变量 T_{c2} 的影响得到补偿。

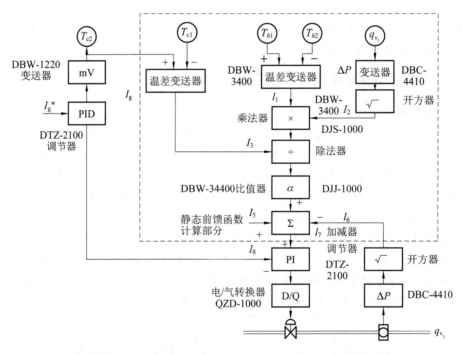

图 7-4-2　热交换器温度反馈-前馈控制系统的组成

3. 仪表静态参数设置

本系统设计的关键是正确设置比值器的系数 α 与加减器的偏置信号 I_5,下面通过具体数据来说明这些系数的设置情况。

有两股气体在热交换器中进行热量交换。已知 $K = c_1/c_2 = 1.20$,在正常情况下,$T_{h1} = 380\ ℃$,$T_{h2} = 300\ ℃$,$T_{c1} = 150\ ℃$,$T_{h1} = 260\ ℃$,$q_{v1} = 0.125\ m³/s$,$q_{v2} = 0.109\ m³/s$。选择电动单元组合仪表 DDZ-III 型组成控制系统,线路中的乘法器与除法器可以用一台型号为 DJS-1000 的乘除器代替,比值器与加减器可以用一台 DJJ-1000 的通用加减器代替。电动单元组

合仪 DDZ-III 型的仪表信号范围为 4～20 mA(或 1～5 V DC),若取 T_{c2} 温度变送器的量程为 100 ℃,仪表零位为 210 ℃,则可以得到 T_{c2} 温度变送器的仪表转换系数为

$$K_{T_{c2}} = \frac{(20-4)\,\text{mA}}{100\ ℃} = 0.16\ \text{mA/℃}$$

温差变送器 $\Delta T_c = T_{c2} - T_{c1}$ 与 $\Delta T_h = T_{h1} - T_{h2}$ 的量程取为 150 ℃,仪表零位为 0 ℃,则可得温差变送器的仪表转换系数为

$$K_{\Delta T_c} = K_{\Delta T_h} = \frac{(20-4)\ \text{mA}}{150\ ℃} = 0.1067\ \text{mA/℃}$$

流量变送器 q_{v1} 与 q_{v2} 的量程均为 0.178 m³/s,则可知其仪表转换系数分别为

$$K_{q_{v1}} = K_{q_{v2}} = \frac{(20-4)\ \text{mA}}{0.178\ \text{m}^3/\text{s}} = 89.888\ \text{mA/(m}^3/\text{s})$$

由此可以求得在正常状态工况下各个变送器的输出信号值分别为

$$I_1 = K_{\Delta T_h} \times (380 - 300)\ ℃ + 4\ ℃ = 12.54\ \text{mA}$$
$$I_3 = K_{\Delta T_c} \times (2602 - 150)\ ℃ + 4\ ℃ = 15.74\ \text{mA}$$
$$I_2 = K_{q_{v1}} \times 0.125\ \text{m}^3/\text{s} + 4\ \text{mA} = 15.24\ \text{mA}$$
$$I_6 = K_{q_{v2}} \times 0.109\ \text{m}^3/\text{s} + 4\ \text{mA} = 13.81\ \text{mA}$$
$$I_9 = K_{T_{c2}} \times (260 - 210)\ ℃ + 4\ \text{mA} = 12\ \text{mA}$$

求出正常工况下 DJS-1000 乘除器的输出信号为

$$I_4 = n\frac{(I_1 - 4)(I_2 - 4)}{I_3 - 4}$$

取 $n = 1.2$,则 $I_4 = 9.81$ mA。

假设生产过程的各个变量都保持在正常工况下的数值,则前馈函数的输出信号应该等于 I_6,即

$$\alpha I_4 = I_6$$

故知比值器的系数为

$$\alpha = \frac{I_6}{I_4} = \frac{13.81}{9.81} = 1.408$$

PI 控制器的输入信号为

$$I_\wedge = I_7 - I_8 = I_5 + \alpha I_4 - I_6 - I_8$$

因为 PI 控制器是一种无静差的控制器,因此在稳态时,$I_\wedge = 0$,若取 $I_6 = \alpha I_4$,则有

$$I_5 = I_8$$

I_8 为 T_{c2} 控制器的控制点,一般设置为仪表信号的中间值,即 $I_8 = 12$ mA,因此 I_5 取 12 mA。

T_{c2} 温度变送器、PID 控制器、PI 控制器、q_{v2} 流量变送器、电/气转换器与 q_{v2} 控制阀门组成一个串级控制系统,T_{c2} 为主被控制变量,q_{v2} 为副被控制变量。这个串级控制系统与静态前馈函数计算回路组成一个复合控制系统。这种控制系统对于来自 q_{v2}、T_{c1}、T_{h1}、T_{h2} 或 q_{v1} 的扰动,都具有很高的适应能力。

7.4.2　单回路过程工业控制系统的应用

在现代工业生产装置自动化过程中,即使在计算机控制获得迅速发展的今天,单回路控制系统仍有着非常广泛的应用。据统计,在一个年产 30 万吨合成氨的现代化大型装置中,约有

85％的控制系统是单回路控制系统。所以,掌握单回路控制系统的设计原则对于实现过程装置的自动化具有十分重要的意义。

单回路控制系统结构简单,投资少,易于调整、投运,又能满足一般生产过程的工艺要求。单回路控制系统一般由被控过程 $W_o(s)$、测量变送器 $W_m(s)$、控制器 $W_c(s)$ 和控制阀 $W_v(s)$ 等环节组成,如图 7-4-3 所示为用拉氏变换表示的单回路控制系统的基本结构框图。下面通过一个工程设计实例说明单回路控制系统的应用,来达到举一反三的目的。

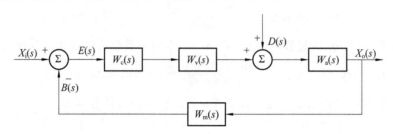

图 7-4-3　单回路控制系统基本结构图

1. 生产工艺简况

图 7-4-4 所示为牛奶类乳化物干燥过程中的喷雾式干燥工艺设备。由于乳化物属于胶体物质,激烈搅拌易固化,不能用泵输送。故采用高位槽的办法,即浓缩的乳液由高位槽流经过滤器 A 或 B(两个交换使用,保证连续操作),除去凝结块等杂物,再通过干燥器顶部从喷嘴喷出。空气由鼓风机送至换热器(用蒸汽间接加热),热空气与鼓风机直接来的空气混合后,经过风管进入干燥器,从而蒸发出乳液中的水分,成为奶粉,并随湿空气一起输出,再进行分离。生产工艺对干燥后的产品质量要求很高,水分含量不能波动太大,因而对干燥的温度要求严格控制。试验证明,若温度波动小于 ±2 ℃,则产品符合质量要求。

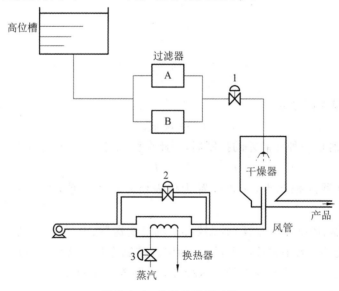

图 7-4-4　牛奶的干燥过程

2. 系统设计

1) 被控变量与控制变量的选择

(1) 被控变量选择　根据上述生产工艺情况,产品质量(水分含量)与干燥温度密切相关。

若测量水分的仪表精度不够高,可采用对间接参数温度的测量,因为水分与温度一一对应。因此必须控制温度在一定值上,故选用干燥器的温度为被控变量。

（2）控制变量选择　若知道被控过程的数学模型,则可以选取可控性良好的参量作为控制变量。在未掌握过程的数学模型情况下,仅以图 7-4-4 所示装置进行分析。影响干燥器温度的因素有乳液流量 $f_1(t)$、旁路空气流量 $f_2(t)$、加热蒸汽量 $f_3(t)$。选取其中任一变量作为控制变量,均可构成温度控制系统。图中用控制阀位置代表三种控制方案,其框图分别如图 7-4-5、图 7-4-6、图 7-4-7 所示。

对图 7-4-5 进行分析可知,乳液直接进入干燥器,滞后最小,对于干燥温度的校正作用最灵敏,而且干扰进入位置最靠近控制阀 1,似乎控制方案最佳。但是,乳液流量即为生产负荷,一般要求能保证产量稳定。若作为控制变量,则在工艺上不合理。所以不宜选乳液流量为控制变量,该控制方案不能成立。

再对图 7-4-6 进行分析,可以发现,控制旁路空气流量与热风量混合后,再经过较长的风管进入干燥器。与图 7-4-5 所示方案相比,由于混合空气传输管道长,存在管道传输滞后,故控制通道时间滞后较大,对于干燥温度校正作用的灵敏度要差一些。

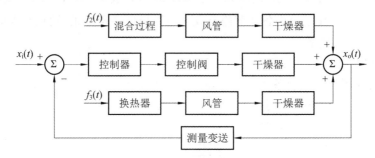

图 7-4-5　以乳液流量为控制变量时的系统框图

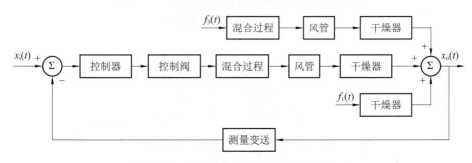

图 7-4-6　以风量为控制变量时的系统框图

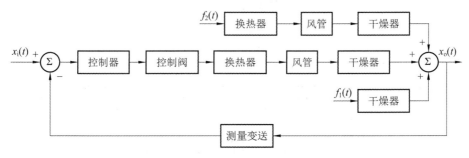

图 7-4-7　以蒸汽流量为控制变量时的系统框图

若按照图 7-4-7 所示控制换热器的蒸汽流量，以改变空气的温度，则由于换热器通常为一双容过程，时间常数较大，控制通道的滞后量大，对干燥温度的校正作用灵敏度最差。显然，选择旁路空气量作为控制变量的方案相对更好。

2）过程检测控制仪表的选用

根据生产工艺和用户的要求，选用电动单元组合仪表（DDZ-III 型）。

（1）测温元件及变送器　被控温度在 500 ℃以下，选用铂热电阻温度计。为了提高检测精度，应用三线制接法，并配用 DDZ-III 型热电阻温度变送器。

（2）控制阀　根据生产工艺安全原则及被控介质特点，选用气关形式的控制阀；根据过程特性与控制要求，选用对数流量特性的控制阀；根据被控介质流量，选择控制阀公称直径和阀芯直径的具体尺寸。

（3）控制器　根据过程特性与工艺要求，可选用 PI 或 PID 控制规律；根据构成系统负反馈的原则，确定控制器正、反作用方向。

由于本例中选用控制阀为气关式，则控制阀的放大系数 K_v 为负。对于过程放大系数 K_o，当过程输入空气量增加时，其输出（水分散发）亦增加，故 K_o 为正。一般测量变送器的放大系数 K_m 为正。为了使系统中各环节静态放大系数极性乘积为正，则控制器的放大系数 K_c 取负，即选用正作用控制器。

3）画出温度控制流程图及其控制系统方框图

温度控制流程图及其控制系统方框图如图 7-4-8 所示。

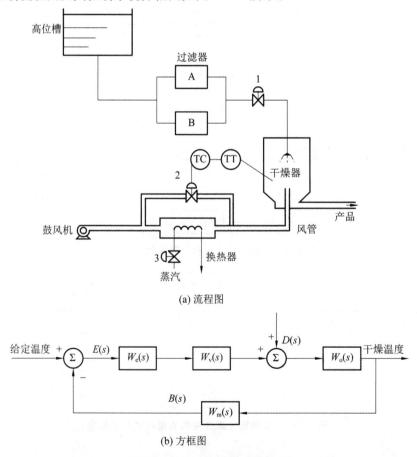

(a) 流程图

(b) 方框图

图 7-4-8　温度系统单回路控制

4）控制器参数整定

为了使温度控制系统能运行在最佳状态，可以按照控制器工程整定方法中的任一种进行控制器参数的整定。

7.4.3 流体输送设备的控制

1. 概述

一个生产流程中的各个生产设备，均由管道中的物料流和能量将它们连接在一起，以进行各种各样的化学反应、分离、吸收等过程，从而生产出人们所期望的产品。物料流和能量流都称为流体，流体有液体和气体之分，通常固体物料也可转化成流态化的形式在管通中输送。为了强化生产，流体常常连续传送，以便进行连续生产。用于输送流体和提高流体压力的机械设备，统称为流体输送设备。其中输送液体并提高其压力的机械称为泵，而输送气体并提高其压力的机械称为风机和压缩机。

流体输送设备的任务是输送流体。在连续的生产过程中，除了在特殊情况下开停机、泵的程序控制和信号连锁动外，所谓对流体输送设备的控制，其实质是为了实现物料平衡的流量、压力控制，以及诸如离心式压缩机的防喘振控制这样一类为了保护输送设备安全的控制方案。所以，这里将着重讨论流体输送的流量、压力的基本控制方案和离心式压缩机的防喘振控制。

流体输送设备控制系统具有如下几个特点。

① 控制通道的对象时间常数小，一般需要考虑控制阀和测量元件的惯性滞后。这是由于在流量控制系统中，受控变量和操纵变量常常是同一物料的流量，只是检测点和控制点处于同一管路的不同位置。因此对象时间常数一般很小，故广义对象特性必须考虑测量元件和控制阀的惯性滞后，而且对象、测量元件和控制阀的时间常数在数量级上相同，显然系统可靠性较差，频率较高。为此，控制器的比例度需要放得大些，积分时间在 0.1 min 到数分钟的数量级。控制阀一般不装阀门定位器，以避免定位器引入的串级内环造成系统振荡加剧，可控性差。

② 测量信号伴有高频噪声。目前，流量测量的一次元件常采用节流装置。由于流体通过节流装置时喘动加大，使受控变量的测量信号常常具有脉动性质，混有高频噪声，这种噪声会影响控制品质，故应考虑测量信号的滤波。此外，控制器不应加微分作用，因为微分对高频信号很敏感，会放大噪声，影响控制的平稳度。为此，工程上往往在控制器与变送器之间，引入反微分环节，以改善系统的品质。

③ 静态非线性。流量广义对象的静态特性往往是非线性的，特别是在采用节流装置测量流量时更为严重。为此常可适当选用控制阀的流量特性来加以补偿，使广义对象达到的静态特性近似线性，以便克服负荷变化对控制品质的影响。

④ 流量控制系统的测量仪表精确度要求无须很高，在物料平衡控制中，常常将流量控制作为一个复杂回路中的副环，它的设定值是浮动的。所以，对流量控制回路的测量仪表，在精度上并没有过高的要求，而保持变差小、性能稳定则是需要的。只有当流量信号同时要作为经济核算所用，或是其他需要测准的场合，才需满足相应的精度要求。

2. 泵与压缩机的典型控制方案

1）防止喘振的泵输出压力控制方案

（1）泵的工作特性与防止喘振的措施　泵可分为离心泵和容积泵两大类，而容积泵又

可分为往复泵、旋转泵。由于工业生产中以离心泵的使用更为普遍,所以下面详细介绍离

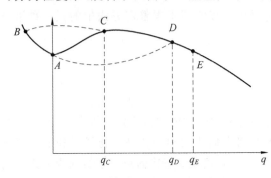

图 7-4-9　离心泵的工作特性曲线

心泵的特性及控制方案。离心泵的工作特性如图 7-4-9 所示。在正常情况下,泵送出多少流体至管网,用户就从管网取走多少流体,泵处于稳定工作状态。但是如果用户需要的流体突然减少,泵输出的流体会在管网里堆积起来,使其压力上升,泵的工作点就沿着图 7-4-9 中的 CDE 曲线移动到 C 点,因泵输出的压力受机器限制不能再继续升高,此时管网压力就会大于泵的最大输出压力,导致流体倒流。倒流开始后管网压力下

降,工作点由 C 点移到 A 点并继续移到 B 点,泵产生空转,使工作点滑行至 D 点。如此过程重复进行,就产生一种破坏力极大的喘振现象。

　　由图 7-4-9 可以看出,如果输出流量不低于 q_C,泵就不会产生喘振。因此可以利用高值选择器,把压力与流量控制系统统一起来,组成如图 7-4-10 所示的压力与流量选择性控制系统。为了安全起见,流量控制系统的给定值取为 $q_给 = q_C$。

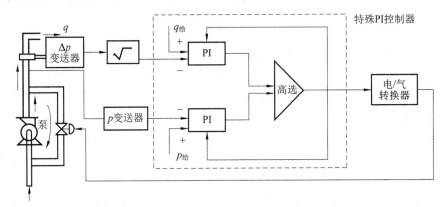

图 7-4-10　防止泵喘振的流量与压力控制系统的组成

　　该控制系统由两个积分外反馈型的 PI 控制器与一个高值选择器构成,其控制器线路如图 7-4-11 所示。图中 A_1 与 A_4 分别组成一个比例运算器,A_3 与 A_6 分别组成一个积分运算器,A_2 与 A_5 分别组成一个 $1:1$ 的加法器,A_7 与 A_8 及 D_1 与 D_2 组成一个高值选择器。

　　(2) 系统切换条件的分析　下面分析 q 回路处于工作状态、p 回路处于等待状态时,线路中信号之间的关系。此时,A_0 的输出呈现低电平状态,因而 U_1 能通过 A_1 与 D_1 输出。由图 7-4-11 可知,当 $q_给 = 4$ W 时,U_0 为高电平,经反相后变成低电平,低电平信号能通过二极管 D_1 输出。由图还可以得出如下关系式:

　　比例器的运算关系式:

$$\frac{U_1(s)}{E_1(s)} = -K_{p1} \tag{7-48}$$

式中:K_{p1} 为 U_1 的分压系数。

　　惯性环节的运算关系式

$$\frac{U_3(s)}{U_7(s)} = \frac{1}{T_{i1}s + 1} \tag{7-49}$$

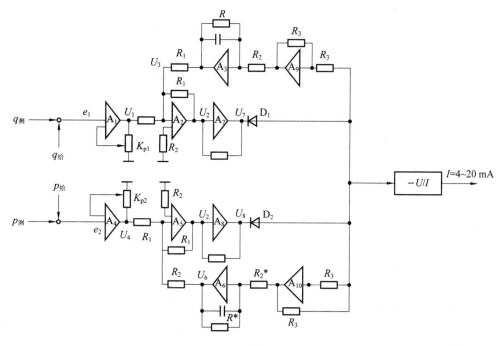

图 7-4-11　特殊控制器的组成线路原理图

式中: $T_{i1} = RC$。

加法器的运算关系式为

$$U_2(s) = -U_1(s) - U_3(s) \tag{7-50}$$

且

$$U_7(s) = -U_2(s) \tag{7-51}$$

将上述各式联立后得到

$$U_2(s) = K_{p1}E_1(s) + \frac{1}{T_{i1}s+1}U_2(s)$$

或者写成

$$U_2(s) = K_{p1}\left(1 + \frac{1}{T_{i1}s}\right)E_1(s) \tag{7-52}$$

由于 p 回路处于等待状态,运算放大器 A_8 处于高电平,受到二极管 D_2 的阻断,因此运算放大器 A_{10} 的输入信号仍然是 U_7。同样可得以下关系式:

比例运算关系式

$$\frac{U_4(s)}{E_2(s)} = -K_{p2} \tag{7-53}$$

惯性环节的运算关系式

$$\frac{U_6(s)}{U_2(s)} = \frac{-1}{T_{i2}s+1} \tag{7-54}$$

式中: $T_{i2} = R^* C^*$。

U_5 的输出信号为

$$U_5(s) = K_{p2}E_2(s) + \frac{1}{T_{i2}s+1}U_2(s) \tag{7-55}$$

式(7-55)表明，等待回路的输出信号受工作回路的输出信号影响。当 U_2 稳定时，U_5 也稳定下来，避免通常等待回路由于输出切断，而输入没有切断所产生的积分饱和现象。当 q 回路工作、p 回路等待时，由式(7-52)与式(7-55)可得

$$U_2(t) = K_{p1}e_1(t) + \frac{K_{p1}}{T_{i1}}\int e_1(t)\,\mathrm{d}t \qquad (7\text{-}56a)$$

$$U_5(t) = K_{p2}e_2(t) + (1 - e^{-\frac{1}{T_{i2}}})U_2(t) \qquad (7\text{-}56b)$$

U_2 稳定，经过一段时间后，$e^{-\frac{1}{T_{i2}}} \approx 0$，故有

$$U_5(t) = K_{p2}e_2(t) + U_2(t) \qquad (7\text{-}57)$$

从 q 回路切换到 p 回路时，$U_5 \approx U_2$，可见，从 q 回路切换至 p 回路的切换条件是

$$e_2(t) \approx 0 \qquad (7\text{-}58)$$

同理可知，从 p 回路切换至 q 回路的条件是 $e_1(t) \approx 0$。由于任一回路被切断都处于该回路是控制偏差为零的状态，所以切换时被切换的控制器不会产生输出的突变，保证了切换过程平滑地进行。

2）压缩机输出压力控制系统

为了防止压缩机喘振，常常限制其吸入流量，不使它低于某一界限值，并且通过控制回流量来控制吸入流量。这种控制方式，在压缩机入口压力变化较大的场合下，会有许多能量消耗在压缩机自身的回流上。因此，在此介绍一种既防喘振又比较节能的压缩机输出压力控制系统的设计方法。压缩机喘振时，其吸入流量同输出压力 p_2 与输入压力 p_1 之比有关，图7-4-12 表示临界喘振时 p_2/p_1 与吸入流量 $q_入$ 的关系曲线。一般的控制方法是维持 $q_入 > q_k$（q_k 为临界流量），由于 $q_入$ 要求较大，当从外界输入的流量较小的时，就要求从压缩机输出的流量 q 中分出一部分来回流。q_k 越大，回流量就越大。如果将压缩机吸入流量的给定值按照下列关系式随动设置，即可以大大减少流量的空循环。

$$q_入 = q_0 + K\frac{p_2}{p_1} \qquad (7\text{-}59)$$

式(7-59)可以用图7-4-13所示的气动单元组合仪表来实施线路。

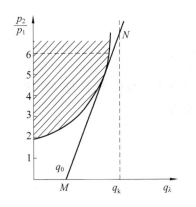

图7-4-12　压缩机喘振曲线

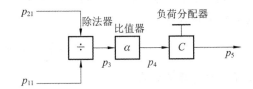

图7-4-13　式(7-59)函数的实施线路

应用气动除法器时，需要注意不要使被除数信号大于除数信号，否则除法器的输出信号会超过工作信号的范围，控制系统就无法正常工作（这种现象与计算机溢出停机同样道理）。尽管压缩机的输出压力 p_2 大于输入压力 p_1，但可以通过选择变送器的量程，使 p_2 变送器的输出信号 p_{21} 任何时候都小于 p_1 变送器的输出信号 p_{11}。本例中的工艺条件是压比为5，在正常工

况下，$p_1 = 0.5$ MPa，$p_2 = 2.5$ MPa，因此选择 p_1 变送器的量程为 $0 \sim 0.6$ MPa，p_2 变送器的量程为 $0 \sim 4.0$ MPa。由于气动变送器的标准信号为 $20 \sim 100$ kPa，则在正常工况下，p_1 变送器的输出信号为

$$p_{11} = \left[(0.1 - 0.02) \times \frac{0.5}{0.6} + 0.02 \right] \text{MPa} = 0.0866 \text{ MPa} \tag{7-60a}$$

p_2 变送器的输出信号为

$$p_{21} = \left[(0.1 - 0.02) \times \frac{2.5}{4.0} + 0.02 \right] \text{MPa} = 0.070 \text{ MPa} \tag{7-60b}$$

则除法器的输出信号为

$$p_3 = \left[(0.1 - 0.02) \times \frac{p_{21} - 0.2}{p_{11} - 0.2} + 0.02 \right] \text{MPa} = 0.0801 \text{ MPa} \tag{7-60c}$$

由于 $p_{21} < p_{11}$，保证了从两个压力变送器至除法器这一段的线路能正常工作。

比值器系数与负荷分配器常数设置需要根据式(7-59)与流量变送器量程来确定。

已知 $q_0 = 120$ m³/h，$K = 60$ m³/h，当最大压缩比 $(p_2/p_1)_{\max} = 6$ 时，$q_{\max} = 480$ m³/h，因此选择 q 变送器的量程为 480 m³/h。流量变送器由差压变送器与开方器组成，因而开方器的输出信号 p_6 同测量流量 q 之间有如下关系：

$$p_6 = (0.1 - 0.02) \frac{q}{q_{\max}} + 0.02 \text{ MPa} \tag{7-61a}$$

q 的正常流量值为

$$q = 120 + 60 \times \frac{p_2}{p_1} = 120 + 60 \times 5 \text{ m}^3/\text{h} = 420 \text{ m}^3/\text{h}$$

故

$$p_6 = (0.1 - 0.02) \times \frac{420}{480} + 0.02 \text{ MPa} = 0.09 \text{ MPa} \tag{7-61b}$$

负荷分配器的运算式为

$$p_5 = p_4 + C \tag{7-62}$$

式中：C 为一个可调系数，C 可以在 -0.1 MPa $\sim +0.1$ MPa 之间连续可调。C 值等于 q_0 值对应的仪表信号，即

$$C = \left[(0.1 - 0.02) \times \frac{120}{480} \right] \text{MPa} = 0.02 \text{ MPa} \tag{7-63}$$

比值器的系数 α 满足下式条件

$$(p_3 - 0.02)\alpha + 0.02 + C = p_6$$

因此

$$\alpha = \frac{p_6 - C - 0.02}{p_3 - 0.02} = \frac{0.09 - 0.02 - 0.02}{0.0801 - 0.02} \approx 0.832 \tag{7-64}$$

由此组成的控制系统如图 7-4-14 所示。

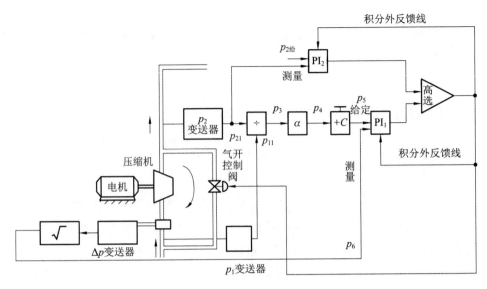

图 7-4-14　压缩机节能控制系统的组成

7.5　控制系统设计的 MATLAB 实现

【例 7-5-1】　如图 7-5-1 所示为一晶闸管-直流电机转速负反馈单闭环调速系统（V-M）的 Simulink 动态结构图,试求其单闭环系统内小闭环传递函数和系统的闭环传递函数。

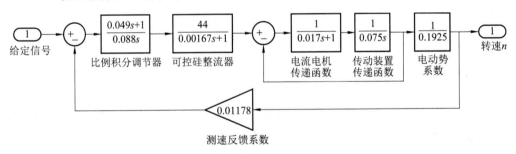

图 7-5-1　例 7-5-1 图

解　求系统的闭环传递函数的 MATLAB 程序如下:

```
n1= [1];d1= [0.017 1];s1= tf(n1,d1);
n2= [1];d2= [0.075 0];s2= tf(n2,d2);
s= s1* s2;
sys1= feedback(s,1)
n3= [0.049 1];d3= [0.088 0];s3= tf(n3,d3);
n4= [44];d4= [0.00167 1];s4= tf(n4,d4);
n5= [1];d5= [0.1925];s5= tf(n5,d5);
n6= 0.01178;d6= 1;s6= [n6,d6];
sysq= sys1* s3* s4* s5;
sys= feedback(sysq,0.01178)
```

程序运行结果

```
Transfer function:
            1
- - - - - - - - - - - - - -
0.001275 s^2 +  0.075 s + 1
Transfer function:
                 2.156 s +  44
- - - - - - - - - - - - - - - - - - - - - - - - - -
3.607e- 008 s^4 +  2.372e- 005 s^3 +  0.001299 s^2 +  0.04234 s +  0.5183
```

【例 7-5-2】　RLC 网络如图 7-5-2 所示，试求出以 u_o 作为输出，以 u_i 作为输入的微分方程与传递函数模型。

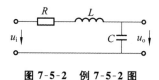

图 7-5-2　例 7-5-2 图

解　（1）求微分方程。

```
clear
clc
syms ai aip ui ul uopp uop uo R L C Uo Ui s;
aip= C* uopp;
ul= L* aip;
ui= R* ai* ul* uo;
ur= subs(ui,ai,uop)
```

程序运行结果

```
ur = R* uop* L* C* uopp* uo
```

即有微分方程为

$$u_\mathrm{i} = LC\,\frac{\mathrm{d}^2 u_\mathrm{o}}{\mathrm{d}t^2} + RC\,\frac{\mathrm{d}u_\mathrm{c}}{\mathrm{d}t} + u_\mathrm{o}$$

【说明】

① 电管两端的电压 $u_1 = \mathrm{L} * \mathrm{aip}$ 即 $u_1 = \dfrac{\mathrm{d}i}{\mathrm{d}t}$

② 有 $i = C\,\dfrac{\mathrm{d}u_\mathrm{o}}{\mathrm{d}t}$，式 $\dfrac{\mathrm{d}i}{\mathrm{d}t} = C\,\dfrac{\mathrm{d}^2 u_\mathrm{o}}{\mathrm{d}t^2}$ 写成 $\mathrm{aip} = \mathrm{C} * \mathrm{uopp}$。

③ uopp 即为 $u''_\mathrm{o} = \dfrac{\mathrm{d}^2 u_\mathrm{o}}{\mathrm{d}t^2}$。

（2）求传递函数模型。

```
uo= simple(ui* (1/(s* C))/(R+ s* L+ 1/(s* C)));
G= factor(Uo/Ui)
```

程序运行结果

```
G = 1/(R* s* C+ s^2* L* C+ 1)
```

即传递函数为

$$G(s) = \frac{u_\mathrm{o}}{u_\mathrm{i}} = \frac{1}{LCs^2 + RCs + 1}$$

【**例 7-5-3**】 已知一个单位负反馈系统：$G(s)=\dfrac{k}{s(0.5s+1)(4s+1)}$，试绘制该系统当 k 分别为 1.4、2.3、3.5 时的单位阶跃给定响应曲线（绘制在同一张图上）。

解 求系统的阶跃响应曲线运行 MATLAB 程序如下：

```
clear
clc
num= 1;den= conv(conv([1 0],[0.5 1]),[4 1]);
rangek= [1.4 2.5 3.5];
t= linspace(0,20,200)';
for j= 1:3
    s1= tf(num* rangek(j),den);
    sys= feedback(s1,1);
    y(:,j)= step(sys,t);
end
plot(t,y(:,1:3)),grid
gtext('k= 1.4'),gtext('k= 2.3'),gtext('k= 3.5')
```

结果如图 7-5-3 所示。

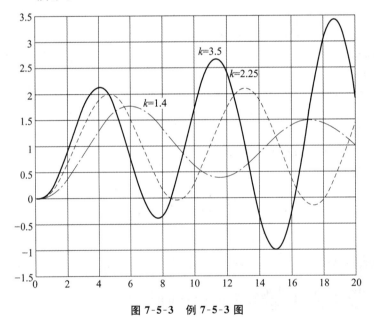

图 7-5-3　例 7-5-3 图

由曲线可以看出，当 $k=1.4$ 时，阶跃响应衰减振荡，系统稳定；当 $k=2.25$ 时，响应等幅振荡，系统临界稳定；当 $k=3.5$ 时，响应振荡发散，系统不稳定。

【**例 7-5-4**】 图 7-5-4 所示的控制系统，其中 $G(s)=\dfrac{10}{s(s+1)}$，试判别该闭环系统的稳定性。

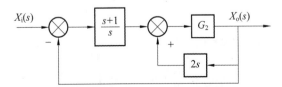

图 7-5-4　例 7-5-4 图

解　（1）输入 MATLAB 程序段：

```
syms s G1 G H1 phi1 phi;
G1= 10/(s^2+ s);G2= (s+ 1)/s;
H1= - 2* s;phi1= G1/(1+ G1* H1);
G= phi1* G2;[n,d]= numden(G/(1+ G));
phi= n/d
```

程序段运行结果：

```
phi = 10* (s+ 1)/(s^3- 19* s^2+ 10* s+ 10)
```

即得系统闭环传递函数为

$$G(s) = \frac{10(s+1)}{s^3 - 19s^2 + 10s + 10}$$

（2）求特征根：

```
P= [1 - 19 10 10];
roots(P)
```

程序运行结果：

```
ans= 18.4279
     1.0763
   - 0.5042
```

计算数据表明，有两个特征根的均为正值，所以闭环系统不稳定。

【例 7-5-5】　设单位反馈控制系统的开环传递函数

$$G(s) = \frac{K_v}{s\left(\dfrac{s^2}{\omega_n^2} + 2\xi\dfrac{s}{\omega_n} + 1\right)}$$

其中，无阻尼固有频率 $\omega_n = 90$ rad/s，阻尼比 $\xi = 0.2$，试确定速度误差系数 K_v 值多大时，系统才是稳定的，并用 MATLAB 编程验证。

解　系统的频率特性为

$$G(j\omega) = \frac{K_v}{j\omega\left[1 - \left(\dfrac{\omega}{\omega_n}\right)^2 + j0.4\left(\dfrac{\omega}{\omega_n}\right)\right]}$$

由 $\varphi(\omega_c) = -180°$ 推算幅值穿越频率

$$\varphi(\omega_c) = -90° - \arctan\frac{0.4\left(\dfrac{\omega_c}{\omega_n}\right)}{1 - \left(\dfrac{\omega_c}{\omega_n}\right)^2} = -180°$$

解得 $\omega_c = \omega_n = 90$ rad/s。

由幅值裕量 $K_g = 1$ 推算速度误差系数 K_v：

$$|G(j\omega)| = \left|\frac{K_v}{j90 \times j0.4}\right| = 1$$

解得 $K_v = 36$。

即速度误差系数 $K_v < 36$ 时，系统是稳定的。

用 MATLAB 编程验证计算结果。

方法（1）：用 MATLAB 编程作 Nyquist 图，验证临界系数正确性。

代入临界稳定系数 $K_v = 36$，则

$$G(s) = \frac{36 \times 90^2}{s(s^2 + 0.4 \times 90s + 90^2)} = \frac{291600}{s^3 + 36s^2 + 8100s}$$

绘制 Nyquist 图的程序如下：

```
num= [291600];den= [1 36 8100 0];
    G= tf(num,den)
    nyquist(G);
    grid on;
```

Nyquist 验证图见图 7-5-5(a)。

方法(2)：用 MATLAB 控制工具箱中 MARGIN 函数来计算相对稳定性的幅值裕量和相位裕量及对应的穿越频率。

```
sys= tf([291600],[1 36 8100 0]);margin(sys);
    [Gm,Pm,Wcg,Wcp]= margin(sys);
```

程序运行后,得到标有相对稳定性的 Bode 图,见图 7-5-5(b)。

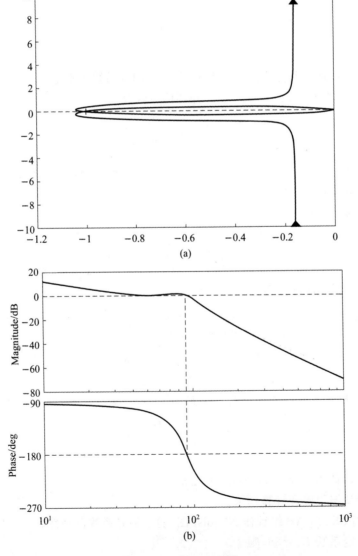

图 7-5-5　例 7-5-5 图

分别输入 Gm、Pm、Wcg、Wcp，得到

```
Gm= 1
Pm= 0
Wcg= 90
Wcp= 90
```

【例 7-5-6】 已知某系统开环传递函数为 $G(s)H(s)=\dfrac{10}{s(2s+1)(s^2+0.5s+1)}$，试用 Bode 图法判断系统的稳定性能，并做系统的单位阶跃响应曲线验证。

解　（1）用 Bode 图对闭环系统判断稳定性。

```
num= [0 0 10];
den= conv(conv([1 0],[2 1]),[1 0.5 1]);
s= tf(num,den);
[Gm,Pm,Wcg,Wcp]= margin(s)
margin(s)
```

程序运行结果：

```
Gm = 0.0750
Pm = - 136.3866
Wcg = 0.7067
Wcp = 1.6210
```

即绘制出系统的 Bode 图如图 7-5-6（a）所示，提示闭环系统不稳定，并计算出频域性能：幅值裕度 $K_g=20\lg 0.075\ \text{dB}=-22.4988\ \text{dB}$；相角裕度 $\gamma=-136.3866°$；$-\pi$ 穿越频率 $\omega_g=0.7067\ \text{s}^{-1}$；穿越频率 $\omega_c=1.6210\ \text{s}^{-1}$。指标相角裕度为负值，数据说明系统不稳定。

（2）绘制系统单位阶跃响应曲线验证的稳定性：

```
num= [0 0 10];
den= conv(conv([1 0],[2 1]),[1 0.5 1]);
s= tf(num,den);
sys= feedback(s,1);
t= 0:0.01:10;
step(sys,t)
```

程序运行后绘制系统的单位阶跃响应曲线如图 7-5-6（b）所示，闭环系统的单位阶跃响应是发散的振荡，表明系统不稳定，验证了用 Bode 图判定系统不稳定的结论。

【例 7-5-7】 续例 7-5-1，将晶闸管直流单闭环的转速（比例积分）调节器改换为 PID 调节器。

解　（1）比例调节作用分析。

为分析纯比例调节的作用，考查当 $T_d=0$、$T_i=\infty$、$K_p=1\sim 5$ 时对系统阶跃给定响应的影响，根据例 7-5-1 结构图的数据给出以下 MATLAB 程序：

```
G1= tf(1,[0.017 1]);G2= tf(1,[0.075 0]);
G12= feedback(G1* G2,1);G3= tf(44,[0.00167 1]);
G4= tf(1,0.1925);G= G12* G3* G4;Kp= [1:1:5];
for i= 1:length(Kp)
```

```
       Gc= feedback(Kp(i)* G,0.01178);
       step(Gc),hold on
end
axis([0,0.2,0,130])
gtext('1 Kp= 1'),
gtext('2 Kp= 2'),
gtext('3 Kp= 3'),
gtext('4 Kp= 4'),
gtext('5 Kp= 5'),
```

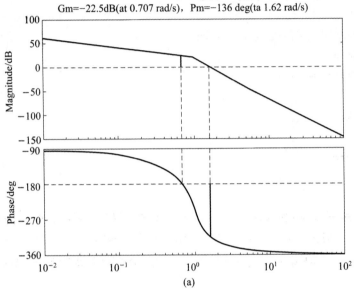

(a)

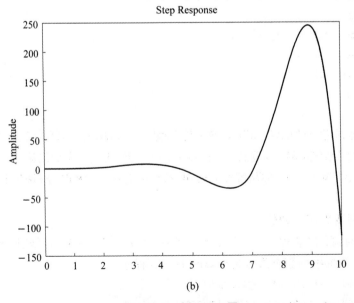

(b)

图 7-5-6　例 7-5-6 图

运行程序后有系统 P 控制阶跃给定响应曲线如图 7-5-7(a)所示,由图可以看出,随着 K_p 值加大,闭环系统的超调量加大,系统影响速度加快。仿真结果表明当 $K_p \geqslant 21$ 后,系统变为不稳定。

(2)积分调节的作用分析。

为分析方便,对于比例积分调节器保持 $K_p = 1$ 时,考查当 $T_i = 0.03 \sim 0.07$ 时对系统阶跃响应的影响,根据例 7-5-1 的结构图所示,给出 MATLAB 所示:

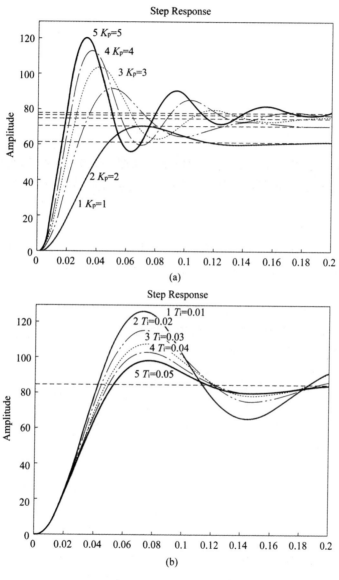

图 7-5-7　例 7-5-7 图

```
G1= tf(1,[0.017 1]);G2= tf(1,[0.075 0]);
G12= feedback(G1* G2,1);G3= tf(44,[0.00167 1]);
G4= tf(1,0.1925);G= G12* G3* G4;
kp= 1;Ti= [0.03:0.01:0.07];
for i= 1:length(Ti)
    Gc= tf(kp* [Ti(i) 1],[Ti(i) 0]);
    Gcc= feedback(Gc* G,0.01178);
    step(Gcc),hold on
end
axis([0,0.2,0,130])
gtext('1 Ti= 0.01'),
gtext('2 Ti= 0.02'),
gtext('3 Ti= 0.03'),
gtext('4 Ti= 0.04'),
gtext('5 Ti= 0.05'),
```

运行程序后有系统 PI 控制阶跃给定响应曲线如图 7-5-7(b)所示,由图可以看出,保持 $K_p=1$ 不变时,在本程序设定值的范围内,随着 T_i 值得加大超调量减小,系统响应速度略微变慢。

(3) 微分调节的作用分析。

为分析方便起见,对比例积分微分调节器保持 $K_p=0.01$、$T_i=0.01$ 时,特别考查当 $T_d=12\sim84$ 时对系统阶跃给定响应的影响,由图 7-5-7(b)所示结构图的数据,给定 MATLAB 程序:

```
G1= tf(1,[0.017 1]);G2= tf(1,[0.075 0]);
G12= feedback(G1* G2,1);G3= tf(44,[0.00167 1]);
G4= tf(1,0.1925);G= G12* G3* G4;
Kp= 0.01;Ti= 0.01;
Td= [12:36:84];
for i= 1:length(Td)
    Gc= tf(kp* [Ti* Td(i) Ti 1],[Ti 0]);
    Gcc= feedback(G* Gc,0.01178);
    step(Gcc),hold on
end
gtext('1 Td= 12'),
gtext('2 Ti= 48'),
gtext('3 Ti= 84'),
```

运行程序后有系统 PID 控制阶跃给定响应曲线如图 7-5-8 所示,由图可以看出,第一,由于单闭环调速系统的参数配合的特殊性,因为微分环节的作用,在曲线的起始上升段呈现尖锐的波峰,之后曲线也呈衰减的振荡;第二,当保持 $K_p=0.01$、$T_i=0.01$ 不变时,在本程序设定的 T_d 范围内,随着 T_d 值的加大,闭环系统的超调量增大,但经曲线尖锐的起始上升段后响应速度有所变慢。

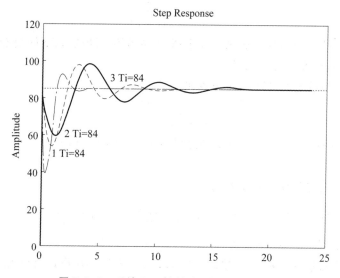

图 7-5-8　系统 PID 控制阶跃给定响应曲线

习题解答

习　　题

7-1　系统的传递函数如下式,试用 MATLAB 语句建立传递函数模型。

$$G(s) = \frac{s^3 + 2s^2 + 4s + 8}{s^4 + 16s^3 + 80s^2 + 17s + 10}$$

7-2　已知系统的传递函数如下式,试在 MATLAB 中生成系统的传递函数模型。

$$G(s) = \frac{10(s+1)}{s^2(s+3)(s^2+6s+10)}$$

7-3　已知一控制系统的数学模型如下式,试用 MATLAB 语句建立系统零极点模型。

$$G(s) = \frac{2(s+3)(s+5)}{(s+2)(s+4)(s+6)}$$

7-4　已知一单位负反馈系统的开环传递函数如下式,试绘制系统的单位阶跃响应曲线。

$$G(s) = \frac{2s+1}{s(s+2)(s+0.5)}$$

7-5　已知反馈系统的开环传递函数如下式,试求其单位脉冲响应。

$$G_K(s) = \frac{0.2(s+2)}{s(s+0.5)(s+0.8)(s+3)}$$

7-6　已知单位反馈系统的开环传递函数如下式,试绘制系统的 Bode 图。

$$G_K(s) = \frac{100(s+4)}{s(s+1)(s+10)(s^2+2s+4)}$$

7-7　已知控制系统同题 7-6,求系统的幅值裕度和相位裕度,并判断系统的稳定性。

7-8　已知典型二阶系统如下式,令 $\omega_n = 1$,分别作出 $\xi = 2, 1, 0.0707, 0.5$ 时的 Nyquist 曲线。

$$G(s) = \frac{\omega_n^2}{s^2 + 2\xi\omega_n s + \omega_n^2}$$

7-9　已知一单位反馈系统的开环传递函数如下式

$$G(s) = \frac{K}{s(s+1)}$$

试设计超前校正装置 $G_c(s)$，使系统满足如下指标：在单位斜坡输入下的稳态误差 $e_{ss} \leq 0.1$；相角裕度 $\gamma > 45°$；幅值裕度 $L_g \geq 10$ dB。

7-10 已知控制系统的开环传递函数如下式

$$G_K(s) = \frac{K}{s(0.1s+1)(0.2s+1)}$$

试设计滞后校正装置 $G_c(s)$，使系统满足指标：$K_v = 30$，相角裕度 $\gamma > 40°$，幅值裕度 $L_g \geq 10$ dB。

7-11 已知系统的开环传递函数为

$$G_K(s) = \frac{K}{s(0.15s+1)(5 \times 10^{-3}s+1)(0.877 \times 10^{-3}s+1)}$$

试设计 PID 校正装置，使系统 $K_v \geq 40$，$\gamma \geq 50°$，$\omega_c' \geq 50$ rad/s。

7-12 已知控制系统的传递函数如下式，试用 MATLAB 将此连续系统离散化，设 $T = 0.5$ s。

$$G(s) = \frac{5(s+1)}{s(s^2+2s+6)}$$

7-13 连续系统的闭环传递函数为

$$G(s) = \frac{10(s+1)}{(s+2)(s+5)}$$

试绘制连续系统的单位阶跃响应，以及 $T = 0.1$ s 时离散系统的单位阶跃响应。

附录 Laplace 变换法

Laplace 变换简称为拉氏变换,是一种函数之间的积分变换。Laplace 变换是研究控制工程的一种基本数学工具,运用这种方法求解线性微分方程,可以把时域中的微分方程变换成复数域中的代数方程,使微分方程的求解大为简化。同时,利用 Laplace 变换建立控制系统的传递函数、频率特性等,可在系统分析中发挥重要作用。

Laplace 变换的优点:

(1) 从数学角度看,Laplace 变换是求解常系数线性微分方程的工具,可以分别将"微分"与"积分"运算转换成"乘法"和"除法"运算,即把积分、微分方程转换为代数方程。对于指数函数、超越函数以及某些非周期性的具有不连续点的函数,用古典方法求解比较烦琐,经 Laplace 变换可转换为简单的初等函数,求解就很方便。

(2) 当求解系统的输入、输出微分方程时,求解的过程得到简化,并可以同时获得控制系统的瞬态分量和稳态分量。

(3) Laplace 变换可把时域中的两个函数的卷积运算转换为复数域中的两个函数的乘法运算。在此基础上,建立控制系统传递函数的概念,这一重要概念的应用为研究控制系统的传输问题提供了很多方便。

1. Laplace 变换的定义

设有时间函数 $f(t)$ 是定义在 $(0, +\infty)$ 上的实值函数,则称其无穷积分

$$L[f(t)] = F(s) = \int_0^{+\infty} f(t) e^{-st} dt \tag{1}$$

为 $f(t)$ 的 Laplace 变换。式中:L 为 Laplace 变换符号;s 为复变量;$f(t)$ 为原函数;$F(s)$ 为 $f(t)$ 的 Laplace 变换的象函数。

2. 典型函数的 Laplace 变换

在实际中,对系统进行分析所需的输入信号经常可以简化为一个或几个简单的信号,这些信号可用一些典型时间函数来表示。

1) 单位阶跃函数的 Laplace 变换

单位阶跃函数定义为

$$1(t) = \begin{cases} 0 & t < 0 \\ 1 & t \geqslant 0 \end{cases} \tag{2}$$

由 Laplace 变换的定义,可求得

$$L[1(t)] = \int_0^{+\infty} 1(t) e^{-st} dt = \int_0^{+\infty} e^{-st} dt = -\frac{1}{s} e^{-st} \Big|_0^{+\infty} = \frac{1}{s} \tag{3}$$

2) 单位脉冲函数的 Laplace 变换

单位脉冲函数定义为

$$\delta(t) = \begin{cases} 0 & (t \neq 0) \\ \infty & (t = 0) \end{cases} \tag{4}$$

$$\int_{-\infty}^{+\infty} \delta(t)\,\mathrm{d}t = 1 \tag{5}$$

而且 $\delta(t)$ 有如下特征

$$\int_{-\infty}^{+\infty} \delta(t)f(t)\,\mathrm{d}t = f(0)$$

其中 $f(0)$ 为 $t=0$ 时刻的 $f(t)$ 的函数值。由 Laplace 变换定义,可求得

$$L[\delta(t)] = \int_{0}^{+\infty} \delta(t)\mathrm{e}^{-st}\,\mathrm{d}t = \mathrm{e}^{-st}\big|_{t=0} = 1 \tag{6}$$

3）单位斜坡函数的 Laplace 变换

单位斜坡函数定义为

$$f(t) = \begin{cases} 0 & (t < 0) \\ t & (t \geqslant 0) \end{cases} \tag{7}$$

由 Laplace 变换的定义,可求得

$$L[t] = \int_{0}^{+\infty} t\mathrm{e}^{-st}\,\mathrm{d}t = -\frac{1}{s}\left[t\mathrm{e}^{-st}\big|_{0}^{+\infty} - \int_{0}^{+\infty} \mathrm{e}^{-st}\,\mathrm{d}t \right] = \frac{1}{s^2} \tag{8}$$

4）指数函数的 Laplace 变换

指数函数定义为

$$f(t) = \begin{cases} 0 & (t < 0) \\ \mathrm{e}^{-at} & (t \geqslant 0) \end{cases} \tag{9}$$

由 Laplace 变换的定义,可求得

$$L[\mathrm{e}^{-at}] = \int_{0}^{+\infty} \mathrm{e}^{-at}\,\mathrm{e}^{-st}\,\mathrm{d}t = \int_{0}^{+\infty} \mathrm{e}^{-(s+a)t}\,\mathrm{d}t = \frac{1}{s+\alpha} \tag{10}$$

5）正弦函数的 Laplace 变换

根据欧拉公式,可求得

$$\sin\omega t = \frac{1}{2\mathrm{j}}(\mathrm{e}^{\mathrm{j}\omega t} - \mathrm{e}^{-\mathrm{j}\omega t})$$

由 Laplace 变换的定义,可求得

$$\begin{aligned}
L[\sin\omega t] &= \int_{0}^{+\infty} \frac{1}{2\mathrm{j}}(\mathrm{e}^{\mathrm{j}\omega t} - \mathrm{e}^{-\mathrm{j}\omega t})\mathrm{e}^{-st}\,\mathrm{d}t \\
&= \frac{1}{2\mathrm{j}}\int_{0}^{+\infty} (\mathrm{e}^{-(s-\mathrm{j}\omega)t} - \mathrm{e}^{-(s+\mathrm{j}\omega)t})\,\mathrm{d}t \\
&= \frac{1}{2\mathrm{j}}\left(\frac{1}{s-\mathrm{j}\omega} - \frac{1}{s+\mathrm{j}\omega}\right) \\
&= \frac{\omega}{s^2 + \omega^2}
\end{aligned} \tag{11}$$

6）余弦函数的 Laplace 变换

根据欧拉公式,可求得

$$\cos\omega t = \frac{1}{2}(\mathrm{e}^{\mathrm{j}\omega t} + \mathrm{e}^{-\mathrm{j}\omega t})$$

由 Laplace 变换的定义,可求得

$$L[\cos\omega t] = \int_0^{+\infty} \frac{1}{2}(e^{j\omega t} + e^{-j\omega t})e^{-st}\,dt$$

$$= \frac{1}{2}\int_0^{+\infty}(e^{-(s-j\omega)t} + e^{-(s+j\omega)t})\,dt$$

$$= \frac{1}{2}(\frac{1}{s-j\omega} + \frac{1}{s+j\omega})$$

$$= \frac{s}{s^2 + \omega^2} \tag{12}$$

表 1 为常用函数的 Laplace 变换对照表。

表 1　常用函数的 Laplace 变换表

序号	原函数 $f(t)(t\geqslant 0)$	Laplace 变换 $F(s)$
1	$\delta(t)$	1
2	$1(t)$	$\dfrac{1}{s}$
3	$t^n(n=1,2,3,\cdots)$	$\dfrac{n!}{s^{n+1}}$
4	e^{-at}	$\dfrac{1}{s+a}$
5	$t^n e^{-at}(n=1,2,3,\cdots)$	$\dfrac{n!}{(s+a)^{n+1}}$
6	$\dfrac{1}{a}(1-e^{-at})$	$\dfrac{1}{s(s+a)}$
7	$\dfrac{1}{b-a}(e^{-at}-e^{-bt})$	$\dfrac{1}{(s+a)(s+b)}$
8	$\sin\omega_n t$	$\dfrac{\omega_n}{s^2 + \omega_n^2}$
9	$\cos\omega_n t$	$\dfrac{s}{s^2 + \omega_n^2}$
10	$e^{-at}\sin\omega_n t$	$\dfrac{\omega_n}{(s+a)^2 + \omega_n}$
11	$e^{-at}\cos\omega_n t$	$\dfrac{s+a}{(s+a)^2 + \omega_n}$
12	$\dfrac{\omega_n}{\sqrt{1-\xi^2}}e^{-\xi\omega_n t}\sin(\omega_n\sqrt{1-\xi^2}t)$	$\dfrac{\omega_n^2}{s^2 + 2\xi\omega_n s + \omega_n^2}(0<\xi<1)$
13	$\dfrac{-1}{\sqrt{1-\xi^2}}e^{-\xi\omega_n t}\sin(\omega_n\sqrt{1-\xi^2}t-\beta)$	$\dfrac{s}{s^2 + \xi\omega_n s + \omega_n^2}(0<\xi<1)$
14	$1-\dfrac{1}{\sqrt{1-\xi^2}}e^{-\xi\omega_n t}\sin(\omega_n\sqrt{1-\xi^2}t+\beta)$	$\dfrac{\omega_n}{s(s^2 + \xi\omega_n s + \omega_n^2)}(0<\xi<1)$

注：表中 $\beta = \arctan\dfrac{\sqrt{1-\xi^2}}{\xi}$。

3. Laplace 变换的主要定理

本节列出 Laplace 变换的主要定理，证明从略。

1）线性定理

已知函数 $f_1(t)$、$f_2(t)$ 的 Laplace 变换为 $F_1(s)$、$F_2(s)$，对于常数 k_1、k_2，则有

$$L[k_1 f_1(t) \pm k_2 f_2(t)] = k_1 F_1(s) \pm k_2 F_2(s) \tag{13}$$

2) 实数域的位移定理

已知函数 $f(t)$ 的 Laplace 变换为 $F(s)$，则对任一正实数 a，有

$$L[f(t-a)] = e^{-as}F(s) \tag{14}$$

3) 复数域的位移定理

已知函数 $f(t)$ 的 Laplace 变换为 $F(s)$，则对任一常数 a，有

$$L[f(t)e^{-at}] = F(s+a) \tag{15}$$

4) 微分定理

已知函数 $f(t)$ 的 Laplace 变换为 $F(s)$，则有

$$L\left[\frac{\mathrm{d}f(t)}{\mathrm{d}t}\right] = L[f'(t)] = sF(s) - f(0)$$

式中：$f(0)$ 为函数 $f(t)$ 在 $t=0$ 时的值。

同理可推导出函数 $f(t)$ 各阶导数的 Laplace 变换为

$$L\left[\frac{\mathrm{d}^n f(t)}{\mathrm{d}t^n}\right] = s^n F(s) - s^{n-1}f(0) - s^{n-2}f'(0) - \cdots - f^{(n-1)}(0)$$

式中：$f'(0), \cdots, f^{(n-1)}(0)$ 分别为函数 $f(t)$ 的各阶导数在 $t=0$ 时的值。

当函数 $f(t)$ 的各阶导数的初始值均为零时，微分定理转换为

$$L\left[\frac{\mathrm{d}f(t)}{\mathrm{d}t}\right] = L[f'(t)] = sF(s) \tag{16}$$

$$\vdots$$

$$L\left[\frac{\mathrm{d}^n f(t)}{\mathrm{d}t^n}\right] = s^n F(s) \tag{17}$$

5) 积分定理

已知函数 $f(t)$ 的 Laplace 变换为 $F(s)$，则有

$$L\left[\int f(t)\mathrm{d}t\right] = \frac{1}{s}F(s) + \frac{1}{s}f^{(-1)}(0)$$

式中：$f^{(-1)}(0)$ 为积分 $\int f(t)\mathrm{d}t$ 在 $t=0$ 时的值。

同理，可推导出函数 $f(t)$ 各重积分的 Laplace 变换为

$$L\left[\iint \cdots \int f(t)\,(\mathrm{d}t)^n\right] = \frac{1}{s^n}F(s) + \frac{1}{s^n}f^{(-1)}(0) + \frac{1}{s^{n-1}}f^{(-2)}(0) + \cdots + \frac{1}{s}f^{(-n)}(0)$$

当函数 $f(t)$ 的各阶导数的初始值均为零时，积分定理转换为

$$L\left[\int f(t)\mathrm{d}t\right] = \frac{1}{s}F(s) \tag{18}$$

$$\vdots$$

$$L\left[\iint \cdots \int f(t)\,(\mathrm{d}t)^n\right] = \frac{1}{s^n}F(s) \tag{19}$$

6) 初值定理

已知函数 $f(t)$ 的 Laplace 变换为 $F(s)$，则有

$$f(0) = \lim_{t \to 0} f(t) = \lim_{s \to +\infty} sF(s) \tag{20}$$

7) 终值定理

已知函数 $f(t)$ 的 Laplace 变换为 $F(s)$，则有

$$f(\infty) = \lim_{t \to +\infty} f(t) = \lim_{s \to 0} sF(s) \tag{21}$$

8) 卷积定理

已知函数 $f(t)$ 的 Laplace 变换为 $F(s)$，函数 $g(t)$ 的 Laplace 变换为 $G(s)$，则有

$$L[f(t) * g(t)] = L\left[\int_0^t f(t-\lambda)g(\lambda)\mathrm{d}\lambda\right] = F(s)G(s) \tag{22}$$

式中：$f(t) * g(t) = \int_0^t f(t-\lambda)g(\lambda)\mathrm{d}\lambda$ 为 $f(t)$ 与 $g(t)$ 的卷积。

此定理表明两个原函数的卷积的 Laplace 变换等于它们的 Laplace 变换的乘积。

【例 1】 　求 $\mathrm{e}^{-at}\cos\omega t$ 的 Laplace 变换。

解　由余弦函数的 Laplace 变换可知

$$L[\cos\omega t] = \frac{s}{s^2 + \omega^2}$$

运用复数域的位移定理，有

$$L[\mathrm{e}^{-at}\cos\omega t] = \frac{s+a}{(s+a)^2 + \omega^2}$$

【例 2】　已知：$L[f(t)] = F(s) = \dfrac{1}{s+a}$，求 $f(0)$ 和 $f(\infty)$。

解　根据初值定理，可求得

$$f(0) = \lim_{s\to+\infty} sF(s) = \lim_{s\to+\infty} s \cdot \frac{1}{s+a} = 1$$

$$f(\infty) = \lim_{s\to0} sF(s) = \lim_{s\to0} s \cdot \frac{1}{s+a} = 0$$

【例 3】　已知 $f_1(t) = \mathrm{e}^{-2(t-1)}u(t-1)$，$f_2(t) = \mathrm{e}^{-2(t-1)}u(t)$，求 $f_1(t) + f_2(t)$ 的 Laplace 变换。

解　因为　　　　　　　　$L[\mathrm{e}^{-2t}u(t)] = \dfrac{1}{s+2}$

根据 Laplace 变换的延时定理，得

$$F_1(s) = L[\mathrm{e}^{-2(t-1)}u(t-1)] = \frac{\mathrm{e}^{-s}}{s+2}$$

因为 $f_2(t)$ 可以表示为

$$f_2(t) = \mathrm{e}^{-2(t-1)}u(t-1) = \mathrm{e}^2\mathrm{e}^{-2t}u(t)$$

根据 Laplace 变换的线性定理

$$F_2(s) = \frac{\mathrm{e}^2}{s+2}$$

所以　　　　　　　$L[f_1(t) + f_2(t)] = F_1(s) + F_2(s) = \dfrac{\mathrm{e}^2 + \mathrm{e}^{-s}}{s+2}$

4. Laplace 逆变换

1) Laplace 逆变换的定义

将象函数 $F(s)$ 变换成与之相应的原函数 $f(t)$ 的过程称为 Laplace 逆变换。其定义公式为

$$f(t) = L^{-1}[F(s)] = \frac{1}{2\pi\mathrm{j}} \int_{\sigma-\mathrm{j}\omega}^{\sigma+\mathrm{j}\omega} F(s)\mathrm{e}^{st}\mathrm{d}s \tag{23}$$

式中：L^{-1} 为 Laplace 逆变换符号。

利用式(23)直接进行 Laplace 逆变换的求取要用到复变函数积分,求解过程复杂。因此进行 Laplace 逆变换的计算时,对于简单的象函数,采用直接查 Laplace 变换表求取原函数;对于复杂的象函数采用部分分式展开法化成简单的部分分式之和,再求其原函数。

2) 部分分式展开法

对于象函数,常可以写成如下形式

$$F(s) = \frac{B(s)}{A(s)} = \frac{b_m s^m + b_{m-1} s^{m-1} + \cdots + b_1 s + b_0}{a_n s^n + a_{n-1} s^{n-1} + \cdots + a_1 s + a_0}$$

$$= \frac{k(s - z_1)(s - z_2) \cdots (s - z_m)}{(s - p_1)(s - p_2) \cdots (s - p_n)} \qquad (n \geqslant m) \qquad (24)$$

式中:$p_1, p_2, \cdots, p_n$ 为 $F(s)$ 的极点;$z_1, z_2, \cdots, z_m$ 为 $F(s)$ 的零点。

根据极点的形式不同,下面分两种情况讨论。

(1) 象函数 $F(s)$ 的极点都不相同。

在这种情况下,象函数可展开成如下部分分式之和

$$F(s) = \frac{B(s)}{A(s)} = \frac{b_m s^m + b_{m-1} s^{m-1} + \cdots b_1 s + b_0}{a_n s^n + a_{n-1} s^{n-1} + \cdots a_1 s + a_0} = \frac{k_1}{s - p_1} + \frac{k_2}{s - p_2} + \cdots + \frac{k_n}{s - p_n} \qquad (25)$$

式中:k_i 为待定系数,可用下式求得

$$k_i = \frac{B(s)}{A(s)}(s - p_i) \Big|_{s = p_i} = \frac{B(s)}{A'(p_i)} \qquad (i = 1, 2, \cdots, n) \qquad (26)$$

根据 Laplace 变换的线性定理,可求得原函数为

$$f(t) = L^{-1}[F(s)] = \sum_{i=1}^{n} k_i e^{p_i t}$$

值得注意的是,当 $F(s)$ 的某个极点为零或有共轭复数极点时,仍可采用上述方法来求拉氏反变换。因为 $f(t)$ 是一个实函数,如果极点 p_1 和 p_2 为共轭复数极点时,其对应的待定系数 k_1 和 k_2 也是共轭复数,因此求解时只需要求出一个待定系数,另一个就可确定。

【例 4】 求 $F(s) = \dfrac{s+2}{(s+1)(s-1)(s+3)}$ 的原函数。

解 象函数中无重极点,可展开为

$$F(s) = \frac{s+2}{(s+1)(s-1)(s+3)} = \frac{k_1}{s+1} + \frac{k_2}{s-1} + \frac{k_3}{s+3}$$

待定系数可用两种方法求解

方法一

$$k_1 = \frac{s+2}{(s+1)(s-1)(s+3)}(s+1) \Big|_{s=-1} = -\frac{1}{4}$$

$$k_2 = \frac{s+2}{(s+1)(s-1)(s+3)}(s-1) \Big|_{s=1} = \frac{3}{8}$$

$$k_3 = \frac{s+2}{(s+1)(s-1)(s+3)}(s+3) \Big|_{s=-3} = -\frac{1}{8}$$

方法二

$$A'(s) = 3s^2 + 6s - 1$$

$$A'(-1) = -4 \qquad\qquad A'(1) = 8 \qquad\qquad A'(-3) = 8$$

$$B(-1) = 1 \qquad\qquad B(1) = 3 \qquad\qquad B(-3) = -1$$

$$k_1 = \frac{B(-1)}{A'(-1)} = -\frac{1}{4} \qquad k_2 = \frac{B(1)}{A'(1)} = \frac{3}{8} \qquad k_3 = \frac{B(-3)}{A'(-3)} = -\frac{1}{8}$$

可见两种方法求得的待定系数相同。

$$F(s) = \frac{s+2}{(s+1)(s-1)(s+3)} = -\frac{\frac{1}{4}}{s+1} + \frac{\frac{3}{8}}{s-1} - \frac{\frac{1}{8}}{s+3}$$

$$f(t) = -\frac{1}{4}\mathrm{e}^{-t} + \frac{3}{8}\mathrm{e}^{t} - \frac{1}{8}\mathrm{e}^{-3t} = \frac{1}{8}(3\mathrm{e}^{t} - 2\mathrm{e}^{-t} - \mathrm{e}^{-3t})$$

【例 5】 求 $F(s) = \dfrac{2s+12}{s^2+2s+5}$ 的原函数。

解　首先将象函数的分母因式分解，得

$$F(s) = \frac{2s+12}{s^2+2s+5} = \frac{k_1}{s+1+2\mathrm{j}} + \frac{k_2}{s+1-2\mathrm{j}}$$

$$k_1 = \frac{2s+12}{s^2+2s+5}(s+1+2\mathrm{j})\Big|_{s=-1-2\mathrm{j}} = 1 + \frac{5}{2}\mathrm{j}, \quad k_1 \text{、} k_2 \text{ 共轭复数}, \quad k_2 = 1 - \frac{5}{2}\mathrm{j}$$

$$F(s) = \frac{2s+12}{s^2+2s+5} = \frac{1+\dfrac{5}{2}\mathrm{j}}{s+1+2\mathrm{j}} + \frac{1-\dfrac{5}{2}\mathrm{j}}{s+1-2\mathrm{j}}$$

$$f(t) = \left(1+\frac{5}{2}\mathrm{j}\right)\mathrm{e}^{-(1+2\mathrm{j})t} + \left(1-\frac{5}{2}\mathrm{j}\right)\mathrm{e}^{-(1-2\mathrm{j})t}$$

$$= \mathrm{e}^{-(1+2\mathrm{j})t} + \frac{5}{2}\mathrm{j}\mathrm{e}^{-(1+2\mathrm{j})t} + \mathrm{e}^{-(1-2\mathrm{j})t} - \frac{5}{2}\mathrm{j}\mathrm{e}^{-(1-2\mathrm{j})t}$$

$$= \mathrm{e}^{-t}(\mathrm{e}^{-2\mathrm{j}t} + \mathrm{e}^{2\mathrm{j}t}) - \mathrm{e}^{-t}\left(\frac{5}{2}\mathrm{j}\mathrm{e}^{2\mathrm{j}t} - \frac{5}{2}\mathrm{j}\mathrm{e}^{-2\mathrm{j}t}\right)$$

$$= 2\mathrm{e}^{-t}\cos 2t + 5\mathrm{e}^{-t}\sin 2t$$

（2）象函数 $F(s)$ 有重极点。

假设象函数 $F(s)$ 有 r 个重极点 p_1，其余极点均不相同，则象函数可展开成如下部分分式之和：

$$
\begin{aligned}
F(s) = \frac{B(s)}{A(s)} &= \frac{B(s)}{a_n\,(s-p_1)^r(s-p_{r+1})(s-p_n)} \\
&= \frac{k_{11}}{(s-p_1)^r} + \frac{k_{12}}{(s-p_1)^{r-1}} + \cdots + \frac{k_{1r}}{(s-p_1)} + \frac{k_{r+1}}{(s-p_{r+1})} + \cdots + \frac{k_n}{(s-p_n)}
\end{aligned}
\tag{27}
$$

式中：待定系数 $k_{r+1}, k_{r+2}, \cdots, k_n$ 按式（27）求解，$k_{11}, k_{12}, \cdots, k_{1r}$ 分别按下述公式求解：

$$k_{11} = F(s)\,(s-p_1)^r\big|_{s=p_1}$$

$$k_{12} = \frac{\mathrm{d}}{\mathrm{d}s}\big[F(s)\,(s-p_1)^r\big]\big|_{s=p_1}$$

$$k_{13} = \frac{1}{2!}\frac{\mathrm{d}^2}{\mathrm{d}s^2}\big[F(s)\,(s-p_1)^r\big]\big|_{s=p_1}$$

$$\vdots$$

$$k_{1r} = \frac{1}{(r-1)!}\frac{\mathrm{d}^{r-1}}{\mathrm{d}s^{r-1}}\big[F(s)\,(s-p_1)^r\big]\big|_{s=p_1}$$

象函数 $F(s)$ 的原函数为

$$f(t) = \mathrm{L}^{-1}[F(s)] = \left[\frac{k_{11}}{(r-1)!}t^{(r-1)} + \frac{k_{12}}{(r-2)!}t^{(r-2)} + \cdots + k_{1r}\right]\mathrm{e}^{p_1 t} + \sum_{i=r+1}^{n} k_i \mathrm{e}^{p_i t} \tag{28}$$

【例 6】 求 $F(s) = \dfrac{4(s+3)}{(s+2)^2(s+1)}$ 的原函数。

解　象函数中既有重极点，又含有单独极点，可展开为

$$F(s) = \frac{4(s+3)}{(s+2)^2(s+1)} = \frac{k_{11}}{(s+2)^2} + \frac{k_{12}}{s+2} + \frac{k_3}{s+1}$$

$$k_{11} = \frac{4(s+3)}{(s+2)^2(s+1)}(s+2)^2 \Big|_{s=-2} = -4$$

$$k_{12} = \frac{d}{ds}\left[\frac{4(s+3)}{(s+2)^2(s+1)}(s+2)^2\right]\Big|_{s=-2} = -8$$

$$k_3 = \frac{4(s+3)}{(s+2)^2(s+1)}(s+1)\Big|_{s=-1} = 8$$

因此
$$F(s) = -\frac{4}{(s+2)^2} - \frac{8}{s+2} + \frac{8}{s+1}$$

$$f(t) = L^{-1}[F(s)] = -4te^{-2t} - 8e^{-2t} + 8e^{-t}$$

参 考 文 献

[1]钱学森,宋健.工程控制论[M].3版.北京:科学出版社,2011.

[2]杨叔子,杨克冲,吴波,等.机械工程控制基础[M].7版.武汉:华中科技大学出版社,2018.

[3]张屹,曾孟雄.机电控制系统原理及其应用[M].武汉:华中科技大学出版社,2014.

[4]曾孟雄,刘春节,张屹.机械工程控制基础[M].北京:电子工业出版社,2011.

[5]赵丽娟,张建卓,李建刚.控制工程基础与应用[M].徐州:中国矿业大学出版社,2009.

[6]孙炳达.自动控制原理[M].5版.北京:机械工业出版社,2021.

[7]贾鸿莉,王妍伟.自动控制原理习题集[M].哈尔滨:哈尔滨工业大学出版社,2014.

[8]张昕,蔡玲.控制工程基础与信号处理[M].北京:北京理工大学出版社,2017.

[9]罗忠,王菲,马树军,等.机械工程控制基础学习辅导与习题解答[M].2版.北京:科学出版社,2017.

[10]张早校,王毅.过程装备控制技术及应用[M].3版.北京:化学工业出版社,2018.

[11]鲁明休,罗安.化工过程控制系统[M].北京:化学工业出版社,2018.

[12]裴峻峰,齐明侠,杨其俊.机械故障诊断技术[M].2版.北京:中国石油大学出版社,2015.

[13]何衍庆,俞金寿.集散控制系统原理及应用[M].4版.北京:化学工业出版社,2021.

[14]熊诗波.机械工程测试技术基础[M].4版.北京:机械工业出版社,2018.

[15]席剑辉.控制工程基础[M].北京:国防工业出版社,2012.

[16]彭珍瑞,董海棠.控制工程基础[M].2版.北京:高等教育出版社,2015.

[17]杨振中,张和平.控制工程基础[M].2版.北京:北京大学出版社,2007.

[18]陈康宁.机械工程控制基础[M].2版.西安:西安交通大学出版社,2010.

[19]胡寿松.自动控制原理基础教程[M].4版.北京:科学出版社,2021.

[20]董红生.自动控制原理及应用[M].北京:清华大学出版社,2014.

[21]吴华春.控制工程基础[M].4版.武汉:华中科技大学出版社,2020.

[22]徐小力,陈秀梅,朱骥北.机械控制工程基础[M].3版.北京:机械工业出版社,2020.

[23]张静,马俊丽,岳境,等.MATLAB在控制系统中的应用[M].北京:电子工业出版社,2007.

[24]曾励.控制工程基础[M].北京:机械工业出版社,2013.

[25]张若青.控制工程基础及MATLAB实践[M].北京:高等教育出版社,2008.

参 考 文 献